"十二五"普通高等教育本科国家级规划教材

化工原理
（第四版）

上册

天津大学化工学院

柴诚敬 贾绍义 主编

中国教育出版传媒集团

高等教育出版社·北京

内容提要

本书是"十二五"普通高等教育本科国家级规划教材。全书以传递过程的理论和处理工程问题的方法论为两条主线，重点介绍化工单元操作的基本原理、过程计算、典型设备及其强化。全书共十二章，分上、下两册出版。上册包括流体流动、流体输送机械、非均相混合物分离及固体流态化、液体搅拌、传热、蒸发；下册包括传质与分离过程概论、气体吸收、蒸馏、液-液萃取和液-固浸取、固体物料的干燥、其他分离方法（结晶、膜分离及吸附等）。每章均有学习指导、例题、习题与思考题。本书还有机融入了课程思政元素，并以二维码的形式配套了多种类型的数字化资源。

本书专业适用面宽，可供高等院校化工、石油、生物、制药、食品、环境、材料等专业使用，也可供有关部门从事科研、设计、管理及生产等工作的科研人员参考。

图书在版编目（CIP）数据

化工原理. 上册／柴诚敬，贾绍义主编. -- 4 版. -- 北京：高等教育出版社，2022.12（2024.12重印）
ISBN 978-7-04-059284-9

Ⅰ. ①化… Ⅱ. ①柴… ②贾… Ⅲ. ①化工原理-教材 Ⅳ. ①TQ02

中国版本图书馆 CIP 数据核字（2022）第 154704 号

HUAGONG YUANLI

策划编辑	翟 怡	责任编辑	翟 怡	封面设计	王 洋	版式设计	张 杰
责任绘图	黄云燕	责任校对	刘丽娴	责任印制	刁 毅		

出版发行	高等教育出版社	网　址	http://www.hep.edu.cn
社　址	北京市西城区德外大街 4 号		http://www.hep.com.cn
邮政编码	100120	网上订购	http://www.hepmall.com.cn
印　刷	三河市华润印刷有限公司		http://www.hepmall.com
开　本	787mm × 1092mm　1/16		http://www.hepmall.cn
印　张	27.25	版　次	2005 年 6 月第 1 版
字　数	560 千字		2022 年 12 月第 4 版
购书热线	010 - 58581118	印　次	2024 年 12 月第 6 次印刷
咨询电话	400 - 810 - 0598	定　价	49.80 元

本书如有缺页、倒页、脱页等质量问题，请到所购图书销售部门联系调换
版权所有　侵权必究
物 料 号　59284-00

序

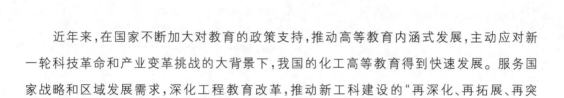

　　近年来,在国家不断加大对教育的政策支持,推动高等教育内涵式发展,主动应对新一轮科技革命和产业变革挑战的大背景下,我国的化工高等教育得到快速发展。服务国家战略和区域发展需求,深化工程教育改革,推动新工科建设的"再深化、再拓展、再突破、再出发",成为我国化工高等教育改革与发展的一种必然。

　　新工科以"应对变化、塑造未来"为建设理念,以"继承与创新、交叉与融合、协调与共享"为主要途径,培养多元化、创新型卓越工程人才。为此,加强多学科的交叉融合、促进教学组织模式的变革创新、建立以项目为链条的模块化课程体系、探讨强化工程思维和创造思维的项目式教学模式,以培养学生的问题求解能力与管控能力、分析与解决复杂工程问题的能力,是当今深化教学内容与教学方法改革、加强课程建设与教材建设的重要抓手。

　　教材是构成课程的主要元素之一。传统的教学模式以教师为中心,以知识传授为导向,此时教材只是知识的承载体,教学以讲授教材的内容为核心;而新工科倡导的是以学生为中心,以能力培养为导向,此时教材的功能发生转变,从单纯的知识承载体变成了学生自主学习的指南,教材不再是单纯的一本教科书,而应是包括各类案例素材、辅助阅读材料、在线学习网站等的一套完整系统,这也是当今教材建设的主导方向。

　　为与上述发展需求相适应,在高等教育出版社的建议与指导下,由天津大学柴诚敬、贾绍义两位教授领衔的教材编写团队,对该校编写的《化工原理》进行了新一轮修订,由此形成了第四版教材。新版教材内容先进、体系新颖、结构严谨、资源丰富,并注重对学生的工程实践能力、分析与解决复杂工程问题能力的培养。可以相信,该教材的出版发行,必将受到广大读者的欢迎与好评。

王静康

中国工程院院士、天津大学教授

2022 年 6 月

第四版前言

本书是"十二五"普通高等教育本科国家级规划教材,第一版和第二版分别为普通高等教育"十五"和"十一五"国家级规划教材。本书自问世以来,受到同行和读者的热情支持、鼓励和认可,总体反映良好。此次修订的总体思路是,在保持原书框架结构和特色风格的前提下优化教材内容;贯彻落实《习近平新时代中国特色社会主义思想进课程教材指南》的相关要求,有机融入课程思政元素,把立德树人贯穿教材修订全过程;以二维码的形式配套数字化资源,以适应新形势下教材建设和课程教学的需要。

第四版教材主要修订内容如下:

(1) 紧密跟踪化工领域科技进展和最新研究成果,对部分内容进行充实与更新,以体现教材的先进性;

(2) 对部分例题做适当调整,结合工程实际,加强解题分析,以提高学生分析与解决问题的能力;

(3) 对部分习题做适当调整,力求体现工程背景,适当补充综合性习题,按照"基础习题"和"综合习题"的顺序编排,以提高习题的客观性与适应性;

(4) 增加"课程思政"内容,在书中以媒体素材形式展现,以全面落实"课程思政"的任务要求;

(5) 增加"案例解析"内容,在书中以媒体素材形式展现,以提高学生的工程实践能力和解决复杂工程问题的能力;

(6) 增加"附录拓展"内容,在附录中以媒体素材形式展现,以拓展附录的数据来源,并使学生初步掌握相关标准的使用方法。

教材修订工作基本上由各章的原执笔者分别负责完成,根据工作需要适当补充了新的编者。具体分工如下:柴诚敬(绪论、流体输送机械、蒸馏、下册附录)、张国亮(流体流动、其他分离方法)、夏清(非均相混合物分离及固体流态化、固体物料的干燥)、韩煦(液体搅拌、非均相混合物分离及固体流态化)、刘明言(传热、液-液萃取和液-固浸取)、张凤宝(传热、液-液萃取和液-固浸取)、马永丽(传热、液-液萃取和液-固浸取)、李阳(蒸发、流体流动)、贾绍义(上册附录、传质与分离过程概论、气体吸收)。本书由柴诚敬、贾绍义担任主编,负责审阅定稿。

在本书的修订过程中,得到中国天辰工程有限公司相关技术人员、天津大学化工学院有关教师的大力支持和帮助,在此表示衷心的感谢!

编　者

2022 年 6 月

第三版前言

　　本书是"十二五"普通高等教育本科国家级规划教材,第一版和第二版分别为普通高等教育"十五"和"十一五"国家级规划教材。本书自问世以来,受到业界和读者的热情支持、鼓励和认可,总体反映良好。根据十多年来教学实践的检验,并考虑到学科的最新进展和课程教学的资源化需求,此次修订在保持原总体结构和特色风格的前提下,对部分内容进行删减、调整、更新和充实。

　　第三版教材主要修订内容如下:

　　(1) 对有关单元过程进一步加强了研究重点、发展前沿、强化途径、节能措施等内容的介绍,以启迪读者的创新思维;

　　(2) 对某些例题做适当的调整,结合工程实际,加强案例分析,突出应用型人才与创新能力的培养;

　　(3) 对某些章节的内容顺序做了局部调整,同时对工程上已少用的内容做了删除或精简;

　　(4) 附录中更新了部分内容;

　　(5) 在出版纸质教材的同时,建立数字课程网站,纸质教材与数字课程网站的教学资源相链接。

　　本次修订工作由各章的原执笔者承担,他们是柴诚敬(绪论、流体输送机械、液体搅拌、蒸发、蒸馏、下册附录)、张国亮(流体流动、其他分离过程)、夏清(非均相混合物分离及固体流态化、固体物料的干燥)、张凤宝(传热、液-液萃取和液-固萃取)、刘明言(传热)、贾绍义(上册附录、传质与分离过程概论、气体吸收),柴诚敬、贾绍义担任主编。

　　衷心地感谢天津大学化学工程学院的同事在本书修订工作中给予的热情支持和帮助。

编　者

2016 年 4 月

第二版前言

本书为普通高等教育"十一五"国家级规划教材,第一版为普通高等教育"十五"国家级规划教材。本书第一版自问世以来,受到同行的热情支持、鼓励和认可,总体反映良好。根据几年来教学实践的检验,并考虑到学科的最新进展,此次修订中,在保持原总体结构和特色风格的前提下,对部分内容进行了删减、调整、更新和充实。

第二版教材主要修订内容如下:

(1) 对有关单元过程进一步加强了研究重点、发展前沿、强化途径、节能措施等内容的介绍,以启迪读者的创新思维;

(2) 在相关单元过程中补充了具有工程背景、体现工程应用、有利于加深对基础理论理解的例题,以期读者在获取知识的同时提高工程能力;

(3) 增加了部分内容,某些章节的内容顺序做了局部调整,同时对工程上已少用的内容做了删除或精简;

(4) 附录中增加和更新了部分内容。

本次修订工作由各章的原执笔者承担,他们是柴诚敬(绪论、流体输送机械、液体搅拌、蒸发、蒸馏、下册附录)、张国亮(流体流动、其他分离过程)、夏清(非均相混合物分离及固体流态化、固体物料的干燥)、张凤宝(传热、液-液萃取和液-固萃取)、刘明言(传热)、贾绍义(上册附录、传质与分离过程概论、气体吸收)。

感谢天津大学化学工程学院的同事在本书修订工作中给予的热情支持和帮助。

编　者

2009 年 12 月

第一版前言

根据现代科学技术飞速发展对高等化工专门人才"知识、能力和综合素质"的要求，新编教材以"加强基础，拓宽知识面，培养学生的创新能力"为宗旨，坚持"面向21世纪的教学内容和课程体系改革"的主导思想，力求在内容和体系上有新意。

考虑到生物工程、制药工程、环境工程、食品工程等不同类型专业的需要，新编教材不仅拓展了内容，增加了新的知识点（如非牛顿流体的流动和传热、生物溶液的浓缩、冷冻干燥及固体浸取等），而且注意吸收本学科领域最新科技成果，及时反映学科发展的前沿，力求达到博而精，实现科学性、先进性和适用性的有机统一。

本教材以化工传递过程的基本理论和工程方法论为两条主线，突出工程学科的特点，系统而简明地阐述了化工单元操作的基本原理、过程计算、典型设备的结构特点及性能、过程或设备的强化途径等。全书分上、下两册出版。上册除绪论和附录外，包括流体流动、流体输送机械、非均相混合物分离及固体流态化、液体搅拌、传热和蒸发；下册包括传质与分离过程概论、气体吸收、蒸馏、萃取、干燥及其他分离过程（结晶、膜分离及吸附等）。

本教材在编写过程中，注意吸收我校在长期教材建设方面的经验和成果，按照学科的发展和认识规律，由浅入深、循序渐进、层次清晰、难点分散、理论联系实际，力求概念准确、论述严谨、可读性强。每章开篇有学习指导，且编入适量具有工程背景的实例、习题和思考题，有利于启迪思维，增强工程观念和创新意识，便于教与学。

本书可作为高等学校化工类及相关专业（化工、石油化工、生物、制药、环境、食品、材料、冶金等）的教材，也可供有关部门从事科研、设计、生产及管理等工作的科技人员参考。

本书主编柴诚敬。参加各章编写工作的有：柴诚敬（绪论、流体输送机械、液体搅拌、蒸发、蒸馏）、张国亮（流体流动、其他分离过程）、夏清（非均相混合物分离及固体流态化、干燥）、张凤宝（传热、液-液萃取和液-固萃取）、刘明言（传热）、贾绍义（附录、传质与分离过程概论、气体吸收）。王军、马红钦、吴松海、张裕卿、杨晓霞、张缨、姜峰等教师参加部分文字加工、素材搜集与制作等工作。在本书编写过程中，化工系的有关教师给予热情关心和支持，姚玉英、陈常贵等老师给予了具体的帮助，在此表示衷心的感谢。

　　本书承蒙清华大学蒋维钧教授主审,对书稿提出许多宝贵意见,在此致以诚挚的感谢。

　　由于编者水平所限,书中不妥之处甚至错误在所难免,恳请读者批评指正。

编　者

2005 年 1 月

目　录

第三章　非均相混合物分离及固体流态化 163

绪　论

0.1　化工原理课程的内容和教学要求

演示文稿

化工原理课程是化工类各专业(包括化工、石油、生物、制药、轻工、食品、环境、材料等)重要的技术基础课。它是综合运用数学、物理、化学等基础知识,分析和解决化学加工类生产中各种物理过程问题的工程学科,承担着工程科学与工程技术的双重教育任务。

一、化工原理课程内容

对原料进行化学加工获得有用产品的过程称为化工生产过程。例如,用乙烯生产高压聚乙烯需经过气体压缩、热量交换、化学反应、分离、造粒等一系列过程;抗生素(又称抗菌素)的整个生产工艺过程可分为上游(包括菌种保存、选育、纯化、孢子制备、种子培育和发酵)、下游(包括发酵液的过滤、预处理、抗生素的提取和纯化)和成品(主要指制剂和包装)等阶段。由于产品、原料的多样性及生产过程的复杂性,形成了数以万计的化工生产工艺过程。综观纷杂众多的化工生产过程,都是由化学反应和物理操作有机组合而成的。其中,化学反应及其设备是化工生产的核心,该部分内容由"反应工程"课程来研究。物理操作则起到为化学反应准备必要条件及将反应产物分离提纯而获得有用产品的作用。这些物理操作在整个化工生产中发挥着极其重要的作用,在很大程度上决定了生产过程的经济性和生产技术的先进性。这些物理操作统称为化工单元操作,简称单元操作。"化工原理"是研究单元操作共性的课程。

需要强调指出,随着生产的发展和技术的进步,许多单元操作已利用到化学反应,如化学吸收、反应精馏、反应萃取等,从而使得过程速率提高,设备台数减少,缩短了生产工艺流程。

"化工原理"是沿用 1923 年世界上第一部系统阐述单元操作物理化学原理及定量计算方法的著作"Principles of Chemical Engineering"的名称,从以产品来划分的化工生产工艺中抽象出单元操作,是认识上的一个飞跃,从而奠定了化学工程作为一门独立工程学科的基础。化学工程是研究化学工业和其他过程工业生产中所进行的化学过程和物理过程共同规律的一门工程学科。20 世纪初,对于化学工程的认识仅限于单元操作。

我国于 20 世纪 20 年代开办了化学工程系,也开出了化工原理课程。1949 年以后,我国先后出版了以单元操作为主线的《化工原理》《化工过程及设备》《化工操作过程原理与设备》等教材。目前,大多数课程和教材仍沿用"化工原理"这个名称。

20 世纪 60 年代"三传一反"概念的提出,开辟了化学工程发展过程的第二个历程。计算机应用技术的快速发展,使化学工程成为更完整的体系,并推向了"过程优化集成""分子模拟"的新阶段。随着科学技术的高速发展,化学工程与相邻学科相融合,逐渐形成了若干新的分支与生长点,诸如:生物化学工程、分子化学工程、环境化学工程、能源化学工程、计算化学工程、软化学工程、微电子化学工程等。上述新兴产业与学科的发展,推动了特殊领域化学工程的进步,同时,也拓宽了化工原理课程的研究内容。

二、单元操作的分类和特点

1. 单元操作的分类

各种单元操作根据不同的物理化学原理,采用相应的设备,达到各自的工艺目的。对于单元操作,可从不同角度加以分类。根据化工中常用单元操作所遵循的规律和工程目的,可将其划分为表 0-1 所列的主要类型。除表中所列之外,还有热力过程(制冷)、粉体或机械过程(粉碎、分级)等单元操作。

表 0-1　化工中常用单元操作的主要类型

类别	单元操作	目的	原理	传递过程
流体动力过程	流体输送 沉　降 过　滤 搅　拌	液体、气体的输送 非均相混合物分离 非均相混合物分离 混合或分散	输入机械能 密度差引起的相对运动 介质对不同尺寸颗粒的截留 输入机械能	动量传递
传热过程	换　热 蒸　发	加热、冷却或变相态 溶剂与不挥发溶质分离	利用温度差交换热量 供热汽化溶剂,并将其及时移除	热量传递
传质过程	蒸(精)馏 气体吸收 萃　取 浸　取 吸　附 离子交换 膜 分 离	液体均相混合物分离 气体均相混合物分离 液态均相混合物分离 用溶剂从固体中提取物料 流体均相混合物分离 从液体中提取某些离子 流体均相混合物分离	各组分挥发度的差异 各组分在溶剂中溶解度不同 各组分在萃取剂中溶解度不同 固体中组分在溶剂中溶解度不同 固体吸附剂对组分吸附力不同 离子交换剂的交换离子 固体或液体膜的截留	质量传递
热质传递过程	干　燥 增、减湿 结　晶	固体物料去湿 调节控制气体中水汽含量 从溶液中析出溶质晶体	供热汽化液体,并将其及时移除 气体与不同温度的水接触 利用物质溶解度的差异	热质同时传递

新产品、新工艺的开发或绿色生产工艺的实现,对物理过程提出了一些特殊要求,又不断地发展出新的单元操作或化工技术,如参数泵分离、电磁分离、超临界技术和纳米技术等。同时,以节约能耗、提高效率或洁净无污染及安全生产为特点的集成化工

艺(如反应精馏、反应膜分离、萃取精馏、多塔精馏系统的优化热集成等)将是未来的发展趋势。

2. 单元操作的特点

单元操作是组成各种化工生产过程,完成一定加工目的的过程。同一单元操作在不同的生产过程中遵循相同的过程规律,但在操作条件及设备类型(或结构)方面会有很大差别。另一方面,对于同样的工程目的,可采用不同的单元操作来实现。例如,一种均相液态混合物中组分的分离,既可用精馏方法,也可用萃取方法,还可用结晶或膜分离方法。究竟采用什么方法,要根据物料特性、工艺要求和综合技术经济分析作出抉择。

随着对单元操作研究的不断深入,人们逐渐发现若干个单元操作之间存在着共性。从本质上讲,所有的单元操作都可分解为动量传递、热量传递、质量传递这三种传递过程和它们的结合。三种传递过程中存在着类似的规律和内在的联系。"三传理论"的建立,是单元操作在理论上的进一步发展和深化。传递过程是单元操作的基础,从理论上揭示单元操作的原理,并为所研究的过程提供数学模型。传递过程是联系各单元操作的一条主线。

单元操作的研究内容包括"过程"和"设备"两个方面,故单元操作又称为"化工过程和设备"。"化工原理"是研究各单元操作的基本原理,所运用的典型设备结构和工艺尺寸设计,过程强化和设备选型的共性问题。

三、化工原理课程的研究方法

本课程是一门实践性很强的工程学科,在长期的发展过程中,形成了两种基本的研究方法。

1. 实验研究方法(经验法)

实验研究方法一般用量纲分析和相似论为指导,依靠实验来确定过程变量之间的关系,通过量纲为 1 数群(或称准数)构成的关系式来表达。它是一种工程上通用的基本方法。

2. 数学模型方法(半经验半理论方法)

数学模型方法是在对实际过程的机理进行深入分析的基础上,在掌握过程本质的前提下,作出某种合理简化,建立物理模型,进行数学描述,得出数学模型,并通过实验确定模型参数。

如果一个物理过程的影响因素较少,各参数之间的关系比较简单,能够建立数学方程并能直接求解,则称为解析法。

需要强调指出,在计算机数学模拟技术快速发展的今天,实验研究方法仍不失其重要性,因为即使采用数学模型方法,模型参数的确定还是需通过实验来完成。

研究工程问题的方法是联系各单元操作的另一条主线。

四、化工过程计算的理论基础

化工过程计算可分为设计型计算和操作型计算两类。不同类型计算的处理方法各有特点,但是不管何种计算都是以质量守恒、能量守恒、平衡关系和速率关系为基础的。上述四种基本关系将在有关章节陆续介绍。

五、化工原理课程的教学要求

本课程在化工类各专业(包括化工、石油、生物、制药、轻工、食品、环境、材料等)的专门创新人才培养中具有举足轻重的地位。在教学的全过程中,应注重体现习近平新时代中国特色社会主义思想,引导学生树立实事求是的科学态度,提高科学思维能力,增强分析问题、解决问题的实践本领。同时,应强调对学生工程观点、安全理念、定量运算、实验技能及设计能力的培养,强调理论联系实际,增强创新意识。

具体地说,学生在学习本课程时,应注意以下几个方面能力的培养:

(1)单元操作和设备选择的能力　根据生产工艺要求和物料特性,合理地选择单元操作及相应的设备。

(2)工程设计的能力　学习工艺过程计算和设备设计。当缺乏现成数据时,能够从网络或资料中查取,实验测取或到生产现场查定。

(3)操作和调节生产过程的能力　学习如何操作和调节生产过程,使之达到整体优化。

(4)过程开发或科学研究的能力　学习运用物理或物理化学原理去选择或开发单元操作,进而组织一个生产工艺过程。

(5)实验能力　学习实验设计、单元操作实验、数据处理、误差分析方法,提高动手能力和实验技能。

将可能变现实,实现工程目的,这是综合创造能力的体现。

每学完一章(或单元操作)后,希望学生能从如下三个方面进行总结,即基础理论(原理及规律)、实验技术(理论及技能)及工程应用(工程方法及应用实例),以达到巩固知识、提高能力的效果。

0.2　物理量的单位和量纲

演示文稿

任何物理量的大小都是由数字和单位联合来表达的,二者缺一不可。例如,钢管长度为2 m,"2"和"m"二者缺任何一项均不能构成长度这个物理量。

一、单位和单位制度

在工程和科学中,由于历史、地区及学科的不同,单位制度有不同的分类方法。

1. 基本单位和导出单位

一般选择几个独立的物理量(如质量、长度、时间、温度等),根据使用方便的原则规定出它们的单位,这些选择的物理量称为基本物理量,其单位称为基本单位。其他的物理量(如速度、加速度、密度等)的单位则根据其本身的物理意义,由有关基本单位组合而成,这种组合单位称为导出单位。

2. 绝对单位制和重力单位(工程单位)制

绝对单位制以长度、质量、时间为基本物理量,力是导出物理量,其单位为导出单位;重力单位制以长度、时间和力为基本物理量,质量是导出物理量,其单位为导出单位。力和质量的关系用牛顿第二定律相关联,即

$$F = ma \tag{0-1}$$

式中　　F——作用在物体上的力;

　　　　m——物体的质量;

　　　　a——物体在作用力方向上的加速度。

上述两种单位制中又有米制单位与英制单位之分。

3. 国际单位制(SI)

1960 年 10 月第十一届国际计量大会通过了一种新的单位制度,称为国际单位制,其代号为 SI,它是米千克秒单位制(MKS 单位制)的引申。由于 SI 单位具有"通用性"和"一贯性"的优点,在国际上迅速得到推广。

4. 中华人民共和国法定计量单位(简称法定单位制)

我国的法定计量单位除 SI 的基本单位、辅助单位及导出单位外,又规定了一些我国选定的单位(部分单位及其符号详见附录一)。例如,时间可以用分(min)、小时(h)、日(d);质量还可以用吨(t);长度可以用海里(n mile)等。

本套教材中采用法定单位制。在少数例题与习题中有意识地编入一些非法定单位,目的是让读者练习单位之间的换算。

二、单位换算

1. 物理量的单位换算

同一物理量,若采用不同的单位则数值就不相同。以一个最简单的物理量为例,圆形反应器的直径为 1 m,在厘米克秒单位制中,单位为 cm,其值为 100;而在英制中,其单位为 ft,其值为3.2808。它们之间的换算关系为

反应器的直径　　　　　$D = 1 \text{ m} = 100 \text{ cm} = 3.2808 \text{ ft}$

同理,重力加速度 g 在不同单位制之间的换算关系为

重力加速度　　　　　$g = 9.81 \text{ m/s}^2 = 981 \text{ cm/s}^2 = 32.18 \text{ ft/s}^2$

彼此相等而单位不同的两个同名物理量(包括单位在内)的比值称为换算因子。如 1 m 和 100 cm 的换算因子为 100 cm/m。常用物理量的单位换算关系可查附录二。

若查不到一个导出物理量的单位换算关系,则从该导出单位的基本单位换算入手,采用单位之间的换算因子与基本单位相乘或相除的方法,以消去原单位而引入新单位。具体换算过程见例0-1。

◆ **例0-1** 某物质的比定压热容 $c_p=1.00\ \text{BTU}/(\text{lb}\cdot\text{°F})$,试从基本单位换算入手,将其换算为 SI 单位,即 $\text{kJ}/(\text{kg}\cdot\text{°C})$。

解：从本教材附录中查出基本物理量的换算关系为

$$1\ \text{BTU}=1.055\ \text{kJ}$$

$$1\ \text{lb}=0.4536\ \text{kg}$$

$$1\ \text{°F}=5/9\ \text{°C}$$

则 $c_p=1.00\left(\dfrac{\text{BTU}}{\text{lb}\cdot\text{°F}}\right)\left(\dfrac{1\ \text{lb}}{0.4536\ \text{kg}}\right)\left(\dfrac{1.055\ \text{kJ}}{1\ \text{BTU}}\right)\left(\dfrac{1\text{°F}}{5/9\ \text{°C}}\right)=4.187\ \text{kJ}/(\text{kg}\cdot\text{°C})$

2. 经验公式(或数字公式)的单位换算

化工计算中常遇到的公式有两类：

一类为物理方程,它是根据物理规律建立起来的,如前述式(0-1)。物理方程遵循单位或量纲一致的原则。同一物理方程中绝对不允许采用两种单位制。

另一类为经验方程,它是根据实验数据整理而成的公式,式中各物理量的符号只代表指定单位制的数据部分,因而经验公式又称数字公式。当所给物理量的单位与经验公式指定的单位制不相同时,则需要进行单位换算。可采用两种方式进行单位换算：将诸物理量的数据换算成经验公式中指定的单位后,再分别代入经验公式进行运算;若经验公式需经常使用,对大量的数据进行单位换算很烦琐,则可将公式加以变换,使式中各符号都采用所希望的单位制。换算方法见例0-2。

◆ **例0-2** 清水在圆管内对管壁的强制湍流对流传热系数可用下面经验公式表示,即

$$\alpha=180\times(1+2.93\times10^{-3}T)u^{0.8}d^{-0.2}$$

式中　　α——对流传热系数,$\text{BTU}/(\text{ft}^2\cdot\text{h}\cdot\text{°F})$;

T——热力学温度,K;

u——水的流速,ft/s;

d——圆管内径,in。

试将式中各物理量的单位换算为 SI 单位,即 α 为 $\text{W}/(\text{m}^2\cdot\text{K})$,$T$ 为 K,u 为 m/s,d 为 m。

解：本题为经验公式的单位换算。经验公式单位换算的基本要点是：找出式中每个物理量新旧单位的换算关系,导出物理量"数字"表达式,然后代入经验公式并整理,便将式中各物理量都变为所希望的单位。本例的具体计算过程如下。

（1）从附录查出经验公式当中有关物理量新旧单位之间的换算关系为

$$1 \text{ BTU}/(\text{ft}^2 \cdot \text{h} \cdot {}^\circ\text{F}) = 5.678 \text{ W}/(\text{m}^2 \cdot \text{K})$$

$$1 \text{ ft} = 0.3048 \text{ m}$$

$$1 \text{ in} = 2.54 \times 10^{-2} \text{ m}$$

热力学温度 T 及时间 θ 不必换算。

（2）将原物理量的符号加上"′"以代表新单位的符号，导出原符号的"数字"表达式。

$$\alpha \frac{\text{BTU}}{\text{ft}^2 \cdot \text{h} \cdot {}^\circ\text{F}} = \alpha' \frac{\text{W}}{\text{m}^2 \cdot \text{K}}$$

因而

$$\alpha = \alpha' \left(\frac{\dfrac{\text{W}}{\text{m}^2 \cdot \text{K}}}{\dfrac{\text{BTU}}{\text{ft}^2 \cdot \text{h} \cdot {}^\circ\text{F}}} \right) \left(\frac{1 \dfrac{\text{BTU}}{\text{ft}^2 \cdot \text{h} \cdot {}^\circ\text{F}}}{5.678 \dfrac{\text{W}}{\text{m}^2 \cdot \text{K}}} \right) = \frac{\alpha'}{5.678}$$

同理

$$u = u' \left(\frac{\text{m/s}}{\text{ft/s}} \right) \left(\frac{1 \text{ ft/s}}{0.3048 \text{ m/s}} \right) = 3.2808 \, u'$$

$$d = d' \left(\frac{\text{m}}{\text{in}} \right) \left(\frac{1 \text{ in}}{2.54 \times 10^{-2} \text{ m}} \right) = 39.37 d'$$

（3）将以上关系式代入原经验公式，得

$$\frac{\alpha'}{5.678} = 180 \times (1 + 2.93 \times 10^{-3} T)(3.2808 \, u')^{0.8}(39.37 \, d')^{-0.2}$$

经整理得

$$\alpha' = 1268.3 \times (1 + 2.93 \times 10^{-3} T)(u')^{0.8}(d')^{-0.2}$$

去掉符号上标"′"，得

$$\alpha = 1268.3 \times (1 + 2.93 \times 10^{-3} T) u^{0.8} d^{-0.2}$$

应予指出，经验公式中物理量的指数是表明该物理量对过程的影响程度，与单位制无关，因而经过单位换算后，经验公式中各物理量的指数均不发生变化。

三、物理量的量纲

用一定单位制的基本物理量来表示某一物理量称为该物理量的量纲。量纲是用来表示物理量类别的符号。物理量的量纲分为基本量纲和导出量纲。基本量纲即人为选定的独立量纲。例如，在国际单位制中，基本物理量质量、长度、时间与热力学温度的量纲分别用 M、L、T 与 Θ 表示。其他一切物理量的量纲均由这四个量纲的组合来表示，如速度 $[u] = \text{LT}^{-1}$、压力 $[p] = \text{ML}^{-1}\text{T}^{-2}$、密度 $[\rho] = \text{ML}^{-3}$，这些均为导出量纲。

物理量的量纲与单位不同，如长度的单位可以为 m、cm 或 mm，但其量纲只能为 L。

量纲表达式中所有量纲指数均为零的量，称为量纲为 1 的量或量纲为 1 的数群。判断流体流动类型的雷诺数 Re 即为量纲为 1 的数群。量纲一致性原则是量纲分析的基础。

量纲分析是工程上广泛采用的有力工具。采用量纲分析方法可将影响某物理现象的多个变量组合成量纲为 1 的数群，数群数少于原来的变量数，从而可减少实验的工作量，并使实验结果便于推广。

习题

1. 从基本单位换算入手，将下列物理量的单位换算为 SI 单位。

（1）水的黏度 $\mu = 0.00856$ g/(cm·s)

（2）密度 $\rho = 138.6$ kgf·s^2/m^4

（3）某物质的比定压热容 $c_p = 0.24$ BTU/(lb·°F)

（4）传质系数 $K_G = 34.2$ kmol/(m^2·h·atm)

（5）表面张力 $\sigma = 74$ dyn/cm

（6）导热系数 $\lambda = 1$ kcal/(m·h·℃)

2. 乱堆 25 mm 拉西环的填料塔用于精馏操作时，等板高度可用下面经验公式计算，即

$$H_E = 3.9 A (2.78 \times 10^{-4} G)^B (12.01 D)^C (0.3048 Z_0)^{1/3} \frac{\alpha \mu_L}{\rho_L}$$

式中　　H_E——等板高度，ft；

　　　　G ——气相质量速度，lb/(ft^2·h)；

　　　　D ——塔径，ft；

　　　　Z_0——每段（即两层液体分布板之间）填料层高度，ft；

　　　　α ——相对挥发，量纲为 1；

　　　　μ_L——液相黏度，cP；

　　　　ρ_L——液相密度，lb/ft^3。

A、B、C 为常数，对 25 mm 的拉西环，其数值分别为 0.57、-0.1 及 1.24。

试将上面经验公式中各物理量的单位均换算为 SI 单位。

思考题

1. 何谓单元操作？如何分类？

2. 联系各单元操作的两条主线是什么？

3. 比较数学模型方法和实验研究方法的区别和联系。

4. 何谓单位换算？

5. 何谓量纲？量纲分析的基础是什么？

第一章 流体流动

 学习指导

一、学习目的

流体流动的基本规律是本课程的重要基础。许多化工单元操作,如流体的输送、流体的分散与混合、非均相流体混合物的分离等都遵循流体流动的基本规律;流体流动与传热、传质之间存在着非常密切的联系和类似性。因此,掌握流体流动的基本规律对于传热和传质的学习也极为重要。

通过本章学习,读者应熟练掌握有关的定义、概念,流体在管内流动的基本原理,并能运用这些原理进行管路设计与分析、能量(或功率)消耗的计算等。

二、学习要点

1. 重点掌握的内容

(1) 流体静力学方程及其应用;

(2) 管内流动的连续性方程、机械能衡算方程及其应用;

(3) 管路阻力(摩擦阻力、局部阻力和总阻力)的计算方法;

(4) 简单、复杂管路的计算;

(5) 流速与流量的测量。

2. 学习时应注意的问题

(1) 鉴于本章是本课程的重要基础,而且是读者在学习本课程时首先遇到的内容,因此从一开始就注意学习方法,培养学习兴趣,对于学好本课程具有重要作用。

(2) 本章的核心内容是管内流动的连续性方程、机械能衡算方程,以及阻力系数方程的工程应用,包括管路设计计算、输送机械的选择和能量消耗的计算等。只有通过练习大量习题,才能熟练掌握和运用有关的概念和方法。

(3) 本章内容既涉及流体力学的基本理论,又强调密切结合工程实际。因此在学习本章时,应注意掌握处理复杂工程问题的方法,强化工程观点。

物质的常规聚集状态分为气、液、固三态,气体和液体统称为流体。在化工、石油、生物、制药、轻工、食品等工业中,所涉及的加工对象(包括原料、半成品与产品)多为流体。这些工业的共同特征是在流体流动过程中进行化学或物理加工,故称为过程工业,相应地把加工流体的设备称为过程设备。因此,流体的流动规律是上述领域的共同基础。

过程工业中进行传热、传质操作的物料大多处在流动状态下,流体的流动状况极大地影响传热和传质过程的速率。因此,流体流动规律又是研究传热、传质的基础。

本章主要讨论流体流动的基本原理,特别是流体在管内流动的规律及其工程应用。

1.1　流体的重要性质

演示文稿

1.1.1　连续介质假定

流体是由大量分子组成的,分子之间存在一定的间隙,并且每个分子都处于永不停息的热运动状态中。因此从微观上看,流体是一种非连续介质。但在工程技术领域中,人们感兴趣的是流体的宏观性质,即大量分子的统计平均特性,而不是单个分子的微观运动状况。为此,引入了流体的连续介质假定:将流体视为充满所占空间的、由无数彼此间没有间隙的质点组成的连续介质。所谓流体质点,是由大量分子构成的流体微团,其宏观尺度很小,但远大于分子的平均自由程。基于连续介质假定,流体的物理性质和运动参数(如密度、速度、压力等)都具有连续变化的特性,从而可以利用基于连续函数的数学工具从宏观角度考察和研究流体运动的规律。

但在某些特殊情况下,当所研究的流体尺寸与分子平均自由程的数量级接近时,如高真空稀薄气体、催化剂微孔道内的气体扩散等,就不能再用连续介质假定了。

1.1.2　流体的密度与比体积

一、密度与比体积的定义

单位体积流体所具有的质量称为流体的密度,以符号 ρ 表示。

在流体内的任意点处,取一包围该点的微元体积 ΔV,该体积所包含的流体质量为 Δm,则该点的流体密度为

$$\rho = \lim_{\Delta V \to 0} \frac{\Delta m}{\Delta V} \tag{1-1}$$

若流体为各点密度相同的均质流体,其密度为

$$\rho = \frac{m}{V} \tag{1-1a}$$

式中　　ρ——流体的密度,kg/m^3;

　　　　m——流体的质量,kg;

　　　　V——流体的体积,m^3。

单位质量流体所具有的体积称为流体的比体积，即

$$v = \frac{V}{m} = \frac{1}{\rho} \tag{1-1b}$$

式中　　v——流体的比体积，m^3/kg，数值上等于密度的倒数。

二、纯组分流体的密度

流体的密度可由物理化学手册或有关资料中查得，本书附录中也列有某些常见气体和液体的密度数值。

流体的密度是温度和压力的函数。对于液体，压力对其密度的影响不大（极高压力除外），因此在通常情况下，可近似认为液体的密度是常数，称为不可压缩流体。但温度的变化对液体密度有一定影响。

气体是可压缩流体，它的密度随温度、压力的变化很大。一般在压力不太高，温度不太低时，可按理想气体来处理，即

$$\rho = \frac{m}{V} = \frac{pM}{RT} \tag{1-2}$$

式中　　M——气体的摩尔质量，$kg/kmol$；

　　　　p——气体的绝对压力，Pa；

　　　　T——气体的热力学温度，K；

　　　　R——摩尔气体常数，其值为 $8314\ J/(kmol \cdot K)$。

如果已知某气体在 T_0、p_0 条件下的密度 ρ_0，则该气体在 T、p 条件下的密度 ρ 可按下式计算：

$$\rho = \rho_0 \frac{T_0 p}{T p_0} \tag{1-2a}$$

三、流体混合物的密度

化工及其他过程工业中所遇到的流体往往是含有若干组分的混合物。在无实测数据时，混合物的密度 ρ_m 可通过一些近似公式进行估算。

对于液体混合物，其组成常用质量分数表示。现以 1 kg 液体混合物为基准，假设各组分的体积在混合前后不变（理想溶液），则 1 kg 液体混合物的体积等于各组分单独存在时体积之和，即

$$\frac{1}{\rho_m} = \sum_{i=1}^{n} \frac{x_{Wi}}{\rho_i} \tag{1-3}$$

式中　　ρ_m——液体混合物的密度，kg/m^3；

　　　　ρ_i——液体混合物中 i 组分的密度，kg/m^3；

　　　　x_{Wi}——液体混合物中 i 组分的质量分数。

对于气体混合物，其组成常用体积分数（或摩尔分数）表示。现以 1 m^3 气体混合物为基准，假设各组分的体积在混合前后不变，则 1 m^3 气体混合物的质量等于各组分的质量之和，即

$$\rho_{m} = \sum_{i=1}^{n} \rho_i x_{Vi} \qquad (1-4)$$

式中　　　x_{Vi}——气体混合物中 i 组分的体积分数。

气体混合物的密度也可按式(1-2)计算,但该式中的气体摩尔质量 M 应以气体混合物的平均摩尔质量 M_m 代替,即

$$M_{m} = \sum_{i=1}^{n} M_i y_i \qquad (1-5)$$

式中　　　M_i——气体混合物中 i 组分的摩尔质量,kg/kmol;

　　　　　y_i——气体混合物中 i 组分的摩尔分数。

1.1.3　流体的黏性

一、流体的易流动性与黏性

流体与固体的显著区别在于它们抵抗外力的能力不同。固体内部分子间距很小,内聚力很大,当外力作用于固体时,它能产生相应的变形以抵抗外力;而流体的分子间距离相对较大、内聚力小,几乎不能承受任何拉力。处于静止状态的流体,即使在很小的切向力作用下,都会发生任意大的变形(即流动),这一性质称为流体的易流动性。

流体静止时虽不能承受切向力,但在运动时,相邻流体层之间则产生相互抵抗的作用力,运动快的流体层对运动慢的流体层施以拖曳力,而运动慢的流体层对运动快的流体层施以阻滞力。这是一对数值相同、方向相反的作用力,称为剪切力或内摩擦力。流体所具有的这种抵抗两层流体相对运动的性质称为流体的黏性。

黏性是流体的固有属性之一,无论流体处于静止状态还是流动状态,都具有黏性。不同种类流体的黏性差异很大,例如,气体的黏性比液体要小;而油和水同为液体,但油的黏性要比水大。

流体黏性的大小可通过如下的牛顿黏性定律来定量描述。

二、牛顿黏性定律

如图 1-1 所示,在两块相距为 h,平行放置的大平板之间充以某种流体。设平板的面积足够大,以至于平板四周边界的影响可以忽略。固定下板不动,对上板施加一个恒定的切向力(x 方向),则上板以恒定速度 u_0 沿 x 的正方向运动。由于流体黏性的作用,与上板接触的流体黏附于壁面上,并以速度 u_0 随上板一起运动;而板间流体则在剪切力作用下作平行于板面的流动,各层流体的速度 u_x 沿垂直板面的方向向下逐层递减,直至下板壁面处速度为零,即

$$u_x = \frac{u_0}{h} y$$

实验证明:对于多数流体,任意两毗邻流体层之间作用的剪切力 F 与两流体层的速度差 Δu_x 及其作用面积 A 成正比,与两流体层之间的垂直距离 Δy 成反比,即

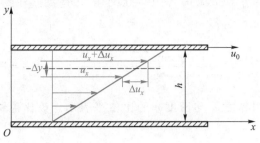

图 1-1　平板间黏性流体的速度变化

$$F=\mu\frac{\Delta u_x}{\Delta y}A$$

单位面积上受到的剪切力称为剪应力，以 τ 表示，则上式可写成

$$\tau=\frac{F}{A}=\mu\frac{\Delta u_x}{\Delta y}$$

当 $\Delta y\to 0$，上式变为

$$\tau=\mu\frac{\mathrm{d}u_x}{\mathrm{d}y} \tag{1-6}$$

式中　　$\dfrac{\mathrm{d}u_x}{\mathrm{d}y}$——速度梯度，即与流动方向相垂直的 y 方向上流体速度的变化率；

　　　　μ——比例系数，其值随流体不同而异，流体黏性越大，其值越大，故称为流体的黏性系数或动力黏度，简称黏度。

式（1-6）称为牛顿黏性定律。凡遵循式（1-6）的流体称为牛顿流体（Newtonian fluid），否则为非牛顿流体（non-Newtonian fluid）。所有气体和大多数低相对分子质量液体均属牛顿流体，如水、空气等；而某些高分子溶液、悬浮液、泥浆、血液等则属于非牛顿流体。本书所涉及的流体多为牛顿流体，非牛顿流体将在本章 1.9 节讨论。

三、流体的黏度

将式（1-6）写成

$$\mu=\frac{\tau}{\dfrac{\mathrm{d}u_x}{\mathrm{d}y}}$$

由上式可知，黏度的物理意义是促使流体流动产生单位速度梯度的剪应力，或速度梯度为 1 时，在单位面积上由于流体黏性所产生的内摩擦力的大小。显然，当流体运动时，速度梯度越大之处剪应力亦越大，速度梯度为零之处剪应力亦为零。因此，黏度总是与速度（或速度梯度）相联系，分析静止流体的规律时则不用考虑黏度这一因素。

在 SI 单位中，黏度的单位为

$$[\mu]=\left[\frac{\tau}{\mathrm{d}u/\mathrm{d}y}\right]=\frac{\mathrm{Pa}}{\mathrm{m}\cdot\mathrm{s}^{-1}\cdot\mathrm{m}^{-1}}=\mathrm{Pa}\cdot\mathrm{s}$$

一些常见纯液体和气体的黏度可从本书附录或有关手册中查得，但所查得的黏度数

据往往用其他单位制表示(如 cP)。1 cP＝0.01 P,P 是黏度在物理单位制中的导出单位,即

$$[\mu]=\frac{\mathrm{dyn}\cdot\mathrm{cm}^{-2}}{\mathrm{cm}\cdot\mathrm{s}^{-1}\cdot\mathrm{cm}^{-1}}=\frac{\mathrm{dyn}\cdot\mathrm{s}}{\mathrm{cm}^2}=\frac{\mathrm{g}}{\mathrm{cm}\cdot\mathrm{s}}=\mathrm{P}$$

流体的黏性亦可用黏度 μ 与密度 ρ 的比值来表示。该比值称为运动黏度,以 ν 表示,即

$$\nu=\frac{\mu}{\rho} \tag{1-7}$$

在 SI 单位中,ν 的单位为 m^2/s;在物理单位制中,ν 的单位为 cm^2/s(St,斯托克斯,简称斯),1 St(斯)＝100 cSt(厘斯)＝10^{-4} m^2/s。

黏度是流体的重要物理性质之一,其值可由实验测定,亦可由一些理论和经验公式计算。液体的黏度随温度的升高而减小,而气体的黏度随温度的升高而增大。压力对液体黏度几乎无影响;气体的黏度随压力的增加而略有减小,在一般工程计算中可以忽略,只有在极高或极低的压力下,才需考虑压力对气体黏度的影响。

四、流体混合物的黏度

化工及其他过程工业中经常遇到各种流体的混合物。对于流体混合物的黏度,在缺乏实验数据时可选用适当的经验公式估算。例如,常压气体混合物的黏度可用下式计算:

$$\mu_{\mathrm{m}}=\frac{\sum y_i\mu_i M_i^{1/2}}{\sum y_i M_i^{1/2}} \tag{1-8}$$

式中　　μ_{m}——气体混合物的黏度,Pa·s;

　　　　y_i——气体混合物中 i 组分的摩尔分数;

　　　　μ_i——同温度下纯组分 i 的黏度,Pa·s。

对于非缔合液体混合物的黏度,可用下式计算:

$$\lg\mu_{\mathrm{m}}=\sum x_i\lg\mu_i \tag{1-9}$$

式中　　μ_{m}——液体混合物的黏度,Pa·s;

　　　　x_i——液体混合物中 i 组分的摩尔分数。

五、理想流体

实际流体都是有黏性的,称为黏性流体。完全没有黏性($\mu=0$)的流体称为理想流体,它是客观上并不存在的假想的流体模型。

引入理想流体的概念,对研究实际流体有着很重要的作用。这是因为黏性的存在,使得对流体运动规律的研究复杂化。对于某些流动问题,当黏性不起主要作用时,便可按理想流体求出流动的基本规律,使分析和计算得以简化。如果要考虑黏性的影响,可再根据实验数据对理想流体的结果进行修正。研究理想流体运动规律的科学为理论流体力学,读者可参阅有关书籍。

1.2 流体静力学

流体静力学主要研究静止流体内部各种物理量的变化规律,特别是在重力场作用下,静止流体内部的压力变化规律。在工程实际中,静止流体的平衡规律应用很广,如流体在设备或管道内压力的测量,液体在储罐内液位的测量,设备的液封等均以这一规律为依据。

1.2.1 作用在流体上的力

无论处于运动状态还是静止状态,流体都承受着一定的作用力。流体受到的作用力可分为质量力与表面力两种。

一、质量力

质量力是指不需要直接接触而作用于流体的所有质点上的力,其大小与流体质量成正比。

处于地球重力场中的流体每个质点都受到重力作用,这是最常见的一种质量力。流体做变速直线运动的惯性力和做匀速圆周运动所受到的惯性离心力均与流体质点的质量成正比,也属于质量力。带电流体所受到的静电力,以及有电流通过的流体所受到的电磁力也是质量力。

二、表面力

表面力是指作用在所研究的流体表面上的力,它是由与该流体相接触的相邻流体(或固体)的作用产生的。表面力的大小与受力面积成正比,故又称为面积力。表面力可分解为与作用表面相垂直的法向力和与作用表面相切的切向力。

作用在流体单位面积上的表面力称为表面应力。流体黏性所引起的内摩擦力就是切向表面应力,流体的压强则为法向表面应力,二者是研究流体流动中经常遇到的两种表面应力。

对于静止流体或没有黏性的理想流体,切向表面力是不存在的,只有法向表面力。

1.2.2 静止流体的压力特性

如前所述,静止流体内部没有切向应力(剪应力),仅有与作用面相垂直的法向应力。在静止流体中,任取一微元面积 ΔA,设作用于该微元面积上的法向力为 ΔP,则

$$p = \lim_{\Delta A \to \infty} \frac{\Delta P}{\Delta A} = \frac{\mathrm{d}P}{\mathrm{d}A}$$

式中,p 为作用在静止流体一点处的法向应力,物理学上称为静压强,习惯上常称为静压力。

流体静压力有两个重要特性:

(1) 流体静压力的方向为沿作用面的内法线方向,即垂直指向作用面。这是因为在静止流体中,剪应力等于零;流体又不能承受拉力而只能承受压力,因此作用于流体上的

唯一的表面力,只有指向作用面的内法线方向的静压力。

（2）静止流体中任意一点的静压力的大小与作用面的方位无关,即任意一点上各方向的静压力均相同。因此,流体静压力为一标量而非向量。

在 SI 单位中,压力的单位是 N/m^2 或 Pa。工程上有时还沿用其他的压力单位,如 atm（标准大气压）、某流体柱高度、bar（巴）或 kgf/cm^2 等。一些常用压力单位之间的换算关系如下：

$$1 \text{ atm} = 101325 \text{ N/m}^2 = 101.3 \text{ kPa} = 1.033 \text{ kgf/cm}^2$$
$$= 10.33 \text{ mH}_2\text{O} = 760 \text{ mmHg}$$

流体压力的大小除用不同的单位计量之外,还用两种不同的基准来表示：一是绝对真空（零压）,二是大气压力。以绝对真空为基准计量的压力称为绝对压力,简称绝压,它是流体受到的真实压力。以大气压力为基准测得的压力称为表压力或真空度。

工业上,流体压力采用测压仪表来测量。当被测流体的绝对压力高于外界大气压力时,所用的测压仪表称为压力表。压力表上的读数是被测流体的绝对压力比大气压力高出的数值,称为表压力,即

表压力＝绝对压力－大气压力

当被测流体的绝对压力低于外界大气压力时,所用的测压仪表称为真空表。真空表上的读数表示被测流体的绝对压力低于大气压力的数值,称为真空度,即

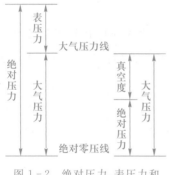

图 1-2　绝对压力、表压力和真空度的关系

真空度＝大气压力－绝对压力

显然,流体的绝对压力越低,其真空度值越高。

绝对压力、表压力和真空度之间的关系可用图 1-2 表示。

应当指出,大气压力随大气温度、湿度及所在地区的海拔高度而变。为了避免绝对压力、表压力和真空度三者相互混淆,在应用时需对表压力和真空度加以标注,如 3×10^3 Pa（表压）、2×10^3 Pa（真空度）等。

◆ **例 1-1**　在大气压力为 1.013×10^5 Pa 的地区,某真空蒸馏塔塔顶真空表的读数为 1.45×10^4 Pa。若在大气压力为 8.73×10^4 Pa 的地区使该塔内绝对压力维持相同的数值,则真空表读数应为多少？

解：在大气压力为 1.013×10^5 Pa 的地区,真空蒸馏塔塔顶的绝对压力为

$$绝对压力＝大气压力－真空度＝(101300-14500) \text{ Pa}=86.8 \text{ kPa}$$

在大气压力为 8.73×10^4 Pa 的地区操作时,要求塔内维持相同的绝对压力,则

$$真空度＝大气压力－绝对压力＝(87300-86800) \text{ Pa}=0.5 \text{ kPa}$$

1.2.3 流体静力学方程

如图 1-3 所示,在密度为 ρ 的静止流体中,任取一流体微元 $dV=dx\,dy\,dz$,则作用在该微元流体上的力包括质量力和表面力。如果流体仅处于重力场中,质量力仅为重力;流体静止时表面力仅为流体静压力。

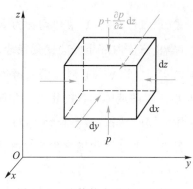

取坐标 x、y 为水平方向,坐标 z 为垂直向上。由于流体微元处于静止状态,故作用在其上的所有力之和应等于零,即

在 z 方向,有

$$p\,dx\,dy-\left(p+\frac{\partial p}{\partial z}dz\right)dx\,dy-\rho g\,dx\,dy\,dz=0$$

图 1-3　流体静力学方程的推导

即

$$\frac{\partial p}{\partial z}=-\rho g \tag{1-10}$$

由于坐标 x、y 为水平方向,仅存在压力的作用,故在 x 和 y 方向,有

$$\frac{\partial p}{\partial x}=0 \tag{1-10a}$$

$$\frac{\partial p}{\partial y}=0 \tag{1-10b}$$

式(1-10)、式(1-10a)和式(1-10b)称为静止流体的欧拉平衡方程。

将式(1-10)、式(1-10a)和式(1-10b)两侧分别乘以 dz、dx 和 dy,然后相加得

$$\frac{\partial p}{\partial x}dx+\frac{\partial p}{\partial y}dy+\frac{\partial p}{\partial z}dz=-\rho g\,dz$$

上式左侧为压力 p 的全微分,即

$$dp=-\rho g\,dz \tag{1-10c}$$

对于不可压缩流体,$\rho=$ 常数,将式(1-10c)积分可得

$$\frac{p}{\rho}+gz=常数 \tag{1-11}$$

液体可视为不可压缩流体。在静止液体内部的不同高度处(如图 1-4 所示),任取两平面 z_1 和 z_2,设两平面处的压力分别为 p_1 和 p_2,则有

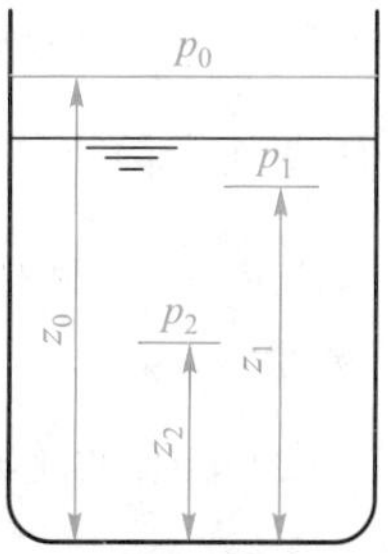

$$\frac{p_1}{\rho}+gz_1=\frac{p_2}{\rho}+gz_2 \tag{1-12}$$

或

$$p_2=p_1+\rho gh \tag{1-13}$$

式中,$h=z_1-z_2$ 为两平面间的垂直距离。

图 1-4　静止液体内部的压力分布

为讨论方便,将 z_1 移至液面处,并设液面上方的压力为 p_0,z_2 处的压力为 p,式 (1-13) 可写成

$$p = p_0 + \rho g h \tag{1-14}$$

式 (1-11) 至式 (1-14) 均称为不可压缩流体的静力学方程式,它反映了在重力场作用下,静止流体内部压力的变化规律。

由式 (1-14) 可知,对于静止液体,当液面上方的压力 p_0 一定,则液体内部任一点的静压力 p 仅随液体本身的密度 ρ 和该点距液面的深度 h 而变。因此,在静止而连续的同一液体内,处于同一水平面上各点的静压力都相等。当液面上方的压力 p_0 改变时,液体内部各点的压力 p 也随之发生同样大小的改变。

式 (1-13) 可改写为

$$\frac{p_2 - p_1}{\rho g} = h \tag{1-15}$$

上式表明,压力差的大小可以用一定的液柱高度来表示,这就是前面介绍的压力可以用 $mmHg$、mH_2O 等单位来计量的依据。但应注意,用液柱高度来表示压力或压力差时,必须指明是何种液体,否则便失去了意义。

需要指出,上述各静力学方程式仅适用于重力场中同一种连续的不可压缩静止流体。液体为不可压缩流体,而气体的密度除随温度变化外,还随压力改变,因此气体的密度沿高度是变化的,但在通常的容器或设备的尺度范围内,这种变化一般可以忽略。

◆ 例1-2　一敞口储槽内盛有油和水(如附图所示),油层密度和高度分别为 $\rho_1 = 800\ kg/m^3$、$h_1 = 2\ m$,水层密度和高度(指油、水界面与小孔中心的距离)分别为 $\rho_2 = 1000\ kg/m^3$、$h_2 = 1\ m$。

(1) 判断下列等式是否成立:

$$p_A = p_{A'} \qquad p_B = p_{B'}$$

(2) 计算水在玻璃管内的高度 h。

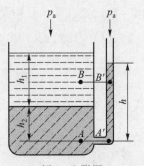

例 1-2 附图

解:(1) 判断等式是否成立　如附图所示,由于 A 与 A' 两点处于静止的、连续的同一液体的同一水平面上,故 $p_A = p_{A'}$。

又由于 B 与 B' 两点虽在静止液体的同一水平面上,但不是连续的同一种液体,因此 $p_B \neq p_{B'}$。

(2) 计算水在玻璃管内的高度　由于 $p_A = p_{A'}$,而 p_A 与 $p_{A'}$ 都可以用流体静力学方程计算,即

$$p_A = p_a + \rho_1 g h_1 + \rho_2 g h_2$$

$$p_{A'} = p_a + \rho_2 g h$$

于是　　　　　　　　　　$p_a + \rho_1 g h_1 + \rho_2 g h_2 = p_a + \rho_2 g h$

简化上式并代入已知数值,得

$$800 \times 2 + 1000 \times 1 = 1000\,h$$

解得　　$h = 2.6\ \text{m}$

1.2.4　流体静力学方程的应用

一、压力与压力差的测量

测量压力的仪表种类很多,本节仅介绍根据流体静力学原理制成的测压仪表,这种测压仪表统称为液柱压差计,常见的有以下几种。

1. U 管压差计

U 管压差计的结构如图 1–5 所示。在一根 U 形的玻璃管内装入指示液 A,要求指示液的密度要大于被测流体 B 的密度,并与被测流体 B 不互溶。

当 U 管的两端与被测两点连通时,由于作用于 U 管两端的压力不等(设图中 $p_1 > p_2$),指示液 A 在 U 管的两侧便显示出一高度差 R。

设指示液 A 的密度为 ρ_A,被测流体 B 的密度为 ρ_B。由图1–5可知,a、a'两点在同一水平面上,且该两点都处在连续的同一静止流体内,因此 a、a' 两点的压力相等,即 $p_a = p_{a'}$。据此,分别对 U 管的左侧和右侧的流体柱列流体静力学方程,即

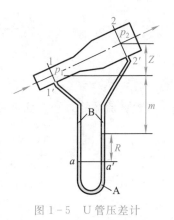

图 1–5　U 管压差计

$$p_a = p_1 + \rho_B g(m + R)$$

$$p_{a'} = p_2 + \rho_B g(m + Z) + \rho_A g R$$

于是　　　　　　$p_1 + \rho_B g(m + R) = p_2 + \rho_B g(m + Z) + \rho_A g R$

上式化简,可得

$$p_1 - p_2 = (\rho_A - \rho_B)gR + \rho_B g Z$$

若被测管段水平放置时,$Z = 0$,则上式可简化为

$$p_1 - p_2 = (\rho_A - \rho_B)gR \qquad\qquad (1-16)$$

若被测流体为气体,由于气体的密度比指示液的密度小得多,式(1–16)中的 ρ_B 可以忽略,于是

$$p_1 - p_2 = \rho_A g R \qquad\qquad (1-16a)$$

若 U 管的一端与被测流体连接,另一端与大气相通,此时读数 R 反映的是该处被测流体的表压力。

◆ 例 1-3   用串联的 U 管压差计测量蒸汽锅炉水面上方的水蒸气的压力,如本题附图所示。U 管压差计的指示液为水银,两 U 管间的连接管内充满水。已知水银面与基准面的垂直距离分别为 $h_1=2.4$ m,$h_2=1.3$ m,$h_3=2.6$ m 及 $h_4=1.5$ m。锅炉中水面与基准面的垂直距离 $h_5=3$ m。当地大气压为 $p_a=9.87\times10^4$ Pa。试求锅炉上方水蒸气的压力。

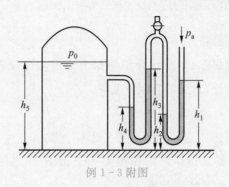

例 1-3 附图

解: $$p_1=p_a$$

根据流体静力学方程可知,U 管压差计各点的压力分别为

$$p_2=p_1+\rho_{Hg}g(h_1-h_2)$$

$$p_3=p_2-\rho_{H_2O}g(h_3-h_2)$$

$$p_4=p_3+\rho_{Hg}g(h_3-h_4)$$

$$p_0=p_4-\rho_{H_2O}g(h_5-h_4)$$

故有　$p_0=p_3+\rho_{Hg}g(h_3-h_4)-\rho_{H_2O}g(h_5-h_4)$

$=p_2-\rho_{H_2O}g(h_3-h_2)+\rho_{Hg}g(h_3-h_4)-\rho_{H_2O}g(h_5-h_4)$

$=p_a+\rho_{Hg}g(h_1-h_2)-\rho_{H_2O}g(h_3-h_2)+\rho_{Hg}g(h_3-h_4)-\rho_{H_2O}g(h_5-h_4)$

$=p_a+\rho_{Hg}g(h_1-h_2+h_3-h_4)-\rho_{H_2O}g(h_3-h_2+h_5-h_4)$

$=[98700+13600\times9.81\times(2.4-1.3+2.6-1.5)-$

$1000\times9.81\times(2.6-1.3+3-1.5)]$ Pa

$=3.65\times10^5$ Pa(绝压)

2. 倾斜液柱压差计

当被测系统的压力差较小时,为了提高读数的精度,可将液柱压差计倾斜放置,称为倾斜液柱压差计,如图 1-6 所示。此压差计的读数 R' 与 U 管压差计的读数 R 的关系为

$$R'=R/\sin\alpha \tag{1-17}$$

式中,α 为倾斜角,其值越小,R' 值越大。

3. 双液 U 管微压差计

当被测系统的压力差很小时,U 管压差计的读数 R 也很小,即使采用倾斜液柱压差计测量也很难改进读数的精度。

由式(1-16)可知,读数 R 不仅与所测的压力差有关,还与两种流体的密度差有关。当被测系统的压力差一定时,密度差越小,读数 R 越大。据此设计了双液 U 管微压差计,如图 1-7 所示。

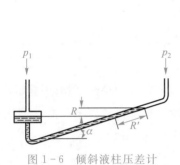

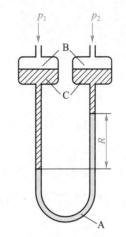

图 1-6　倾斜液柱压差计　　　　　图 1-7　双液 U 管微压差计

双液 U 管微压差计的主体仍是 U 形玻璃管,其两侧管的顶部增设两个扩大室,扩大室内径与 U 管内径之比一般应大于 10。压差计内装入两种密度很接近且不互溶的指示液 A 和 C。由于扩大室的截面积远大于 U 管的截面积,即使 U 管内指示液 A 的液面高度差很大,两扩大室内的指示液 C 的液面高度差也很小,基本可认为是等高。根据流体静力学方程可得

$$p_1 - p_2 = (\rho_A - \rho_C)gR \tag{1-18}$$

由上式可知,只要所选择的两种指示液 A 与 C 的密度差足够小,就能使读数 R 达到较大的数值。

如果计及双液 U 管微压差计两个扩大室内的液面高度差,则

$$p_1 - p_2 = (\rho_A - \rho_C)gR + \Delta R \rho_C g \tag{1-18a}$$

式中,ΔR 为两个扩大室的液面高度差,$\Delta R = R(d/D)^2$,m;d 为 U 管内径,m;D 为扩大室内径,m。

◆ 例 1-4　采用普通 U 管压差计测量某气体管路上两点的压力差,指示液为水,读数 $R = 10$ mm。为了提高测量精度,改用双液 U 管微压差计,指示液 A 是含 40％乙醇的水溶液,密度 $\rho_A = 910$ kg/m³,指示液 C 为煤油,密度 $\rho_C = 820$ kg/m³。试求双液 U 管微压差计的读数可以放大的倍数。已知水的密度为 1000 kg/m³。

解:用 U 管压差计测量时,其压力差为

$$p_1 - p_2 = \rho_w gR \tag{1}$$

用双液 U 管微压差计测量时，其压力差为

$$p_1 - p_2 = (\rho_A - \rho_C)gR' \tag{2}$$

由于两种压差计所测的压力差相同，故式(1)与式(2)联立，得

$$R' = \frac{R\rho_w}{\rho_A - \rho_C} = \frac{10 \times 1000}{910 - 820} \text{ mm} = 111 \text{ mm}$$

计算结果表明，双液 U 管微压差计的读数是原来读数的 $\frac{111}{10} = 11.1$ 倍。

二、液位的测量

在化工及其他过程工业中，各种设备和容器内的液位经常需要测量和控制。根据流体静力学原理，可以进行液位的测量。

原始液位计通常是在容器器壁的下部及液面上方处各开一小孔，用玻璃管将两孔相连接。玻璃管内示出的液面高度即为容器内液面的高度。这种构造易于破损，且不便于远距离观测。

动画
压差法测
量液位

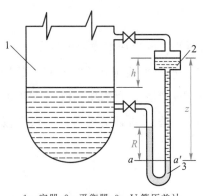

1—容器；2—平衡器；3—U 管压差计

图 1-8　压差法测量液位

图 1-8 是基于流体静力学原理设计的压差法测量液位的液位计。用一个装有指示液的 U 管压差计将容器底部侧壁处和容器液面上部侧壁处的两个支管相连接，再在容器上部支管与 U 管压差计之间连接一个扩大室，称为平衡器，其内装入与容器中相同的液体。该液体在平衡器内的液面高度应维持在容器内液面所能达到的最大高度，则由压差计读数便可求出容器内的液面高度。

设容器内压力为 p_0，则根据流体静力学原理，有

$$p_a = p_{a'}$$

而

$$p_a = p_0 + \rho g(z - h - R) + \rho_A gR$$

$$p_{a'} = p_0 + \rho gz$$

将上两式联立，可得

$$h = \frac{\rho_A - \rho}{\rho}R \tag{1-19}$$

由式(1-19)可知，容器内的液面越低(即 h 值越大)，压差计的读数越大；当液面达到最大高度(即 h 值为零)时，压差计读数为零。

◆ **例1-5**　为了测量某地下储罐内油品的液位,常采用附图所示的装置。压缩空气经调节阀1调节后进入鼓泡观察器2。管路中空气的流速控制得很小,使鼓泡观察器2内能观察到有气泡缓慢逸出即可,故气体通过吹气管4的流动阻力可以忽略不计。吹气管某截面处的压力用U管压差计3来计量。由压差计读数R的大小,即可计算储罐5内液面的高度。

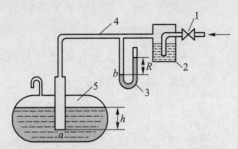

1—调节阀;2—鼓泡观察器;3—U管压差计;4—吹气管;5—储罐

例1-5附图

已知U管压差计的指示液为水银,其读数$R = 100$ mm,罐内液体的密度$\rho = 900$ kg/m³,储罐上方与大气相通。试求储罐中液面离吹气管出口的距离h。

解:吹气管内空气流速很低,可近似作为静止流体来处理,且空气的密度很小,故吹气管出口a处与U管压差计b处的压力近似相等,即$p_a \approx p_b$。

若p_a与p_b均用表压力表示,根据流体静力学方程,得

$$p_a = \rho g h \qquad p_b = \rho_{Hg} g R$$

故　　　　$$h = \rho_{Hg} R / \rho = (13600 \times 0.10 / 900)\ \text{m} = 1.51\ \text{m}$$

三、液封高度的计算

液封也是化工及其他过程工业中经常遇到的问题。例如,为了控制一些设备内的气体压力不超过给定的数值,往往采用安全液封(又称水封)装置,如图1-9所示。其作用是当设备内的气体压力超过给定值,气体则从液封装置中排出。

液封高度可根据静力学方程计算。令设备内压力为p(表压),水的密度为ρ,则所需的液封高度应为

$$h = \frac{p}{\rho g}$$

图1-9　安全液封

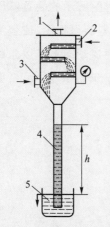

1—与真空泵相通的不凝气出口；
2—冷水进口；3—水蒸气进口；
4—气压管；5—液封槽

例1-6附图

◆ **例1-6**　真空蒸发操作中产生的水蒸气，通常送入附图所示的混合冷凝器中与冷水直接接触而冷凝。为了维持操作的真空度，在冷凝器上方接有真空泵，以抽走其内的不凝气(空气)。同时，为防止外界空气由气压管漏入，将此气压管插入液封槽中，水即在管内上升一定的高度 h，这种方法称为液封。若真空表的读数为 $7×10^4$ Pa，试求气压管中水上升的高度 h。

解： 设气压管内水面上方的绝对压力为 p，液封槽内水面的压力为大气压力 p_a，则

$$p_a = p + \rho g h$$

于是

$$h = \frac{p_a - p}{\rho g}$$

式中

$$p_a - p = 7×10^4 \text{ Pa(真空度)}$$

故

$$h = \frac{7×10^4}{1000×9.81} \text{ m} = 7.14 \text{ m}$$

演示文稿

1.3　流体流动概述

上一节中讨论了静止流体内部的压力变化规律及其应用，它只是流体流动的一个特例。工程实际中经常遇到的多是运动的流体，其运动规律要比静止流体复杂得多。本节先介绍与流体流动有关的若干基本概念。

1.3.1　流动体系的分类

一、定态与非定态流动

根据流体的连续介质假定，在流动系统中，表征流体性质和运动参数的物理量，如流速、压力、密度等均为位置 (x,y,z) 和时间 θ 的函数。例如，速度可表示为

$$\boldsymbol{u} = \boldsymbol{u}(x,y,z,\theta) \tag{1-20}$$

式中，流速 $\boldsymbol{u}$ 为向量，其在 x、y 和 z 三个坐标方向的分量分别为

$$\begin{cases} u_x = u_x(x,y,z,\theta) \\ u_y = u_y(x,y,z,\theta) \\ u_z = u_z(x,y,z,\theta) \end{cases} \tag{1-20a}$$

又如，流体的压力可表示为

$$p = p(x,y,z,\theta) \tag{1-21}$$

按流体流动时流速等物理量是否随时间变化，可以将其分为定态流动和非定态流动。若流动流体中任一固定点的所有物理量均不随时间变化，则称此流动为定态流动，

否则为非定态流动。

按此定义,定态流动时式(1-20)及式(1-21)可表示为

$$u = u(x,y,z)$$

$$p = p(x,y,z)$$

例如,有一高位水槽,从下部的排液管连续排水,同时从上部不断补充水,整个过程中一直维持高位槽的液面恒定,因而在高位槽内的任何空间点上,水的流速、压力等物理量均不随时间变化,所以是定态流动。如果槽内水得不到补充,液面将随时间不断降低,导致水的流速、压力等都相应变小,这就属于非定态流动。

定态流动又称为定常流动。连续生产过程中的流体流动,在正常情况下多为定态流动,而在开工或停工阶段则为非定态流动。

二、一维与多维流动

流体流动时,按流速所依赖的空间维数的不同,可将其分为一维与多维流动。工程实际中,流体流动本质上都是在三维空间内发生的,即流体质点的速度 $u(x,y,z)$ 随 3 个位置坐标 x、y 和 z 变化,因而都是三维流动,如式(1-20)或式(1-20a)所示。

在某些特定情况下,流体质点的速度仅在一个或两个坐标方向变化,称为一维或二维流动。例如,当液体在等截面圆管内作定态流动时,其在轴向(z 方向)的流速仅在管径方向(r 方向)变化,即 $u_z = u_z(r)$,因而是典型的一维流动。

又如,流体在矩形通道内作定态流动时,其在轴向(z 方向)的流速在通道的高度(x 方向)和宽度(y 方向)两个方向均发生变化,即 $u_z = u_z(x,y)$,它是典型的二维流动。

三、绕流与封闭管道内的流动

当流体沿固体壁面流动时,按流体和壁面的相对关系,可将流动大致分为绕流与封闭管道内的流动。

所谓绕流系指流体绕过一个浸没的固体壁面流动,故也称为外部流动。例如,颗粒在气流中的沉降,空气围绕换热器中换热管的流动等。

流体在封闭管道内的流动的特点是流体在固体壁面所限制的空间内流动,故又称为内部流动。在化工等过程工业中,流体的输送与加工大多是在管路中完成的,因此研究流体在管路中的流动规律是本章的重要内容。

1.3.2 流量与平均流速

一、流量

单位时间内流过任一流通截面的流体体积称为体积流量,以符号 V_s 表示,其单位为 m^3/s;单位时间内流过任一流通截面的流体质量称为质量流量,以符号 w_s 表示,其单位为 kg/s。二者的关系为

$$w_s = \rho V_s \tag{1-22}$$

在变截面管路的某一位置处,取一面积为 A 的流通截面,并在 A 上取一微元面积

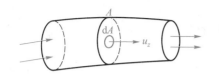

图 1-10　流通截面

dA，如图 1-10 所示。设流体通过 dA 的流速为 u_z，则流体通过 dA 的体积流量为

$$dV_s = u_z dA$$

通过该管路截面 A 的体积流量为

$$V_s = \iint_A u_z dA \tag{1-23}$$

二、平均流速

由式(1-23)可知，要计算流体通过管截面的体积流量，需要已知其在截面上的速度分布规律。实验表明，当流体在管内流动时，管截面上各点的速度是不同的。在壁面处，由于流体的黏性作用而黏附于壁面，速度为零；在管中心流速达到最大，而由管壁至管中心逐渐形成一个速度的分布，称为速度侧形。

在工程计算时为方便起见，通常引入截面平均流速 u 来代替式(1-23)中的点速度 u_z，其定义为

$$u = \frac{V_s}{A} = \frac{1}{A} \iint_A u_z dA \tag{1-24}$$

由于气体的体积流量随温度和压力变化，故其平均流速亦随之而变。工程计算中往往采用质量平均流速的概念，也称质量通量，以 G 表示，其定义为

$$G = \frac{w_s}{A} = \frac{\rho V_s}{A} = \rho u \tag{1-25}$$

式中，G 的单位为 $\mathrm{kg/(m^2 \cdot s)}$。

用于流体输送的管道以圆形截面居多，若以 d 表示管内径，则式(1-24)变为

$$u = \frac{4V_s}{\pi d^2} \tag{1-26}$$

于是

$$d = \sqrt{\frac{4V_s}{\pi u}} \tag{1-27}$$

式(1-27)是确定流体输送管路直径的重要依据。式(1-27)中，流体的体积流量一般由生产任务给定，平均流速则需要综合考虑各种因素后进行合理选择：流速选择过高，管径虽可以减小，但流体流经管道的阻力增大，动力消耗大，操作费用随之增加；反之，流速选择过低，操作费用可相应地减小，但管径增大，管路的投资费用随之增加。因此，适宜的流速需根据经济性权衡决定。表 1-1 列出了某些流体在管道中流动时的常用流速范围，可供管路设计计算时参考。由表 1-1 可以看出，流体在管道中的适宜流速的大小与流体的性质及操作条件有关。

表 1-1 某些流体在管道中流动时的常用流速范围

流体及其流动类别	流速范围 m/s	流体及其流动类别	流速范围 m/s
自来水(3×10^5 Pa 左右)	1~1.5	一般气体(常压)	10~20
水及低黏度液体(1×10^5~1×10^6 Pa)	1.5~3.0	鼓风机吸入管	10~20
高黏度液体	0.5~1.0	鼓风机排出管	15~20
工业供水(8×10^5 Pa 以下)	1.5~3.0	离心泵吸入管(水类液体)	1.5~2.0
锅炉供水(8×10^5 Pa 以下)	>3.0	离心泵排出管(水类液体)	2.5~3.0
饱和蒸汽	20~40	往复泵吸入管(水类液体)	0.75~1.0
过热蒸汽	30~50	往复泵排出管(水类液体)	1.0~2.0
蛇管、螺旋管内的冷却水	<1.0	液体自流速度(冷凝水等)	0.5
低压空气	12~15	真空操作下气体流速	<50
高压空气	15~25		

◆ 例 1-7 某制药厂溶剂回收精馏塔进料量为 9000 kg/h,料液的密度为 810 kg/m³,其他性质与水接近,试选择适宜的进料管管径。

解:由题给条件得

$$V_s = \left(\frac{9000}{3600\times810}\right) \text{m}^3/\text{s} = 3.09\times10^{-3} \text{ m}^3/\text{s}$$

因料液性质与水相近,参考表 1-1,选取 $u=1.8$ m/s,由式(1-27)得

$$d = \sqrt{\frac{4V_s}{\pi u}} = \sqrt{\frac{4\times3.09\times10^{-3}}{3.14\times1.8}} \text{ m} = 0.0468 \text{ m}$$

根据本书附录十七所列的管子规格,选用 $\phi57$ mm×3 mm 的无缝钢管,其内径为

$$d = (57-3\times2)\text{mm} = 51 \text{ mm} = 0.051 \text{ m}$$

重新核算流速,即

$$u = \left(\frac{4\times3.09\times10^{-3}}{3.14\times0.051^2}\right) \text{ m/s} = 1.51 \text{ m/s}$$

该值在常用流速范围之内,故所选管子规格是合理的。

1.3.3 流体流动的型态

流体流动时,根据流体性质和流动条件的不同,会出现两种性质截然不同的流动型态,这一现象是雷诺于 1883 年首先发现的。下面先介绍这一著名的实验。

一、雷诺实验

图 1-11 为雷诺实验装置示意图。在水箱 3 内装有溢流装置 6,以维持水箱内水位恒定。水箱底部连接一段直径均一的水平玻璃管 4,管出口处装一阀门 5 用以调节水的流量。水箱上方安装盛有有色液体的小瓶 1,有色液体(有颜色的水,如墨水)经细管 2 注

动画
雷诺实验

入水平玻璃管 4 的中心部位。从有色液体的流动状况可以观察到管内水流中质点的运动情况。

实验观察发现，当玻璃管内水流速较低时，管内呈现一条与管壁平行且清晰可见的有色液体细线，管内流体分层流动，互不掺混，质点的轨迹是与管壁平行的直线，如图 1-12(a)所示。

当水的流速增加，有色液体细线逐渐变粗，开始出现波浪；流速再增加，波浪数目和振幅加大，当流速达到某一数值时有色细线突然分裂成许多小的涡旋，向外扩散，很快消失不见，管内的水呈现均匀一致的颜色，此时管内流体剧烈掺混，质点轨迹紊乱，如图 1-12(b)所示。

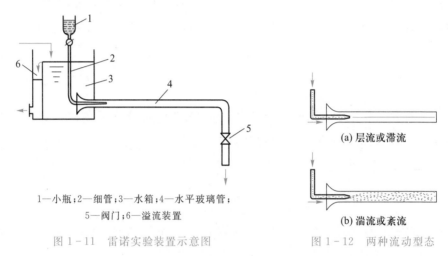

1—小瓶；2—细管；3—水箱；4—水平玻璃管；
5—阀门；6—溢流装置

图 1-11　雷诺实验装置示意图 　　　　　　　图 1-12　两种流动型态

二、雷诺数

雷诺实验揭示了流体流动时存在着两种不同的型态。一种是如图 1-12(a)所示的型态，称为层流或滞流，另一种是如图 1-12(b)所示的型态，称为湍流或紊流。

实验表明，流体的流动型态不仅取决于流体的流速 u，还与流体的密度 ρ、黏度 μ 及流道几何尺寸(如圆形管道的管径 d)有关。雷诺发现，若将这些影响流动型态的量组合为 $du\rho/\mu$ 的形式，则用该数值的大小可判断流体的流动型态。这一组合数群称为雷诺数，以 Re 表示，即

$$Re = \frac{du\rho}{\mu} \tag{1-28}$$

在计算 Re 时，式(1-28)中的各物理量需采用相同的单位制。但不管采用哪一种单位制，其数值都是一样的，且其量纲均为 1，即 Re 是量纲为 1 数群。

由若干物理量按一定规则组成的数群称为特征数或量纲为 1 数群，它们都有确定的物理意义。例如，将雷诺数写成如下形式：

$$Re = \frac{du\rho}{\mu} = \frac{\rho u^2/d}{\mu u/d^2}$$

上式中,分子 $\dfrac{\rho u^2}{d}$ 项含有流体流速和密度,其 SI 单位为 $\dfrac{kg}{m^3} \cdot \dfrac{m^2}{s^2} \cdot \dfrac{1}{m} = \dfrac{kg \cdot m/s^2}{m^3} = \dfrac{N}{m^3}$,它的物理意义是单位体积流体所具有的惯性力;而分母 $\dfrac{\mu u}{d^2}$ 项含有流体的黏度,其 SI 单位

为 $\dfrac{N}{m^2} \cdot s \cdot \dfrac{m}{s} \cdot \dfrac{1}{m^2} = \dfrac{N}{m^3}$,其物理意义则是单位体积流体所具有的黏性力。因此 Re 表示流体流动过程中惯性力与黏性力的比。

对于流体在圆管内的流动,雷诺实验得出:

(1) 当 $Re < 2000$ 时,流动为层流型态,称为层流区;

(2) 当 $Re = 2000 \sim 4000$ 时,流动可能是层流型态也可能是湍流型态,称为过渡区;

(3) 当 $Re > 4000$ 时,流动一般呈现湍流型态,称为湍流区。

值得指出的是,流体流动虽可区分为层流区、过渡区和湍流区,但流动型态只有层流和湍流两种。过渡区的流动实际上处于一种不稳定状态。当外部条件变化时,如管道直径或方向的改变、外来的轻微振动等都易促使过渡状态下的层流变为湍流。

需要说明,Re 中的 u 和 d 称为流体流动的特征速度和特征尺寸。对于不同体系的流动,其特征速度和特征尺寸代表不同的含义。例如,流体在管内流动时,特征速度指管内的平均流速,特征尺寸为管内径。再如,颗粒在流体中沉降时,特征速度指颗粒的沉降速度 u_0,特征尺寸为球形颗粒的平均直径。因此,在应用 Re 判别流动的型态时,一定要对应相应的流动体系。

◆ **例 1-8** 硝化甘油以 1.1 m/s 的平均流速在内径为 50 mm 的钢管内流动。试判断硝化甘油分别在 15 ℃ 和 40 ℃ 下的流动型态。已知 15 ℃ 下硝化甘油的物性数据:$\rho = 1600 \ kg/m^3$,$\mu = 49.7 \ cP$;40 ℃ 下硝化甘油的物性数据:$\rho = 1590 \ kg/m^3$,$\mu = 13.6 \ cP$。

解:用 SI 单位计算,则

(1) 15 ℃ 时,

$$Re = \frac{du\rho}{\mu} = \frac{50 \times 10^{-3} \times 1.1 \times 1600}{49.7 \times 10^{-3}} = 1771 < 2000$$

故流动为层流。

(2) 40 ℃ 时,

$$Re = \frac{du\rho}{\mu} = \frac{50 \times 10^{-3} \times 1.1 \times 1590}{13.6 \times 10^{-3}} = 6430 > 4000$$

故流动为湍流。

计算结果表明,流体温度对流动型态的影响主要表现为黏性的影响。

三、当量直径的概念

在许多情况下,流体的输送经常采用非圆形管道。对于非圆形管道,Re 中的特征尺

寸可用流道的当量直径 d_e 代替圆管直径 d。当量直径的定义为

$$d_e = 4r_H \tag{1-29}$$

式中，r_H 称为水力半径，按下式定义：

$$r_H = \frac{A}{L_p} \tag{1-30}$$

式中　　A——流道的截面积，m^2；

　　　　L_p——流道的润湿周边长度，m。

可以证明，对于圆管，d_e 与 d 相等。

◆ 例 1-9　试计算 (1) 内管外径为 d_1，外管内径为 d_2 组成的环隙通道和 (2) 宽为 a，高为 b 的矩形通道的当量直径。

解：(1) 环隙通道的当量直径

$$r_H = \frac{\frac{\pi}{4}(d_2^2 - d_1^2)}{\pi(d_2 + d_1)} = \frac{1}{4}(d_2 - d_1)$$

故

$$d_e = 4r_H = d_2 - d_1$$

(2) 矩形通道的当量直径

$$r_H = \frac{A}{L_p} = \frac{ab}{2(a+b)}$$

故

$$d_e = 4r_H = \frac{2ab}{a+b}$$

1.4　流体流动的基本方程

演示文稿

　　流体在运动过程中的流速、压力、能量等物理量的变化规律是流体流动研究的重要内容。所采用的研究方法是运用守恒原理（即质量守恒定律、热力学第一定律及牛顿第二定律），对预先选定的流动空间进行质量、能量与动量的衡算，建立物理量之间的内在联系和变化规律的方程。所选定的空间范围称为控制体，包围控制体的封闭边界称为控制面。

　　本节将运用质量和能量守恒原理，推导描述管内流动规律的两个重要方程——连续性方程和机械能衡算方程，并介绍其工程应用。关于动量守恒原理的内容留待下一节讨论。

1.4.1　连续性方程

连续性方程是质量守恒定律在流体流动系统的具体表达式。

选取如图 1-13 所示的一段变截面管路作为控制体，其控制面为管道的内壁面、截面

1-1′与截面2-2′组成的封闭表面。设流体
经截面1-1′流入控制体的质量流量为w_{s1},
由截面2-2′流出控制体的质量流量为w_{s2},
任一瞬时控制体内流体的质量为m。根据
质量守恒定律,可得

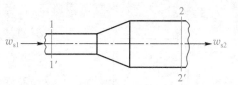

图1-13 连续性方程的推导

$$w_{s2} - w_{s1} + \frac{\mathrm{d}m}{\mathrm{d}\theta} = 0 \qquad (1-31)$$

对于定态流动,$\mathrm{d}m/\mathrm{d}\theta = 0$,则

$$w_{s1} = w_{s2}$$

设截面1-1′与截面2-2′的面积分别为A_1与A_2,流体在两截面上的密度分别为ρ_1
和ρ_2,平均流速分别为u_1和u_2,则

$$\rho_1 u_1 A_1 = \rho_2 u_2 A_2 \qquad (1-32)$$

上式可推广到管路系统的任意截面,即

$$w_s = \rho_1 u_1 A_1 = \rho_2 u_2 A_2 = \cdots = \rho u A = 常数 \qquad (1-32\text{a})$$

对于不可压缩流体,$\rho = 常数$,式(1-32a)可简化为

$$V_s = u_1 A_1 = u_2 A_2 = \cdots = u A = 常数 \qquad (1-32\text{b})$$

式(1-32a)和式(1-32b)称为管路系统定态流动的连续性方程。式(1-32a)表明,
在定态流动系统中,平均流速u与流动截面积A及流体密度ρ成反比。而对于不可压缩
流体,由式(1-32b)可知,平均流速u仅与流动截面积A成反比,即截面越大之处流速越
小,反之亦然。

对于圆形管道内不可压缩流体的定态流动,连续性方程变为

$$\frac{\pi}{4} d_1^2 u_1 = \frac{\pi}{4} d_2^2 u_2$$

或

$$\frac{u_1}{u_2} = \left(\frac{d_2}{d_1}\right)^2 \qquad (1-33)$$

式中,d_1和d_2分别为管道截面1和截面2处的管内径。上式表明,不可压缩流体在管内
的平均流速与管内径的平方成反比。

◆ 例1-10 水在定态下连续流过如图1-13所示的变径管道。已知截面1-1′处
的管内径$d_1 = 5$ cm,截面2-2′处的管内径$d_2 = 10$ cm。试求当体积流量为4×10^{-3} m³/s
时,各管段的平均流速。

解:由式(1-26),可得

$$u_1 = \frac{4V_s}{\pi d_1^2} = \left[\frac{4 \times 4 \times 10^{-3}}{\pi \times (5 \times 10^{-2})^2}\right] \text{ m/s} = 2.04 \text{ m/s}$$

由式(1-33),可得

$$u_2 = u_1 \left(\frac{d_1}{d_2}\right)^2 = \left[2.04 \times \left(\frac{5}{10}\right)^2\right] \text{ m/s} = 0.51 \text{ m/s}$$

◆ **例1-11**　如本题附图所示,直径为1.0 m的圆筒形高位储罐内初始装有2 m深的某液体物料。在无料液补充的情况下,打开底部阀门放液。已知料液流出的质量流量 w_{s2} 与罐内料液深度 z 的关系为

$$w_{s2} = 0.274\sqrt{z}$$

试求罐内液位下降至1 m需要的时间。

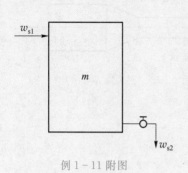

例1-11附图

解:储罐横截面积

$$A = \frac{\pi}{4}d^2 = \left(\frac{\pi}{4} \times 1.0^2\right) \text{ m}^2 = 0.785 \text{ m}^2$$

料液深度 $z_1 = 2$ m, $z_2 = 1$ m

质量流量 $w_{s1} = 0$(无料液补充), $w_{s2} = 0.274\sqrt{z}$

任一时刻罐内料液质量为

$$m = Az\rho = 0.785 \times 1000 z = 785 z$$

由式(1-31)可得

$$w_{s2} + \frac{dm}{d\theta} = 0$$

将已知数据代入上式,得

$$0.274\sqrt{z} + 785\frac{dz}{d\theta} = 0$$

上式分离变量积分得

$$\int_0^\theta \frac{0.274}{785}d\theta = -\int_2^1 \frac{dz}{\sqrt{z}}$$

解得

$$\theta = 2372 \text{ s} = 0.66 \text{ h}$$

1.4.2　机械能衡算方程

机械能衡算方程揭示流体在流动过程中,流速、压力及能量之间相互转换的基本规律,在化工等过程工业中有着广泛的应用,例如,运动流体内部的压力变化规律,流体输送所需提供的能量等。机械能衡算方程的推导方法有多种,既可根据流动系统的动量守恒原理(即牛顿第二运动定律)来推导,亦可由流动系统的总能量衡算来推导。本节采用后者。

一、流动系统的总能量衡算方程

1. 运动流体具有的能量

无论是处于静止状态还是处于运动状态的流体,都具有一定的能量。在作流动系统的总能量衡算时,所涉及的有流体的内能和机械能两种。机械能又包括位能、动能和压力能三种形式。

(1) 内能　内能是流体内部分子运动所具有的内动能和彼此间相互作用的内位能之和。内能是温度的状态函数,温度升高,内能增加;温度降低,内能减小。

以 U 表示单位质量流体的内能(单位为 J/kg),则质量为 m 的流体的内能为 mU,其单位为 J。

(2) 位能 流体质点在重力作用下,因其位置高于某基准水平面而具有的能量,称为流体的位能。它相当于把质量为 m 的流体由基准水平面升高到 z 的高度为克服重力所做的功,即 mgz,其单位为 $kg \cdot (m \cdot s^{-2}) \cdot m = N \cdot m = J$。

单位质量流体的位能为 gz,单位为 J/kg。

(3) 动能 流体运动时,因具有一定流速而具有的能量称为流体的动能。质量为 m,流速为 u 的流体所具有的动能为 $mu^2/2$,其单位为 $kg \cdot (m^2 \cdot s^{-2}) = J$。

单位质量流体的动能为 $u^2/2$,单位为 J/kg。

(4) 压力能 流体因具有一定的压力而具有的能量称为压力能,简称压能,其物理意义是处于被压缩状态的流体质点所具有的向外膨胀而做功的能力。

在流体中任取一体积为 V 的流体元,其质量为 m,设作用其上的压力为 p,则该流体元所具有的压力能为

$$pV = p\frac{m}{\rho} = mpv$$

其单位为 $(N \cdot m^{-2}) \cdot m^3 = J$。其中,$v$ 是流体的比体积。

单位质量流体的压力能为 $pV/m = pv$,单位为 J/kg。

对于静止流体,如式(1-12)所示,流体的机械能仅有位能和压力能,且二者之间可以相互转换。

2. 总能量衡算方程的推导

在图 1-14 所示的定态流动系统中,流体由截面 1-1' 流入,经粗细不同的管道,由截面 2-2' 流出。系统内装有对流体做功的机械(泵或风机),以及用于与外界交换热量的换热器。

用作衡算的控制体选为截面 1-1' 与截面 2-2' 之间的管路或设备的内壁面;基准水平面为 0-0' 平面。令

w_s——流入(或流出)控制体的质量流量,kg/s;

u_1, u_2——流体分别在截面 1-1' 与截面 2-2' 处的平均流速,m/s;

p_1, p_2——流体分别在截面 1-1' 与截面 2-2' 处的压力,Pa;

A_1, A_2——截面 1-1' 与截面 2-2' 的面积,m²;

v_1, v_2——流体分别在截面 1-1' 与截面 2-2' 处的比体积,m³/kg;

z_1, z_2——截面 1-1' 与截面 2-2' 的中心点至基准水平面 0-0' 的垂直距离,m;

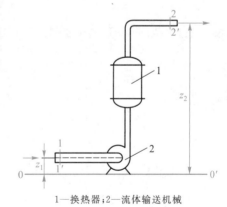

1—换热器;2—流体输送机械

图 1-14 流动系统的总能量衡算

Q_e——换热器向单位质量流体加入或取出的热量,J/kg,通常规定加入热为正值,反之为负值;

W_e——单位质量流体从输送机械获得的能量,称为外功或净功,J/kg。

根据能量守恒定律,定态下流体由截面 1-1′输入的能量速率与由截面 2-2′输出的能量速率相等,即

$$w_s\left(U_1+gz_1+\frac{u_1^2}{2}+p_1v_1+Q_e+W_e\right)=w_s\left(U_2+gz_2+\frac{u_2^2}{2}+p_2v_2\right)$$

若以单位质量(1 kg)流体为基准,上式可写成

$$U_1+gz_1+\frac{u_1^2}{2}+p_1v_1+Q_e+W_e=U_2+gz_2+\frac{u_2^2}{2}+p_2v_2 \qquad (1-34)$$

或写成

$$\Delta U+g\Delta z+\frac{1}{2}\Delta u^2+\Delta(pv)=Q_e+W_e \qquad (1-34a)$$

式(1-34)或式(1-34a)为定态流动过程的总能量衡算方程。

应予指出,在作上述总能量衡算时,其中的动能项是按管截面上的平均速度计算的。实际上由于流体的黏性作用,流体的速度沿管截面各点是变化的,即 $u_z=u_z(r)$（参见本章 1.1 节）。因此,严格说来,在计算管截面的动能项时,应对管截面上的点动能分布函数进行积分。以流体由截面 1-1′进入控制体为例,用平均流速 u_1 表示的动能为

$$\frac{1}{2}u_1^2w_s=\frac{1}{2}\rho u_1^3 A_1$$

而实际上,由截面 1-1′进入控制体的真实动能应为

$$\iint\limits_{A_1}\frac{1}{2}u_z^2\rho u_z\,\mathrm{d}A=\frac{1}{2}\iint\limits_{A_1}\rho u_z^3\,\mathrm{d}A$$

显然

$$\frac{1}{2}\rho u_1^3 A_1\neq\frac{1}{2}\iint\limits_{A_1}\rho u_z^3\,\mathrm{d}A$$

除非在理想流体的情况下,管截面上各点速度相等,即 $u_z=u_1$,二者才相等。

为此,可引入一动能校正系数 α,其一般定义为

$$\alpha=\frac{\dfrac{1}{2}\iint\limits_A\rho u_z^3\,\mathrm{d}A}{\dfrac{1}{2}\rho u^3 A}=\frac{\iint\limits_A\rho u_z^3\,\mathrm{d}A}{\rho u^3 A}$$

计算表明,除理想流体外,$\alpha>1$,即以平均流速表示的动能小于通过该截面的真实动能。

基于上述分析,总能量衡算方程式(1-34a)可写成

$$\Delta U + g \Delta z + \Delta \frac{\alpha u^2}{2} + \Delta (pv) = Q_e + W_e \qquad (1-34b)$$

α 值与管内的速度分布形状有关。可以证明,对于管内层流,$\alpha = 2$(参见本章 1.5 节);对于管内湍流,α 值随 Re 变化,但接近 1。化工等过程工业中所遇到的流体输送问题,流体的流动型态多为湍流,因此下面的讨论均令 $\alpha = 1$。

二、机械能衡算方程

1. 机械能的转换与损失

式(1-34)中所包括的能量可以分为两类:一类是机械能,它包括动能、位能、压力能(流动功)及外功;另一类是内能和热。

流体输送过程是各种机械能相互转换的过程。除此之外,由于流体的黏性作用,还消耗部分机械能,将其转化为流体的内能。这一现象可通过流体在水平管道内的流动来说明。

如图 1-15 所示,常温下的水定态流过直径为 d 的绝热水平直管道。在管上、下游的两截面 1 与 2 处,用 U 管压差计测定该两截面流体的压力。测量结果表明 $p_1 > p_2$。换言之,流体的压力能逐渐减少。但流体压力能的降低并未转化为其他形式的机械能,这是因为管道水平且管径均一,动能和位能不会改变。显然该压力能变

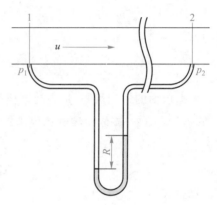

图 1-15 流体在水平直管内 流动的机械能损失

成了其他形式的能量。下面采用流动过程的总能量衡算方程(1-34a)予以分析。由于

$$W_e = 0, \qquad Q_e = 0, \qquad \Delta u^2/2 = 0, \qquad g \Delta z = 0$$

式(1-34a)变为

$$\Delta U + \Delta (pv) = 0$$

对于不可压缩流体,$\Delta(pv) = \Delta p/\rho$,故

$$-\Delta p/\rho = \Delta U$$

上式表明,流体压力能的降低($-\Delta p/\rho$)等于其内能的增加(ΔU)。

对于不可压缩流体

$$\Delta U = c_v \Delta t \approx c_p \Delta t$$

于是

$$-\frac{\Delta p}{\rho} = \frac{p_1}{\rho} - \frac{p_2}{\rho} = c_p \Delta t$$

例如,当两截面处的压力差 $p_1 - p_2 = -\Delta p = 40 \text{ kPa}$ 时,计算可得 $\Delta t = 0.0096 \text{ °C}$。因此压力能的损失转变成了流体的内能,使流体的温度略有升高。从流体输送的角度看,这部分机械能是"损失"了。

机械能损失的根本原因是流体具有黏性,在流动过程中流体层之间存在着相互作用

的内摩擦力。由于内摩擦力在流动过程中不断做功,消耗了流体的机械能。机械能损失的大小与流体的性质、流动型态及输送管道的形状等诸多因素有关。这一内容将在下一节详细讨论。

2. 定态流动的机械能衡算方程

前已述及,流体流动过程主要涉及各种机械能的相互转换与消耗,而总能量衡算方程式(1-34)中除了含有机械能和功之外,还含有内能和热,故在应用上很不方便。为此,可根据热力学状态函数的概念将其中的非机械能项消去,从而获得仅含机械能及机械能损失项的能量衡算方程——机械能衡算方程。

考察图1-14所示的控制体。由热力学第一定律可知,单位质量(1 kg)流体从入口1-1′到出口2-2′的内能变化 ΔU 应等于控制体所获得的总热量 $\sum Q_\mathrm{e}$ 减去它所做的膨胀功,即

$$\Delta U = \sum Q_\mathrm{e} - \int_{v_1}^{v_2} p\,\mathrm{d}v \tag{1-35}$$

根据前面的讨论可知,加入控制体的总热量由两部分构成:(1)换热器向控制体所加入的热量 Q_e;(2)流体在控制体内流动时,内摩擦力做功消耗部分机械能转变为热 $\sum h_\mathrm{f}$,因此

$$\sum Q_\mathrm{e} = Q_\mathrm{e} + \sum h_\mathrm{f}$$

由此可将式(1-35)写成

$$\Delta U = Q_\mathrm{e} + \sum h_\mathrm{f} - \int_{v_1}^{v_2} p\,\mathrm{d}v \tag{1-35a}$$

将式(1-35a)代入式(1-34a),可得

$$g\Delta z + \frac{1}{2}\Delta u^2 + \Delta(pv) - \int_{v_1}^{v_2} p\,\mathrm{d}v = W_\mathrm{e} - \sum h_\mathrm{f} \tag{1-36}$$

由于

$$\Delta(pv) = \int_{p_1 v_1}^{p_2 v_2} \mathrm{d}(pv) = \int_{v_1}^{v_2} p\,\mathrm{d}v + \int_{p_1}^{p_2} v\,\mathrm{d}p$$

将上式代入式(1-36),可得

$$g\Delta z + \frac{1}{2}\Delta u^2 + \int_{p_1}^{p_2} v\,\mathrm{d}p = W_\mathrm{e} - \sum h_\mathrm{f} \tag{1-36a}$$

式(1-36a)为定态流动过程的机械能衡算方程的一般形式。此方程对可压缩流体与不可压缩流体均适用。在应用此式时,需结合流体流动过程的性质及有关流体的状态方程(p-v-T 关系)来考虑并按不同情况计算 $\int_{p_1}^{p_2} v\,\mathrm{d}p$ 项。

对于不可压缩流体,ρ 为常数,式(1-36a)中的积分项变为 $\Delta p/\rho$,此时方程简化为

$$g\Delta z + \frac{1}{2}\Delta u^2 + \frac{\Delta p}{\rho} = W_\mathrm{e} - \sum h_\mathrm{f} \tag{1-37}$$

或

$$gz_1 + \frac{u_1^2}{2} + \frac{p_1}{\rho} + W_\mathrm{e} = gz_2 + \frac{u_2^2}{2} + \frac{p_2}{\rho} + \sum h_\mathrm{f} \tag{1-37a}$$

对于理想流体,流动时无内摩擦力,$\sum h_f = 0$;若又无外功加入,即 $W_e = 0$,则

$$g\Delta z + \frac{1}{2}\Delta u^2 + \frac{\Delta p}{\rho} = 0 \qquad (1-38)$$

或 $$gz_1 + \frac{u_1^2}{2} + \frac{p_1}{\rho} = gz_2 + \frac{u_2^2}{2} + \frac{p_2}{\rho} \qquad (1-38a)$$

式(1-38)称为伯努利(Bernoulli)方程,式中各项依次表示 1 kg 流体具有的位能、动能和压力能。各项的单位均为 J/kg。而式(1-37)是伯努利方程的引申,也称为工程伯努利方程。

课程思政

三、对伯努利方程的讨论

(1) 式(1-38)或式(1-38a)表明,不可压缩的理想流体作定态流动而无外功加入时,单位质量流体在任意截面上所具有的位能、动能和压力能之和是一个常数,称为总机械能,以 E 表示,单位为 J/kg。换言之,在管路的任意截面上,理想流体的三种机械能之间可以相互转化,但 E 不变。例如,理想流体在水平管路中作定态流动时,如某处的截面积缩小,则流速增加,因总机械能不变,压力能就会相应降低,即一部分压力能转变为动能;反之,当某处的截面积变大,则流速减小,压力能就会相应增加。

实际流体存在机械能损失。由式(1-37)可知,若无外功加入,流体的总机械能 E 随着流动逐渐减小。换言之,下游截面处的总机械能必定低于上游截面处的总机械能。

(2) 显而易见,机械能衡算方程式(1-37)中各项均表示单位质量流体所具有的能量(单位为 J/kg)。但应指出的是,gz、$u^2/2$ 和 p/ρ 三项是流体在某截面处的能量,W_e 和 $\sum h_f$ 则是流体在整个控制体内所获得和消耗的能量。

单位时间内输送机械对流体所做的有效功称为有效功率,以 N_e 表示,即

$$N_e = W_e w_s = W_e V_s \rho \qquad (1-39)$$

式中,N_e 的单位为 J/s 或 W。

(3) 当流体处于静止状态且无外功加入时,式(1-37a)变为

$$gz_1 + \frac{p_1}{\rho} = gz_2 + \frac{p_2}{\rho}$$

上式即流体静力学方程式(1-12)。由此可见,流体的静止状态不过是流体运动的一个特例。

(4) 对于可压缩流体的流动,当所取系统的上、下游两截面间的绝对压力之差低于上游绝对压力的 20%$\left(\text{即}\dfrac{p_1 - p_2}{p_1} < 20\%\right)$时,仍可用式(1-37)近似计算,但流体的密度应以两截面间的平均密度 ρ_m 代替。可压缩流体流动的计算将在后续章节中讨论。

(5) 将式(1-37a)的各项均除以重力加速度 g,可得

$$z_1 + \frac{u_1^2}{2g} + \frac{p_1}{\rho g} + \frac{W_e}{g} = z_2 + \frac{u_2^2}{2g} + \frac{p_2}{\rho g} + \frac{\sum h_f}{g}$$

令 $H_e = W_e/g$，$H_f = \sum h_f/g$，则

$$z_1 + \frac{u_1^2}{2g} + \frac{p_1}{\rho g} + H_e = z_2 + \frac{u_2^2}{2g} + \frac{p_2}{\rho g} + H_f \quad\quad (1-40)$$

式中各项均表示 1 N 流体所具有的能量，其单位为 $(J \cdot kg^{-1})/(m \cdot s^{-2}) = m = J/N$。由于各项的单位还可用 m 表示，通常将式(1-40)中的 z、$u^2/(2g)$、$p/(\rho g)$ 及 H_f 分别称为位压头、速度头(动压头)、压力头及压头损失，H_e 称为输送设备提供的有效压头。

若将式(1-37a)的各项均乘以流体的密度 ρ，则方程变为

$$\rho g z_1 + \frac{\rho u_1^2}{2} + p_1 + \rho W_e = \rho g z_2 + \frac{\rho u_2^2}{2} + p_2 + \rho \sum h_f \quad\quad (1-41)$$

式中各项均表示单位体积(1 m³)流体所具有的能量，其单位为 $(J \cdot kg^{-1})/(kg \cdot m^{-3}) = J/m^3 = Pa$。

1.4.3　机械能衡算方程的应用

机械能衡算方程和连续性方程是计算流体输送问题不可缺少的两个重要方程。下面通过若干实例说明方程的应用。

在应用机械能衡算方程与质量衡算方程解题时，要注意下述几个问题：

(1) 确定控制体的衡算范围　根据题意画出流动示意图，并标明流体流动的方向，定出上、下游截面。

(2) 控制面的选取　所选取的上、下游截面，均应与流动方向垂直，流体在两截面间应是连续的，待求的未知量应在截面上或在两截面之间。

(3) 基准水平面的确定　原则上，基准水平面可以任意选定，只要求与地面平行即可。但为了计算的方便，通常使基准水平面通过两个截面中相对位置较低的一个，如该截面与地面平行，则基准水平面与该截面重合($z=0$)。特别地，当控制体为水平管道时，则应使基准水平面与管道的中心线重合，此时 $\Delta z = 0$。

应当注意：z 值系指截面中心点与基准水平面之间的距离。

(4) 单位一致性　计算时，方程中各项的物理量要采用一致的单位。

◆ **例 1-12　计算输送机械的有效功率**

用泵将储液池中常温下的水送至吸收塔顶部，储液池水面维持恒定，各部分的相对位置如本题附图所示。输水管的直径为 $\phi 76\ mm \times 3\ mm$，排水管出口喷头连接处的压力为 $6.15 \times 10^4\ Pa$(表压)，送水量为 $34.5\ m^3/h$，水流经全部管道(不包括喷头)的能量损失为 $160\ J/kg$，试求泵的有效功率。

解：以储液池的水面为上游截面 $1-1'$，排水管出口与喷头连接处为下游截面 $2-2'$，并以截面 $1-1'$ 为基准水平面。在两截面之间列机械能衡算方程，即

$$gz_1 + \frac{u_1^2}{2} + \frac{p_1}{\rho} + W_e = gz_2 + \frac{u_2^2}{2} + \frac{p_2}{\rho} + \sum h_f$$

或
$$W_e = g(z_2 - z_1) + \frac{u_2^2 - u_1^2}{2} +$$

$$\frac{p_2 - p_1}{\rho} + \sum h_f \qquad (1)$$

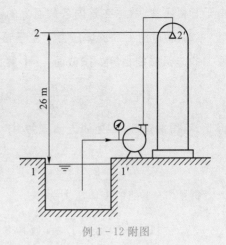

例 1-12 附图

式中，$z_1 = 0$，$z_2 = 26$ m，$p_1 = 0$（表压），$p_2 = 6.15 \times 10^4$ Pa(表压)，$\sum h_f = 160$ J/kg。因储液池的截面远大于管道截面，故 $u_1 \approx 0$。

$$u_2 = \frac{V_s}{A} = \left[\frac{34.5}{3600 \times (\pi/4) \times 0.07^2} \right] \text{m/s}$$

$$= 2.49 \text{ m/s}$$

将以上各项数值代入式(1)，并取水的密度 $\rho = 1000$ kg/m³，得

$$W_e = \left(26 \times 9.81 + \frac{2.49^2}{2} + \frac{6.15 \times 10^4}{1000} + 160 \right) \text{J/kg} = 479.7 \text{ J/kg}$$

泵的有效功率为

$$N_e = W_e w_s = W_e V_s \rho = (479.7 \times 34.5 \times 1000/3600) \text{W} = 4.60 \text{ kW}$$

◆ 例 1-13 计算管路某截面处的压力

如本题附图所示，水在直径均一的虹吸管内定态流动，设管路的能量损失可忽略不计。试求 (1) 虹吸管内水的流速；(2) 管内截面 $2-2'$、$3-3'$、$4-4'$ 和 $5-5'$ 处的流体压力。已知大气压力为 1.0133×10^5 Pa。附图中所注尺寸单位均为 mm。

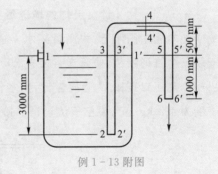

例 1-13 附图

解：(1) 虹吸管内水的流速 在截面 $1-1'$ 与管子出口内侧截面 $6-6'$ 之间列机械能衡算方程，并以 $6-6'$ 为基准水平面。由于 $\sum h_f = 0$，则

$$gz_1 + \frac{u_1^2}{2} + \frac{p_1}{\rho} = gz_6 + \frac{u_6^2}{2} + \frac{p_6}{\rho} \qquad (1)$$

式中，$z_1 = 1$ m，$z_6 = 0$，$p_1 = 0$(表压)，$p_6 = 0$(表压)，$u_1 = 0$。

将以上各值代入式(1)中，得

$$9.81 \times 1 = \frac{u_6^2}{2}$$

$$u_6 = 4.43 \text{ m/s}$$

由于管径不变,故水在管内各截面上的流速均为 4.43 m/s。

（2）各截面上的流体压力　由于该系统内无输送泵,能量损失又可不计,故任一截面上的总机械能相等。按截面 1-1' 算出其值为(以截面 2-2' 为基准水平面)

$$E = gz_1 + \frac{u_1^2}{2} + \frac{p_1}{\rho} = \left(9.81 \times 3 + \frac{101330}{1000}\right) \text{J/kg} = 130.8 \text{ J/kg}$$

因此,可得截面 2-2' 处的流体压力为

$$p_2 = \left(E - \frac{u_2^2}{2} - gz_2\right)\rho = [(130.8 - 9.81) \times 1000] \text{ Pa} = 120990 \text{ Pa}$$

截面 3-3' 处的流体压力为

$$p_3 = \left(E - \frac{u_3^2}{2} - gz_3\right)\rho = [(130.8 - 9.81 - 9.81 \times 3) \times 1000] \text{ Pa} = 91560 \text{ Pa}$$

截面 4-4' 处的流体压力为

$$p_4 = \left(E - \frac{u_4^2}{2} - gz_4\right)\rho = [(130.8 - 9.81 - 9.81 \times 3.5) \times 1000] \text{ Pa} = 86655 \text{ Pa}$$

截面 5-5' 处的流体压力为

$$p_5 = \left(E - \frac{u_5^2}{2} - gz_5\right)\rho = [(130.8 - 9.81 - 9.81 \times 3) \times 1000] \text{ Pa} = 91560 \text{ Pa}$$

由以上计算可知,$p_2 > p_3 > p_4$,而 $p_4 < p_5 < p_6$,这是流体在管内流动时,位能与压力能相互转换的结果。

◆ 例 1-14　计算流体的输送量

如本题附图所示,为测量某水平通风管道内空气的流量,在该管道的某一截面处安装一个锥形接头,使管道直径自 200 mm 渐缩到 150 mm,并在锥形接头的两端各引出一个测压口连接 U 管压差计,用水作指示液测得读数 $R = 40$ mm。已知空气的平均密度为 1.2 kg/m³,设空气流过锥形接头的能量损失可忽略。试求空气的体积流量。

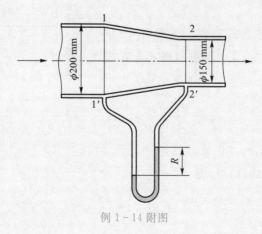

例 1-14 附图

解：通风管内空气温度不变，压力变化也很小，故可按不可压缩流体处理，在截面 $1-1'$ 与截面 $2-2'$ 之间列机械能衡算方程，以管中心线为基准水平面。

由于 $z_1 = z_2, W_e = 0, \sum h_f = 0$，故有

$$\frac{u_1^2}{2} + \frac{p_1}{\rho} = \frac{u_2^2}{2} + \frac{p_2}{\rho}$$

p_1 与 p_2 之差可根据 U 管压差计读数 R 利用式(1-16a)计算，即

$$p_1 - p_2 = \rho_A g R = (1000 \times 9.81 \times 0.04) \ \text{Pa} = 392.4 \ \text{Pa}$$

于是

$$\frac{u_2^2 - u_1^2}{2} = \frac{p_1 - p_2}{\rho} = \left(\frac{392.4}{1.2}\right) \ \text{m}^2/\text{s}^2 = 327 \ \text{m}^2/\text{s}^2$$

即

$$u_2^2 - u_1^2 = 654 \ \text{m}^2/\text{s}^2 \tag{1}$$

根据连续性方程，得

$$u_2 = u_1 \left(\frac{A_1}{A_2}\right) = u_1 \left(\frac{d_1}{d_2}\right)^2 = u_1 \left(\frac{0.2}{0.15}\right)^2$$

即

$$u_2 = 1.78 u_1 \tag{2}$$

式(1)与式(2)联立，得

$$u_1 = 17.4 \ \text{m/s}$$

因此

$$V_s = \left[\frac{\pi}{4}(0.2)^2 \times 17.4\right] \ \text{m}^3/\text{s} = 0.55 \ \text{m}^3/\text{s}$$

◆ **例 1-15　确定设备间的相对位置**

本题附图所示为一高位槽输水系统，水箱内水面维持恒定，输水管直径为 $\phi 60 \ \text{mm} \times 3 \ \text{mm}$，输水量为 $15.4 \ \text{m}^3/\text{h}$，水流经全部管道（不包括排水口）的能量损失可按 $\sum h_f = 15 u^2$ 计算，式中 u 为管道内水的平均流速(m/s)。试求(1) 水箱中水面必须高于排水口的高度 h；(2) 若输水量增加 5%，管路的直径及其布置不变，管路的能量损失仍可按上述公式计算，则水箱内的水面应升高多少？

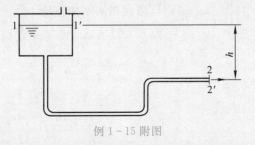

例 1-15 附图

解：(1) 水箱中水面必须高于排水口的高度 h　取水箱水面为上游截面 $1-1'$，排水口内侧为下游截面 $2-2'$，并以截面 $2-2'$ 的中心线为基准水平面，在两截面间列机械能衡算方程，即

$$gz_1+\frac{u_{b1}^2}{2}+\frac{p_1}{\rho}+W_e=gz_2+\frac{u_{b2}^2}{2}+\frac{p_2}{\rho}+\sum h_f \tag{1}$$

式中，$z_1=h,z_2=0,p_1=p_2=0$（表压）。

因水箱截面比管道截面大得多，故水箱内水的流速可忽略不计，即 $u_1\approx0$，而

$$u_2=\frac{V_s}{A}=\left(\frac{15.4}{3600\times\pi/4\times0.054^2}\right)\text{ m/s}=1.87\text{ m/s}$$

$$\sum h_f=15u^2=(15\times1.87^2)\text{ J/kg}=52.45\text{ J/kg}$$

将以上数值代入式（1）并整理得

$$h=[(1.87^2/2+52.45)/9.81]\text{m}=5.52\text{ m}$$

（2）输水量增加后，水箱内水面上升高度   若输水量增加 5%，而管径不变，则管内水的流速相应增加 5%，故流量增加后的流速 u_2' 为

$$u_2'=1.05u_2=(1.05\times1.87)\text{ m/s}=1.96\text{ m/s}$$

$$\sum h_f=15u_2'^2=(15\times1.96^2)\text{ J/kg}=57.62\text{ J/kg}$$

$$h'=[(1.96^2/2+57.62)/9.81]\text{ m}=6.07\text{ m}$$

即当输水量增加 5% 时，水箱内水面升高 6.07 m−5.52 m=0.55 m。

值得注意的是，本题下游截面 2−2′ 要选在管子出口内侧，这样才能与本题给的不包括出口损失的总能量损失相适应。

◆ 例 1−16   非定态流动过程的计算示例——高位槽排液

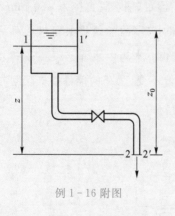

本题附图所示，敞口圆筒形高位储槽内的液体经底部的排液管路引至某反应罐内。已知储槽内液面与排液口之间的垂直距离为 7 m，储槽内径 $D=2$ m，排液管内径 $d=0.03$ m，液体流过该系统的能量损失可按 $\sum h_f=40u^2$ 计算，式中 u 为流体在管内的平均流速。试求储槽内液体下降 1 m 所需的时间。

解：本题为非定态流动过程，由式（1−31）得

$$w_{s2}-w_{s1}+\frac{\mathrm{d}m}{\mathrm{d}\theta}=0$$

例 1−16 附图

式中，$w_{s1}=0$，$w_{s2}=\frac{\pi}{4}d^2u\rho$。

因此

$$\frac{\pi}{4}d^2u\rho+\frac{\pi}{4}D^2\rho\frac{\mathrm{d}z}{\mathrm{d}\theta}=0$$

即

$$u+\left(\frac{D}{d}\right)^2\frac{\mathrm{d}z}{\mathrm{d}\theta}=0 \tag{1}$$

设在任一瞬时 θ，液面下降至 z 处，则可在此瞬间对液面 $1-1'$ 与排液管出口内侧截面 $2-2'$ 间进行机械能衡算(以截面 $2-2'$ 为基准水平面)，得

$$gz_1+\frac{u_1^2}{2}+\frac{p_1}{\rho}=gz_2+\frac{u_2^2}{2}+\frac{p_2}{\rho}+\sum h_\mathrm{f}$$

式中，$z_1=z,z_2=0,u_1\approx 0,u_2=u,p_1=p_2,\sum h_\mathrm{f}=40u^2$。

故上式简化为

$$9.81z=40.5u^2$$

即

$$u=0.492\sqrt{z} \tag{2}$$

将式(2)代入式(1)得

$$0.492\sqrt{z}+\left(\frac{D}{d}\right)^2\frac{\mathrm{d}z}{\mathrm{d}\theta}=0$$

化简得

$$\mathrm{d}\theta=-9033.4\frac{\mathrm{d}z}{\sqrt{z}} \tag{3}$$

初始条件为

$$\theta=0,\qquad z_0=7\ \mathrm{m}$$
$$\theta=\theta,\qquad z=6\ \mathrm{m}$$

将式(3)积分得

$$\theta=\left[-9033.4\times 2\times\left(\sqrt{6}-\sqrt{7}\right)\right]\ \mathrm{s}=3546\ \mathrm{s}=0.985\ \mathrm{h}$$

1.5　流体的动量传递现象

演示文稿

　　本章1.4节运用质量和能量守恒原理，导出了描述流体运动规律的两个重要方程——连续性方程和机械能衡算方程。应用这两个方程可以分析和计算流体输送过程中有关物理量如流速、压力等的变化规律。然而，对于给定的流动系统，在应用机械能衡算方程时，其能量损失 $\sum h_\mathrm{f}$ 或者是直接给定或者是按理想流体处理($\sum h_\mathrm{f}=0$)，并未涉及 $\sum h_\mathrm{f}$ 的计算问题。

　　那么，流体流动过程中的机械能损失是如何产生的，又如何计算呢？这是流体的动量传递理论要回答和解决的问题。

　　本节先简要介绍流体流动的特性、动量传递现象，以及流动阻力产生的机理等基本概念，然后应用动量守恒原理——牛顿第二定律求解管内流动问题，从而获得流动参数如流速、内摩擦力等的空间分布规律，进而求解流体的机械能损失。由于流体流动时存在着两种截然不同的流动型态，其动量传递机理也各不相同，因此对层流和湍流需分别进行讨论。

1.5.1 层流与分子动量传递

一、分子动量传递的概念

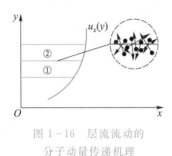

图 1-16 层流流动的
分子动量传递机理

在本章 1.1.3 节讨论流体流动型态时曾经指出,层流流动的特点是流体质点作分层流动,也就是说每个流体层以不同的速度向下游做平行运动,流体层之间的质点互不掺混,因此宏观上说来它是一种规则的流动。但从微观的角度看,在流体内部任意两毗邻且不同速度的流体层之间,由于分子的随机热运动,都会发生动量的交换,其机理可用图 1-16 来说明。

设图 1-16 中的流动为不可压缩流体的一维定态层流(沿 x 方向)。任取两相邻流体层① 和流体层②,其流速分别为 u_{x1} 和 u_{x2},且 $u_{x2} > u_{x1}$。因两流体层的速度不同,它们所具有的动量也不相同[因为速度可以视为单位质量流体所具有的动量,其单位为 $\mathrm{m/s} = (\mathrm{kg \cdot m \cdot s^{-1}})/\mathrm{kg}$]。在速度(或动量)梯度的作用下,具有较高动量的流体层②中的部分分子以随机热运动方式进入流体层①中进行动量的交换;同时,具有较低动量的流体层①中也有与流体层②等物质的量的分子以随机热运动方式进入流体层②中进行动量交换(参见图 1-16 中两流体层界面处放大部分的示意)。这样,两流体层之间动量交换的净结果是将高速层的动量传递给了低速层。这是一种自发的分子动量传递现象,其推动力是流体内部存在的速度(或动量)梯度。因此,无论是在流动的流体内部的任意空间点上,还是在流体与固体相接触的界面上,只要存在着速度(或动量)梯度,就必然会发生这种分子随机热运动引起的动量传递现象。

这种微观上的流体分子间力作用和分子动量交换,其宏观表现就是在流体层之间产生的相互作用力——内摩擦力。如图 1-16 所示,流速较快的流体层②将对流体层①施加一个与流动方向相同的作用力,推动流体层①向前流动;相反地,流速较慢的流体层①也将对流体层②施加一个与流动方向相反的阻滞力,阻止流体层②流动。这种阻碍流体相对运动的内摩擦力将会随流体流动沿程做功而消耗流体的机械能(压力能)并将其转化为内能从而造成机械能的损失,产生流动的摩擦阻力或称沿程阻力。

二、牛顿黏性定律与分子动量通量

上述流体分子动量传递现象可用牛顿黏性定律来定量描述。对于不可压缩流体的层流流动,牛顿黏性定律式(1-6)可写成

$$\tau = \frac{\mu}{\rho} \frac{\mathrm{d}(\rho u_x)}{\mathrm{d}y} = \nu \frac{\mathrm{d}(\rho u_x)}{\mathrm{d}y} \qquad (1-42)$$

考察上式中各物理量的单位:

(1) $[\tau] = \dfrac{\mathrm{N}}{\mathrm{m}^2} = \dfrac{\mathrm{kg \cdot m/s^2}}{\mathrm{m}^2} = \dfrac{\mathrm{kg \cdot m/s}}{\mathrm{m}^2 \cdot \mathrm{s}}$,其意义是通过单位面积的动量传递速率,称为

动量通量。在动力学研究中,通常将单位面积传递的物理量的速率定义为通量。例如,流体通过单位面积的质量流量称为质量通量[kg/(m² · s)],通过单位面积的热流速率称为热量通量[J/(m² · s)],等等。

(2) $[\rho u_x] = \dfrac{kg}{m^3} \cdot \dfrac{m}{s} = \dfrac{kg \cdot m/s}{m^3}$,其意义是单位体积流体所具有的动量,称为动量浓度。又因为该流速为 x 方向,故称为 x 方向的动量浓度;而 $\dfrac{d(\rho u_x)}{dy}$ 表示 x 方向的动量浓度在 y 方向的梯度。

(3) $[\nu] = \left[\dfrac{\mu}{\rho}\right] = \dfrac{kg}{m \cdot s} \cdot \dfrac{m^3}{kg} = \dfrac{m^2}{s}$,其与扩散系数的单位相同,称为动量扩散系数。

式(1-42)表明,动量通量的大小与动量浓度梯度成正比。这就意味着无论是在流体内部的任意点还是在流体与固体壁面接触的界面上,其速度(或动量)梯度越大,则动量传递的速率亦即所产生的内摩擦力越大,因而所造成的机械能损失也越大。

将式(1-42)应用于运动流体与固体相接触的表面,则其内摩擦力称为壁面剪应力或壁面-流体间的动量传递通量,以 τ_s 表示。它是一个反映流体与壁面之间相互作用情况的非常重要的流动特性参数。τ_s 的物理意义是单位面积的固体表面对流体施加的流动阻力,它的值与流体的机械能损失直接相关,稍后将详细讨论。

三、圆管内定态流动的应力和速度分布特性

在化工等过程工业中,流体在圆形管道内的流动是最为常见的流动过程。前已述及,流体在管内流动过程中,由于流体具有黏性及流体与管壁之间的相互作用,将会在流体内部及管壁面上产生剪应力(内摩擦力)和速度(或动量)等物理量的空间分布。这一分布规律是计算流体机械能损失或流动阻力的基础。下面以图1-17所示的不可压缩流体在圆管内作定态流动为例,介绍圆管内流动的剪应力分布和速度分布特性。

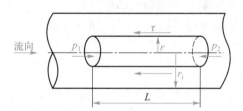

图1-17　不可压缩流体在圆管内作定态流动

1. 圆管内流体的剪应力分布

在流体内部围绕管轴取一长为 L,半径为 r 的控制体,则作用于左、右两端面的压力分别为 $p_1 \cdot \pi r^2$、$p_2 \cdot \pi r^2$;距管中心 r 处流体流速为 u_z;外部流体作用于控制体侧面上的剪切力为 $\tau \cdot 2\pi r L$,因外部流速低于控制体侧面上的流速,故该力的方向与流动方向相反。

根据动量守恒原理即牛顿第二定律,作用于控制体 z 方向上的合外力应等于控制体内动量在 z 方向的变化速率,即

$$\sum F_z = \frac{d(m u_z)}{d\theta}$$

式中,m 是控制体的质量。由于流动为定态,$d(m u_z)/d\theta = 0$。作用于控制体 z 方向上的合外力为

$$\sum F_z = p_1 \pi r^2 - p_2 \pi r^2 - \tau 2\pi r L = 0$$

整理得
$$\tau = \frac{p_1 - p_2}{2L} r = -\frac{\Delta p}{2L} r \qquad (1-43)$$

式(1-43)表明,流体在圆管内流动时,内摩擦力沿径向呈线性变化,管中心处为零,管壁处最大。这一规律对层流和湍流均适用。

在圆管内壁面处,$r = r_i$,式(1-43)变为

$$\tau_s = -\frac{\Delta p}{2L} r_i \qquad (1-43a)$$

式中 τ_s 是壁面剪应力。前面曾提到,τ_s 是与流体机械能损失相关的一个重要参数。现将机械能衡算方程式(1-37)应用于图 1-17 所示的半径为 r_i、长为 L 的水平管段,则因管路水平,$g\Delta z = 0$,等径管路,$\Delta u^2/2 = 0$,故机械能损失为

$$\sum h_f = -\frac{\Delta p}{\rho} \qquad (1-43b)$$

将式(1-43a)代入式(1-43b),可得

$$\sum h_f = \frac{2L\tau_s}{\rho r_i} \qquad (1-43c)$$

式(1-43c)表明,流体在圆管内流动时,单位质量流体的机械能损失与壁面剪应力成正比。因此当已知管壁面上的剪应力 τ_s 分布后,便可由上式很容易地求得机械能损失或流体的流动阻力,因为 τ_s 本身就是单位面积的壁面施加于流体的流动阻力。

然而,由式(1-42)牛顿黏性定律可知,τ_s 的求解需要已知流体在壁面处的速度梯度,而后者依赖于流体在圆管内的速度分布规律。

2. 圆管内层流的速度分布

对于圆管内层流流动,牛顿黏性定律可写成

$$\tau = -\mu \frac{du_z}{dr} \qquad (1-44)$$

式中"$-$"号表示动量通量与速度梯度的方向相反。

将式(1-44)代入式(1-43)并整理得

$$du_z = \frac{\Delta p}{2\mu L} r\, dr$$

上式是 u_z 对 r 的一阶线性微分方程。边界条件为 $r = r_i$(壁面处),$u_z = 0$。将上式积分,可得

$$u_z = -\frac{\Delta p}{4\mu L}(r_i^2 - r^2) \qquad (1-45)$$

式(1-45)即为流体在圆管内作定态层流流动的速度分布曲线。显然,流体在管中心处($r = 0$)流速最大,即

$$u_{max} = -\frac{\Delta p}{4\mu L} r_i^2 \qquad (1-46)$$

将式(1-46)与式(1-45)比较,速度分布又可写成

$$u_z = u_{max}\left[1-\left(\frac{r}{r_i}\right)^2\right] \tag{1-47}$$

根据平均流速的定义[式(1-24)],流体在圆管内流动的平均流速为

$$u = \frac{1}{A}\iint_A u_z\,dA$$

$$= \frac{1}{\pi r_i^2}\int_0^{2\pi}\int_0^{r_i} u_{max}\left[1-\left(\frac{r}{r_i}\right)^2\right]r\,dr\,d\theta$$

$$= \frac{u_{max}}{2} = -\frac{\Delta p r_i^2}{8\mu L} \tag{1-48}$$

式(1-45)或式(1-47)表明,流体在圆管内作层流流动时的速度分布呈抛物线状,如图1-18(a)所示。

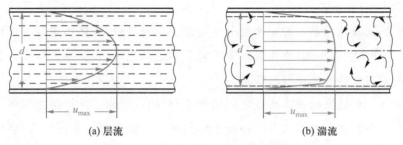

(a) 层流　　　　　　　　　　　　(b) 湍流

图 1-18　圆管内层流流动的速度分布

◆ 例 1-17　20 ℃的水以 120 kg/h 的流量流过内径 30 mm、长 20 m 的水平圆管道。试求:(1) 管内壁面处的剪应力;(2) 流体流过整个管道的机械能损失。20 ℃水的物性数据:$\rho = 998.2$ kg/m³, $\mu = 1.005\times10^{-3}$ Pa·s。

解:(1) 壁面剪应力 τ_s

管内平均流速

$$u = \left[\frac{120}{(\pi/4)\times0.03^2\times998.2\times3600}\right]\text{m/s} = 0.0473 \text{ m/s}$$

$$Re = \frac{du\rho}{\mu} = \frac{0.03\times0.0473\times998.2}{1.005\times10^{-3}} = 1409$$

$Re < 2000$,流动为层流。

$$\tau_s = -\mu\frac{d}{dr}\{2u[1-(r/r_i^2)]\}_{r=r_i} = \frac{4u\mu}{r_i} = \left(\frac{4\times0.0473\times1.005\times10^{-3}}{0.015}\right)\text{N/m}^2$$

$$= 0.0127 \text{ N/m}^2$$

(2) 机械能损失 $\sum h_f$

在管的进口与出口之间列机械能衡算方程,由于管路水平,$g\Delta z = 0$,等径管路,$\Delta u^2/2 = 0$,故可得

$$\sum h_f = -\frac{\Delta p}{\rho}$$

将式(1-48)代入上式得

$$\sum h_f = \frac{8\mu u L}{\rho r_i^2} = \left(\frac{8\times1.005\times10^{-3}\times0.0473\times20}{998.2\times0.015^2}\right) \text{J/kg} = 0.0339 \text{ J/kg}$$

1.5.2 湍流特性与涡流动量传递

以上对流体动量传递机理的讨论,仅适用于规则的层流流动。在湍流流动中,除了存在分子随机热运动引起的分子动量传递外,还存在大量流体质点脉动引起的涡流动量传递。

一、湍流的特点与表征

前已述及,层流流动是一种规则的分层流动。也就是说,流体质点是有规则地层层向下游流动。而湍流则不然,流体质点除了向下游运动之外,在其他方向还存在着速度的高频脉动,质点之间发生强烈的掺混。

其次,由于不同速度的流体质点之间的碰撞与混合,带来了流体层之间强烈的动量交换,由此产生的应力急剧增加。这种由于质点碰撞与混合所产生的应力,要比分子热运动所产生的黏性应力大得多。因此,湍流产生的机械能损失远远大于层流。

1. 时均值与脉动量

以流体在圆管内作湍流流动为例讨论。图1-19所示为管截面上某一点处的轴向流速 u_x 随时间变化的曲线。由图可见,湍流流速随时间是高频脉动的,但始终围绕某个平均值上下脉动。除流速外,其他运动参数(如压力、密度等)也具有同样的脉动特性。因此,湍流本质上都是非定态流动。

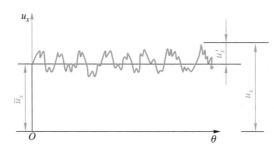

图1-19 管截面上某质点的轴向流速 u_x 随时间变化的曲线

为方便对湍流的分析,通常引入时均值的概念。以流速为例,可将其分解为时均速度 $\bar{u}_x$ 与脉动速度 u'_x 之和。其中,时均速度定义为

$$\bar{u}_x = \frac{1}{\theta_1}\int_0^{\theta_1} u_x \, d\theta \tag{1-49}$$

式中 θ_1 是远大于脉动周期的一段时间。因湍流脉动的频率很高,故一般只需数秒即可满

足上式的积分要求。

如图 1-19 所示的湍流的时均值不随时间变化,称为定态湍流。如果某湍流的时均值仍随时间变化,则为非定态湍流。

根据时均值概念,湍流空间任一点的速度的瞬时值可表示为

$$u_x = \bar{u}_x + u'_x \tag{1-50}$$

$$u_y = \bar{u}_y + u'_y \tag{1-50a}$$

$$u_z = \bar{u}_z + u'_z \tag{1-50b}$$

湍流的瞬时流速可以用热线风速仪或激光测速仪测定,而常规的速度测量仪表(如皮托管)只能测定时均流速。

2. 湍流强度

可以证明,湍流脉动速度的时均值为零,即

$$\overline{u'_x} = \frac{1}{\theta_1}\int_0^{\theta_1} u'_x \, \mathrm{d}\theta = 0 \tag{1-51}$$

尽管如此,脉动速度的大小反映了湍流的一些重要特性。例如,在湍流流场的任一点上,单位体积流体所具有的平均动能为

$$\overline{E}_k = \frac{1}{2}\rho\left[\overline{(\bar{u}_x + u'_x)^2} + \overline{(\bar{u}_y + u'_y)^2} + \overline{(\bar{u}_z + u'_z)^2}\right]$$

按时均值的定义,将上式展开并注意到 $\overline{u_x u'_x} = 0$,可得

$$\overline{E}_k = \frac{1}{2}\rho\left[(\bar{u}_x^2 + \bar{u}_y^2 + \bar{u}_z^2) + (\overline{u'^2_x} + \overline{u'^2_y} + \overline{u'^2_z})\right]$$

上式表明,湍流中任一点的流体总动能中,有一部分是与脉动速度的大小直接相关的。式中 $(\overline{u'^2_x} + \overline{u'^2_y} + \overline{u'^2_z})$ 是表示湍流脉动激烈程度的一个重要指标,一般定义湍流强度为

$$I = \frac{\sqrt{(\overline{u'^2_x} + \overline{u'^2_y} + \overline{u'^2_z})/3}}{\bar{u}_x} \tag{1-52}$$

湍流强度是表征湍流特性的一个重要参数,其值因湍流状况不同而异。例如,流体在圆管中流动时,I 值为 $0.01\sim0.1$,而对于尾流、自由射流这样的高湍动情况,I 的数值有时可高达 0.4。

二、雷诺应力与涡流动量传递机理

与层流不同,流体作湍流流动时,质点的随机脉动会在黏性应力的基础上产生湍流的附加应力,称为雷诺应力,且后者远大于前者。由于湍流质点的随机脉动特性与分子的随机热运动类似,布西内斯克(Boussinesq)类比牛顿黏性定律的形式,将雷诺应力与时均速度梯度相关联,即

$$\tau^r = \varepsilon\frac{\mathrm{d}(\rho\bar{u}_x)}{\mathrm{d}y} \tag{1-53}$$

式中　　τ^r——雷诺应力，N/m^2；

　　　　ε——涡流运动黏度，m^2/s。

显然，τ^r 的单位也可写成 $\dfrac{kg \cdot m/s}{m^2 \cdot s}$，其意义是单位时间通过单位面积的动量，称为涡流动量通量；ε 的单位与 ν 相同，称为涡流动量扩散系数。但应注意，与 ν 不同的是，ε 不是流体物理性质的函数，而是湍动强度、位置等的复杂函数。

湍流流动中的总应力应为分子黏性应力与雷诺应力之和，即

$$\tau^t = \tau + \tau^r = (\nu + \varepsilon)\frac{d(\rho \bar{u}_x)}{dy} \tag{1-54}$$

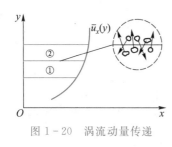

图 1-20　涡流动量传递

湍流中的涡流动量传递现象可用图 1-20 解释。沿 x 方向流动的相邻两流体层①与②，其时均流速分别为 $\bar{u}_{x1}$ 和 $\bar{u}_{x2}$，且 $\bar{u}_{x1} < \bar{u}_{x2}$。因质点在 y 方向存在随机脉动，在层②中流速较快的流体微团向下脉动进入层①中（参见图 1-20 中两流体层界面处放大部分的示意），与那里流速较慢的流体相混合，将动量传递给后者并使其加速；同时，速度较慢的流体层①中也有等物质的量的脉动微团进入流速较快的流体层②中，使后者减速，从而实现流体层之间的动量交换，产生附加的湍流应力。

由于脉动微团或质点的尺度远远大于流体分子的尺度，因此涡流动量传递的通量要远远大于分子动量通量。

三、圆管内湍流流动的速度分布

1. 管内湍流的速度结构

实验研究发现，流体在管内作湍流流动时，并非全管中都处于同样的湍流状态。在靠近管壁处，由于流体的黏性作用，紧贴壁面的流体分子将黏附于管壁上，其流速为零。继而它们又影响到邻近的流体层，使其速度也随之变小，从而在这一很靠近壁面的流层中有显著的速度梯度。也就是说，在靠近壁面处有一极薄的层流层存在，称为层流内层。在层流内层之外，还有一层很薄的过渡层，在此之外的大部分区域才是湍流的核心区域。

在层流内层中，速度梯度很大，故黏性力对流动起主导作用；而在湍流核心区，由于流体质点的高频脉动，速度分布趋于均匀化，流体黏性的影响相应变得很小。质点脉动引起的雷诺应力远远大于黏性应力；而过渡层中既存在雷诺应力，又有黏性应力的影响。

2. 圆管湍流的对数速度分布

由于湍流内部存在着性质不同的流体层，因此在推导速度分布方程时，应该对各流体层分别考虑。

（1）层流内层　在层流内层中，雷诺应力可忽略不计，式(1-54)可简化为

$$\tau^t = \tau = \mu \frac{d\bar{u}_z}{dy}$$

式中，y 是由管壁算起的距离坐标。

由于层流内层很薄（通常为 10^{-3} m 的量级），式中的 τ 可近似用壁面剪应力 τ_s 代替，即

$$\tau_s = \tau = \mu \frac{\mathrm{d}\bar{u}_z}{\mathrm{d}y} \tag{1-55}$$

积分得

$$\bar{u}_z = \frac{\tau_s}{\mu} y \tag{1-55a}$$

上式表明，在层流内层中速度分布近似为线性。

（2）湍流核心　在湍流核心区，雷诺应力起主导作用，黏性应力的影响可以忽略，式（1-54）可简化为 $\tau^{\mathrm{t}} \approx \tau^{\mathrm{r}}$。

普朗特（Prandtl）对圆管内湍流做了大量研究，提出了著名的混合长理论。根据这一理论，雷诺应力与时均流速的关系可表示为

$$\tau^{\mathrm{r}} = \rho l^2 \left(\frac{\mathrm{d}\bar{u}_z}{\mathrm{d}y} \right)^2 \tag{1-56}$$

式中　　$\mathrm{d}\bar{u}_z / \mathrm{d}y$——时均速度梯度；

　　　　l——流体质点的掺混路程，称为普朗特混合长，单位为 m，其大小是空间位置的函数。

卡门（Karman）根据实验结果得出，在近壁面处，混合长可表示为

$$l = Ky \sqrt{1 - y/r_{\mathrm{i}}} \tag{1-57}$$

式中　K——与湍动强度有关的常数。

对于管内湍流，其总应力分布可用式（1-43）表示，即

$$\tau = -\frac{\Delta p}{2L} r \tag{1-43}$$

在壁面处，$r = r_{\mathrm{i}}$，$\tau \approx \tau^{\mathrm{r}} = \tau_s$，故上式又可写成

$$\tau^{\mathrm{r}} = \tau_s \frac{r}{r_{\mathrm{i}}} = \tau_s \left(1 - \frac{y}{r_{\mathrm{i}}} \right) \tag{1-58}$$

将式（1-57）和式（1-58）代入式（1-56）中，可得

$$\tau_s = \rho K^2 y^2 \left(\frac{\mathrm{d}\bar{u}_z}{\mathrm{d}y} \right)^2 \tag{1-59}$$

令

$$u^* = \sqrt{\tau_s / \rho} \tag{1-60}$$

将式（1-60）代入式（1-59）并整理得

$$u^* = Ky \left(\frac{\mathrm{d}\bar{u}_z}{\mathrm{d}y} \right) \tag{1-61}$$

式中 u^*——摩擦速度,m/s。

对式(1-61)积分并略去 $\bar{u}_z$ 的时均值标记,可得

$$u_z = \frac{u^*}{K}\ln y + C \tag{1-62}$$

式中,C 为积分常数。K 与 C 的值均需由实验确定。

式(1-62)表明,在圆管的湍流核心区,速度分布为对数形分布。大量实验结果表明,用对数函数描述湍流的速度分布是正确的。

为便于拟合实验数据,可将式(1-62)写成如下量纲为 1 的形式:

$$\frac{u_z}{u^*} = \frac{1}{K}\ln\frac{u^* y}{\nu} + C_1 \tag{1-63}$$

式中,$C_1 = \frac{1}{K}\ln\frac{u^*}{\nu} + C$。

① 对于光滑圆管内的湍流,尼古拉兹(Nikuradse)做了大量实验研究,并用式(1-63)拟合实验数据,得 $K = 0.4$,$C_1 = 5.5$。故速度分布为

$$\frac{u_z}{u^*} = 5.75\lg\frac{u^* y}{\nu} + 5.5 \tag{1-64}$$

管内平均流速可按下式求得

$$u = \frac{1}{\pi r_i^2}\int_0^{r_i} u_z 2\pi r\,dr = \frac{1}{\pi r_i^2}\int_0^{r_i} u_z 2\pi(r_i - y)\,dy = \int_0^{r_i} 2u_z\left(1 - \frac{y}{r_i}\right)d\left(\frac{y}{r_i}\right)$$

将式(1-64)代入上式并积分得

$$u = u^*\left(5.75\lg\frac{r_i u^*}{\nu} + 1.75\right) \tag{1-65}$$

② 对于管壁面粗糙的圆管内的湍流,根据尼古拉兹的实验数据拟合式(1-63),可得速度分布为

$$\frac{u_z}{u^*} = 5.75\lg\frac{y}{e} + 8.5 \tag{1-66}$$

式中 e 表示粗糙壁面凸起的平均高度,下一节将详细讨论。管内的平均流速为

$$\frac{u}{u^*} = 5.75\lg\frac{r_i}{e} + 4.75 \tag{1-66a}$$

圆管湍流的速度分布如图 1-18(b)所示。

3. 圆管湍流速度分布的经验公式

光滑圆管内湍流的速度分布还可用如下经验公式近似表示:

$$u_z = u_{max}\left(1 - \frac{r}{r_i}\right)^{1/n} \tag{1-67}$$

式中,指数 n 随流动的 Re 变化。当 $Re \approx 1 \times 10^5$ 时,$n = 7$,则式(1-67)可写成

$$u_z = u_{max}\left(1 - \frac{r}{r_i}\right)^{1/7} \tag{1-67a}$$

式(1-67a)称为管内湍流的 1/7 次方定律。它只是一种近似表示,不能描述壁面处的情况。在壁面处其速度梯度 $\mathrm{d}u_z/\mathrm{d}r \to \infty$,显然与实际不符。

由式(1-67)可求得平均流速与管中心最大速度 $u_{\max}$ 之间的关系为

$$u_\mathrm{b} = 0.817 u_{\max} \tag{1-68}$$

◆ 例1-18 常压下 10 ℃的空气以 10 m/s 的流速流过内径 50 mm、长 10 m 的光滑水平圆管。试求(1)管内壁面处的剪应力;(2)空气流过整个管路的机械能损失。10 ℃空气的物性数据:$\rho = 1.247\ \mathrm{kg/m^3}$,$\mu = 1.77 \times 10^{-5}\ \mathrm{Pa \cdot s}$。

解: (1) 壁面处的剪应力 τ_s

$$Re = \frac{du\rho}{\mu} = \frac{0.05 \times 10 \times 1.247}{1.77 \times 10^{-5}} = 35226$$

$Re > 4000$,流动为湍流。

将光滑圆管湍流平均流速的计算式(1-65)写成如下形式:

$$\frac{u}{u^*} = 5.75 \lg \frac{r_i u^*}{\nu} + 1.75 \tag{1}$$

由于式(1)是关于 u^* 的隐函数,故利用牛顿迭代法求解。令

$$f(u^*) = \frac{u}{u^*} - 5.75 \lg \frac{r_i u^*}{\nu} - 1.75 = 0 \tag{2}$$

式(2)求导得

$$f'(u^*) = -\left(\frac{u}{u^{*2}} + \frac{5.75}{u^* \ln 10}\right) \tag{3}$$

则牛顿迭代公式为

$$u_{k+1}^* = u_k^* - \frac{f(u_k^*)}{f'(u_k^*)} \qquad (k = 0, 1, 2, \cdots) \tag{4}$$

设初值 $u_0^* = 0.53$,代入式(4)经 3 次迭代求解,结果为

$$u^* = 0.545\ \mathrm{m/s}$$

因此 $\qquad \tau_\mathrm{s} = \rho u^{*2} = (1.247 \times 0.545^2)\ \mathrm{N/m^2} = 0.370\ \mathrm{N/m^2}$

(2) 机械能损失 $\sum h_\mathrm{f}$

在管的进口与出口之间列机械能衡算方程,因管路水平,$g\Delta z = 0$,等径管路,$\Delta u^2/2 = 0$,故可得

$$\sum h_\mathrm{f} = -\frac{\Delta p}{\rho}$$

将式(1-43a)代入上式得

$$\sum h_\mathrm{f} = \frac{2L\tau_\mathrm{s}}{\rho r_i} = \left(\frac{2 \times 10 \times 0.370}{1.247 \times 0.025}\right)\ \mathrm{J/kg} = 237.4\ \mathrm{J/kg}$$

1.5.3 边界层与边界层分离现象

工程上的流体流动,除了前面讨论的流体在规则的固体表面(如管内壁面)上的流动之外,还有一类重要的流动——流体在不规则的弯曲表面上的流动,如流过弯管、管道突然扩大与缩小、各种阀门等。在某些情况下,这种流动会出现流体与壁面相脱离的现象——边界层的分离,造成另外一种类型的机械能损失。下面先介绍边界层的概念及其形成过程,然后讨论边界层的分离现象和由此形成机械能损失的原因。

一、边界层的概念

如前所述,实际流体与固体壁面做相对运动时,流体内部都会有剪应力的作用。实验表明,对于雷诺数很高的流动问题,黏性应力引起的速度梯度集中在壁面附近,故剪应力也集中在壁面附近。远离壁面处的速度变化很小,作用于流体层间的剪应力变化也很小,这部分流体可视为理想流体。于是可将流动分成两个区域:远离壁面的大部分区域和壁面附近的一层很薄的流体层。在远离壁面的主流区域的流体,可按理想流体处理。而对于壁面附近的薄流体层,必须考虑黏性力的影响,这就是普朗特提出的边界层理论的主要思想。边界层理论不但在流体力学中非常重要,而且还与传热、传质过程密切相关。由于篇幅所限,本书仅介绍边界层的有关概念。边界层理论的系统阐述可参阅有关专著。

二、边界层的形成与发展

图 1 - 21 所示为一水平放置的大平板,一黏性流体以均匀一致的速度 u_0 流近平板,当到达平板前缘时,由于流体具有黏性且能完全湿润壁面,因此紧贴壁面的流体附着在壁面上而"不滑脱",即在壁面上的速度为零。由于在壁面上的静止流体层和与其相邻的流体层之间的剪切作用,使得相邻流体层的速度减慢。这种减速作用,由壁面开始依次向流体内部传递。离壁面越远,减速作用越小。实验发现,这种减速作用并不遍及整个流动区域,而是集中于壁面附近的流体层内。

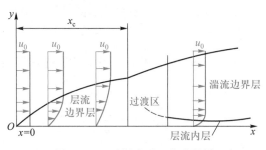

图 1 - 21 平板壁面上的边界层

由此可知,流体流过平板壁面时,由于流体黏性的作用,在垂直于流动的方向上便产生了速度梯度。在壁面附近存在一薄层流体,速度梯度很大;而在此薄层之外,速度梯度很小,可视为零。壁面附近速度梯度较大的流体层称为边界层。边界层之外,速度梯度接近零的区域称为外流区或主流区。

随着流体的向前流动,边界层逐渐加厚。在平板前缘的一段距离内,边界层厚度较小,流体的流动为层流,该处的边界层称为层流边界层。随着流动距离的增加,边界层中流体的流动经过一段过渡后逐渐由层流转变为湍流,此情况下的边界层称为湍流边界层。在湍流边界层中,靠近壁面的一极薄层流体,仍然维持层流流动,称为层流内层或层流底层。在层流内层外缘处,有一层流体既非层流也非完全湍流,称为缓冲层。而后流体经缓冲层过渡到完全湍流,称为湍流主体或湍流核心。

由层流边界层开始转变为湍流边界层的距离称为临界距离,以 x_c 表示。x_c 与壁面前缘的形状、壁面粗糙度、流体性质及流速的大小等因素有关。对于平板壁面上的流动,雷诺数的定义为

$$Re_x = \frac{x u_0 \rho}{\mu} \tag{1-69}$$

式中　　x——由平板前缘算起的距离,m;

　　　　u_0——主流区流体流速,m/s。

相应地,临界雷诺数定义为

$$Re_{x_c} = \frac{x_c u_0 \rho}{\mu} \tag{1-70}$$

Re_{x_c} 需由实验确定。对于光滑的平板壁面,临界雷诺数的范围为 $2 \times 10^5 < Re_{x_c} < 3 \times 10^6$。

化工等过程工程中经常遇到的是流体在管内的流动。流体在管内流动同样也形成边界层。

如图 1-22 所示,当黏性流体以均匀速度 u_0 流进水平圆管时,由于流体的黏性作用在管内壁面上形成边界层并逐渐加厚。在进口附近的某一位置处,边界层在管中心汇合,以后便占据管的全部截面。据此可将管内的流动分为两个区域:一是边界层汇合以前的流动,称为进口段流动;另一是边界层汇合以后的流动,称为充分发展的流动。

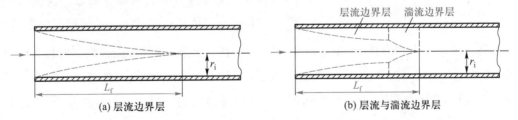

图 1-22　圆管内的流动边界层

圆管内边界层的形成与发展有两种情况:其一是 u_0 较大,在进口附近区域首先形成层流边界层,然后逐渐过渡到湍流边界层,最后在管中心汇合而形成充分发展的湍流[如图 1-22(b)所示];其二是 u_0 较小,形成层流边界层后便在管中心汇合,而后形成充分发展的层流[如图1-22(a)所示]。

与平板壁面上的湍流边界层类似,在圆管内的湍流边界层和充分发展的湍流流动区

域内,径向上也存在着层流内层、缓冲层和湍流主体三个区域。

在管内流动充分发展以后,流动的型态不再随 x 改变,以 x 定义的雷诺数已不再有意义。此时,雷诺数的定义为

$$Re = \frac{du\rho}{\mu} \qquad (1-28)$$

式中 d——圆管的直径,m;

　　　　u——管内平均流速,m/s。

前已述及,当 $Re<2000$ 时,管内流动维持层流;当 $Re>4000$ 时,管内流动为湍流。

流动进口段即通常所说的管道或设备的端效应,它对于流体流动及传热、传质过程的速率有着重要的影响。对于层流,其长度可采用下式计算:

$$\frac{L_{\mathrm{f}}}{d} = 0.0575\,Re \qquad (1-71)$$

式中 L_{f}——流动进口段长度,m;

　　　　d——管道内径,m;

　　　　Re——以管内平均流速和管内径表示的雷诺数。

三、边界层分离与形体阻力

边界层的一个重要特点是,在某些情况下,会出现边界层与固体壁面相脱离的现象。此时边界层内的流体会出现倒流并产生旋涡,导致流体的机械能损失。此种现象称为边界层分离,它是黏性流体流动时能量损失的重要原因之一。

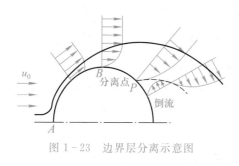

图 1-23   边界层分离示意图

以图 1-23 所示的不可压缩黏性流体以均匀流速 u_0 绕过一长圆柱体的流动为例进行分析(图1-23仅绘出了长圆柱体的上半部)。当流体接近长圆柱体时,在长圆柱体表面上形成边界层,其厚度随着流过的距离而增加。流体的流速与压力沿长圆柱体周边不同位置而变化。当流体到达 A 点时,受到壁面的阻滞,流速降为零。A 点称为驻点(stagnation point)。在 A 点处,流体的动能全部转化为压力能,该点压力最高。在 A 点到 B 点的上游区,压力逐渐降低,相应的流速逐渐加大。因此在上游区,流体处于顺压梯度之下,即压力推动流体向前。流体压力能的降低,一部分转化为动能,另一部分消耗于流体的摩擦阻力损失。至 B 点处,流速最大而压力降至最低。在 B 点之后的下游区,流速逐渐降低,压力逐渐升高,因此在下游区,流体处于逆压梯度之下,即压力阻止流体向前。在此区域内,流体的动能除一部分转化为压力能之外,仍需一部分克服摩擦阻力。在逆压和摩擦阻力的双重作用下,当流体流至某一点 P 处时,其本身的动能将消耗殆尽而停止流动,形成了新的驻点。由于流体是不可压缩的,后续流体到达 P 点时,在较高压力作用下被迫离开壁面沿新的路径向下游流去。此种边界

层脱离壁面的现象称为边界层分离,P 点则称为分离点。

在 P 点的下游,由于形成了流体的空白区,因此在逆压梯度作用下,必有倒流的流体来补充。这些流体当然不能靠近处于高压下的 P 点而被迫退回,产生旋涡。在主流与回流两区之间,存在一个分界面称为分离面,如图 1-23 所示。在回流区,流体质点因强烈碰撞与混合而消耗能量,这种能量损失是固体表面的形状,以及压力在物面上分布不均造成的,故称为形体阻力。

由上述讨论可知,产生边界层分离的必要条件是:流体具有黏性和流动过程中存在逆压梯度。

流体流经管件、阀门、管子进出口等局部的地方,由于流向的改变和流道的突然改变,都会出现边界层分离现象。工程上,为减小边界层分离造成的流体能量损失,常常将物体做成流线型,如飞机的机翼、轮船的船体等均为流线型。

1.6　流体在管内流动的阻力

演示文稿

管路输送计算的重要内容之一是计算管路的流动阻力,以此作为确定管路系统输入机械能的依据。本节将以本章 1.5 节所述的动量传递理论为基础,具体介绍管内流动阻力的计算问题。

1.6.1　管内流动阻力的分类

根据本章 1.5 节对流体动量传递的讨论可知,由于流体具有黏性,固体壁面作用于运动流体,使其内部发生相对运动,即产生速度(或动量)的空间分布,从而进行分子(层流中)或涡流(湍流中)的动量传递。其结果是消耗了流体的机械能,产生了沿程的摩擦阻力。

另一方面,在某些情况下,流体会与固体壁面相脱离,即出现边界层分离现象,流体将产生局部的倒流和尾涡,流体质点强烈碰撞与混合,从而消耗机械能,产生所谓的局部阻力或称形体阻力。

据此,可将流体在管内流动的阻力分为两种:一种是流体流经管道时,由于流体内摩擦力做功而产生的机械能损失,称为直管阻力损失或沿程阻力损失;另一种是流体流经管路中的各类管件、阀门及管截面突然扩大或缩小等局部地方引起的机械能损失,称为局部阻力损失或形体阻力损失。

当流体在如图 1-14 所示的控制体内流动时,既有直管阻力损失又有局部阻力损失。因此,机械能衡算方程式(1-37a)中的 $\sum h_f$ 是二者之和,称为总机械能损失,即

$$\sum h_f = h_f + h_f' \tag{1-72}$$

式中　　h_f——直管阻力损失,J/kg;

　　　　h_f'——局部阻力损失,J/kg。

前已述及,如果将式(1-37a)的各项乘以流体的密度 ρ,则变为如式(1-41)所示的机械能衡算方程。各项的单位均为 $Pa = N/m^2 = (N \cdot m)/m^3 = J/m^3$,因此可以将各项视为单位体积流体所具有的能量。其中 $\rho \sum h_f$ 的意义是单位体积流体的机械能损失,单位为 J/m^3。又因为它的单位与流体压力相同,故工程上称其为压力降,简称压降,以符号 $\sum \Delta p_f$ 表示。同样地,$\sum \Delta p_f$ 是流体流过控制体的总压降,可将其区分为

$$\sum \Delta p_f = \Delta p_f + \Delta p_f' \tag{1-73}$$

式中 Δp_f ——摩擦阻力引起的压降,Pa 或 J/m^3;

$\Delta p_f'$ ——局部阻力引起的压降,Pa 或 J/m^3。

但应特别注意,两截面之间由于流动阻力产生的压降 $\sum \Delta p_f$ 与机械能衡算方程中两截面的压力差 Δp 是两个截然不同的概念。将机械能衡算方程式(1-37)写为

$$\Delta p = p_2 - p_1 = \rho W_e - \rho g \Delta z - \frac{\rho}{2} \Delta u^2 - \sum \Delta p_f$$

可以看出,两截面间的压力差 Δp 是由多方面因素引起的,各种形式的机械能转换都会使 Δp 改变。因此 $\sum \Delta p_f$ 与 Δp 在数值上并不相等,仅当流体在无外功加入的等径水平管内流动时,$\sum \Delta p_f$ 与 Δp 在数值上才相等。

1.6.2 流体在直管中的摩擦阻力

一、直管阻力的计算通式

在本章 1.5.1 节分析流体在圆管内流动的应力分布特性时曾经得出,由于流体与壁面之间相互作用产生的壁面剪应力 τ_s 就是单位面积的壁面施加于流体的摩擦阻力。τ_s 可以表达为

$$\tau_s = -\frac{\Delta p}{2L} r_i \tag{1-43a}$$

或写为

$$\tau_s = -\frac{\Delta p}{4L} d \tag{1-74}$$

式中 d 为圆管的内直径。

由于推导式(1-43a)时,所选定的是直的水平等径圆管(参见图 1-17),故式(1-74)中的 $-\Delta p = p_1 - p_2 = \Delta p_f$,即由于两截面之间流体摩擦阻力而产生的压降。故式(1-74)可写为

$$\Delta p_f = \tau_s \frac{4L}{d} \tag{1-75}$$

上式表明,流体流经管路的摩擦阻力损失与管壁处的剪应力成正比。

式(1-75)又可写成下面的形式:

$$\Delta p_f = 8 \left(\frac{\tau_s}{\rho u^2} \right) \left(\frac{L}{d} \right) \left(\frac{\rho u^2}{2} \right)$$

令
$$\lambda = \frac{8\tau_s}{\rho u^2} \qquad (1-76)$$

则有

$$\Delta p_f = \lambda \frac{L}{d} \frac{\rho u^2}{2} \qquad (1-77)$$

或
$$h_f = \frac{\Delta p_f}{\rho} = \lambda \frac{L}{d} \frac{u^2}{2} \qquad (1-77a)$$

式(1-77)或式(1-77a)即为著名的达西公式,它是计算直管摩擦阻力的通式,对管内层流和湍流流动均适用。式中 λ 称为达西摩擦因子或简称为摩擦系数,其量纲为 1。达西公式实质上是将对流体在管内流动的机械能损失或压降的求算转化成了对摩擦系数 λ 的求算。

从动量传递的角度可进一步阐明 λ 的物理意义。将式(1-76)写成如下形式:

$$\tau_s = \frac{\lambda}{8}\rho u^2 = \frac{\lambda u}{8}(\rho u - \rho u_s) \qquad (1-78)$$

式中　u——管内流体的平均流速,m/s;

$\quad\quad u_s$——流体在壁面处的流速,由于实际流体都具有黏性,其值为零;

$\quad\quad \rho u$——管内流体的动量浓度,kg·(m·s^{-1})/m^3;

$\quad\quad \rho u_s$——流体在壁面处的动量浓度,kg·(m·s^{-1})/m^3;

$\quad\quad \tau_s$——壁面处剪应力,也称流体与管壁之间传递的动量通量,kg·(m·s^{-1})/(m^2·s)。

式(1-78)表明,流体与壁面之间传递的动量通量 τ_s 与流体与壁面之间的动量浓度差$(\rho u - \rho u_s)$成正比,$\lambda u/8$ 是比例系数。习惯上将流体与壁面之间的传递称为对流动量传递,$\lambda u/8$ 称为对流动量传递系数,显然其单位为 m/s。

由 λ 的定义式(1-76)可知,λ 值与管壁面的剪应力 τ_s 成正比。从 1.5 节对管内流动的分析可知,τ_s 值的大小与流体的速度分布密切相关。而对于不同的流动型态,其速度分布迥异。另一方面,工程上用于流体输送的管道并非绝对光滑的表面,其表面的粗糙程度也会影响流体的流动型态。因此,对于层流和湍流的摩擦系数的计算需要分别考虑。

二、管壁粗糙度对摩擦系数的影响

工业上使用的各种管道,按其材质和加工情况,大致可分为光滑管与粗糙管两类。通常将玻璃管、黄铜管、塑料管等列为光滑管,而将钢管和铸铁管等列为粗糙管。实际上,即使是同一材质的管子,由于使用时间的长短、腐蚀与结垢的程度不同,管壁的粗糙程度也有很大的差异。

管壁的粗糙程度可用绝对粗糙度和相对粗糙度表示。绝对粗糙度是指壁面凸出部分的平均高度,以 e 表示;相对粗糙度是指绝对粗糙度与管径的比值,即 e/d。表 1-2 列出了某些工业管道的绝对粗糙度。

表 1 - 2   某些工业管道的绝对粗糙度

金属管	绝对粗糙度 e/mm	非金属管	绝对粗糙度 e/mm
无缝黄铜管、铜管及铝管	0.01～0.05	干净玻璃管	0.0015～0.01
新的无缝钢管、镀锌铁管	0.1～0.2	橡胶软管	0.01～0.03
新的铸铁管	0.3	木管道	0.25～1.25
具有轻度腐蚀的无缝钢管	0.2～0.3	陶土排水管	0.45～6.0
具有显著腐蚀的无缝钢管	0.5 以上	很好整平的水泥管	0.33
旧的铸铁管	0.85 以上	石棉水泥管	0.03～0.8

流体作层流流动时,管壁上凹凸不平的地方都被层流流动的流体层所覆盖,流体质点对管壁凸出部分不会有碰撞作用。因此,流体作层流流动时,摩擦系数与管壁粗糙度无关。

流体作湍流流动时,靠近壁面处存在着厚度为 δ_b 的层流内层。根据 δ_b 与管壁粗糙度 e 的相对大小,可将流体流动分为 3 种情况:① Re 较小时,$e < \delta_b$。此时与层流类似,凹凸不平的壁面仍被层流内层所覆盖[参见图 1 - 24(a)],故管壁粗糙度对摩擦系数亦无影响。通常将此 Re 范围的湍流称为水力光滑区。② 随着 Re 的增大,层流内层逐渐变薄。当 $\delta_b < e$ 时,壁面凸出部分便伸入湍流核心区内[参见图 1 - 24(b)],与流体质点碰撞,使湍流加剧。此时壁面粗糙度 e 便成为影响摩擦系数的决定性因素,而 Re 对 λ 的影响很小。此 Re 范围的湍流称为完全粗糙区。③ 当 $\delta_b \approx e$,管壁粗糙度和 Re 对 λ 均有影响,此 Re 范围的湍流称为过渡粗糙区。

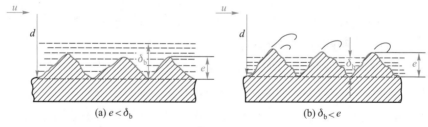

图 1 - 24   流体流过管壁面的情况

三、圆管层流的摩擦系数

流体在圆管内定态层流流动属于一种规则的分层流动,其摩擦阻力及摩擦系数可通过理论分析求解。在本章 1.5.1 节曾经导出了圆管内部流体的速度分布及平均速度的表达式。将式(1 - 48)写为

$$-\Delta p = \frac{8\mu u L}{r_i^2} = \frac{32\mu u L}{d^2}$$

由于利用的是水平等径直管道,上式中的 $-\Delta p = \Delta p_f$,故有

$$\Delta p_f = \frac{8\mu u L}{r_i^2} = \frac{32\mu u L}{d^2} \tag{1 - 79}$$

式(1-79)为流体在圆管内作层流流动时的直管摩擦阻力计算式,称为哈根-泊肃叶(Hagen-Poiseuille)方程。可以看出,层流时 Δp_f 与平均流速 u 的一次方成正比。

式(1-79)与式(1-77)相比较,可得

$$\lambda = 64/Re \tag{1-80}$$

式中,$Re = \dfrac{du\rho}{\mu}$ 为管内流动的雷诺数。由式(1-80)可知,层流时 λ 仅是 Re 的函数。

◆ **例 1-19** 某牛顿液体在内径为 0.05 m 的圆管内流动,实验测得每米管长的压降为 3000 Pa。已知液体的密度为 1100 kg/m³,黏度为 0.10 Pa·s。试求(1) 管中心处的流速;(2) 体积流量;(3) 摩擦系数 λ。

解: 先假设流动为层流,则由哈根-泊肃叶方程式(1-79)得

$$\frac{\Delta p_f}{L} = \frac{32\mu u}{d^2} = 3000$$

故

$$u = \left(\frac{3000 \times 0.05^2}{32 \times 0.1}\right) \text{m/s} = 2.344 \text{ m/s}$$

$$Re = \frac{du\rho}{\mu} = \frac{0.05 \times 2.344 \times 1100}{0.1} = 1289$$

$Re < 2000$,流动为层流。

(1) 管中心处的流速

$$u_{max} = 2u = 4.688 \text{ m/s}$$

(2) 体积流量

$$V_s = \frac{\pi}{4}d^2 u = (0.785 \times 0.05^2 \times 2.344) \text{ m}^3/\text{s} = 4.60 \times 10^{-3} \text{ m}^3/\text{s}$$

(3) 摩擦系数

$$\lambda = \frac{64}{Re} = \frac{64}{1289} = 0.0497$$

四、圆管湍流的摩擦系数

对于工程上更为常见的湍流流动,由于其质点运动的复杂性,目前还不能完全用理论方法求解,代之的是采用半经验理论方法或实验结合量纲分析的方法建立经验关联式。

1. 量纲分析

(1)量纲分析的概念与白金汉 π 定理　量纲分析法是通过对描述某一过程或现象的物理量进行量纲分析,将物理量组合为量纲为 1 的特征数,然后借助实验数据,建立这些特征数间的关系式。

任何物理量都有自己的量纲,在量纲分析中必须把某些量纲定为基本量纲,而其他量纲则由基本量纲来表示。在流体力学研究中,通常把长度 l、时间 θ、质量 m 的量纲作

为基本量纲,分别以 L、T 和 M 表示,则其他物理量的量纲可以用 L、T 和 M 的组合来表示,如速度、压力、密度及黏度的量纲分别为 LT^{-1}、$ML^{-1}T^{-2}$、ML^{-3} 及 $ML^{-1}T^{-1}$。

量纲分析法的基础是量纲一致性原则。也就是说,任何由物理定律导出的方程,其各项的量纲是相同的。

设影响某一复杂过程的物理量有 n 个,x_1、x_2、$\cdots$、x_n,写成一般的函数关系为

$$f(x_1, x_2, \cdots, x_n) = 0 \qquad (1-81)$$

经过量纲分析和适当的变量组合,可将上式转化为用量纲为 1 的特征数来表示的关系式。若以 π 表示量纲为 1 的特征数,N 表示其数目,则式(1-81)变为

$$F(\pi_1, \pi_2, \cdots, \pi_N) = 0 \qquad (1-82)$$

根据白金汉(Buckingham)π 定理,量纲为 1 的特征数的数目 N 与物理量数目 n 的关系为

$$N = n - m \qquad (1-83)$$

式中,m 为基本量纲数,即 L、T 和 M。

(2) 管内流动摩擦阻力的量纲分析　根据对管内流动摩擦阻力的分析及相关的实验研究,可以得知,由于流体的内摩擦产生的机械能损失 Δp_f 与下列因素有关:管径 d、管长 L、平均流速 u、流体密度 ρ、流体黏度 μ 及管壁粗糙度 e,写成函数关系式为

$$f(\Delta p_f, d, L, u, \rho, \mu, e) = 0 \qquad (1-84)$$

式中,物理变量数 $n=7$;基本量纲数 $m=3$,即 L、T 和 M。根据白金汉 π 定理,$N=7-3=4$。因此,经量纲分析后,以量纲为 1 的特征数表示的函数方程为

$$F(\pi_1, \pi_2, \pi_3, \pi_4) = 0 \qquad (1-85)$$

为便于分析,将式(1-84)写成如下幂函数的形式:

$$\Delta p_f = \alpha d^a L^b u^c \rho^j \mu^k e^q \qquad (1-86)$$

式中,α 及指数 a、b、c、j、k、q 均为待定值。各物理量的量纲分别为

$$[\Delta p_f] = ML^{-1}T^{-2}, [d] = [L] = [e] = L, [u] = LT^{-1}, [\rho] = ML^{-3}, [\mu] = ML^{-1}T^{-1}$$

将各物理量的量纲代入式(1-86)中,可得如下量纲方程:

$$ML^{-1}T^{-2} = (L)^a (L)^b (LT^{-1})^c (ML^{-3})^j (ML^{-1}T^{-1})^k (L)^q$$

即

$$ML^{-1}T^{-2} = M^{j+k} L^{a+b+c-3j-k+q} T^{-c-k}$$

根据量纲一致性原则,上式两侧各基本量纲的指数应相等,于是可得

$$\begin{cases} j+k=1 \\ a+b+c-3j-k+q=-1 \\ -c-k=-2 \end{cases}$$

此线性方程组的方程个数为 3,而未知数却有 6 个,故无法求解。为此,可将其中的 3 个保留作为已知量处理。现保留 b、e 和 q,则可由方程组中解出其他 3 个未知量 a、c 和 j 为

$$\begin{cases} a = -b - k - q \\ c = 2 - k \\ j = 1 - k \end{cases}$$

将 a、c、j 代入式(1-86)中,可得

$$\Delta p_f = \alpha d^{-b-k-q} L^b u^{2-k} \rho^{1-k} \mu^k e^q$$

再把上式中指数相同的物理量合并,可得

$$\frac{\Delta p_f}{\rho u^2} = \alpha \left(\frac{L}{d}\right)^b \left(\frac{d u \rho}{\mu}\right)^{-k} \left(\frac{e}{d}\right)^q \tag{1-87}$$

或写成

$$\frac{\Delta p_f}{\rho u^2} = F\left(\frac{L}{d}, \frac{d u \rho}{\mu}, \frac{e}{d}\right) \tag{1-88}$$

经量纲分析后,4 个量纲为 1 的特征数分别为

$\pi_1 = \dfrac{\Delta p_f}{\rho u^2}$,称为欧拉(Euler)数,它表示流动过程中压力与惯性力之比;

$\pi_2 = \dfrac{L}{d}$,它反映管道几何特性对流动的影响;

$\pi_3 = \dfrac{d u \rho}{\mu}$,即雷诺数,它表示流动过程中惯性力与黏性力之比;

$\pi_4 = \dfrac{e}{d}$,它反映管壁的粗糙度对流动的影响。

由于压降的大小与管长 L 成正比而与管径 d 成反比[参见式(1-77)],故式(1-88)可直接写为

$$\frac{\Delta p_f}{\rho u^2} = F_1\left(Re, \frac{e}{d}\right) \frac{L}{d} \tag{1-88a}$$

将式(1-88a)与式(1-77)对比,可得

$$\lambda = F_1\left(Re, \frac{e}{d}\right) \tag{1-89}$$

上式表明,管内湍流流动的摩擦系数不仅取决于 Re,还与管壁的粗糙度有关。

显而易见,根据式(1-89)进行摩擦系数的实验设计及数据的关联,变量的个数仅为 2 个,实验的工作量要少得多。

2. 圆管湍流摩擦系数的半经验公式

前已述及,流体在管内作湍流流动时,按照层流内层厚度与管壁粗糙度的相对大小,可区分为湍流水力光滑区、完全湍流区和湍流过渡区。

(1)湍流水力光滑区 在此流动区内,$e < \delta_b$,可将粗糙管视为水力光滑管,摩擦系数 λ 与管壁粗糙度无关,可用光滑管湍流的对数速度分布式求解。将式(1-76)代入式(1-60)中,可得

$$u^* = u\sqrt{\lambda/8} \tag{1-90}$$

再将式(1-90)代入光滑圆管湍流平均速度的表达式(1-65)中,并用实验数据略微修正,可得

$$\frac{1}{\sqrt{\lambda}} = 2.0\lg(Re\sqrt{\lambda}) - 0.80 \tag{1-91}$$

适用条件:$4000 < Re < 26.98(d/e)^{8/7}$。

(2) 完全湍流区   也称为完全粗糙区,在此流动区内,$e > \delta_b$,λ 仅与壁面相对粗糙度 e/d 有关,而与 Re 无关。在此情况下,将式(1-90)代入粗糙管湍流平均速度的表达式 (1-66a)中,经整理可得

$$\frac{1}{\sqrt{\lambda}} = 1.74 - 2.0\lg\left(\frac{2e}{d}\right) \tag{1-92}$$

适用条件:$Re > 2308(d/e)^{0.85}$。

(3) 湍流过渡区   也称为过渡粗糙区,在此流动区内,$e \approx \delta_b$,λ 不仅与壁面相对粗糙度 e/d 有关,还与 Re 有关。柯尔布鲁克(Colebrook)将湍流水力光滑区和完全粗糙区的两计算式结合,给出了过渡粗糙区 λ 的计算式:

$$\frac{1}{\sqrt{\lambda}} = 1.74 - 2.0\lg\left(\frac{2e}{d} + \frac{18.7}{Re\sqrt{\lambda}}\right) \tag{1-93}$$

适用条件:$26.98(d/e)^{8/7} < Re < 2308(d/e)^{0.85}$。

式(1-93)是计算圆管湍流摩擦系数 λ 的通式。当 Re 很大时,式(1-93)右端括号中第二项可忽略,可简化为式(1-92);对于光滑管或水力光滑管,括号中第一项可忽略,式(1-93)可简化为式(1-91)。

3. 圆管湍流摩擦系数的经验公式

课程思政

管内湍流摩擦系数的经验公式文献报道很多,下面列举几个常用的经验式。

对于光滑管或水力光滑管,布拉休斯(Blasius)提出如下计算式:

$$\lambda = 0.3164Re^{-0.25} \tag{1-94}$$

适用范围为 $Re = 3 \times 10^3 \sim 1.0 \times 10^5$。

化工中常用的另一经验方程为

$$\lambda = 0.184Re^{-0.2} \tag{1-94a}$$

适用范围为 $Re = 5 \times 10^3 \sim 2.0 \times 10^5$。

对于粗糙管内的湍流,1983年哈兰德(Haaland)提出如下计算式:

$$\lambda = \left\{-1.8\lg\left[\left(\frac{e/d}{3.7}\right)^{1.11} + \frac{6.9}{Re}\right]\right\}^{-2} \tag{1-95}$$

适用范围为 $Re = 4 \times 10^3 \sim 1 \times 10^8$,$e/d = 1 \times 10^{-6} \sim 5 \times 10^{-2}$。

4. 摩擦系数图

为便于 λ 的计算,以 Re 为横坐标,λ 为纵坐标,e/d 为参数,将式(1-93)绘成如

图 1-25 所示的双对数坐标图,称为莫迪(Moody)摩擦系数图。图中也绘出了管内层流区 λ 的计算式(1-80)。

图 1-25 存在四个不同的区域:

(1) 层流区 $Re<2000$。λ 仅与 Re 有关,即 $\lambda=64/Re$,而与 e/d 无关。由式(1-79)可知,层流区的流动阻力与平均流速 u 的一次方成正比,故称为线性阻力区。

(2) 从层流向湍流的过渡区 $Re=2000\sim4000$。在此区域内流动不稳定,可能是层流,也可能是湍流。在工程计算时,推荐按湍流考虑。

(3) 湍流过渡区(过渡粗糙区) $Re>4000$ 及黑色虚线以下的区域。在该区域内,λ 既与 Re 有关,又与 e/d 有关。该区域最下面的曲线代表水力光滑管的 λ 线,即式(1-91)。由图可见,当流动的 Re 较低、管壁的 e/d 较小时,其 λ 曲线与水力光滑管的 λ 曲线重合。

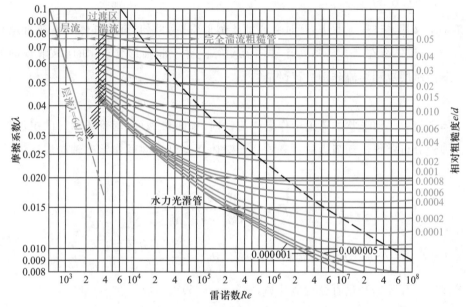

图 1-25 管流摩擦系数 λ 与雷诺数 Re 及相对粗糙度 e/d 的关系

(4) 完全湍流区(完全粗糙区) 图中黑色虚线以上的区域。在该区域内 λ 只与 e/d 有关,而不随 Re 改变。此区域内,当 e/d 一定时,λ 为常数。由式(1-77)可知,$\Delta p_{\mathrm{f}}\propto u^2$,因此称为阻力平方区。

◆ 例 1-20 20 ℃的水以 2 m/s 的平均流速流过一内径为 68 mm、长为 200 m 的水平直管,管的材质为新的铸铁管。试求单位质量流体的直管能量损失和压降。

解:20 ℃水的物性数据为 $\rho=998.2\ \mathrm{kg/m^3}$,$\mu=1.005\times10^{-3}\ \mathrm{Pa\cdot s}$,则

$$Re=\frac{du\rho}{\mu}=\frac{0.068\times2\times998.2}{1.005\times10^{-3}}=1.351\times10^5$$

故流动为湍流。

由表 1-2 查得对于新的铸铁管,$e\approx0.3$ mm,则

$$\frac{e}{d} = \frac{0.3 \times 10^{-3}}{0.068} = 0.00441$$

由式(1-95)可得

$$\frac{1}{\sqrt{\lambda}} = -1.8\lg\left[\left(\frac{0.00441}{3.7}\right)^{1.11} + \frac{6.9}{1.351 \times 10^5}\right] = 5.774$$

$$\lambda = 0.030$$

λ 值也可由图1-25直接查得,但有时误差较大。

因此,　　　$h_{\mathrm{f}} = \lambda\left(\dfrac{L}{d}\right)\left(\dfrac{u^2}{2}\right) = \left(0.030 \times \dfrac{200}{0.068} \times \dfrac{2^2}{2}\right) \mathrm{J/kg} = 176.5 \mathrm{J/kg}$

$$\Delta p_{\mathrm{f}} = \rho h_{\mathrm{f}} = (998.2 \times 176.5) \mathrm{Pa} = 1.762 \times 10^5 \mathrm{Pa}$$

五、非圆形管的摩擦阻力

在化工及其他过程工业中,有时会遇到非圆形管道,例如,有些气体的输送管道是矩形截面,有时流体会在套管环隙间作轴向流动等。对于非圆形管道,如何求解流动的阻力呢? 下面对层流和湍流分别进行讨论。

1. 层流

流体在简单几何形状的流道中作层流流动时,如矩形截面、套管环隙间的层流等,可以通过理论分析获得流动阻力的计算式。如流体在套管环隙间作定态轴向层流流动时,其摩擦压降可用下式计算:

$$\Delta p_{\mathrm{f}} = \frac{32\,\mu u L}{d_2^2 + d_1^2 - 2d_{\max}^2} \tag{1-96}$$

式中　　d_1、d_2——分别为内管外径和外管内径,$d_{\max} = \dfrac{1}{2}\sqrt{\dfrac{d_2^2 - d_1^2}{\ln(d_2/d_1)}}$。

若以套管环隙的当量直径近似计算,则式(1-96)可写成

$$\Delta p_{\mathrm{f}} = \frac{32\,\mu u L}{d_2^2 + d_1^2 - 2d_1 d_2} \tag{1-96a}$$

对于宽为 a、高为 b 的矩形管道,采用当量直径近似计算时,其压降为

$$\Delta p_{\mathrm{f}} = \frac{16\,\mu u L(a+b)}{ab} \tag{1-97}$$

采用上式计算的误差较大。

2. 湍流

流体在非圆形管内作湍流流动时,其摩擦系数可按圆管湍流公式或由图1-25进行近似估算。但要用管道的当量直径 d_{e} 代替圆管直径 d。

◆ **例 1-21** 一套管换热器，内管与外管均为光滑管，直径分别为 $\phi 30\ \text{mm} \times 2.5\ \text{mm}$ 和 $\phi 56\ \text{mm} \times 3\ \text{mm}$。平均温度为 40 ℃ 的水以 $10\ \text{m}^3/\text{h}$ 的流量流过套管的环隙。试求水流过环隙时每米管长的压降。

解：设套管的外管内径为 d_1，内管外径为 d_2，水通过环隙的平均流速为

$$u = \frac{V_s}{A}$$

水的流通截面 $A = \frac{\pi}{4}(d_1^2 - d_2^2) = \left[\frac{\pi}{4}(0.05^2 - 0.03^2)\right]\ \text{m}^2 = 0.00126\ \text{m}^2$

因此， $u = \left(\frac{10}{3600 \times 0.00126}\right)\ \text{m/s} = 2.2\ \text{m/s}$

由式(1-29)和式(1-30)，环隙的当量直径为

$$d_e = \frac{4A}{L_p} = \frac{4 \times \frac{\pi}{4}(d_1^2 - d_2^2)}{\pi(d_1 + d_2)} = d_1 - d_2 = (0.05 - 0.03)\ \text{m} = 0.02\ \text{m}$$

由本书附录查得水在 40 ℃ 时，$\rho = 992.2\ \text{kg/m}^3$，$\mu = 65.60 \times 10^{-5}\ \text{Pa·s}$，因此

$$Re = \frac{d_e u \rho}{\mu} = \frac{0.02 \times 2.2 \times 992.2}{65.60 \times 10^{-5}} = 6.66 \times 10^4 > 4000$$

该流动属于光滑管内的湍流。由式(1-91)经试差法计算，得

$$\lambda = 0.0194$$

λ 值也可从图 1-25 光滑管的曲线查得。

由式(1-77)得水通过环隙时每米管长的压降为

$$\frac{\Delta p_f}{L} = \frac{\lambda}{d_e} \frac{\rho u^2}{2} = \left(\frac{0.0195}{0.02} \times \frac{992.2 \times 2.2^2}{2}\right)\ \text{Pa/m} = 2341\ \text{Pa/m}$$

1.6.3 管路上的局部阻力

演示文稿

在本章 1.5 节曾经指出，流体流经弯头、三通、阀门、突然扩大、突然缩小等管道的局部位置时，由于流体的流速和流动方向突然变化，使流体质点间碰撞加剧，形成旋涡和脱离壁面等现象，产生附加的流动阻力，增加机械能损失，这部分能量损失称为局部阻力损失。

由于流体在这些管件内的运动比较复杂，影响因素也较多，这部分流动阻力很难精确计算，除少数几种能在理论上作一定的分析外，一般都需通过实验确定。通常有两种近似计算方法：局部阻力系数法和当量长度法。

一、局部阻力系数法

由于流体通道急剧变化的部位所产生的旋涡和剧烈湍动是造成局部能量损失的决定性因素，黏性影响可以忽略不计，因此可以类比湍流阻力平方区的规律，将局部能量损失表示为动能 $u^2/2$ 的倍数，即

$$h'_f = \zeta \frac{u^2}{2} \qquad\qquad (1-98)$$

或

$$\Delta p'_f = \zeta \frac{\rho u^2}{2} \qquad\qquad (1-98a)$$

式中,ζ 称为局部阻力系数,其值取决于管道上管件、阀门、突然扩大或突然缩小等局部位置的结构和形状,需由实验确定。下面介绍一些常用的局部阻力系数值。

1. 突然扩大与突然缩小

由于管路直径改变使流动截面突然扩大或突然缩小时,其局部阻力系数可根据小管与大管的截面积之比从图 1-26 的曲线上查得。

应当注意,在应用式(1-98)或式(1-98a)计算局部能量损失时,式中的 u 是指小管内的平均流速。

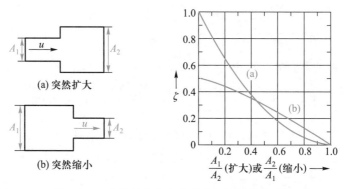

图 1-26 突然扩大与突然缩小的局部阻力系数

2. 管入口与管出口

流体自容器进入管内,相当于流体从很大的截面 A_1 突然流入很小的截面 A_2,此时 $A_2/A_1 \approx 0$,则由图 1-26 中的曲线(b)查得局部阻力系数 $\zeta_i = 0.5$。这种能量损失常称为进口损失,相应的局部阻力系数又称为进口阻力系数。

流体自管路进入容器或直接排放到管外空间,相当于流体从很小的截面 A_1 流入很大的截面 A_2,此时 $A_1/A_2 \approx 0$,则由图 1-26 中的曲线(a)查得局部阻力系数 $\zeta_o = 1$。这种能量损失常称为出口损失,相应的局部阻力系数又称为出口阻力系数。

3. 管件与阀门

管路上的弯头、三通等管件,以及各种阀门的局部阻力系数可从有关手册中查得。表 1-3 列出了一些常见管件与阀门的局部阻力系数。

表 1-3 常见管件与阀门的局部阻力系数

名称	局部阻力系数 ζ	名称	局部阻力系数 ζ
弯头,45°	0.35	回弯头	1.5
弯头,90°	0.75	管接头	0.04
三通	1	活接头	0.04

续表

名称	局部阻力系数 ζ	名称	局部阻力系数 ζ
闸阀		角阀,全开	2.0
全开	0.17	止逆阀	
半开	4.5	球式	70.0
标准阀		摇板式	2.0
全开	6.0	水表,盘式	7.0
半开	9.5		

二、当量长度法

流体流经管件、阀门等局部部位所造成的能量损失,可仿照式(1-77)与式(1-77a)写成如下形式:

$$h_f' = \lambda \frac{L_e}{d} \frac{u^2}{2} \tag{1-99}$$

或

$$\Delta p_f' = \lambda \frac{L_e}{d} \frac{\rho u^2}{2} \tag{1-99a}$$

式中,L_e 称为管件或阀门的当量长度,单位为 m,它表示流体流过某一管件或阀门时的局部阻力相当于流过一段与其直径 d 相同,长度为 L_e 的直管阻力。

管件与阀门的当量长度 L_e 值需由实验测定。在湍流情况下,某些管件与阀门的当量长度可由图 1-27 所示的共线图查得。

由于管件与阀门的结构细节和加工精度往往差别很大,即使规格、尺寸相同,其当量长度 L_e 及局部阻力系数 ζ 值也会有很大差别。表 1-3 和图 1-27 中给出的数据只是近似估算。

应当注意,用式(1-98)~式(1-99a)计算突然扩大和突然缩小的局部能量损失时,式中的流速均为细管内的流速。

1.6.4 管路系统的总能量损失

流体流经管路系统中的总机械能损失常称为总阻力损失,它是管路上的全部直管阻力损失和全部局部阻力损失之和,即

$$\sum h_f = \left(\lambda \frac{\sum L + \sum L_e}{d} + \sum \zeta \right) \frac{u^2}{2} \tag{1-100}$$

式中　　$\sum h_f$——管路系统中的总机械能损失,J/kg;

$\sum L$——管路系统中各段直管的总长度,m;

$\sum L_e$——管路系统中全部管件与阀门等的当量长度之和,m;

$\sum \zeta$——管路系统中全部阻力系数之和,m;

u——流体在管路中的流速,m/s。

应该注意,式(1-100)仅适用于直径相同的管段或管路系统的计算。当管路系统中存在若干不同直径的管段时,管路的总能量损失应逐段计算,然后相加。

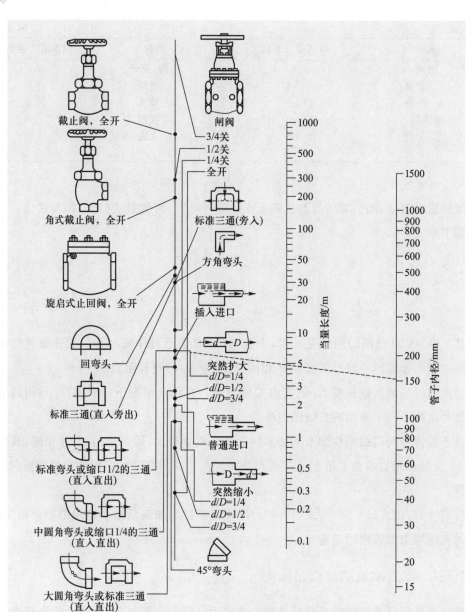

图 1-27　管件与阀门的当量长度共线图

练习文稿

案例解析

◆ 例 1-22　用泵将 25 ℃的甲苯液体从地面储罐输送至高位槽,体积流量为 5×10^{-3} m³/s,如本题附图所示。已知高位槽高出储罐液面 10 m,泵吸入管为 ϕ89 mm× 4 mm 的无缝钢管,其直管部分总长为 5 m,管路上装有一个底阀(可按旋启式止回阀全开计)、一个标准弯头;泵排出管为 ϕ57 mm×3.5 mm 的无缝钢管,其直管部分总长为 30 m,管路上装有一个全开的闸阀、一个全开的截止阀和三个标准弯头。储罐及高位槽液面上方均为大气压。储罐液面维持恒定。设泵的效率为 70%,试求泵的轴功率。

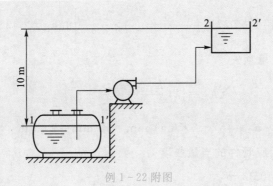

例 1-22 附图

解：取储罐液面为截面 $1-1'$ 并为基准水平面，高位槽液面为截面 $2-2'$。在两截面间列机械能衡算方程，得

$$gz_1 + \frac{u_1^2}{2} + \frac{p_1}{\rho} + W_e = gz_2 + \frac{u_2^2}{2} + \frac{p_2}{\rho} + \sum h_f \tag{1}$$

由于储罐和高位槽的截面均远大于相应的管道截面，故 $u_1 = 0$，$u_2 = 0$。于是式(1)变为

$$W_e = g\Delta z + \sum h_f = 98.1 \text{ J/kg} + \sum h_f \tag{2}$$

因吸入管路与排出管路直径不同，故应分别计算。

(1) 吸入管路能量损失 $\sum h_{f1}$

$$\sum h_{f1} = h_{f1} + h'_{f1} = \left(\lambda_1 \frac{L_1 + \sum L_{e1}}{d_1} + \zeta_i \right) \frac{u_1^2}{2}$$

式中 $\qquad\qquad\qquad d_1 = (89 - 2 \times 4) \text{ mm} = 81 \text{ mm} = 0.081 \text{ m}$

由图 1-27 可查出相应管件的当量长度为

底阀(按旋启式止回阀全开计) $L_e = 6.3 \text{ m}$

标准弯头 $L_e = 2.7 \text{ m}$

因此， $\qquad\qquad\qquad \sum L_{e1} = (6.3 + 2.7) \text{ m} = 9.0 \text{ m}$

管进口阻力系数 $\zeta_i = 0.5$

$$u_1 = \left[\frac{5 \times 10^{-3}}{(\pi/4) \times 0.081^2} \right] \text{ m/s} = 0.97 \text{ m/s}$$

由本书附录查得 20 ℃时甲苯的物性数据为 $\rho = 867 \text{ kg/m}^3$，$\mu = 0.675 \times 10^{-3} \text{ Pa·s}$，则

$$Re_1 = \frac{0.081 \times 0.97 \times 867}{0.675 \times 10^{-3}} = 1.01 \times 10^5$$

故流动为湍流。

由表 1-2，取管壁绝对粗糙度 $e = 0.3 \text{ mm}$，则 $e/d_1 = 0.3/81 = 0.0037$。查图 1-25 得 $\lambda_1 = 0.027$，于是

$$\sum h_{f1} = \left[\left(0.027 \times \frac{5+9.0}{0.081} + 0.5 \right) \times \frac{0.97^2}{2} \right] \text{J/kg} = 2.43 \text{ J/kg}$$

（2）排出管路能量损失

$$\sum h_{f2} = \left(\lambda_2 \frac{L_2 + \sum L_{e2}}{d_2} + \zeta_{\circ} \right) \frac{u_2^2}{2}$$

式中　　　　　　　　$d_2 = (57 - 2 \times 3.5) \text{ mm} = 50 \text{ mm} = 0.05 \text{ m}$

由图 1−27 可查出相应管件的当量长度为

闸阀全开　$L_e = 0.33 \text{ m}$

截止阀全开　$L_e = 17 \text{ m}$

三个标准弯头　$L_e = (1.6 \times 3) \text{ m} = 4.8 \text{ m}$

因此，　　　　　　　$\sum L_{e2} = (0.33 + 17 + 4.8) \text{ m} = 22.13 \text{ m}$

管出口阻力系数　$\zeta_{\circ} = 1$

$$u_2 = \left[\frac{0.005}{(\pi/4) \times 0.05^2} \right] \text{m/s} = 2.55 \text{ m/s}$$

$$Re_2 = \frac{0.05 \times 2.55 \times 867}{0.675 \times 10^{-3}} = 1.64 \times 10^5$$

故流动为湍流。

仍取管壁绝对粗糙度 $e = 0.3 \text{ mm}$，则 $e/d_2 = 0.3/50 = 0.006$。由图 1−25 查得 $\lambda_2 = 0.032$，于是

$$\sum h_{f2} = \left[\left(0.032 \times \frac{30 + 22.13}{0.05} + 1 \right) \times \frac{2.55^2}{2} \right] \text{J/kg} = 111.7 \text{ J/kg}$$

（3）管路系统的总能量损失

$$\sum h_f = (2.43 + 111.7) \text{ J/kg} = 114.1 \text{ J/kg}$$

于是　　　　　　　$W_e = (98.1 + 114.1) \text{ J/kg} = 212.2 \text{ J/kg}$

甲苯的质量流量为

$$w_s = V_s \rho = (0.005 \times 867) \text{ kg/s} = 4.34 \text{ kg/s}$$

泵的有效功率为

$$N_e = w_s W_e = (212.2 \times 4.34) \text{ W} = 920.9 \text{ W} = 0.92 \text{ kW}$$

泵的轴功率为

$$N = N_e / \eta = (0.92/0.7) \text{ kW} = 1.31 \text{ kW}$$

1.7　管　路　计　算

前面已导出了连续性方程、机械能衡算方程，以及能量损失的计算式，据此可以进行

演示文稿

不可压缩流体输送管路的计算。对于可压缩流体输送管路的计算,还需要表征流体性质的状态方程。

管路计算可分为设计型计算和操作型计算两类。设计型计算通常指对于给定的流体输送任务(一定的流体体积流量),选用合理且经济的管路和输送设备;操作型计算是指管路系统已给定,要求核算在某些条件下的输送能力或某些技术指标。上述两类计算可归纳为下述三种情况的计算:

(1) 欲将流体由一处输送至另一处,给定管径、管长、管件和阀门的设置,以及流体的输送量,要求计算输送设备的功率。这一类问题的计算比较容易,1.6 节例 1-22 即属此种情况。

(2) 给定管径、管长、管件与阀门的设置及允许的能量损失,求管路的输送量。

(3) 给定管长、管件与阀门的设置、流体的输送量及允许的能量损失,求输送管路的管径。

对于第(2)和第(3)种情况,流速 u 或管径 d 为待求的未知量,无法计算 Re 以判别流动的型态,因此也就无法确定摩擦系数 λ。在这种情况下,需采用试差法求解。在进行试差计算时,由于 λ 值的变化范围较小,故通常将其作为迭代变量。将流动已进入阻力平方区的 λ 值作为计算的初值。

上述试差计算方法,是非线性方程组的求解过程。对于非线性方程或方程组,目前已发展了多种计算方法,利用计算机则上述问题很容易解决。

流体输送管路按其连接和配置情况大致可分为两类:一是无分支的简单管路;二是存在分支与合流的复杂管路。下面分别介绍。

1.7.1 简单管路

简单管路包括管径不变的单一管路和由若干异径管段串联组成的管路。描述简单管路中各变量间关系的控制方程共有 3 个,即

连续性方程

$$V_s = \pi d^2 u / 4 = 常数$$

机械能衡算方程

$$gz_1 + \frac{u_1^2}{2} + \frac{p_1}{\rho} + W_e = gz_2 + \frac{u_2^2}{2} + \frac{p_2}{\rho} + \left(\lambda \frac{L}{d} + \sum \zeta\right) \frac{u^2}{2}$$

阻力系数方程

$$\lambda = f\left(\frac{du\rho}{\mu}, \frac{e}{d}\right)$$

它们构成一个非线性方程组。当被输送的流体给定,其物性 ρ、μ 已知,上述方程组共包含 13 个变量 $[V_s、d、u、u_1(或 u_2)、p_1、p_2、z_1、z_2、\lambda、L、\sum \zeta、e、W_e]$,若给定其中的 10 个独立变量,则可求出其他 3 个变量。

◆ 例 1-23　如本题附图所示,密度为 900 kg/m³、黏度为 1.4 mPa·s 的某液体自容器 A 经 $\phi 45$ mm $\times 3.5$ mm 的无缝钢管流入容器 B,两容器均为敞口,两液面维持恒定,管路中装有一阀门。当阀门全关时,阀门前后的压力表读数分别为 8.83×10^4 Pa 和 4.41×10^4 Pa。已知阀前管长 50 m,阀后管长 20 m(包括局部阻力的当量长度)。现将阀门开至 1/4 开度,阀门阻力的当量长度为 30 m。试求管路的体积流量。

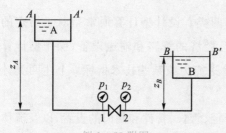

例 1-23 附图

解:以容器 A 的液面作为上游截面 $A-A'$,容器 B 的液面作为下游截面 $B-B'$,以水平管中心轴线为基准水平面列机械能衡算方程,可得

$$gz_A + \frac{p_A}{\rho} + \frac{u_A^2}{2} + W_e = gz_B + \frac{p_B}{\rho} + \frac{u_B^2}{2} + \sum h_{f,AB} \tag{1}$$

式中,$p_A = p_B = p_a = 0$(表压),$u_A \approx 0$,$u_B \approx 0$,$W_e = 0$。

已知 $L + \sum L_e = (50 + 20 + 30)$ m $= 100$ m,$d = (45 - 2 \times 3.5)$ mm $= 38$ mm $= 0.038$ m

故

$$\sum h_{f,AB} = \lambda \frac{L + \sum L_e}{d} \frac{u^2}{2} = \lambda \times \frac{100}{0.038} \times \frac{u^2}{2} = 1.316 \times 10^3 \lambda u^2 \tag{2}$$

当阀门全关时(流体静止),由静力学方程求出 z_A、z_B,即

$$z_A = \frac{p_1}{\rho g} = \left(\frac{8.83 \times 10^4}{900 \times 9.81} \right) \text{ m} = 10 \text{ m}$$

$$z_B = \frac{p_2}{\rho g} = \left(\frac{4.41 \times 10^4}{900 \times 9.81} \right) \text{ m} = 5 \text{ m}$$

当阀门打开至 1/4 时,z_A、z_B 仍为上述所求值。

将以上数值代入式(1)可得

$$9.81 \times 10 = 9.81 \times 5 + 1.316 \times 10^3 \lambda u^2$$

即

$$\lambda u^2 = 0.03727 \tag{3}$$

由于

$$\lambda = f \left(Re, \frac{e}{d} \right) \tag{4}$$

故可采用试差法联立求解式(3)与式(4),获得 λ 与 u 两个未知量。其步骤为

① 设定 λ 的初值 λ_0;

② 将此 λ_0 值代入式(3)求出 u;

③ 用此 u 值计算 Re;

④ 用 Re 及 e/d（本例中取管壁绝对粗糙度 $e=0.2$ mm，则 $e/d=0.2/38=0.00526$）求出新的 λ_1 值；

⑤ 重复上述计算步骤，直至假设的 λ_0 与求出的 λ_1 值相近时为止，最后一次算出的 u 即为所求。

经过上述步骤计算的 $u=1.047$ m/s（$\lambda=0.034$）。

体积流量为

$$V_s=0.785d^2u=(0.785\times0.038^2\times1.047)\ \text{m}^3/\text{s}=1.187\times10^{-3}\ \text{m}^3/\text{s}$$

◆ 例 1-24   如本题附图所示,将高位槽中的液体沿等管径管路送至车间,高位槽内液面保持恒定。现将阀门开度减小,试分析(1) 管内流量将如何变化?

(2) 阀门前后压力表读数 p_A、p_B 将如何变化?

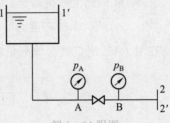

例 1-24 附图

解：(1) 管内流量变化分析   取高位槽液面为上游截面 $1-1'$,管出口内侧为下游截面 $2-2'$,以水平管中心线为位能基准面,在截面 $1-1'$ 与截面 $2-2'$ 之间列机械能衡算方程,得

$$gz_1+\frac{p_1}{\rho}=\frac{p_2}{\rho}+\frac{u_2^2}{2}+\sum h_f$$

式中

$$\sum h_f=\left(\lambda\frac{L}{d}+\sum\zeta\right)\frac{u_2^2}{2}$$

因此

$$gz_1+\frac{p_1-p_2}{\rho}=\left(\lambda\frac{L}{d}+\sum\zeta+1\right)\frac{u_2^2}{2}$$

由上式可知,将阀门开度减小后,上式等号左侧各项均不变,而右侧括号内各项除 $\sum\zeta$ 增大外,其余量不变(λ 一般变化很小,可近似认为是常数)。由此可推断,u_2 必减小,即管内流量减小。

(2) 阀门前后压力表读数 p_A、p_B 的变化分析   在截面 $1-1'$ 与压力表 A 所在管截面 $A-A$ 之间列机械能衡算方程,可得

$$gz_1+\frac{p_1}{\rho}=\frac{p_A}{\rho}+\frac{u_A^2}{2}+\sum h_{f1-A}$$

式中

$$\sum h_{f1-A}=\left(\lambda\frac{L}{d}+\sum\zeta\right)_{1-A}\frac{u_A^2}{2}$$

故

$$\frac{p_A}{\rho}=gz_1+\frac{p_1}{\rho}-\left(\lambda\frac{L}{d}+\sum\zeta+1\right)_{1-A}\frac{u_A^2}{2}$$

由上式可知,当阀门关小时,上式等号右侧各项除 u_A 减小外,其余量均不变,故 p_A 必增大。

同理,在压力表 B 所在管截面 $B-B$ 与截面 $2-2'$ 之间列机械能衡算方程,可得

$$\frac{p_B}{\rho} = \frac{p_2}{\rho} + \left(\lambda\frac{L}{d} + \sum\zeta + 1\right)_{B-2}\frac{u_2^2}{2}$$

当阀门关小时,上式等号右侧各项除 u_2 减小外,其余量均不变,故 p_B 必减小。

讨论:由本题可得出的结论为简单管路中局部阻力系数的变大,如阀门关小,将导致管内流速减小,阀门上游压力上升,下游压力下降。该规律具有普遍性。

案例解析

◆ 例 1-25   20 ℃的水以 0.05 m^3/s 的流量流过总长度(包括各种管件的当量长度)为 100 m 的光滑水平管道。已知总压降为 1.03×10^5 Pa,试求管道的直径。

解:20 ℃下,水的密度为 998 kg/m^3,黏度为 1.005×10^{-3} Pa·s。

在管入口、出口截面间列机械能衡算方程:

$$gz_1 + \frac{u_1^2}{2} + \frac{p_1}{\rho} = gz_2 + \frac{u_2^2}{2} + \frac{p_2}{\rho} + \sum h_f$$

由于管道水平,$z_1 = z_2 = 0$,$u_1 = u_2$,故

$$\frac{p_2 - p_1}{\rho} = \sum h_f \tag{1}$$

即

$$\Delta p_f = \rho\sum h_f$$

$$\sum h_f = \left(\lambda\frac{L + \sum L_e}{d}\right)\frac{u^2}{2} = \left(\lambda\frac{100}{d}\right)\frac{1}{2}\left(\frac{0.05}{\pi d^2/4}\right)^2 = 0.203\frac{\lambda}{d^5} \tag{2}$$

将式(2)代入式(1)中,得

$$1.03\times10^5 = 1000\times0.203\times\frac{\lambda}{d^5}$$

即

$$\frac{\lambda}{d^5} = 507.4 \tag{3}$$

因 $\lambda = f(Re) = f'(d)$,故本例题仍需采用试差法求解。其步骤为

① 设定 λ 的初值 λ_0;

② 将此 λ_0 值代入式(3)求出 d;

③ 用此 d 值计算 Re;

④ 用 Re 及 e/d(本例中 $e/d = 0$)求出新的 λ_1 值;

⑤ 重复上述计算步骤,直至假设的 λ_0 与求出的 λ_1 值相近时为止,最后一次算出的 d 即为所求。

经过上述步骤计算的管道直径为 $d = 0.118$ m($\lambda = 0.0116$)。

1.7.2 复杂管路

　　管路中存在分支与合流时,称为复杂管路。如图 1-28(a)所示,在主管路 A 处分成两个或多个支路,然后在 B 处又汇合为一的管路,称为并联管路;又如图 1-28(b)所示,在主管路 A 的 O 点分成两支路 B 和 C 后,不再汇合,称为分支管路。

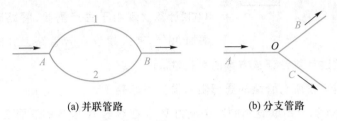

(a) 并联管路　　　　　　　　(b) 分支管路

图 1-28　并联管路与分支管路示意

　　并联管路与分支管路中各支管的流量彼此影响,相互制约。其流动规律虽比简单管路复杂,但仍满足连续性方程和能量守恒原理。

　　并联管路与分支管路计算的主要内容为(1) 规定总管流量和各支管的尺寸,计算各支管的流量;(2) 规定各支管的流量、管长及管件与阀门的设置,选择合适的管径;(3) 在已知的输送条件下,计算输送设备应提供的功率。

一、并联管路

　　对于如图 1-28(a)所示的并联管路,在 A、B 两截面之间列机械能衡算方程,得

$$gz_A + \frac{u_A^2}{2} + \frac{p_A}{\rho} = gz_B + \frac{u_B^2}{2} + \frac{p_B}{\rho} + \sum h_{f,A-B}$$

对于支管 1,有

$$gz_A + \frac{u_A^2}{2} + \frac{p_A}{\rho} = gz_B + \frac{u_B^2}{2} + \frac{p_B}{\rho} + \sum h_{f,1}$$

对于支管 2,有

$$gz_A + \frac{u_A^2}{2} + \frac{p_A}{\rho} = gz_B + \frac{u_B^2}{2} + \frac{p_B}{\rho} + \sum h_{f,2}$$

　　比较以上三式,可得

$$\sum h_{f,A-B} = \sum h_{f,1} = \sum h_{f,2} \tag{1-101}$$

式(1-101)表明,并联管路中各支管的机械能损失相等。

　　此外,根据流体的连续性条件,在定态下,

$$V_s = V_{s,1} + V_{s,2} \tag{1-102}$$

即主管中的流量等于各支管流量之和。

　　式(1-101)和式(1-102)是并联管路中流动必须满足的方程。它表明各支管的长度、直径可能相差很大,但单位质量流体流经各支管的能量损失相等。

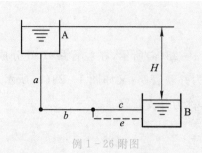

例 1 - 26 附图

◆ 例 1 - 26   如本题附图所示,用串联管路 a、b 和 c 将常压容器 A 内的水输送至常压容器 B 内,两容器间的液位差为 25 m。已知各段管路的内径分别为 $d_a = d_b = 0.05$ m,$d_c = 0.038$ m;各段的管长均为 100m,所有管路的摩擦系数均可按 0.032 计算。现由于生产需要,管路输送能力要求增加 30%,有人建议在 c 管路上并联一根相同规格的管子,试通过计算论证该方案的可行性。

为简化计算,设所有管路的局部阻力损失可忽略不计。

解：首先计算原串联管路的输送能力 V_s。在容器 A 与 B 的液面之间列机械能衡算方程,可得

$$Hg = (\sum h_f)_a + (\sum h_f)_b + (\sum h_f)_c = \lambda \frac{2L}{d_a} \frac{u_a^2}{2} + \lambda \frac{L}{d_c} \frac{u_c^2}{2} \tag{1}$$

式中

$$u_a = \frac{4V_s}{\pi d_a^2}, u_c = \frac{4V_s}{\pi d_c^2}$$

代入式(1)得

$$Hg = \frac{16\lambda L}{\pi^2 d_a^5} V_s^2 + \frac{8\lambda L}{\pi^2 d_c^5} V_s^2$$

代入已知数据得

$$25 \times 9.81 = \left(\frac{16 \times 0.032 \times 100}{\pi^2 \times 0.05^5} + \frac{8 \times 0.032 \times 100}{\pi^2 \times 0.038^5} \right) \times V_s^2$$

解得原串联管路的输送能力为

$$V_s = 2.228 \times 10^{-3} \, \mathrm{m^3/s}$$

设在管路 c 上并联内径为 d_c、长为 L 的管子 e 后(如附图所示),总管 a、b 的流量为 V_s',支管 c 的流量为 $V_{s,c}'$,支管 e 的流量为 $V_{s,e}'$。在容器 A 与 B 的液面之间沿管路 a、b、c 列机械能衡算方程,得

$$Hg = \lambda \frac{2L}{d_a} \frac{u_a'^2}{2} + \lambda \frac{L}{d_c} \frac{u_c'^2}{2}$$

将 $u_a' = \frac{4V_s'}{\pi d_a^2}, u_c' = \frac{4V_{s,c}'}{\pi d_c^2}$ 代入上式得

$$Hg = \frac{16\lambda L}{\pi^2 d_a^5} V_s'^2 + \frac{8\lambda L}{\pi^2 d_c^5} V_{s,c}'^2$$

代入已知数据得

$$25 \times 9.81 = \frac{16 \times 0.032 \times 100}{\pi^2 \times 0.05^5} V_s'^2 + \frac{8 \times 0.032 \times 100}{\pi^2 \times 0.038^5} V_{s,c}'^2$$

即
$$6.7688 \times 10^4 V_s'^2 + 1.3348 \times 10^5 V_{s,c}'^2 = 1 \tag{2}$$

对于并联管路 c 和 e 有

$$\lambda \frac{L}{d_c} \frac{u_c'^2}{2} = \lambda \frac{L}{d_e} \frac{u_e'^2}{2}$$

由上式得
$$u_c' = u_e'$$

即
$$V_{s,c}' = V_{s,e}' \tag{3}$$

对于并联管路亦可得

$$V_s' = V_{s,c}' + V_{s,e}'$$

将式(3)代入上式得

$$V_{s,c}' = 0.5 V_s' \tag{4}$$

将式(4)代入式(2)可得并联后管路的输送能力为

$$V_s' = 3.144 \times 10^{-3} \,\text{m}^3/\text{s}$$

并联后管路输送能力增加的百分数为

$$\frac{V_s' - V_s}{V_s} \times 100\% = \frac{3.144 \times 10^{-3} - 2.228 \times 10^{-3}}{2.228 \times 10^{-3}} \times 100\% = 41.1\%$$

因此方案可行。

案例解析

二、分支管路

对于如图 1−28(b)所示的简单分支管路,以分支点 O 处为上游截面,分别对支管 B 和支管 C 列机械能衡算方程,得

$$g z_O + \frac{u_O^2}{2} + \frac{p_O}{\rho} = g z_B + \frac{u_B^2}{2} + \frac{p_B}{\rho} + \sum h_{f,B}$$

及
$$g z_O + \frac{u_O^2}{2} + \frac{p_O}{\rho} = g z_C + \frac{u_C^2}{2} + \frac{p_C}{\rho} + \sum h_{f,C}$$

比较以上二式可得

$$g z_B + \frac{u_B^2}{2} + \frac{p_B}{\rho} + \sum h_{f,B} = g z_C + \frac{u_C^2}{2} + \frac{p_C}{\rho} + \sum h_{f,C} \tag{1−103}$$

式(1−103)表明,对于分支管路,单位质量流体在各支管流动终了时的总机械能与能量损失之和相等。

此外,连续性方程为

$$V_s = V_{s,B} + V_{s,C} \tag{1−104}$$

即主管流量等于各支管流量之和。

◆ 例 1-27　20 ℃的水在本题附图所示的分支管路系统中流动。已知与槽 a 连接的支管的直径为 $\phi73$ mm×3.5 mm，直管长度与管件、阀门的当量长度之和为 42 m。

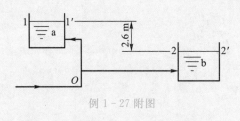

与槽 b 连接的支管的直径为 $\phi83$ mm× 5.5 mm，直管长度与管件、阀门当量长度之和为 84 m。两槽水面保持恒定的高度差 2.6 m，总管流量为 55 m³/h。试求各支管的流量（连接两支管的三通及管路出口的局部阻力可以忽略）。

例 1-27 附图

解：20 ℃的水的物性数据为 $\rho=998.2$ kg/m³，$\mu=1.005\times10^{-3}$ Pa·s。

设与槽 a 连接的支管内的流速为 u_a，与槽 b 连接的支管内的流速为 u_b，则由式 (1-104)可得

$$V_s=\frac{\pi}{4}d_a^2u_a+\frac{\pi}{4}d_b^2u_b$$

将已知数值代入上式得

$$\frac{55}{3600\times\pi/4}=0.066^2u_a+0.072^2u_b$$

整理得

$$u_b=3.75-0.84u_a \qquad\qquad (1)$$

式(1)中含两个未知数 u_a 和 u_b，无法求解。为此，选取 a、b 两水槽的水面为截面 1-1′ 和 2-2′，分支处(O 点)为截面 O-O′。根据式(1-103)，单位质量流体在各支管流动终了时的总机械能与能量损失之和相等，故有

$$gz_1+\frac{u_1^2}{2}+\frac{p_1}{\rho}+\sum h_{f,O-1}=gz_2+\frac{u_2^2}{2}+\frac{p_2}{\rho}+\sum h_{f,O-2}$$

式中，因 a、b 两槽均为敞口，故 $p_1=p_2$；而两水槽截面比管截面大得多，故 $u_1=u_2\approx0$；若以截面 2-2′ 为基准水平面，则 $z_1=2.6$ m，$z_2=0$。故上式可简化为

$$9.81\times2.6+\sum h_{f,O-1}=\sum h_{f,O-2}$$

即

$$25.5+\sum h_{f,O-1}=\sum h_{f,O-2} \qquad\qquad (2)$$

式中

$$\sum h_{f,O-1}=\lambda_a\frac{L_a+\sum L_{ea}}{d_a}\times\frac{u_a^2}{2}=\lambda_a\frac{42}{0.066}\times\frac{u_a^2}{2}=318.2\lambda_a u_a^2$$

$$\sum h_{f,O-2}=\lambda_b\frac{L_b+\sum L_{eb}}{d_b}\times\frac{u_b^2}{2}=\lambda_b\frac{84}{0.072}\times\frac{u_b^2}{2}=583.3\lambda_b u_b^2$$

将上两式代入式(2)中，得

$$25.5+318.2\lambda_a u_a^2=583.3\lambda_b u_b^2 \qquad\qquad (3)$$

式中的 λ_a、λ_b 为 Re 和 e/d 的函数，即

$$\lambda_a = f_1(Re_a, e/d_a) \tag{4}$$

$$\lambda_b = f_2(Re_b, e/d_b) \tag{5}$$

联立式(1)、式(3)～式(5)可求出 u_a、u_b、λ_a 和 λ_b。具体求解需采用试差法。

取管壁绝对粗糙度 $e=0.2$ mm。由于 λ 的变化范围很小，故选择 λ 作为试差的初值而求 u。其详细步骤与例 1-25 相同，最后结果为

$$u_a = 2.10 \text{ m/s} \quad \text{及} \quad u_b = 1.99 \text{ m/s}$$

于是

$$V_{s,a} = \left(\frac{\pi}{4} \times 0.066^2 \times 2.10 \times 3600\right) \text{ m}^3/\text{h} = 25.9 \text{ m}^3/\text{h}$$

$$V_{s,b} = (55 - 25.9) \text{ m}^3/\text{h} = 29.1 \text{ m}^3/\text{h}$$

1.7.3 可压缩流体管路的计算

前面关于管路计算的讨论，都是针对不可压缩流体，即液体或进、出口压力或密度变化不大的气体的。若所取系统两截面间压力变化较大，如长距离的气体输送，或真空下气体的流动，则可压缩效应必须考虑。

设可压缩流体在等径直管内作定态流动，如图 1-29 所示。在管道的任一截面处，取一微分段 $\mathrm{d}L$ 列机械能衡算方程，可得

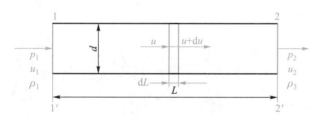

图 1-29　水平直管内可压缩流体的流动

$$g\,\mathrm{d}z + \frac{\mathrm{d}u^2}{2} + \frac{\mathrm{d}p}{\rho} = -\lambda\,\frac{\mathrm{d}L}{d}\,\frac{u^2}{2} \tag{1-105}$$

上式等号右侧 $\lambda\,\dfrac{\mathrm{d}L}{d}\,\dfrac{u^2}{2} = \mathrm{d}h_f$ 表示流体在微分段 $\mathrm{d}L$ 内的机械能损失。

式(1-105)中的流速 u 和密度 ρ 均随管长 L 变化，由式(1-25)可知

$$G = \rho u = \frac{u}{v} = \text{常数}$$

由此可得

$$u = Gv$$

$$\mathrm{d}u^2 = \mathrm{d}(Gv)^2 = 2G^2 v\,\mathrm{d}v$$

代入式(1-105)并整理得

$$g\,\mathrm{d}z + G^2 v\,\mathrm{d}v + v\,\mathrm{d}p + \lambda\,\frac{G^2 v^2}{2d}\,\mathrm{d}L = 0 \tag{1-106}$$

式(1-106)中的摩擦系数 λ 是雷诺数和相对粗糙度 e/d 的函数，故雷诺数可表示为

$$Re = \frac{d\rho u}{\mu} = \frac{dG}{\mu}$$

可见等径管道输送时,管径 d 和质量流速 G 沿管长均为常数。若输送过程中流体的温度不变或变化不大,μ 也基本为常数,因此 Re 和 e/d 均为常数,λ 沿管长可视为不变。

由于气体的比体积小,式(1-106)中的位能项与其他各项相比要小得多,可以忽略不计。在截面 1-1′ 与截面 2-2′ 之间对式(1-106)积分,可得

$$G^2 \ln \frac{v_2}{v_1} + \int_{p_1}^{p_2} \frac{\mathrm{d}p}{v} + \lambda \frac{L}{d} \frac{G^2}{2} = 0 \tag{1-107}$$

式中,$\int_{p_1}^{p_2} \frac{\mathrm{d}p}{v}$ 的计算取决于流动过程的 $p-v$ 关系。

对于理想气体的等温过程,$pv = p_1 v_1 = p_2 v_2 = RT/M =$ 常数,则

$$\int_{p_1}^{p_2} \frac{\mathrm{d}p}{v} = \frac{M}{RT} \int_{p_1}^{p_2} p \,\mathrm{d}p = \frac{p_2^2 - p_1^2}{2RT/M}$$

代入式(1-107)中可得

$$G^2 \ln \frac{p_1}{p_2} + \frac{p_2^2 - p_1^2}{2RT/M} + \frac{\lambda G^2}{2d} L = 0 \tag{1-108}$$

若以 p_m 和 ρ_m 分别代表截面 1-1′ 与截面 2-2′ 之间的平均压力和平均密度,即

$$p_\mathrm{m} = \frac{p_1 + p_2}{2}$$

$$\rho_\mathrm{m} = \frac{\rho_1 + \rho_2}{2} = \frac{p_1 + p_2}{2} \frac{M}{RT}$$

代入式(1-108)并整理得

$$\frac{p_1 - p_2}{\rho_\mathrm{m}} = \frac{G^2}{\rho_\mathrm{m}^2} \left(\ln \frac{p_1}{p_2} + \frac{\lambda L}{2d} \right) \tag{1-109}$$

由式(1-109)可知,气体等温流动时,其压力的变化有两个因素:右侧第一项表示由压力变化而引起的动能变化,第二项反映摩擦阻力引起的能量损失。

若管内的压降很小,则动能变化可忽略不计,式(1-109)变为

$$\frac{p_1 - p_2}{\rho_\mathrm{m}} = \lambda \frac{L}{d} \frac{G^2}{2\rho_\mathrm{m}^2} = \lambda \frac{L}{d} \frac{u_\mathrm{m}^2}{2} \tag{1-110}$$

式中,$u_\mathrm{m} = G/\rho_\mathrm{m}$,与不可压缩流体在水平直管中流动的机械能衡算方程相一致。

气体在管内流动过程中,因压力降低和体积膨胀,其温度会下降。对于理想气体的非等温多变过程,$pv^k =$ 常数,其中 k 为多变指数。将此 pv 关系代入式(1-107)并积分可得

$$G^2 \ln \frac{p_1}{p_2} + \frac{k}{k+1} \frac{p_1}{v_1} \left[\left(\frac{p_2}{p_1} \right)^{\frac{k+1}{k}} - 1 \right] + \lambda \frac{G^2}{2d} L = 0 \tag{1-111}$$

◆ **例1-28** 用内径为 500 mm 的钢管将天然气(以 100% 甲烷计)输送至 10 km 远处,输送量为10000 m³(标准)/h。已知气体的进口温度为 25 ℃,压力为 0.52 MPa (绝压),管壁绝对粗糙度取 0.1 mm。设气体在管内作等温流动,试求出口压力。

解: 天然气的质量流速为

$$G = \rho_1 u_1 = \left(\frac{16 \times 273 \times 0.52 \times 10^6}{22.4 \times 298 \times 101.3 \times 10^3} \times \frac{10000}{3600 \times 0.5^2 \times \pi/4} \right) \text{ kg/(m}^2 \cdot \text{s)}$$

$$= 47.52 \text{ kg/(m}^2 \cdot \text{s)}$$

25 ℃下甲烷的黏度 $\mu = 1.16 \times 10^{-5}$ Pa·s。

$$Re = \frac{dG}{\mu} = \frac{0.5 \times 47.52}{1.16 \times 10^{-5}} = 2.048 \times 10^6$$

$$e/d = 0.1/500 = 0.0002$$

查图 1-25 得 $\lambda = 0.0142$。由式(1-108)可得

$$47.52^2 \times \ln \frac{0.52 \times 10^6}{p_2} + \frac{p_2^2 - (0.52 \times 10^6)^2}{2 \times 8314 \times 298/16} + \frac{0.0142 \times 47.52^2}{2 \times 0.5} \times 10 \times 1000 = 0$$

解得
$$p_2 = 0.414 \text{ MPa}$$

如果忽略由压力变化引起的动能变化,则

$$p_2^2 = p_1^2 - \lambda(L/d)(RT/M)G^2$$

$$= [(0.52 \times 10^6)^2 - 0.0142 \times (10 \times 1000/0.5) \times (8314 \times 298/16) \times 47.52^2] \text{ Pa}^2$$

$$= 1.71 \times 10^{11} \text{ Pa}^2$$

$$p_2 = 0.414 \text{ MPa}$$

1.8 流速和流量的测量

演示文稿

流体的流量是化工及其他过程工业生产中必须测量并加以调节、控制的重要参数之一。流量测量仪表种类繁多,本节介绍几种根据流体流动的机械能守恒原理设计的流速与流量计。

1.8.1 测速管

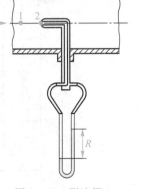

测速管又称皮托管(Pitot tube),如图 1-30 所示。它由两根同心套管组成,内管前端管口敞开,朝着迎面而来的被测流体;两管前端的环隙封闭,但在前端壁面四周开有若干小孔,流体在小孔旁流过。内管及环隙分别与液柱压差计的两臂相连接。

当流体到达测速管的前端时,由于内管中已被先前流

图 1-30 测速管

动画
测速管

入的流体所占据,故后续流体到达管口 2 处便停滞下来,形成停滞点(驻点)。此时,流体的动能全部转变为驻点压力(stagnation pressure)。参见图 1-30,在点 1 与点 2 间列伯努利方程为

$$p_2 = p_1 + \frac{\rho u_1^2}{2} \qquad (1-112)$$

式中,p_2 即为点 2 处的驻点压力。

另一方面,当流体平行流过外管侧壁上的小孔时,其速度仍为点 1 处的值,故侧壁小孔外的流体通过小孔传递至套管环隙间的压力为点 1 处的压力 p_1。

由此可知,U 管压差计的读数反映的是 $\Delta p = p_2 - p_1$。由式(1-112)得

$$u_r = \sqrt{2\Delta p / \rho} \qquad (1-113)$$

式中,u_r 为待测点的流速。

若 U 管压差计内的指示液密度为 ρ_A,其读数为 R,则

$$\Delta p = (\rho_A - \rho)gR$$

将上式代入式(1-113),得

$$u_r = \sqrt{2(\rho_A - \rho)gR/\rho} \qquad (1-114)$$

测速管的测量准确度与其制造精度有关。一般情况下,式(1-114)的右侧需引入一个校正系数 C,即

$$u_r = C\sqrt{2(\rho_A - \rho)gR/\rho} \qquad (1-115)$$

通常 $C = 0.98 \sim 1.00$,但有时为了提高测量的准确度,C 值应在仪表标定时确定。

测速管测定的流速是管道截面上某一点的局部值,称为点速度。欲获得管截面上的平均流速 u,需测量径向上若干点的速度,而后按 u 的定义用数值法或图解法积分求得平均流速。

对于内径为 d 的圆管,可以只测出管中心点的速度 u_{max},然后根据 u_{max} 与平均流速 u 的关系将 u 求出。此关系随 Re 改变,如图 1-31 所示。

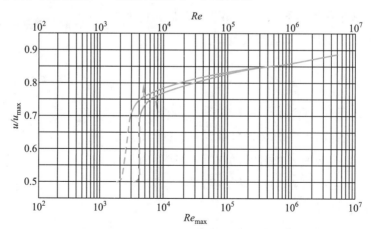

图 1-31　圆管中 u 与 u_{max} 的关系图

测速管的优点是流体的能量损失较小,通常适于测量大直径管路中的气体流速,但不能直接测量平均流速,且压差读数较小,通常需配用微压差计。当流体中含有固体杂质时,会堵塞测压孔,故不宜采用测速管。

◆ 例 1-29　用测速管测量内径 300 mm 管道内空气的流量,将测速管插至管道的中心线处。已知测量点处的温度为 20 ℃,真空度为 490 Pa,当地大气压力为 9.866×10^4 Pa。U 管压差计的指示液为水,密度为 998 kg/m³,测得的读数为 100 mm。试求空气的质量流量。

解:在测量点处,温度为 20 ℃,压力为 $(98660-490)$ Pa$=98170$ Pa,则

$$\rho = \left(\frac{29}{22.4} \times \frac{273}{273+20} \times \frac{98170}{101325} \right) \text{ kg/m}^3 = 1.17 \text{ kg/m}^3$$

由式(1-114),可得管中心处空气的最大流速为

$$u_{\max} = \sqrt{\frac{2(\rho_A - \rho)gR}{\rho}} = \sqrt{\frac{2 \times (998-1.17) \times 9.81 \times 0.1}{1.17}} \text{ m/s} = 40.89 \text{ m/s}$$

按最大流速计的雷诺数为

$$Re_{\max} = \frac{d u_{\max} \rho}{\mu} = \frac{0.3 \times 40.89 \times 1.17}{1.81 \times 10^{-5}} = 7.929 \times 10^5$$

由图 1-31 查得,当 $Re_{\max} = 7.929 \times 10^5$ 时,$u/u_{\max} = 0.852$,故气体的平均流速为

$$u = 0.852 \, u_{\max} = (0.852 \times 40.89) \text{ m/s} = 34.8 \text{ m/s}$$

空气的质量流量为

$$w_s = 3600 \times \frac{\pi}{4} d^2 \times u\rho = \left(3600 \times \frac{\pi}{4} \times 0.3^2 \times 34.8 \times 1.17 \right) \text{ kg/h} = 1.04 \times 10^4 \text{ kg/h}$$

1.8.2　孔板流量计

孔板流量计(orifice flowmeter)利用孔板对流体的节流作用,使流体的流速增大,压力减小,以产生的压力差作为测量的依据。

如图 1-32 所示,在管道内与流动垂直的方向插入一片中央开圆孔的板,孔的中心位于管道的中心线上,即构成孔板流量计。

当被测流体流过孔板的孔口时,流动截面收缩至小孔的截面积,在小孔之后流体由于惯性作用继续收缩一段距离,然后逐渐扩大至整个管截面。流动截面最小处(图中截面 2-2′)称为缩脉。这种由于孔板节流作用而产生的流速变化必然引起流体压力的变化(参见图1-32)。在缩脉处,流速最大,流体的压力降至最低。当流体以一定的流量流经孔板时,流量越大,压力改变的幅度也越大。也就是说,压力变化的幅度反映了流体流量的大小。

需要指出,流体在孔板前后的压力变化,一部分是流速改变所引起的,还有一部分是流过孔板的阻力造成的。因此,当流速恢复到流经孔板以前之值时,其压力并不能复原,

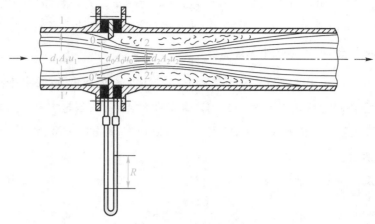

图 1-32　孔板流量计

产生了永久压降。

为了建立管内流量与孔板前后压力变化的定量关系,取孔板上游尚未收缩的流动截面为 $1-1'$,下游截面宜放在缩脉处,以便测得最大压力差读数,但由于缩脉的位置及其截面积难以确定,故以孔板处为下游截面 $0-0'$,在 $1-1'$ 和 $0-0'$ 两截面之间列机械能衡算方程,并暂时略去能量损失,可得

$$\frac{p_1}{\rho}+\frac{u_1^2}{2}=\frac{p_0}{\rho}+\frac{u_0^2}{2} \tag{1-116}$$

或写成

$$\sqrt{u_0^2-u_1^2}=\sqrt{2(p_1-p_0)/\rho} \tag{1-117}$$

推导上式时,假定流体流经孔板时无能量损失。实际上这一假定并不成立。为此,在式(1-117)中引入校正系数 C_1,以校正因忽略能量损失带来的偏差,则式(1-117)变为

$$\sqrt{u_0^2-u_1^2}=C_1\sqrt{2(p_1-p_0)/\rho} \tag{1-117a}$$

此外,由于孔板厚度很小,如标准孔板的厚度 $\leqslant 0.05\ d_1$,而测压孔的直径 $\leqslant 0.08\ d_1$,一般为 $6\sim 12$ mm,故不能将下游测压口正好放在孔板上,比较常用的一种方法是将上、下游两个测压口装在紧靠着孔板前后的位置上,如图 1-32 所示。此种测压方法称为角接取压法,由此测出的压力差便与式(1-117a)中的 (p_1-p_0) 有所区别。若以 (p_a-p_b) 表示角接取压法所测定的孔板前后的压力差,以其代替式中的 (p_1-p_0),并引入另一校正系数 C_2,以校正上、下游测压口的位置影响,则式(1-117a)可写成

$$\sqrt{u_0^2-u_1^2}=C_1C_2\sqrt{2(p_a-p_b)/\rho} \tag{1-117b}$$

令管道与孔板小孔的截面积分别为 A_1 和 A_0,将不可压缩流体的连续性方程 $V_s=A_1u_1=A_0u_0$ 代入上式,可得

$$u_0=\frac{C_1C_2\sqrt{2(p_a-p_b)/\rho}}{\sqrt{1-(A_0/A_1)^2}} \tag{1-118}$$

令 $C_0 = \dfrac{C_1 C_2}{\sqrt{1-(A_0/A_1)^2}}$，则上式变为

$$u_0 = C_0 \sqrt{2(p_a - p_b)/\rho} \qquad (1-119)$$

将上式两端同乘以孔板小孔的截面积，可得被测流体的体积流量为

$$V_s = A_0 u_0 = C_0 A_0 \sqrt{2(p_a - p_b)/\rho} \qquad (1-120)$$

若上式两端同乘以流体密度 ρ，则得质量流量为

$$w_s = A_0 \rho u_0 = C_0 A_0 \sqrt{2(p_a - p_b)\rho} \qquad (1-121)$$

当采用 U 管压差计测量 $(p_a - p_b)$，其读数为 R，指示液密度为 ρ_A，则

$$p_a - p_b = (\rho_A - \rho)gR$$

将上式代入式(1-120)和式(1-121)中，可分别得

$$V_s = C_0 A_0 \sqrt{2gR(\rho_A - \rho)/\rho} \qquad (1-122)$$

$$w_s = C_0 A_0 \sqrt{2gR(\rho_A - \rho)\rho} \qquad (1-123)$$

式中的 C_0 称为流量系数或孔流系数，其值与 Re、面积比 A_0/A_1 及取压法有关，需由实验测定。采用角接取压法时，流量系数 C_0 与 Re、A_0/A_1 的关系如图 1-33 所示。图中 $Re = \dfrac{d_1 u_1 \rho}{\mu}$ 为流体流经管路的雷诺数，A_0/A_1 为孔口截面积与管截面积之比。由图可见，对于任一 A_0/A_1 值，当 Re 超过某一临界值 Re_c 后，C_0 即变为一个常数。流量计的测量范围最好落在 C_0 为常数的区域。通常在设计孔板流量计时，C_0 在 $0.6 \sim 0.7$ 为宜。

在应用式(1-122)或式(1-123)时，需预先确定流量系数 C_0 的值。但由于 C_0 与 Re 及 A_0/A_1 有关，因此不论是设计型

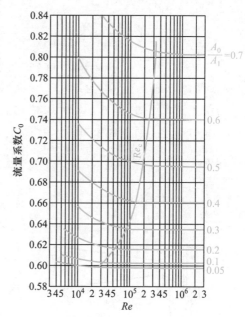

图 1-33　流量系数 C_0 与 Re、A_0/A_1 的关系

计算(确定孔板孔径 d_0)还是操作型计算(确定流量或流速)均需采用试差法，具体步骤详见例 1-30。

孔板流量计安装位置的上、下游都要有一段内径不变的直管作为稳定段，根据经验，其上游直管长度至少应为 $10d_1$，下游直管长度至少应为 $5d_1$。

孔板流量计制造简单，安装与更换方便，其主要缺点是流体的能量损失大，A_0/A_1 越小，能量损失越大。孔板流量计的永久能量损失，可按下式估算：

$$h_f' = \frac{p_a - p_b}{\rho}(1 - 1.1A_0/A_1) \qquad (1-124)$$

◆ **例 1-30**　为了测量某溶液在 $\phi82$ mm$\times$3.5 mm 的钢管内流动的质量流量,在管路中装一标准孔板流量计,以 U 管水银压差计测量孔板前、后的压力差。溶液的最大流量为 36 m³/h,希望在最大流速下压差计读数不超过 600 mm,采用角接取压法,试求孔板孔径。(已知溶液黏度为 1.5×10^{-3} Pa·s,密度为 1600 kg/m³。)

解:本题需采用试差法求解,设 $Re>Re_c$,并取 $C_0=0.65$,则由式(1-122),得

$$A_0=\frac{V_s}{C_0}\sqrt{\frac{\rho}{2gR(\rho_A-\rho)}}=\left[\frac{36}{0.65\times3600}\sqrt{\frac{1600}{2\times9.81\times0.6\times(13600-1600)}}\right]\text{m}^2$$

$$=0.00164\ \text{m}^2$$

故相应的孔板孔径为

$$d_0=\sqrt{4A_0/\pi}=\sqrt{4\times0.00164/\pi}\ \text{m}=0.0457\ \text{m}$$

于是

$$\frac{A_0}{A_1}=\left(\frac{d_0}{d_1}\right)^2=\left(\frac{45.7}{75}\right)^2=0.37$$

校核 Re 是否大于 Re_c。

$$u_1=\frac{V_s}{A_1}=\left(\frac{36}{3600\times0.075^2\times\pi/4}\right)\text{m/s}=2.26\ \text{m/s}$$

故

$$Re=\frac{d_1u\rho}{\mu}=\frac{0.075\times2.26\times1600}{1.5\times10^{-3}}=1.81\times10^5$$

由图 1-33 可知,当 $A_0/A_1=0.37$ 时,上述 $Re>Re_c$,即 C_0 确为常数,其值仅由 A_0/A_1 所决定,从图亦可查得 $C_0=0.65$,与原假定相符。因此,孔板的孔径 $d_0=45.7$ mm。

1.8.3　文丘里流量计

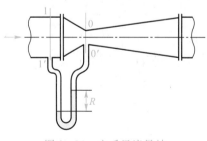

图 1-34　文丘里流量计

为减少孔板流量计因节流造成的能量损失,可用一段渐缩渐扩的短管代替孔板,这就构成了文丘里流量计(Venturi flowmeter),如图 1-34 所示。

当流体在渐缩渐扩段内流动时,流速变化平缓,涡流较少,于喉颈处(即最小流通截面处)流体的动能达最高。此后,在渐扩的过程中,流体的速度又平缓降低,相应的流体压力逐渐恢复。此过程避免了涡流的形成,从而大大降低了能量的损失。

由于文丘里流量计的工作原理类似于孔板流量计,故流体的流量可按下式计算:

$$V_s=C_VA_0\sqrt{2(p_1-p_0)/\rho} \tag{1-125}$$

式中,C_V 为文丘里流量计的流量系数,其值由实验测定,C_V 一般为 0.98~0.99。A_0 为喉

颈处截面积，(p_1-p_0) 为上游截面 $1-1'$ 与喉管截面 $0-0'$ 的压力差。通常文丘里流量计上游的测压点距管径开始收缩处的距离至少应为管径的 1/2，而下游测压口设在喉颈处。

文丘里流量计的优点是能量损失小，但不如孔板那样容易更换以适用于各种不同的流量测量；文丘里流量计的喉颈是固定的，致使其测量的流量范围受到实际 Δp 的限制。

◆ **例 1-31**　20 ℃ 的空气在内径为 80 mm 的水平圆管内流过，现于管路中接一文丘里流量计，如本题附图所示。文丘里流量计的上游接一 U 管水银压差计，在内径为 20 mm 的喉颈处接一细管，其下部插入水槽中。空气流过文丘里流量计的能量损失可忽略不计。试求当 U 管压差计读数 $R=$ 25 mm、$h=0.5$ m 时的空气流量（m³/h）。已知当地大气压力为 101.33 kPa。

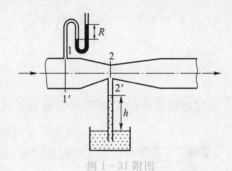

例 1-31 附图

解：文丘里流量计上游测压口处的压力为

$$p_1=\rho_{Hg}gR=(13600\times9.81\times0.025)\,Pa$$
$$=3335\,Pa（表压）$$

喉颈处的压力为

$$p_2=-\rho gh=(-1000\times9.81\times0.5)\,Pa=-4905\,Pa（表压）$$

空气流经截面 $1-1'$ 与截面 $2-2'$ 的压力变化为

$$\frac{p_1-p_2}{p_1}=\frac{(101330+3335)-(101330-4905)}{101330+3335}$$

$$=0.079=7.9\%<20\%$$

故可按不可压缩流体处理。

以管道中心线为基准水平面，在截面 $1-1'$ 与截面 $2-2'$ 之间列机械能衡算方程并忽略能量损失，可得

$$\frac{u_1^2}{2}+\frac{p_1}{\rho}=\frac{u_2^2}{2}+\frac{p_2}{\rho} \tag{1}$$

取空气的平均摩尔质量为 29 kg/kmol，则两截面间的空气平均密度为

$$\rho=\rho_m=\frac{M}{22.4}\,\frac{T_0p_m}{Tp_0}=\left\{\frac{29}{22.4}\times\frac{273\times\left[101330+\frac{1}{2}\times(3335-4905)\right]}{293\times101330}\right\}\,kg/m^3$$

$$=1.20\,kg/m^3$$

代入式（1）得

$$\frac{u_1^2}{2}+\frac{3335}{1.20}=\frac{u_2^2}{2}-\frac{4905}{1.20}$$

即
$$u_2^2-u_1^2=13733 \tag{2}$$

由连续性方程知

$$u_1 A_1 = u_2 A_2$$

$$u_2 = u_1 \frac{A_1}{A_2} = u_1 \left(\frac{d_1}{d_2}\right)^2 = u_1 \times \left(\frac{0.08}{0.02}\right)^2 = 16 u_1 \tag{3}$$

式(2)与式(3)联立求解,可得

$$u_1 = 7.34 \text{ m/s}$$

空气的流量为

$$V_s = 3600 \times \frac{\pi}{4} d_1^2 u_1 = \left(3600 \times \frac{\pi}{4} \times 0.08^2 \times 7.34\right) \text{ m}^3/\text{h} = 132.8 \text{ m}^3/\text{h}$$

1.8.4　转子流量计

前述各流量计的共同特点是收缩口的截面积保持不变,而压力随流量的改变而变

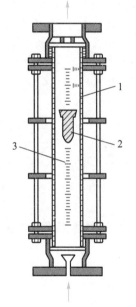

动画
转子流
量计

1—锥形垂直玻璃管;
2—转子;3—刻度

图 1-35　转子流量计

化,这类流量计统称为变压力流量计。另一类流量计是压力差几乎保持不变,而收缩的截面积变化,这类流量计称为变截面流量计,其中最为常见的是转子流量计(rotameter)。

转子流量计由一个锥形玻璃管和一个置于锥形管内可以上下自由移动的转子(也称浮子)构成,锥形玻璃管的锥角约为4°,下端面面积略小于上端面面积,如图1-35所示。

当被测流体自下而上流入锥形玻璃管时,被转子截流,流体在环隙的速度变大,压力减小,于是在转子上、下端面形成一个压力差,将转子托起。当转子上浮至某一高度,转子上、下端压力差引起的升力恰等于转子本身所受的重力时,转子不再上升,悬浮在该高度处。当流量增大,转子两端的压力差也随之增大,转子在原来位置的力平衡被破坏,转子将升至另一高度,建立起新的力平衡。

将转子简化为一圆柱体,并设其体积为 V_f,截面积为 A_f,密度为 ρ_f,若将转子的上、下端面分别作为上游截面 1-1′ 和下游截面 2-2′(如图1-36所示),则当转子处于某平衡位置时,流体施加于转子的力与转子重力相等,即

$$(p_1 - p_2)A_f = \rho_f g V_f \tag{1-126}$$

式中,p_2 和 p_1 分别为转子上、下端面处流体的压力。在图1-36所示的 1-1′ 和 2-2′ 两截面之间列机械能衡算方程并略去能量损失,可得

$$\frac{p_1}{\rho} + g z_1 + \frac{u_1^2}{2} = \frac{p_2}{\rho} + g z_2 + \frac{u_2^2}{2} \tag{1-127}$$

式中，u_2 为下游截面 $2-2'$ 处的流速，可用转子与锥形环隙间的流速 u_0 代替，故式(1-127)可写成

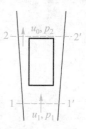

$$p_1 - p_2 = (z_2 - z_1)\rho g + \left(\frac{u_0^2}{2} - \frac{u_1^2}{2}\right)\rho \qquad (1-128)$$

由上式可知，转子上、下端面形成压力差的原因是(1) 两截面的位差；(2) 两截面由于流通截面的变化引起的动能差。将式(1-128)

图 1-36　转子的受力分析

各项乘以转子截面积 A_f，可得

$$(p_1 - p_2)A_f = V_f \rho g + \left(\frac{u_0^2}{2} - \frac{u_1^2}{2}\right)A_f \rho \qquad (1-129)$$

上式左侧为流体作用于转子的力；右侧第一项为浮力，即流体作用于转子上的静压差。

设截面 $1-1'$ 处锥形管内径为 A_1，环隙的截面积为 A_R，则 $u_1 = u_0 A_R/A_1$，代入式(1-129)并整理得

$$(p_1 - p_2)A_f = V_f \rho g + \left[1 - \left(\frac{A_R}{A_1}\right)^2\right]\frac{u_0^2}{2}A_f\rho$$

将式(1-126)代入上式得

$$u_0 = \frac{1}{\sqrt{1 - (A_R/A_1)^2}}\sqrt{\frac{2V_f(\rho_f - \rho)g}{\rho A_f}} \qquad (1-130)$$

若考虑流体的能量损失及转子形状的影响，在式(1-130)中应引入一校正系数 C_1，即

$$u_0 = \frac{C_1}{\sqrt{1 - (A_R/A_1)^2}}\sqrt{\frac{2V_f(\rho_f - \rho)g}{\rho A_f}}$$

令 $C_R = C_1/\sqrt{1 - (A_R/A_1)^2}$，则

$$u_0 = C_R\sqrt{\frac{2V_f(\rho_f - \rho)g}{\rho A_f}} \qquad (1-131)$$

式中，C_R 为转子流量计的流量系数，其值与 Re 及转子形状有关，需由实验测定。

转子流量计的体积流量为

$$V_s = C_R A_R\sqrt{\frac{2V_f(\rho_f - \rho)g}{\rho A_f}} \qquad (1-132)$$

由式(1-132)可知，对于某一转子流量计，如果在所测量的流量范围内，流量系数 C_R 不变，则流量仅随 A_R 而变。由于玻璃管为上大下小的锥体，故 A_R 值随转子所处的位置而变，因而转子所处位置的高低反映了流量的大小。

转子流量计由专门厂家生产。通常厂家选用水或空气作为标定流量计的介质。因此，当测量其他流体时，需要对原有的刻度加以校正。

转子流量计的优点是能量损失小、测量范围宽；缺点是耐温、耐压性差。

演示文稿

1.9　非牛顿流体的流动

1.9.1　非牛顿流体的流动特性

本节以前所涉及的流体都服从牛顿黏性定律,称为牛顿流体。工程上还经常遇到另一类流体,它们的流动特性不遵循牛顿黏性定律,这类流体统称为非牛顿流体。

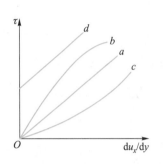

a—牛顿流体;b—假塑性流体;
c—胀塑性流体;d—黏塑性流体

图 1-37　流体的流变图

根据剪应力与速度梯度(亦称剪切速率)关系的不同,可将非牛顿流体区分为若干类型。图 1-37 示出了几种常见类型的非牛顿流体的剪应力与剪切速率之间的关系曲线(a 线为牛顿流体)。

与牛顿流体不同,非牛顿流体的 $\tau - \mathrm{d}u_x/\mathrm{d}y$ 曲线是多种多样的。然而,许多非牛顿流体在很大的剪切速率范围内都可以用如下幂律形式的方程来描述:

$$\tau = K \left(\frac{\mathrm{d}u_x}{\mathrm{d}y}\right)^n \tag{1-133}$$

式中,K 称为稠度系数,其 SI 单位为 $\mathrm{N \cdot s}^n/\mathrm{m}^2$;$n$ 称为流性指数,量纲为 1。牛顿流体作为其中的一个特例,$n=1$,$K=\mu$。但应注意,对于非牛顿流体,K 并非黏度。

一、假塑性流体

大多数非牛顿流体属于此种类型(如图 1-37 所示的 b 线),如聚合物溶液或熔融体、油脂、淀粉溶液等。

对于假塑性流体,τ 与 $\mathrm{d}u/\mathrm{d}y$ 的关系可用式(1-133)描述。若将式(1-133)写成如下形式:

$$\tau = K \left|\frac{\mathrm{d}u_x}{\mathrm{d}y}\right|^{n-1} \frac{\mathrm{d}u_x}{\mathrm{d}y} \tag{1-134}$$

令

$$\eta = K \left|\frac{\mathrm{d}u_x}{\mathrm{d}y}\right|^{n-1} \tag{1-135}$$

式中,η 称为表观黏度。对于假塑性流体,表观黏度随剪切速率的增加而减小,故 $n<1$。

二、胀塑性流体

当式(1-133)中的 $n>1$ 时称为胀塑性流体(如图 1-37 所示的 c 线)。这类流体在流动时,表观黏度随剪切速率的增大而增大。某些湿沙,含有硅酸钾、阿拉伯树胶等的水溶液均属于胀塑性流体。

三、黏塑性流体

黏塑性流体又称为宾汉塑性流体。某些液体,如润滑脂、牙膏、纸浆、污泥、泥浆等,流动时存在着一个所谓的极限剪应力或屈服剪应力 τ_0，在剪应力小于 τ_0 时，液体根本不流动；只有当剪应力大于 τ_0 时，液体才开始流动（如图 1-37 所示的 d 线）。

对于黏塑性流体的这种流动行为，通常的解释是：在静止时，这种流体具有三维结构，其坚固性足以经受某一数值的剪应力。当应力超出此值后，此结构被破坏，而显示出牛顿流体的行为，其 τ 与 $\mathrm{d}u_x/\mathrm{d}y$ 的关系可用下式表示：

$$\tau = \tau_0 + K\,\frac{\mathrm{d}u_x}{\mathrm{d}y} \tag{1-136}$$

1.9.2　幂律流体在管内流动的阻力

下面简要讨论幂律流体在管内的流动阻力。

一、管内层流

前面在讨论牛顿流体在管内流动时曾经指出，剪应力沿管径方向的分布为线性，即

$$\tau = -\frac{\Delta p}{2L}r = \frac{\Delta p_\mathrm{f}}{2L}r \tag{1-43}$$

对于非牛顿流体，上式同样适用。对于幂律流体在管内的流动，式(1-133)变为

$$\tau = K\left(-\frac{\mathrm{d}u_z}{\mathrm{d}r}\right)^n$$

上式与式(1-43)联立得

$$-\frac{\mathrm{d}u_z}{\mathrm{d}r} = \left(\frac{\Delta p_\mathrm{f}}{2KL}\right)^{1/n} r^{1/n} \tag{1-137}$$

这是一个一阶线性常微分方程，其边界条件为

$$r = r_\mathrm{i}, \qquad u_z = 0$$

将式(1-137)积分并代入边界条件求解，得

$$u_z = \frac{n}{n+1}\left(\frac{\Delta p_\mathrm{f}}{2KL}\right)^{1/n}\left(r_\mathrm{i}^{\frac{n+1}{n}} - r^{\frac{n+1}{n}}\right) \tag{1-138}$$

管中心最大流速为

$$u_{\max} = \frac{n}{n+1}\left(\frac{\Delta p_\mathrm{f}}{2KL}\right)^{1/n} r_\mathrm{i}^{\frac{n+1}{n}}$$

根据平均流速的定义，管内平均流速为

$$u = \frac{1}{\pi r_\mathrm{i}^2}\int_0^{r_\mathrm{i}} 2\pi r u_z\,\mathrm{d}r$$

$$= \frac{n}{3n+1}\left(\frac{\Delta p_\mathrm{f}}{2KL}\right)^{1/n} r_\mathrm{i}^{\frac{n+1}{n}} \tag{1-139}$$

因此，式(1-138)又可写成

$$\frac{u_z}{u} = \frac{3n+1}{n+1}\left[1-\left(\frac{r}{r_\mathrm{i}}\right)^{\frac{n+1}{n}}\right]$$

上式中,当 $n=1$(牛顿流体),速度分布为抛物线,即

$$u_z = 2u\left[1-\left(\frac{r}{r_i}\right)^2\right]$$

n 值越小,速度分布越平坦;极限情况 $n=0$,则为柱塞流状的速度分布, $u_z/u=1$;当 $n>1$,则速度分布曲线趋于尖锐; $n=\infty$ 表示胀塑性流体的极限情况,此时速度分布呈线性关系。

将式(1-139)改写成如下形式:

$$\Delta p_f = 2KL\left(\frac{3n+1}{n}\right)^n \frac{u^n}{r_i^{n+1}} \tag{1-140}$$

由于

$$\Delta p_f = \lambda \frac{L}{d} \frac{\rho u^2}{2} \tag{1-77}$$

式(1-140)与式(1-77)联立,可得

$$\lambda = 8K\left(\frac{3n+1}{n}\right)^n \frac{u^{n-2}}{\rho(d/2)^n}$$

$$= 64K\left(\frac{3n+1}{4n}\right)^n \frac{u^{n-2}}{\rho d^n}8^{n-1} \tag{1-141}$$

$$= \frac{64}{\dfrac{\rho d^n u^{2-n}8^{1-n}}{K\left(\dfrac{3n+1}{4n}\right)^n}} = \frac{64}{Re^*}$$

式中

$$Re^* = \frac{\rho d^n u^{2-n}}{K}\left(\frac{4n}{3n+1}\right)^n 8^{1-n} \tag{1-142}$$

Re^* 称为非牛顿流体的广义雷诺数,当 $Re^*<2000$ 时,流动为层流。式(1-141)形式上与牛顿流体管内层流摩擦系数计算式(1-80)完全一致。实际上当 $n=1$, Re^* 即为牛顿流体的情况。

二、管内湍流

幂律流体在光滑管中作湍流流动时的摩擦系数可用如下经验方程计算:

$$\frac{1}{\sqrt{f}} = \frac{4.0}{n^{0.75}}\lg\left[Re^*\left(\frac{f}{4}\right)^{1-n/2}\right] - \frac{0.4}{n^{1.2}} \tag{1-143}$$

式中, $f=\lambda/4$,称为范宁摩擦因子。

为便于计算可将式(1-143)绘成图线,如图1-38所示。在 $n=0.36\sim1.0$, $Re^*=2900\sim36000$ 时,上式的计算结果与实验符合很好。但应注意,此图仅适用于光滑管,对粗糙管不适用。

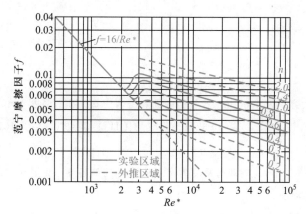

图 1-38 非牛顿流体的范宁摩擦因子

◆ **例 1-32** 某幂律流体以 1.5 m/s 的平均流速流经直径 0.075 m,长 2.5 m 的光滑管。已知流体密度为 961 kg/m³,稠度系数 $K=3.88$ N·sⁿ/m²,流性指数 $n=0.3$。求流动的雷诺数 Re^* 及压降。

解: (1) $Re^*=\dfrac{\rho d^n u^{2-n}}{K}\left(\dfrac{4n}{3n+1}\right)^n 8^{1-n}=\dfrac{961\times0.075^{0.3}\times1.5^{2-0.3}}{3.88}\left(\dfrac{4\times0.3}{3\times0.3+1}\right)^{0.3}8^{1-0.3}=847$

故流动为层流。

(2) $\lambda=\dfrac{64}{Re^*}=\dfrac{64}{847}=0.0756$

$$\Delta p_{\mathrm f}=\lambda\frac{L}{d}\frac{\rho u^2}{2}=\left(0.0756\times\frac{2.5}{0.075}\times\frac{961\times1.5^2}{2}\right)\text{ Pa}=2724\text{ Pa}$$

◆ **例 1-33** 若取上题中流体的稠度系数 $K=0.571$ N·sⁿ/m²,其他条件不变,求流性指数 $n=0.3$ 时的压降。

解: $Re^*=\dfrac{\rho d^n u^{2-n}}{K}\left(\dfrac{4n}{3n+1}\right)^n 8^{1-n}=\dfrac{961\times0.075^{0.3}\times1.5^{2-0.3}}{0.571}\left(\dfrac{4\times0.3}{3\times0.3+1}\right)^{0.3}8^{1-0.3}$

$=5755$

故流动为湍流。由式(1-143)或查图 1-38 得

$$\lambda=4\times0.004=0.016$$

$$\Delta p_{\mathrm f}=\lambda\frac{L}{d}\frac{\rho u^2}{2}=\left(0.016\times\frac{2.5}{0.075}\times\frac{961\times1.5^2}{2}\right)\text{ Pa}=577\text{ Pa}$$

习题

基础习题

1. 某气柜的最大容积为 6000 m³,若气柜内的表压力为 5.5 kPa,温度为 40 ℃。已知各组分气体的体积分数为 H_2 40%、N_2 20%、CO 32%、CO_2 7%、CH_4 1%,大气压力为 101.3 kPa,试计算气柜满载时各组分的质量。

2. 若将密度为 830 kg/m³ 的油与密度为 710 kg/m³ 的油各 60 kg 混在一起,试求混合油的密度。设混合油为理想溶液。

3. 已知甲地区的平均大气压力为 85.3 kPa,乙地区的平均大气压力为 101.33 kPa,在甲地区的某真空设备上装有一个真空表,其读数为 20 kPa。若改在乙地区操作,真空表的读数为多少才能维持该设备的绝对压力与在甲地区操作时相同?

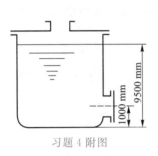

习题 4 附图

4. 某储油罐中盛有密度为 960 kg/m³ 的重油(如附图所示),油面最高时离罐底9.5 m,油面上方与大气相通。在罐侧壁的下部有一直径为 760 mm 的孔,其中心距罐底 1000 mm,孔盖用 14 mm 的钢制螺钉紧固。若螺钉材料的工作压力为 39.5 MPa,至少需要几个螺钉(大气压力为 101.3 kPa)?

5. 如本题附图所示,流化床反应器上装有两个 U 管压差计。读数分别为 $R_1=500$ mm,$R_2=80$ mm,指示液为水银。为防止水银蒸气向空间扩散,于右侧的 U 管与大气连通的玻璃管内灌入一段水,其高度 $R_3=100$ mm。试求 A、B 两点的表压力。

6. 如本题附图所示,水在管道内流动。为测量流体压力,在管道某截面处连接 U 管压差计,指示液为水银,读数 $R=100$ mm,$h=800$ mm。为防止水银扩散至空气中,在水银液面上方充入少量水,其高度可忽略不计。已知当地大气压力为 101.3 kPa,试求管路中心处流体的压力。

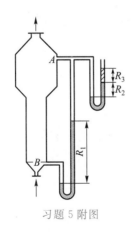

习题 5 附图

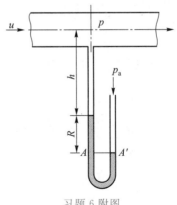

习题 6 附图

7. 大气的压力、密度及温度均随高度变化。国际标准规定取海平面为基准平面($z=0$)。在基准平面上,$T_0=288$ K(15 ℃),$p_0=101.3$ kPa,$\rho_0=1.225$ kg/m³。从海平面至 11 km 的高空为大气

的对流层,在对流层内温度随高度变化的关系式为

$$T = T_0 - \beta z \tag{1}$$

式中,$\beta = 0.0065$ K/m,$T_0 = 288$ K。设大气层处于静止状态,试用流体静力学方程推导大气的对流层中压力、密度随高度变化的关系式,并求海拔 10000 m 高空的大气层压力。

8. 密度为 1800 kg/m³ 的某液体经一内径为 60 mm 的管道输送到某处,若其平均流速为 0.8 m/s,求该液体的体积流量(m³/h)、质量流量(kg/s)和质量通量[kg/(m²·s)]。

9. 在实验室中,用内径为 1.5 cm 的玻璃管路输送 20 ℃的 70%醋酸。已知质量流量为 10 kg/min,试分别用 SI 单位和厘米克秒制单位计算该流动的雷诺数,并指出流动型态。

10. 20 ℃的水在内径为 20 mm 的圆管内流动,试求使管内流动维持层流的最大体积流量。

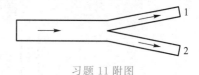

习题 11 附图

11. 某不可压缩流体定态流过本题附图所示的分支管路。已知主管内径为 25 mm,支管 1 内径为 10 mm,平均流速为 2 m/s;支管 2 内径为 20 mm,平均流速为 1 m/s。试求通过主管的平均流速和体积流量。

12. 有一装满水的储槽,直径 1.2 m,高 3 m。现由槽底部的小孔向外排水。小孔的直径为 4 cm,测得水流过小孔的平均流速 u_0 与槽内水面高度 z 的关系为

$$u_0 = 0.62 \sqrt{2zg}$$

试计算(1) 放出 1 m³ 水所需的时间(设水的密度为 1000 kg/m³);(2) 若槽中装满煤油,其他条件不变,放出 1 m³ 煤油所需时间与水相比有何变化(设煤油的密度为 800 kg/m³)?

13. 水以 150 kg/h、食盐以 30 kg/h 的流量加入本题附图所示的搅拌槽中。制成的溶液以 120 kg/h的流量离开搅拌槽。由于搅拌充分,槽内溶液浓度各处均匀。开始时槽内预先装有新鲜水 100 kg。试求 1 h 后从槽中流出的溶液浓度(以食盐的质量分数表示)。

14. 如本题附图所示,高位槽内的水位高于地面 7 m,水从 $\phi108$ mm×4 mm 的管道中流出,管路出口高于地面 1.5 m。已知水流经系统的能量损失可按 $\sum h_f = 5.5\, u^2$ 计算,其中 u 为水在管内的平均流速(m/s)。设流动为定态,试计算(1) $A-A'$ 截面处水的平均流速;(2) 水的体积流量(m³/h)。

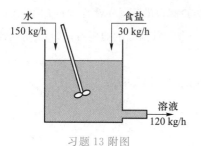

习题 13 附图

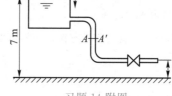

习题 14 附图

15. 20 ℃的水以 2.5 m/s 的平均流速流经 $\phi38$ mm× 2.5 mm的水平管,此管以锥形管与另一 $\phi53$ mm×3 mm 的水平管相连。如本题附图所示,在锥形管两侧 A、B 处各插入一垂直玻璃管以观察两截面的压力。若水流经 $A-A'$、$B-B'$ 两截面间的能量损失为 1.5 J/kg,求两玻璃管的水面差(以 mm 计),并在本题附图中画出两玻璃管中水面的相

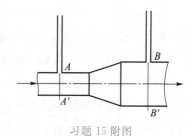

习题 15 附图

对位置。

16. 如本题附图所示,用泵2将储罐1中的某有机混合液送至精馏塔3的中部进行分离。已知储罐内液面维持恒定,其上方压力为 1.0133×10^5 Pa。流体密度为 800 kg/m³。精馏塔进料口处的塔内压力为 1.21×10^5 Pa。进料口高于储罐内的液面 8 m,输送管道直径为 $\phi 68$ mm×4 mm,进料量为 20 m³/h。料液流经全部管道的能量损失为 70 J/kg,求泵的有效功率。

17. 本题附图所示的储槽内径 $D = 2$ m,槽底与内径 $d_0 = 32$ mm 的钢管相连,槽内无液体补充,其初始液面高度 $h_1 = 2$ m(以管子中心线为基准)。液体在管内流动时的全部能量损失可按 $\sum h_f = 20\,u^2$ 计算,式中的 u 为液体在管内的平均流速(m/s)。试求当槽内液面下降 1 m 时所需的时间。

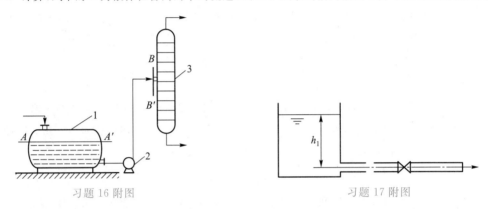

习题 16 附图   习题 17 附图

18. 试证明:流体在圆管内作定态层流流动时,其动能校正系数 $\alpha = 2$。

19. 某牛顿流体以 8 m³/h 的流量在内径 0.05 m、长 30 m 的水平圆管内流动,已知液体的密度为 1100 kg/m³,黏度为 0.10 Pa·s。试求(1)管内壁面处的剪应力;(2)流体流过整个管道的机械能损失。

20. 某不可压缩流体在矩形截面的管道中作一维定态层流流动。设管道宽度为 b,高度为 $2y_0$,且 $b \gg y_0$,流道长度为 L,两端压降为 Δp,试根据力的衡算导出(1)剪应力 τ 随高度 y(自中心至任意一点的距离)变化的关系式;(2)通道截面上的速度分布方程;(3)平均流速与最大流速的关系。

21. 20 ℃的水流过内径 50 mm 的光滑水平圆管,实验测得沿管道距离为 3 m 的上、下游两截面处的压力差为 -4500 Pa。试求(1)管截面的剪应力分布和壁面处的剪应力;(2)证明此流动为湍流并求管内平均流速。

22. 流体在圆管内作定态湍流时的速度分布可用如下的经验式表达:

$$\frac{u_z}{u_{max}} = \left(1 - \frac{r}{R}\right)^{1/7}$$

试计算管内平均流速与最大流速之比 u/u_{max}。

23. 某液体以一定的质量流量在水平直圆管内作湍流流动。若管长及液体物性不变,将管径减至原来的1/2,则因流动阻力而产生的能量损失为原来的多少倍?

24. 用泵将 2×10^4 kg/h 的溶液自反应器送至高位槽(见本题附图)。反应器液面上方保持 25.9×10^3 Pa 的真空度,高位槽液面上方为大气压。管道为 $\phi 76$ mm×4 mm 的钢管,总长为 35 m,管线上有两个全开的闸阀、一个孔板流量计(局部阻力系数为 4)、五个标准弯头。反应器内液面与管路出口的距离为 17 m。若泵的效率为 0.7,求泵的轴功率。(已知溶液的密度为 1073 kg/m³,黏

度为 6.3×10^{-4} Pa•s；管壁绝对粗糙度可取为 0.3 mm。）

25. 如本题附图所示，储槽内水位维持不变。槽的底部与内径为 100 mm 的钢质放水管相连，管路上装有一个闸阀，距管路入口端 15 m 处安有以水银为指示液的 U 管压差计，其一臂与管道相连，另一臂通大气。U 管压差计连接管内充满了水，测压点与管路出口端之间的直管长度为 20 m。

（1）当闸阀关闭时，测得 $R = 600$ mm，$h = 1500$ mm；当闸阀部分开启时，测得 $R = 400$ mm，$h = 1400$ mm。摩擦系数 λ 可取为 0.025，管路入口处的局部阻力系数取为 0.5。问每小时从管中流出多少水（m^3）？

（2）当闸阀全开时，U 管压差计测压处的压力为多少（表压）？（闸阀全开时 $L_e/d \approx 15$，摩擦系数 λ 仍可取 0.025。）

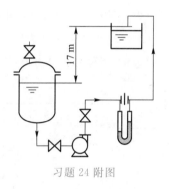

习题 24 附图

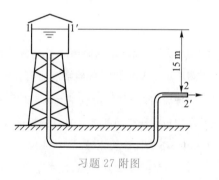

习题 25 附图

26. 10 ℃的水以 500 L/min 的流量流经一长为 300 m 的水平管，管壁的绝对粗糙度为 0.05 mm。有 6 m 的压头可供克服流动的摩擦阻力，试求管径的最小尺寸。

27. 如本题附图所示，自水塔将水送至车间，输送管路采用 ϕ114 mm×4 mm 的钢管，管路总长为 190 m（包括管件与阀门的当量长度，但不包括进、出口损失）。水塔内水面维持恒定，并高于出水口 15 m。设水温为 12 ℃，试求管路的输水量（m^3/h）。

习题 27 附图

28. 在内径为 300 mm 的管道中，用测速管测量管内空气的流量。测量点处的温度为 20 ℃，真空度为 500 Pa，大气压力为 98.66 kPa。测速管插入管道的中心线处。测压装置为微压差计，指示液是油和水，其密度分别为 835 kg/m^3 和 998 kg/m^3，测得的读数为 100 mm。试求空气的质量流量（kg/h）。

29. 在 ϕ38 mm×2.5 mm 的管路上装有标准孔板流量计，孔板的孔径为 16.4 mm，管中流动的是 20 ℃的甲苯，采用角接取压法用 U 管压差计测量孔板两侧的压力差，以水银为指示液，测压连接管中充满甲苯。现测得 U 管压差计的读数为 600 mm，试计算管中甲苯的流量（kg/h）。

30. 用泵将容器中的蜂蜜以 6.28×10^{-3} m^3/s 的流量送往高位槽中，管路长（包括局部阻力的当量长度）为 20 m，管径为 0.1 m，$\Delta z = 6$ m。蜂蜜的流动特性服从幂律方程 $\tau = 0.05 \left(\dfrac{du_z}{dy} \right)^{0.5}$，密度 $\rho = 1250$ kg/m^3，求泵应提供的能量（J/kg）。

综合习题

31. 水在如附图所示的并联管路中作定态流动。两支管内径均为 $\phi89\ \mathrm{mm}\times4.5\ \mathrm{mm}$,直管摩擦系数均为 0.03,两支路各装有阀门 1 个、换热器 1 个,阀门全开时的局部阻力系数均为 3。支路 ADB 长 25 m(包括管件但不包括阀门的当量长度),支路 ACB 长 6 m(包括管件但不包括阀门的当量长度)。当总流量为 50 m³/h时,试求(1) 两阀门全开时两支路的流量;(2) 若其他条件不变,阀门 E 的阻力系数为多少才能使两支路流量相等?

32. 本题附图所示为一输水系统,高位槽的水面维持恒定,水分别从 BC 与 BD 两支管排出,高位槽液面与两支管出口间的距离均为 11 m。AB 管段内径为 38 mm,长为 58 m;BC 支管的内径为 32 mm,长为 12.5 m;BD 支管的内径为 26 mm,长为 14 m。各段管长均包括管件及阀门全开时的当量长度。AB 与 BC 管段的摩擦系数 λ 均可取为0.03。试计算(1) 当 BD 支管的阀门关闭时,BC 支管的最大排水量为多少(m³/h)?(2) 当所有阀门全开时,两支管的排水量各为多少(m³/h)?(BD 支管的管壁绝对粗糙度可取为 0.15 mm;水的密度为 1000 kg/m³,黏度为 0.001 Pa·s。)

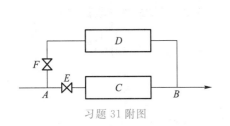

习题 31 附图

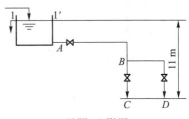

习题 32 附图

33. 用泵将某溶液从储槽 A 输送到储槽 B 和储槽 C,各槽液面维持恒定,槽内液面距地面高度如附图所示。A、B 和 C 各储槽液面上方压力分别为 50 kPa、200 kPa 和 100 kPa(均为表压),所有管子的管径均为 $\phi108\ \mathrm{mm}\times4\ \mathrm{mm}$。主管路长 50 m,$D$ 和 E 两支路管长分别为 100 m 和 200 m(上述长度均包括所有局部阻力的当量长度)。当泵出口阀门全开时,D 支路上孔板流量计的读数为 200 mm。各管路摩擦系数 $\lambda=0.02$。

(1) 若泵的效率为 75%,试求泵出口阀门全开时,泵的轴功率(kW);

(2) 若泵出口压力表安装位置距离地面 2 m,从储槽 A 到压力表所在截面的压头损失为 2 m,试求压力表的读数(kPa)。

(已知溶液密度为 1200 kg/m³;指示液为水银,密度为 1.36×10^{4} kg/m³;孔板流量计的孔流系数 C_0 为 0.6,孔径为 40 mm;当地大气压可取为 100 kPa;泵内阻力可忽略。)

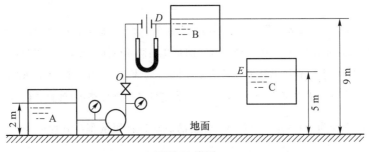

习题 33 附图

34. 用泵将 20 ℃的清水从敞口水池送入气体洗涤塔的顶部。已知管道均为 $\phi114\ mm\times4\ mm$ 的无缝钢管,水的流量为 56 m³/h。泵前的吸入管路长 10 m,其上有一个 90°弯头、一个吸滤底阀(阻力系数 $\zeta=3.5$);从泵出口到塔顶喷嘴的管线总长 36 m,其上有两个 90°弯头、一个闸阀(阻力系数 $\zeta=4.5$);从泵出口至 $A-A'$ 截面的管段长度为 2.0 m,至 $B-B'$ 截面的管段长度为 2.5 m。塔内喷头与管子连接处高出地面 24 m,其他各截面相对地面的距离如附图所示。塔内压力为 700 mmH$_2$O(表压),喷嘴进口处的压力比塔内压力高 0.1 kgf/cm²。输水管的绝对粗糙度为 0.2 mm。20 ℃水的黏度为 1.005×10^{-3} Pa·s,密度为 998.2 kg/m³。

(1) 试求泵所需的功率;

(2) 试求 $B-B'$ 截面的压力 p_B;

(3) 说明若将闸阀关小,则管路上 $A-A'$ 和 $B-B'$ 两截面的压力将如何改变(设泵的功率不变);

(4) 计算闸阀关小(阻力系数 $\zeta=14$)时,p_A 和 p_B 的值。

提示:因摩擦系数 λ 值变化不大,可认为问题(2)、(3)、(4)中的 λ 值与问题(1)中的相同。

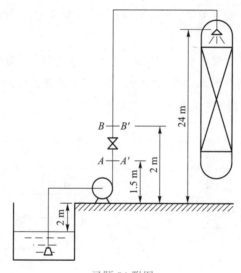

习题 34 附图

 思考题

1. 什么是连续性假设? 质点的含义是什么?

2. 不可压缩流体在半径为 r_i 的水平圆管内流动,试写出以 $\dfrac{\mathrm{d}u_z}{\mathrm{d}r}$ 表示的牛顿定律的表达式。(其中 r 为由管中心算起的径向距离坐标,u_z 为 r 处的流体速度。)

3. 黏性流体在静止时有无剪应力? 理想流体在运动时有无剪应力? 若流体在静止时无剪应力,是否意味着它们没有黏性?

4. 静压力有什么特性?

5. 流体在均匀直管内作定态流动时,其平均流速 u 沿流程保持定值,并不因内摩擦而减速,这一说法是否正确? 为什么?

6. 在满流的条件下,水在垂直直管中向下定态流动。则对沿管长不同位置处的平均流速而言,是否会因重力加速度而使下部的速度大于上部的速度?

7. 在应用机械能衡算方程解题时需要注意哪些问题?

8. 雷诺数的物理意义是什么?

9. 湍流与层流有何不同,湍流的主要特点是什么?

10. 分别写出描述流体内部层流时分子动量传递的通量方程和流体内部湍流时涡流动量传递的通量方程,以及流体与固体壁面之间进行对流动量传递的速率方程,说明各方程代表的物理意义。

11. 试通过流体动量传递的机理分析流体流动产生摩擦阻力的原因。

12. 流体在固体壁面上产生边界层分离的必要条件是什么? 试通过边界层分离现象分析形体阻力(局部阻力)产生的原因。

13. 本题附图所示为一循环管路。试证明对于任一循环管路,外加的机械能全部用于克服流动阻力,即 $W_e = \sum h_f$。

14. 某流体在圆形光滑直管内作湍流流动。试分析(1) 若管长和管径不变,仅将流量增加到原来的 2 倍,因摩擦阻力而产生的压降为原来的几倍? (2) 若管长和流量不变,仅将管径减小为原来的 2/3,则因摩擦阻力而产生的压降又为原来的几倍?

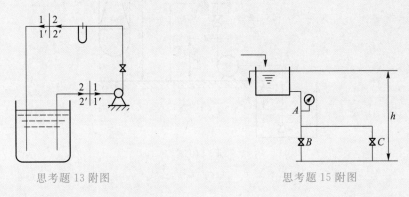

思考题 13 附图　　　　　　　　思考题 15 附图

15. 如本题附图所示,槽内水面维持不变,水从 B、C 两支管排出,各管段的直径、粗糙度相同,槽内水面与两支管出口的距离均相等,水在管内已达完全湍流状态。试分析(1) 两阀门全开时,两支管的流量是否相等? (2) 若把 C 支管的阀门关闭,这时 B 支管内水的流量有何改变? (3) 当 C 支管的阀门关闭时,主管路 A 处的压力比两阀全开时是增加还是降低?

本章主要符号说明

英文字母

A——面积或截面积,$\mathrm{m^2}$;

c_p——比定压热容,$\mathrm{J/(kg \cdot K)}$;

c_v——比定容热容,$\mathrm{J/(kg \cdot K)}$;

C——测速管的校正系数,量纲为 1;

C_0——孔板流量计的校正系数,量纲为 1;

C_R——转子流量计的校正系数,量纲为 1;

C_V——文丘里流量计的校正系数,量纲为 1;

d——管道直径,m;

d_e——当量直径,m;

e——绝对粗糙度,m;

f——范宁摩擦因子,量纲为 1;

$\overline{E}_k$——单位质量流体的平均动能,$\mathrm{J/kg}$;

g——重力加速度,$\mathrm{m/s^2}$;

G——质量通量,质量平均流速,$\mathrm{kg/(m^2 \cdot s)}$;

h_f——单位质量流体的摩擦能量损失,$\mathrm{J/kg}$;

h_f'——局部能量损失,$\mathrm{J/kg}$;

H_e——流体接受外界功所增加的压头,m;

H_f——压头损失,m;

I——湍流强度,量纲为 1;

L——长度,m;

L_e——当量长度,m;

L_f——流动进口段长度,m;

m——质量,kg;

——基本量纲个数;

M——质量,kg;

——摩尔质量,$\mathrm{kg/kmol}$;

n——物理变量个数;

N——量纲为 1 数群个数;

N_e——输送设备的有效功率,kW;

p——压力,Pa;

Δp_f——因摩擦阻力产生的压降,Pa;

$\Delta p_f'$——因局部阻力产生的压降,Pa;

w_s——质量流量,$\mathrm{kg/s}$;

V_s——体积流量,$\mathrm{m^3/s}$;

Q_e——单位质量流体从外界吸收的热量,$\mathrm{J/kg}$;

r_H——水力半径,m;

r_i——管半径,m;

R——摩尔气体常数 $[8314\ \mathrm{J/(kmol \cdot K)}]$;

——液柱高度,m;

Re——雷诺数 $(du\rho/\mu)$,量纲为 1;

Re_x——雷诺数 $(xu_0\rho/\mu)$,量纲为 1;

T——热力学温度,K;

u——平均流速,$\mathrm{m/s}$;

u_0——边界层外的速度,$\mathrm{m/s}$;

u_{max}——流动截面上的最大流速,$\mathrm{m/s}$;

$\boldsymbol{u}$——速度向量,$\mathrm{m/s}$;

$\bar{u}_x, \bar{u}_y, \bar{u}_z$——时均速度分量,$\mathrm{m/s}$;

u_x', u_y', u_z'——脉动速度分量,$\mathrm{m/s}$;

v——流体的比体积,$\mathrm{m^3/kg}$;

V——体积,$\mathrm{m^3}$;

x_W——质量分数,量纲为 1;

x_V——体积分数,量纲为 1;

W_e——机械对单位质量流体所做的功,$\mathrm{J/kg}$

希腊字母

ε——涡流运动黏度,$\mathrm{m^2/s}$;

η——效率,量纲为 1;

——表观黏度,$\mathrm{N^2/m}$;

ζ——局部阻力系数,量纲为 1;

ζ_i——进口阻力系数,量纲为 1;

ζ_o——出口阻力系数,量纲为 1;

θ——时间,s;

λ——摩擦系数,量纲为 1;

μ——黏度，Pa·s；

ν——运动黏度，m^2/s；

ρ——密度，kg/m^3；

ρ_m——混合物的密度，kg/m^3；

τ——剪应力，表面应力，Pa；

τ_0——屈服应力，Pa；

τ_s——壁面剪应力，Pa；

τ^r——雷诺应力，Pa；

τ^t——总应力，Pa

第二章　流体输送机械

　　流体输送是化工生产及其他许多过程工业中最常见、最重要的单元操作之一,属于流体力学原理的应用。从南水北调、西气东输等国家重大工程,到各种化工产品的制备,都涉及流体输送问题。

课程思政

2.1　流体输送机械概述

演示文稿

2.1.1　流体输送机械的作用

一、管路系统对流体输送机械的能量要求

流体输送机械的功能是对流体做功以提高其机械能。流体从输送机械获得能量后,其直接表现是静压能的增大。增加的静压能在输送过程中再转变为其他机械能(如动能、位能等),或消耗于克服流动阻力。管路对流体输送机械的能量要求由机械能衡算方程计算。

对于液体,采用以单位重量(1N)流体为基准的机械能衡算方程,即

$$H_e = \Delta Z + \frac{\Delta p}{\rho g} + \frac{\Delta u^2}{2g} + \sum H_f \qquad (2-1)$$

式中　　H_e——泵对单位重量(1N)流体所做的有效功,m;

　　　　ΔZ——单位重量流体位压头的增量,m;

　　$\Delta p/(\rho g)$——单位重量流体静压头的增量,m;

　　$\Delta u^2/(2g)$——单位重量流体动压头的增量,m;

　　　　$\sum H_f$——单位重量流体的压头损失,m;

　　　　g——重力加速度,m/s^2。

对于特定的管路系统,在一定条件下定态操作时,上式中的 ΔZ 与 $\Delta p/(\rho g)$ 均为定值,以常数 K 来表示,即

$$K = \Delta Z + \frac{\Delta p}{\rho g} \qquad (2-2)$$

压头损失$\sum H_f$值的大小取决于管路布局及管内流速的大小,用下式计算,即

$$\sum H_f = \left(\lambda \frac{L + \sum L_e}{d} + \sum \zeta\right)\frac{u^2}{2g} \qquad (2-3)$$

式中　　λ——摩擦系数,量纲为1;

　　　　L——管长,m;

　　　　L_e——局部阻力当量长度,m;

　　　　ζ——不能用当量长度表示的局部阻力系数,量纲为1。

管内流体的流速为

$$u = \frac{Q_e}{\frac{\pi}{4}d^2} \qquad (2-4)$$

式中　　u——管路中流体的平均流速,m/s;

　　　　Q_e——液体的流量,m^3/s;

　　　　d——管径,m。

对于一定的管路系统,式(2-3)与式(2-4)中的 L、L_e、ζ、d 均为常数,若再忽略 λ 随 Re 的变化(管内流动在阻力平方区),则可令

$$B = \left(\lambda \frac{L + \sum L_e}{d} + \sum \zeta\right)\frac{8}{\pi^2 d^4 g}$$

则式(2-3)可简化为

$$\sum H_f = BQ_e^2 \qquad (2-3a)$$

对于液体输送,式(2-1)中的 $\Delta u^2/(2g)$ 一项常忽略,于是式(2-1)可表达为

$$H_e = K + BQ_e^2 \tag{2-5}$$

式(2-5)表明管路中液体的压头与流量间的关系,称为管路特性方程;H_e 与 Q_e 的关系曲线,称为管路特性曲线。

对于通风机的气体输送系统,在风机进、出口截面间采用以单位体积(1 m³)气体为基准的机械能衡算方程,即

$$H_T = \rho g \Delta Z + \Delta p + \frac{\Delta u^2}{2}\rho + \rho g H_f \tag{2-6}$$

式中　　H_T——通风机对单位体积(1 m³)气体做的净功,J/m³ 或 Pa;

　　　　ρ——气体的密度,kg/m³;

　　　　Δp——单位体积气体经过通风机获得的静压能,称为静风压,Pa;

　　$\Delta u^2\rho/2$——单位体积气体经过通风机获得的动压能,称为动风压,Pa。

在气体输送中,位风压 $\rho g \Delta Z$ 一项一般可忽略。

其他气体输送机械的能量消耗由压缩比或真空度来计算。

◆ 例2-1　用离心泵将 A 池中 20 ℃的清水送至高位槽 B。两液面均为敞口且保持恒定高度差12 m。管路内径 50 mm,总长度(包括管件、阀门的当量长度)为80 m,摩擦系数为0.024。管路上安装一孔板流量计,其局部阻力系数为7.6。水的输送量为 18.6 m³/h。试求(1) 管路特性方程;(2) 泵的有效功率。

解:取 20 ℃水的密度为 1000 kg/m³;管路进、出口的局部阻力系数分别为 0.5 及 1.0。

(1) 管路特性方程

$$H_e = K + BQ_e^2$$

$$K = \Delta Z + \frac{\Delta p}{\rho g} = (12+0)\ \mathrm{m} = 12\ \mathrm{m}$$

$$B = \left(\lambda \frac{L+\sum L_e}{d} + \sum \zeta\right)\frac{8}{\pi^2 d^4 g}$$

$$= \left[\left(0.024 \times \frac{80}{0.05} + 7.6 + 0.5 + 1.0\right) \times \frac{8}{\pi^2 \times 0.05^4 \times 9.81}\right]\ \mathrm{s^2/m^5} = 6.28 \times 10^5\ \mathrm{s^2/m^5}$$

于是,$H_e = 12 + 6.28 \times 10^5 Q_e^2$。

(2) 泵的有效功率

$$N_e = H_e g Q_e \rho$$

式中　　　　$H_e = \left[12 + 6.28 \times 10^5 \times \left(\frac{18.6}{3600}\right)^2\right]\ \mathrm{m} = 28.76\ \mathrm{m}$

$$Q_e = \left(\frac{18.6}{3600}\right)\ \mathrm{m^3/s} = 5.167 \times 10^{-3}\ \mathrm{m^3/s}$$

则　　$N_e = (28.76 \times 9.81 \times 5.167 \times 10^{-3} \times 1000)$ W $= 1458$ W $= 1.458$ kW

本例中所给管路长度中不包括进、出口及孔板流量计的当量长度,于是 $\sum\zeta = 7.6 + 0.5 + 1.0 = 9.1$。求解本题的关键是推导管路特性方程。

二、管路系统对输送机械的其他性能要求

流体输送机械除满足工艺上对流量和压头(对气体则为风量和风压)两项主要技术指标要求外,还应满足如下要求:

(1) 结构简单,重量轻,投资费用低。

(2) 运行可靠,操作效率高,日常操作费用低。

(3) 能适应被输送流体的特性,如黏性、可燃性、毒性、腐蚀性、爆炸性、含固体杂质等。

2.1.2　流体输送机械的分类

按惯例,输送液体的机械称为泵,输送气体的机械根据其产生的压力高低分别称为通风机、鼓风机、压缩机与真空泵。

按照工作原理,流体输送机械可分为以下类型:

(1) 动力式(又称叶轮式)　利用高速旋转的叶轮向流体施加能量,其中包括离心式、轴流式及旋涡式输送机械。

(2) 容积式(又称正位移式)　利用转子或活塞的挤压作用使流体获得能量,往复式、旋转式输送机械为其代表。容积式输送机械的突出特点是在一定操作条件下能保持被输送流体排出量恒定,而不受管路压头或压力的影响,因此又称为定排量式输送机械。

(3) 流体作用式　利用流体能量转换原理而输送流体,包括空气升扬器、蒸汽或水喷射泵、虹吸管等。

本章以离心泵为重点进行介绍,通过对比掌握各类流体输送机械的共性、个性及适用场合。

演示文稿

动画
离心泵
工作原理

2.2　离　心　泵

离心泵是工业生产中应用最为广泛的液体输送机械。其突出特点是结构简单、体积小、流量均匀、调节控制方便、故障少、寿命长、适用范围广(包括流量、压头和介质性质)、购置费用和操作费用均较低。将离心泵作为流体力学原理应用的实例加以重点介绍具有典型性。

动画
离心泵
气缚现象

2.2.1　离心泵的工作原理和基本结构

讨论离心泵的工作原理和基本结构要紧紧扣住提高液体静压能的主题来展开。

一、离心泵的工作原理

离心泵的装置简图如图 2-1 所示。泵体的主要部件是高速旋转的叶轮和固定的泵壳。有若干个(通常为 4～12 个)后弯叶片的叶轮紧固于泵轴上,并随泵轴由电动机驱动作高速旋转。叶轮是直接对泵内液体做功的部件,为离心泵的供能装置。泵壳中央的吸入口与吸入管路相连接,吸入管路的底部装有单向底阀。泵壳旁侧的排出口与装有调节阀的排出管路相连接。

离心泵的工作原理是依靠高速旋转的叶轮使叶片间的液体在惯性离心力的作用下自叶轮中心被甩向外周并获得能量,直接表现为静压能的提高。当液体自叶轮中心甩向外周的同时,叶轮中心形成低压区,在储槽液面与叶轮中心总势能差的作用下,致使液体被吸进叶轮中心。依靠叶轮的不断运转,液体便连续地被吸入和排出。

需特别注意,离心泵无自吸力,在启动之前,必须向泵内灌满被输送的液体。若在启动离心泵之前没向泵内灌满被输送的液体,由于

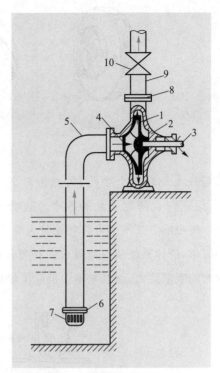

1—叶轮;2—泵壳;3—泵轴;4—吸入口;
5—吸入管;6—单向底阀;7—滤网;
8—排出口;9—排出管;10—调节阀

图 2-1 离心泵装置简图

空气密度低,叶轮旋转后产生的离心力小,叶轮中心区不足以形成吸入储槽内液体的低压,因而虽启动离心泵也不能输送液体,此现象称为气缚。吸入管路安装单向底阀是为了防止启动前灌入泵壳内的液体从泵内流出。空气从吸入管道进到泵壳中也会造成气缚。

二、离心泵的基本结构

离心泵的主要部件包括供能和转能两部分。

1. 离心泵的叶轮

叶轮是离心泵的关键部件,为离心泵的供能部件,具有不同的结构型式。

按其机械结构,叶轮可分为闭式、半闭式和开式三种,如图 2-2 所示。闭式叶轮适用于输送清洁液体;半闭式叶轮和开式叶轮适用于输送含有固体颗粒的悬浮液,其效率较低。

闭式叶轮和半闭式叶轮在运转时,离开叶轮的一部分高压液体可漏入叶轮与泵壳之间的空腔中,因叶轮前侧液体吸入口处压力低,故液体作用于叶轮前、后侧的压力不等,便产生了指向叶轮吸入口侧的轴向推力。该力推动叶轮向吸入口侧移动,引起叶轮和泵壳接触处的磨损,严重时造成泵的振动,破坏泵的正常操作。在叶轮

(a) 闭式

(b) 半闭式

(c) 开式

图 2-2   离心泵的叶轮

后盖板上钻若干个小孔,可减少叶轮两侧的压力差,从而减轻了轴向推力的不利影响,但同时也降低了泵的效率。这些小孔称为平衡孔。

按吸液方式不同可将叶轮分为单吸式与双吸式两种,如图 2-3 所示。单吸式叶轮结构简单,液体只能从一侧吸入。双吸式叶轮可同时从叶轮两侧对称地吸入液体,它具有较大的吸液能力,而且基本上消除了轴向推力。

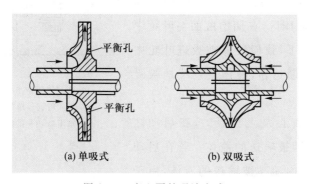

平衡孔

平衡孔

(a) 单吸式

(b) 双吸式

图 2-3   离心泵的吸液方式

2. 离心泵的泵壳和导轮

离心泵的泵壳多制成蜗牛形,壳内有一截面逐渐扩大的液体通道,如图 2-4 所示。泵壳不仅起汇集液体的作用,而且逐渐扩大的液体通道有利于液体的动能有效地转化为静压能。

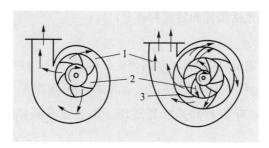

1—泵壳;2—叶轮;3—导轮

图 2-4   泵壳和导轮

为了减少离开叶轮的液体直接进入泵壳时因冲击而引起的能量损失,在叶轮与泵壳之间有时装置一个固定不动而带有叶片的导轮。导轮中的叶片使进入泵壳的液体逐渐转向且流道连续扩大,使部分动能有效地转化为静压能。多级离心泵通常均安装导轮。

蜗牛形的泵壳、叶轮上的后弯叶片及导轮均能提高动能向静压能的转化率,故均可视作转能部件。

3. 离心泵的轴封装置

泵轴与泵壳之间的密封称为轴封,其作用是防止泵内高压液体从间隙漏出,或避免外界空气进入泵内。常用的轴封装置有填料密封和机械密封两大类,后者适用于密封要求较高的场合,如酸,碱,易燃、易爆及有毒液体的输送。

随着磁应用技术的发展,磁密封技术已引起人们的关注。借助加在泵壳内的磁性液体可达到润滑和密封作用。

70%的泵故障是由轴承和密封引起的,故应给予足够重视。

2.2.2　离心泵的基本方程——能量方程

离心泵的基本方程又称能量方程,是从理论上描述在理想情况下离心泵可能达到的最大压头(扬程)与泵的结构、尺寸、转速及液体流量诸因素之间关系的表达式。由于液体在叶轮中的运动情况十分复杂,很难提出一个定量表达上述各因素之间关系的方程。工程上采用数学模型法来研究此类问题。

一、液体质点在叶轮中的流动

1. 简化假设

为便于分析液体在叶轮内的运动情况,特作如下简化假设:

(1) 泵内为具有无限薄、无限多叶片的理想叶轮,液体质点将完全沿着叶片表面流动,无旋涡、无冲击损失;

(2) 被输送的是理想液体,液体在叶轮内流动不存在流动阻力;

(3) 泵内为定态流动过程。

按上面假想模型推导出来的压头必为在指定转速下可能达到的最大压头——理论压头。

2. 速度三角形

理想液体在理想叶轮中的旋转运动应是等角速度的。根据如上简化假设,以静止的地面为参照系,将液体在叶轮内的复杂流动简化为流体质点做旋转运动和径向运动的二维运动。二者的合速度即为绝对速度。

如图 2-5 所示,液体质点以绝对速度 c_0 沿着轴向进入叶轮后,随即转化为径向运动,此时液体一方面以圆周速度 u_1 随叶轮旋转,其运动方向即液体质点所在位置的切线方向,而大小沿半径而变化;另一方面以相对速度 w_1 在叶片间的径向做相对运动,其运动方向是液体质点所在处叶片的切线方向,流速从里向外由于流道变大而降低。二者的合速度为绝对速度 c_1,此即液体质点相对于泵壳的绝对速度。上述三个速度 w_1、u_1、c_1 所组成的向量图称为速度三角形。同样,在叶轮出口处,圆周速度 u_2、相对速度 w_2 及绝对速度 c_2 也构成速度三角形。α 表示绝对速度与圆周速度两向量之间的夹角,β 表示相对速度与圆周速度反方向延长线的夹角,称为流动角。α 与 β 的大小与叶片的形状有关。

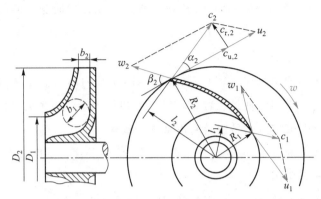

图 2-5   液体在离心泵中流动的速度三角形

速度三角形是研究叶轮内液体流动的重要工具,在分析泵的性能,确定叶轮进、出口几何参数时都要用到它。

由速度三角形并应用余弦定理得到

$$w_1^2 = c_1^2 + u_1^2 - 2c_1 u_1 \cos \alpha_1 \tag{2-7}$$

$$w_2^2 = c_2^2 + u_2^2 - 2c_2 u_2 \cos \alpha_2 \tag{2-7a}$$

二、离心泵基本方程的表达式

离心泵的基本方程可由离心力做功推导,也可根据动量理论得到。本节采用前者。推导的出发点在于有效提高液体的静压能。

在离心泵叶片的入口截面 $1-1'$ 与出口截面 $2-2'$ 之间列机械能衡算方程,则 1N 理想流体所获得的机械能为

$$H_{\text{T}\infty} = \frac{p_2 - p_1}{\rho g} + \frac{c_2^2 - c_1^2}{2g} = H_p + H_c \tag{2-8}$$

式中 $H_{\text{T}\infty}$——离心泵的理论压头,m;

H_p——1N 理想液体经叶轮后静压头的增量,m;

H_c——1N 理想液体经叶轮后动压头的增量,m。

静压头的增量由离心力做功及相对速度转化而获得,即

$$离心力做功 = \frac{u_2^2 - u_1^2}{2g}$$

$$相对速度转化 = \frac{w_1^2 - w_2^2}{2g}$$

则

$$H_p = \frac{u_2^2 - u_1^2}{2g} + \frac{w_1^2 - w_2^2}{2g} \tag{2-9}$$

动压头的增量为

$$H_c = \frac{c_2^2 - c_1^2}{2g} \tag{2-10}$$

综合式(2-9)与式(2-10)便可得到

$$H_{T\infty} = \frac{u_2^2 - u_1^2}{2g} + \frac{w_1^2 - w_2^2}{2g} + \frac{c_2^2 - c_1^2}{2g} \tag{2-11}$$

式(2-11)即为离心泵基本方程的一种表达式。它表明离心泵的静压头主要由液体做旋转运动的圆周速度和径向的相对速度转换而获得。式(2-10)所表示的动压头有一部分在液体流经泵壳和导轮后转变为静压头。

为了便于分析各项因素对离心泵理论压头的影响,利用速度三角形和连续性方程,可推得基本方程的另一种表达式。

将速度三角形中速度关系式(2-7)及式(2-7a)代入式(2-11),并整理可得到

$$H_{T\infty} = \frac{u_2 c_2 \cos \alpha_2 - u_1 c_1 \cos \alpha_1}{g} \tag{2-12}$$

在离心泵设计中,为提高理论压头,一般使 $\alpha_1 = 90°$,则 $\cos \alpha_1 = 0$,故式(2-12)可简化为

$$H_{T\infty} = \frac{u_2 c_2 \cos \alpha_2}{g} \tag{2-12a}$$

式(2-12)和式(2-12a)为离心泵基本方程的另一种表达式。为了能明显地看出影响离心泵理论压头的因素,需要将式(2-12a)做进一步变换。

离心泵的理论流量可表示为在叶轮出口处的液体径向速度和叶片末端圆周出口面积的乘积,即

$$Q_T = c_{r,2} \pi D_2 b_2 \tag{2-13}$$

式中　　D_2——叶轮外径,m;

　　　　b_2——叶轮外缘宽度,m;

　　　　$c_{r,2}$——液体在叶轮出口处绝对速度的径向分量,m/s。

由速度三角形可得

$$c_2 \cos \alpha_2 = u_2 - c_{r,2} \cot \beta_2 \tag{2-14}$$

将式(2-13)及式(2-14)代入式(2-12a)可得到

$$H_{T\infty} = \frac{u_2^2}{g} - \frac{u_2 \cot \beta_2}{g \pi D_2 b_2} Q_T \tag{2-15}$$

$$u_2 = \frac{\pi D_2 n}{60} \tag{2-16}$$

式中　　n——叶轮转速,r/min。

式(2-15)是离心泵基本方程的又一种表达式,可用来分析各项因素对离心泵理论压头的影响。

三、离心泵理论压头影响因素分析

1. 叶轮转速和直径

当理论流量 Q_T 和叶片几何尺寸(b_2、β_2)一定时,$H_{T\infty}$ 随 D_2 和 n 的增大而增大,即加大叶轮直径和提高转速均可提高泵的压头。这是后面将要介绍的离心泵的切割定律

和比例定律的理论依据。

2. 叶片的几何形状

根据流动角 β_2 的大小，叶片形状可分为后弯、径向、前弯三种，如图 2-6 所示。

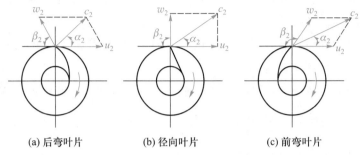

　　(a) 后弯叶片　　　　(b) 径向叶片　　　　(c) 前弯叶片

图 2-6　叶片形状及出口速度三角形

由式（2-15）可看出，当 D_2、b_2、u_2 及 Q_T 一定时，离心泵的理论压头 $H_{T\infty}$ 随叶片形状而变，即

后弯叶片　　　$\beta_2 < 90°$　　　$\cot\beta_2 > 0$　　　$H_{T\infty} < \dfrac{u_2^2}{g}$

径向叶片　　　$\beta_2 = 90°$　　　$\cot\beta_2 = 0$　　　$H_{T\infty} = \dfrac{u_2^2}{g}$

前弯叶片　　　$\beta_2 > 90°$　　　$\cot\beta_2 < 0$　　　$H_{T\infty} > \dfrac{u_2^2}{g}$

离心泵的理论压头如式（2-8）所示，由静压头和动压头两部分组成。实测结果表明，对于前弯叶片，动压头的提高大于静压头的提高。而对后弯叶片，静压头的提高大于动压头的提高，其净结果是获得较高的有效压头。为获得较高的能量利用率，提高离心泵的经济指标，应采用后弯叶片。

3. 理论流量

式（2-15）表达了一定转速下指定离心泵（b_2、D_2、β_2 及转速 n 一定）的理论压头与理论流量的关系，这个关系是离心泵的主要特性。$H_{T\infty}$-Q_T 的关系曲线称为离心泵的理论特性曲线，如图 2-7 所示。该线的截距 $A = u_2^2/g$，斜率 $B = u_2\cot\beta_2/(g\pi D_2 b_2)$。于是式（2-15）可表示为

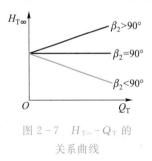

图 2-7　$H_{T\infty}$-Q_T 的
关系曲线

$$H_{T\infty} = A - BQ_T \qquad (2-15a)$$

显然，对于后弯叶片，$B > 0$，$H_{T\infty}$ 随 Q_T 的增加而降低。

4. 液体密度

在式（2-15）中并未出现液体密度这样一个重要参数，这表明离心泵的理论压头与液体密度无关。因此，同一台离心泵，只要转速恒定，不论输送何种液体，都可提供相同的理论压头。但是，在同一压头下，离心泵进、出口的压力差却与液体密度成正比。

四、离心泵实际压头、流量关系曲线的实验测定

实际上,由于叶轮的叶片数目是有限的,且输送的是黏性液体,因而必然引起液体在叶轮内的泄漏和能量损失(包括环流损失、冲击损失与摩擦损失),致使泵的实际压头和流量小于理论值。所以泵的实际压头与流量的关系曲线应在离心泵理论特性曲线的下方,如图 2 - 8 所示。离心泵的 H - Q 关系曲线通常是在一定条件下由实验测定的。

根据实验测定可知,离心泵的 H - Q 关系可表达为

$$H = A_a - GQ^2 \qquad (2-17)$$

式(2 - 17)称为离心泵的特性方程。

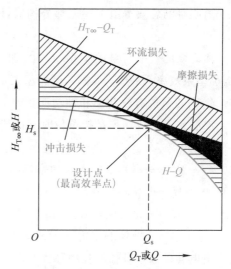

图 2 - 8 离心泵的 $H_{T\infty}$ - Q_T、
H - Q 关系曲线

2.2.3 离心泵的性能参数与特性曲线

泵的性能参数及其相互之间的关系是选泵和进行流量调节的依据。离心泵的主要性能参数有流量、压头、效率、轴功率等。它们之间的关系常用特性曲线来表示。离心泵的性能参数和特性曲线是在一定转速下,用 20 ℃清水为介质在常压下由实验测得的。

演示文稿

一、离心泵的性能参数

1. 流量

离心泵的流量是指单位时间内排到管路系统的液体体积,一般用 Q 表示,常用单位为 L/s、m^3/s 和 m^3/h 等。离心泵的流量与泵的结构、尺寸和转速有关。

2. 压头(扬程)

离心泵的压头是指离心泵对单位重量(1N)液体所提供的有效能量,一般用 H 表示,单位为 J/N 或 m。压头的影响因素在前节已做过介绍。

对于一定的泵,在规定转速下,压头与流量有一定关系,见式(2 - 17)。

3. 效率

离心泵在实际运转中,由于存在各种能量损失,致使泵的实际(有效)压头和流量均低于理论值,而输入泵的功率比理论值高。反映泵中能量损失大小的参数称为效率。

离心泵的能量损失包括以下三项,即

(1)容积损失　即泄漏造成的损失。无容积损失时泵的功率与有容积损失时泵的功率之比称为容积效率 η_v。闭式叶轮的容积效率值为 0.85~0.95。

(2)水力损失　即由于液体流经叶片、泵壳的沿程阻力,流道面积和方向变化的局部阻力,以及叶轮通道中的环流和旋涡等因素造成的能量损失。这种损失可用水力效率 η_h 来反映。额定流量下,损失最小,水力效率最高,其值为 0.8~0.9。

(3)机械损失　即由于高速旋转的叶轮表面与液体之间的摩擦,泵轴在轴承、轴封等

处的机械摩擦造成的能量损失。机械损失可用机械效率 η_m 来反映,其值为 0.96~0.99。

离心泵的总效率由上述三部分构成,即

$$\eta = \eta_v \eta_h \eta_m \tag{2-18}$$

离心泵的效率与泵的类型、尺寸、加工精度,以及液体流量和性质等因素有关。通常,小型泵效率为 50%~70%,而大型泵可达 90%。

4. 离心泵的有效功率和轴功率

离心泵的有效功率是指单位时间内流体从泵的叶轮获得的能量,即

$$N_e = HQ\rho g \tag{2-19}$$

式中　　N_e——离心泵的有效功率,W;

　　　　H——离心泵的压头,m;

　　　　Q——泵的实际流量,m³/s;

　　　　ρ——液体的密度,kg/m³。

由电动机输入泵轴的功率称为泵的轴功率。由于泵内各项能量损失,泵的轴功率必大于有效功率,即

$$N = \frac{N_e}{1000\eta} = \frac{HQ\rho}{102\eta} \tag{2-20}$$

式中　　N——轴功率,kW。

二、离心泵的特性曲线

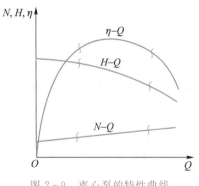

图 2-9　离心泵的特性曲线

表示离心泵的压头、效率和轴功率与流量之间关系的曲线称为离心泵的特性曲线或离心泵的工作性能曲线,如图 2-9 所示。

对于离心泵的特性曲线应掌握如下共同规律:

(1)每种型号的离心泵在特定转速下有其独特的特性曲线,且不受管路特性的影响。

(2)在固定转速下,离心泵的流量、压头和效率不随被输送液体的密度而变,但泵的功率与液体密度成正比。

(3)离心泵的轴功率 N 在流量为零时为最小,随流量的增大而上升,因而在启动离心泵时应关闭泵的出口阀,以减少启动电流,保护电动机。待运转正常后,再打开泵出口阀并调节流量至规定值。同理,停泵时也要先关出口阀,这样还可防止排出管中液体倒流,保护叶轮。

(4)离心泵的压头一般随流量加大而下降(在极小流量时有例外),此规律和离心泵理论压头的表达式相一致。

(5)在额定流量下泵的效率为最高。该最高效率点称为泵的设计点,对应的各项参数称为最佳操作参数。离心泵铭牌上标出的性能参数即是最高效率点对应的数值。离心泵应尽可能在高效区(最高效率的 92% 范围内,如图 2-9 中波浪号所示的区域)操作。

离心泵的特性曲线由泵的制造厂家提供。离心泵的特性曲线随转速而变,因而特性曲线图上或产品说明书中一定要注明测定的转数。

◆ 例 2-2 在本例附图所示的实验装置上于 2900 r/min 转速下用 20 ℃的清水在常压下测定离心泵的性能参数。测得一组数据如下：

泵入口真空表的读数为 68 kPa，泵出口压力表读数为 262 kPa；

两测压口之间的垂直距离 $h_0 = 0.4$ m；

电动机功率为 2.5 kW，电动机的传动效率为 96%；

在泵的排出管路上孔板流量计的 U 管压差计读数 $R = 0.6$ m，指示液为汞（密度为 13600 kg/m³），孔流系数 $C_0 = 0.62$，孔径 $d_0 = 0.03$ m；

泵的吸入管和排出管内径分别为 80 mm 和 50 mm。

试求该泵在操作条件下的流量、压头、轴功率和效率，并列出泵的性能参数。

解：取 20 ℃下水的密度为 1000 kg/m³。各项计算如下：

（1）泵的流量

$$u_0 = C_0 \sqrt{\frac{2R(\rho_A - \rho)g}{\rho}} = \left[0.62 \sqrt{\frac{2 \times 0.6 \times (13600 - 1000) \times 9.81}{1000}} \right] \text{m/s} = 7.551 \text{ m/s}$$

$$u_2 = \left(\frac{d_0}{d_2}\right)^2 u_0 = \left[\left(\frac{0.03}{0.05}\right)^2 \times 7.551 \right] \text{m/s} = 2.718 \text{ m/s}$$

$$Q = 3600 u_2 A = \left(3600 \times 2.718 \times \frac{\pi}{4} \times 0.05^2 \right) \text{m}^3/\text{h} = 19.21 \text{ m}^3/\text{h}$$

（2）泵的压头 对本例附图所示的实验装置，泵压头的测量式为

$$H = h_0 + H_1 + H_2 + \frac{u_2^2 - u_1^2}{2g}$$

式中 h_0——泵的两测压截面的垂直距离，m；

H_1——与泵入口真空度相对应的静压头，m；

H_2——与泵出口表压对应的静压头，m；

u_1、u_2——分别为泵的入口和出口截面上液体的平均流速，m/s。

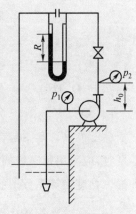

例 2-2 附图 离心泵性能参数测定

由题给数据，得到

$$u_1 = u_2 \left(\frac{d_2}{d_1}\right)^2 = \left[2.718 \times \left(\frac{0.05}{0.08}\right)^2 \right] \text{m/s} = 1.062 \text{ m/s}$$

$$H = \left[0.4 + \frac{(68 + 262) \times 10^3}{1000 \times 9.81} + \frac{2.718^2 - 1.062^2}{2 \times 9.81} \right] \text{m} = 34.36 \text{ m}$$

（3）泵的轴功率

$$N = (0.96 \times 2.5) \text{ kW} = 2.4 \text{ kW}$$

（4）泵的效率

$$\eta = \frac{HQ\rho}{102N} = \frac{34.36 \times 19.21 \times 1000}{102 \times 2.4 \times 3600} = 0.749 = 74.9\%$$

泵的性能参数:在 $n = 2900$ r/min 转速下,$Q = 19.21$ m³/h,$H = 34.36$ m,$N = 2.4$ kW,$\eta = 74.9\%$。

测定不同流量下对应的各组数据,可计算出一系列 Q、H、N 和 η 数值,从而可得到离心泵的特性曲线。

三、影响离心泵性能的因素及性能换算

离心泵的性能参数或特性曲线是指定型号的泵在一定转速下于常压用 20 ℃ 的清水为介质测定的。当被输送液体的物性(如 ρ、μ)、离心泵的转速 n 或离心泵的结构尺寸(如 D_2、β_2)发生变化时,都会影响泵的性能,此时需对泵的性能参数或特性曲线进行相应的换算。

1. 液体物性的影响

(1) 液体的密度　离心泵的流量 Q 和压头 H 与液体密度无关,泵的效率 η 也不随液体密度而改变。因此,当液体密度改变时,H-Q 及 η-Q 曲线基本不变化,但泵的功率与液体密度 ρ 成正比。此时 N-Q 曲线需进行重新计算。

需要指出:① 液体的质量流量与液体密度成正比;② 泵进、出口的压力差与液体密度成正比。

(2) 液体的黏度　当被输送液体的黏度大于常温水的黏度时,泵内液体的能量损失增大,导致泵的流量、压头减小,效率下降,但轴功率增加,泵的特性曲线均发生变化。当液体运动黏度 ν 大于 20 cSt(厘斯)时,离心泵的性能需按下式进行修正,即

$$Q' = c_Q Q \qquad H' = c_H H \qquad \eta' = c_\eta \eta \qquad (2-21)$$

式中　　c_Q、c_H、c_η——分别为离心泵的流量、压头和效率的换算系数,其值从图 2-10、
　　　　　　　　图2-11查得;

　　　　Q、H、η——分别为离心泵输送清水时的流量、压头和效率;

　　　　Q'、H'、η'——分别为离心泵输送高黏度液体时的流量、压头和效率。

黏度换算系数图是在单级离心泵上进行多次实验的平均值绘制出来的,用于多级离心泵时,应采用每一级的压头。两图均适用于牛顿流体,且只能在刻度范围内使用,不得外推。黏度换算系数图的使用方法见例 2-3。

◆ 例2-3　IS100-65-200 型离心水泵,在 2900 r/min 转速和额定流量下对应的一组参数为:$Q = 100$ m³/h(1.67 m³/min),$H = 50$ m,$\eta = 76\%$,$N = 17.9$ kW。现用该泵输送密度为 930 kg/m³,运动黏度 $\nu = 220$ cSt 的油品,试求此情况下泵的 Q'、H'、η' 及 N'。

解:由于油品运动黏度 $\nu > 20$ cSt,需对泵的性能参数进行换算。输送油品时的换算系数由图 2-10 查取。

由输送清水时额定流量 $Q_s = 1.67$ m³/min 在图的横坐标上找出相应的点,由该点作垂线与已知的压头线($H = 50$ m)相交。从交点引水平线与表示油品运动黏度($\nu =$

220 cSt)的斜线交于一点,再由此点作垂线分别与 c_Q、c_H、c_η 曲线相交,便可从纵坐标读得相应值(见图 2-10 中蓝色虚线),即

$$c_Q = 0.96 \qquad c_H = 0.93 \qquad c_\eta = 0.63$$

于是,输送油品时的性能参数为

$$Q' = c_Q Q = (0.96 \times 1.67)\ \text{m}^3/\text{min} = 1.603\ \text{m}^3/\text{min} = 96.2\ \text{m}^3/\text{h}$$

$$H' = c_H H = (0.93 \times 50)\ \text{m} = 46.5\ \text{m}$$

$$\eta' = c_\eta \eta = 0.63 \times 0.76 = 0.479 = 47.9\%$$

$$N' = \frac{Q' H' \rho'}{102 \eta'} = \left(\frac{1.603 \times 46.5 \times 930}{60 \times 102 \times 0.479} \right)\ \text{kW} = 23.65\ \text{kW}$$

同样方法可求得其他流量下对应的性能参数,进而绘制出输送油品时的特性曲线。

求解本题的关键是准确应用黏度换算系数图,查得 c_Q、c_H、c_η 的值。

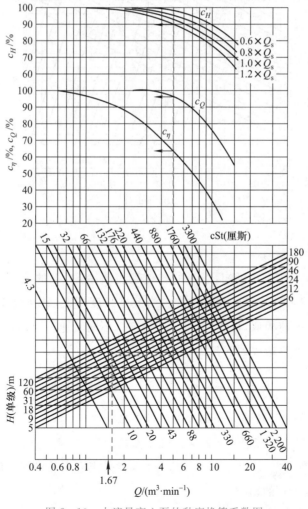

图 2-10 大流量离心泵的黏度换算系数图

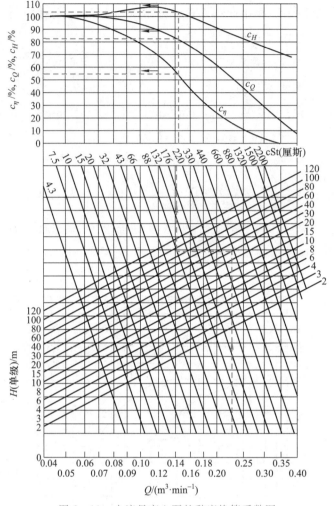

图 2 - 11   小流量离心泵的黏度换算系数图

2. 离心泵转速的影响

由离心泵的基本方程式可知,当泵的转速发生改变时,泵的流量、压头随之发生变化,并引起泵的效率和轴功率的相应改变。当液体黏度不大,转速改变后液体离开叶轮处速度三角形与改变前相似,且效率变化不明显时,不同转速下泵的流量、压头和轴功率与转速的关系可近似表达成如下各式,即

$$\frac{Q'}{Q} = \frac{n'}{n} \qquad \frac{H'}{H} = \left(\frac{n'}{n}\right)^2 \qquad \frac{N'}{N} = \left(\frac{n'}{n}\right)^3 \qquad (2-22)$$

式中 Q'、H'、N'——转速为 n' 时泵的性能参数;

Q、H、N——转速为 n 时泵的性能参数。

式(2-22)称为离心泵的比例定律,其适用条件是离心泵的转速变化不超过±20%。

3. 离心泵叶轮外径的影响

当离心泵的转速一定时,泵的基本方程式表明,其流量、压头与叶轮直径有关。对于同一型号的泵,可换用直径较小的叶轮(除叶轮外径稍有变化外,其他尺寸不变),此时泵

的流量、压头和轴功率与叶轮直径的近似关系为

$$\frac{Q'}{Q}=\frac{D_2'}{D_2} \qquad \frac{H'}{H}=\left(\frac{D_2'}{D_2}\right)^2 \qquad \frac{N'}{N}=\left(\frac{D_2'}{D_2}\right)^3 \qquad (2-23)$$

式中　　Q'、H'、N'——叶轮外径为 D_2' 时泵的性能参数；

　　　　Q、H、N ——叶轮外径为 D_2 时泵的性能参数。

式(2-23)称为离心泵的切割定律，其适用条件是固定转速下，叶轮直径的切削不大于 5%。

◆ **例 2-4**　对例 2-2 的实验数据，若分别改变某一参数(假设效率保持不变)，试计算泵的性能参数将为何值。

(1) 改送密度为 1160 kg/m^3 的水溶液(其他性质和水相同)；

(2) 泵的转速降低为 2670 r/min；

(3) 将叶轮外径切削 3%。

解：本题旨在熟悉离心泵性能的换算。

(1) 改送水溶液　在例 2-2 实验装置条件下，离心泵的流量和压头均不随被输送液体密度而变，泵的效率不变化，故

$$Q=19.21 \text{ m}^3/\text{h}$$
$$H=34.36 \text{ m}$$
$$\eta=74.9\%$$

泵的功率与液体密度成正比，则

$$N=\left(2.4\times\frac{1160}{1000}\right) \text{ kW}=2.784 \text{ kW}$$

当泵的转速为 2900 r/min 时，泵的性能参数：$Q=19.21$ m^3/h，$H=34.36$ m，$N=2.784$ kW，$\eta=74.9\%$。

(2) 泵的转速降低为 2670 r/min　根据比例定律，泵的转速降低至 2670 r/min 时，其性能参数变为

$$Q'=Q\left(\frac{n'}{n}\right)=\left(19.21\times\frac{2670}{2900}\right) \text{ m}^3/\text{h}=17.69 \text{ m}^3/\text{h}$$

$$H'=H\left(\frac{n'}{n}\right)^2=\left[34.36\times\left(\frac{2670}{2900}\right)^2\right] \text{ m}=29.13 \text{ m}$$

$$N'=N\left(\frac{n'}{n}\right)^3=\left[2.4\times\left(\frac{2670}{2900}\right)^3\right] \text{ kW}=1.873 \text{ kW}$$

$$\eta'=74.9\%$$

在 2670 r/min 转速下，泵的性能参数：$Q'=17.69$ m^3/h，$H'=29.13$ m，$N'=1.873$ kW，$\eta=74.9\%$。

(3) 叶轮外径切削 3%　根据切割定律，叶轮切削后的性能参数为

$$Q'' = Q\left(\frac{D_2'}{D_2}\right) = (19.21 \times 0.97)\ \text{m}^3/\text{h} = 18.63\ \text{m}^3/\text{h}$$

$$H'' = H\left(\frac{D_2'}{D_2}\right)^2 = (34.36 \times 0.97^2)\ \text{m} = 32.33\ \text{m}$$

$$N'' = N\left(\frac{D_2'}{D_2}\right)^3 = (2.4 \times 0.97^3)\ \text{kW} = 2.19\ \text{kW}$$

$$\eta'' \approx \eta = 74.9\%$$

通过本例,应熟练掌握离心泵性能的换算方法。

演示文稿

2.2.4　离心泵在管路中的运行

一定型号的离心泵安装在一定管路系统中,其运行参数不仅取决于泵本身的性能,而且受管路特性所制约。

动画
离心泵
汽蚀现象

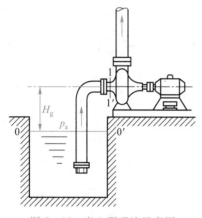

图 2-12　离心泵吸液示意图

一、离心泵的安装高度

离心泵的安装高度是指泵的入口距储槽液面的垂直距离,如图 2-12 中的 H_g。安装位置是合合适,将会影响泵的运行及使用寿命。

1. 离心泵安装高度的限制——汽蚀现象

为了保证液体在泵壳内的连续性(即液体不明显的汽化),离心泵的安装高度受泵吸入口附近最低允许压力的限制,其极限值为操作条件下液体的饱和蒸气压 p_v。

在图 2-12 的 $0-0'$ 与 $1-1'$ 两截面之间列机械能衡算方程,得

$$H_g = \frac{p_0 - p_1}{\rho g} - \frac{u_1^2}{2g} - H_{f,0-1} \qquad (2-24)$$

式中　　H_g——泵的允许安装高度,m;

p_1——泵入口处可允许的最低压力,Pa;

u_1——泵入口截面处液体的流速,m/s;

$H_{f,0-1}$——液体流经吸入管路的压头损失,m;

p_0——储槽液面上的压力,Pa。

若储槽液面上方与大气相通,则 p_0 即为大气压力 p_a,于是

$$H_g = \frac{p_a - p_1}{\rho g} - \frac{u_1^2}{2g} - H_{f,0-1} \qquad (2-24a)$$

当叶轮入口附近的液体压力等于或小于输送温度下液体的饱和蒸气压 p_v(相应的 p_1 达到确定的最小值 $p_{1,\min}$)时,液体将在此处汽化或者溶解在液体中的气体析出并形成

气泡。含气体的液体进入叶轮高压区后,气泡在高压作用下急剧地缩小而破灭,气泡的消失产生局部真空,周围的液体以极高的速度冲向原气泡所占据的空间,造成冲击和振动。在巨大冲击力反复作用下,使叶片表面材质疲劳,从开始点蚀到形成裂缝,导致叶轮或泵壳破坏。这种现象称为汽蚀。

当离心泵的压头较正常值降低3%以上时,即预示着汽蚀现象的发生。发生汽蚀的危害是泵体产生震动与噪声,泵的性能下降(流量、压头、效率降低),甚至不能操作,泵壳及叶轮受到冲蚀(从点蚀到裂缝)。

2. 离心泵的抗汽蚀性能

为了防止汽蚀现象发生,在离心泵的入口处液体的静压头与动压头之和 $\left(\dfrac{p_1}{\rho g}+\dfrac{u_1^2}{2g}\right)$ 必须大于操作温度下液体的饱和蒸气压头 $\left[p_v/(\rho g)\right]$ 一定数值,此数值即为离心泵的允许汽蚀余量,用 $NPSH$ 表示,单位为 m,其定义式为

$$NPSH = \frac{p_1}{\rho g} + \frac{u_1^2}{2g} - \frac{p_v}{\rho g} \tag{2-25}$$

(1) 临界汽蚀余量 $(NPSH)_c$。 离心泵内发生汽蚀的临界条件是叶轮入口附近的最低压力等于操作温度下液体的饱和蒸气压 p_v,相应地泵入口的压力为确定的最小值 $p_{1,\min}$,则临界汽蚀余量为

$$(NPSH)_c = \frac{p_{1,\min} - p_v}{\rho g} + \frac{u_1^2}{2g} \tag{2-26}$$

当液体流量一定而且进入阻力平方区时,$(NPSH)_c$ 值仅与泵的结构和尺寸有关,由泵的制造厂经实验测定。

(2) 必需汽蚀余量 $(NPSH)_r$　为了确保离心泵的正常操作,将所测得的 $(NPSH)_c$ 值加上一定的安全量作为必需汽蚀余量 $(NPSH)_r$,列于泵产品样本或绘于泵的特性曲线上,如图 2-13 所示。其值随流量增加而增大。$(NPSH)_r$ 越小,泵的抗汽蚀性能越好。

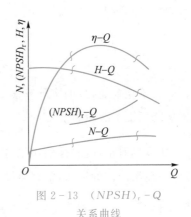

图 2-13　$(NPSH)_r$-Q
关系曲线

(3) 允许汽蚀余量 $NPSH$　根据标准规定,将必需汽蚀余量再加上 0.5 m 以上的安全量作为设计泵的允许安装高度的实际汽蚀余量即为允许汽蚀余量:

$$NPSH = (NPSH)_r + 0.5\text{m} \tag{2-27}$$

AY 型离心泵的必需汽蚀余量用 Δh_r 表示。

3. 离心泵的允许安装高度

将式(2-25)代入式(2-24a)得到

$$H_g = \frac{p_a - p_v}{\rho g} - NPSH - H_{f,0-1} \tag{2-28}$$

离心泵的实际安装高度应以夏天当地最高温度和所需要最大用水量为设计依据。

案例解析

为保证安全运行,离心泵的实际安装高度应比允许安装高度再降低0.5 m左右。

◆ **例2-5** 用 IS80-65-125 型离心泵($n=2900$ r/min)将 20 ℃的清水以 60 m³/h的流量送至敞口容器。泵安装在水面上 3.5 m 处。吸入管路的压头损失和动压头分别为 2.62 m 和 0.48 m。当地大气压力为 100 kPa。试计算(1) 泵入口真空表的读数(kPa);(2)若改送 60 ℃的清水,泵的安装高度是否合适。

解: 由离心泵性能表(见附录)查得,当 $Q=60$ m³/h 时,$(NPSH)_r=3.5$ m。

60 ℃时,水的饱和蒸气压 $p_v=19.923$ kPa,密度为 983.2 kg/m³。

(1) 泵入口真空表的读数　以水池液面为 $0-0'$ 截面(基准面),泵入口处为 $1-1'$截面,在两截面之间列机械能衡算方程,并整理得到真空表的读数为

$$p_a-p_1=\left(Z_1+\frac{u_1^2}{2g}+H_{f,0-1}\right)\rho g=[(3.5+0.48+2.62)\times9.81\times1000]\text{ Pa}$$

$$=64746\text{ Pa}=64.75\text{ kPa}$$

(2) 改送 60 ℃的清水时泵的允许安装高度　将 60 ℃清水的有关物性参数代入式(2-28),便可求得泵的允许安装高度,即

$$H_g=\frac{p_a-p_v}{\rho g}-NPSH-H_{f,0-1}$$

$$=\left[\frac{(100-19.923)\times10^3}{983.2\times9.81}-(3.5+0.5)-2.62\right]\text{m}$$

$$=1.682\text{ m}$$

为安全起见,泵的实际安装高度应在 1.2 m 以下,而原安装高度 3.5 m 显然过高,需要降低 2.3 m 左右。

从本例看出,随着被输送液体温度的升高,泵的允许安装高度将降低。对于易挥发液体或高温液体的输送,常将泵安装在液面之下,以防汽蚀。

◆ **例2-6** 用离心泵将真空蒸发器的完成液送至结晶器。蒸发器中液面上的绝对压力(即操作温度下溶液的饱和蒸气压)为 29.3 kPa。泵安装在地面上。已知泵的必需汽蚀余量为 2.5 m,吸入管路的压头损失为 1.2 m,试确定蒸发器内液面距泵入口的垂直高度。

解: 本例实质是确定泵送饱和液体(液面上压力即为饱和蒸气压)时泵的安装高度问题。具体到本例,由于 $p_0=p_v$,则

$$H_g=\frac{p_0-p_v}{\rho g}-NPSH-H_{f,0-1}=[0-(2.5+0.5)-1.2]\text{ m}=-4.2\text{ m}$$

即泵需安装在蒸发器液面下 4.2 m 处。从精馏塔塔釜中抽送残液,从冷凝器中抽出冷凝液等安装高度的计算与本例相似,都需将泵安装在液面下适当位置。

二、离心泵的工作点

离心泵在管路中正常运行时,泵所提供的流量和压头应和管路要求的数值相一致。
如果不一致,就需要进行调节。泵的实际运行参数
应同时满足泵的特性方程和管路特性方程所表示
的流量和压头的关系,即同时满足如下方程组:

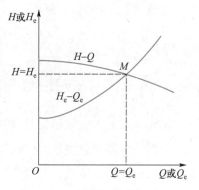

$$H = A_a - GQ^2 \qquad (泵的特性方程)$$
$$(2-17)$$

$$H_e = K + BQ_e^2 \qquad (管路特性方程)(2-5)$$

联立泵的特性方程和管路特性方程所解得的
流量和压头即为泵的工作点。在特性曲线图上,泵
的工作点对应泵的特性曲线和管路特性曲线的交
点,如图 2-14 所示。在此点,$H = H_e$,$Q = Q_e$。

图 2-14　泵的特性曲线、管路
特性曲线与泵的工作点

◆ **例 2-7**　用离心泵向密闭高位槽输送清水($\rho = 1000 \text{ kg/m}^3$)。在规定转速下,泵的
特性方程为

$$H = 44 - 8.0 \times 10^4 \, Q^2 \qquad (Q \text{ 的单位为 } \text{m}^3/\text{s})$$

密闭容器的表压为 118 kPa,高位槽与水池液面保持恒定位差 14 m,管路中全部
流动阻力可表达为

$$H_f = 1.10 \times 10^5 \, Q_e^2 \qquad (Q_e \text{ 的单位为 } \text{m}^3/\text{s})$$

试求(1)泵的流量、压头和轴功率(泵的效率为 82%);(2)若改送 $\rho = 1200 \text{ kg/m}^3$ 的碱
液(其他性质和水相近,且其他条件均不变),泵的流量、压头和轴功率。

解:本例为确定泵的工作点。

(1)送清水时泵的流量、压头和轴功率　联立求解泵的特性方程和管路特性方程
便可确定泵的操作参数。管路特性方程为

$$H_e = \Delta Z + \frac{\Delta p}{\rho g} + H_f = 14 + \frac{118 \times 10^3}{1000 \times 9.81} + 1.10 \times 10^5 \, Q_e^2 = 26.03 + 1.10 \times 10^5 \, Q_e^2 \quad (1)$$

泵的特性方程为

$$H = 44 - 8.0 \times 10^4 \, Q^2 \tag{2}$$

联立式(1)与式(2),解得

$$Q = 9.725 \times 10^{-3} \text{ m}^3/\text{s} = 35.01 \text{ m}^3/\text{h}$$

$$H = 36.43 \text{ m}$$

则
$$N = \frac{HQ\rho}{102\eta} = \left(\frac{36.43 \times 9.725 \times 10^{-3} \times 1000}{102 \times 0.82} \right) \text{ kW} = 4.24 \text{ kW}$$

(2)改送碱液时泵的流量、压头和轴功率　改送碱液后,泵的特性方程不受影响,
而管路特性方程则因 ρ 的改变而发生变化,即

$$H_e' = 14 + \frac{118 \times 10^3}{1200 \times 9.81} + 1.10 \times 10^5 Q_e^2 = 24.02 + 1.10 \times 10^5 Q_e^2 \qquad (3)$$

联立式(2)与式(3),解得

$$Q = 1.025 \times 10^{-2} \text{ m}^3/\text{s} = 36.9 \text{ m}^3/\text{h}$$

$$H = 35.59 \text{ m}$$

$$N = \left(\frac{35.59 \times 1.025 \times 10^{-2} \times 1200}{102 \times 0.82} \right) \text{ kW} = 5.234 \text{ kW}$$

本例求解的关键是确定管路特性方程。当 Δp 不等于零(即 $p_2 \neq p_1$),介质密度的改变将影响管路特性方程,导致泵工作点的改变。具体到本例,Q 加大,H 降低,N 增大。若 $\Delta p = 0$(如例 2-4 的情况),密度改变只影响 N 的大小。

三、离心泵的流量调节

通常,所选择离心泵的流量和压头可能会和管路中要求的不完全一致,或生产任务发生变化,此时都需要对泵进行流量调节,实质上是改变泵的工作点。由于工作点是由泵及管路特性共同决定的,因此,改变任一条特性曲线均可达到流量调节的目的。

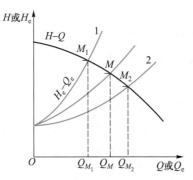

图 2-15　改变泵出口阀开度时
工作点的变化

1. 改变管路特性——改变泵出口阀开度

改变离心泵出口管路上阀门开度,便可改变管路特性方程式(2-5)中的 B 值,从而使管路特性曲线发生变化。例如,关小阀门,使 B 值变大,流量变小,曲线变陡;开大阀门,情况相反,如图 2-15 中的曲线 1、2 所示。阀门调节快捷方便,流量可连续变化,但能耗加大,泵的效率下降,不够经济。

◆ **例 2-8**　用离心泵向水洗塔送水。在规定转速下,泵的送水量为 0.012 m³/s,压头为 48 m。此时管内流动进入阻力平方区。当泵的出口阀全开时,管路特性方程为 $H_e = 26 + 1.1 \times 10^5 Q_e^2$($Q_e$ 的单位为 m³/s)。为了适应泵的特性,用调节泵出口阀开度的方法改变管路特性。试计算(1) 阀门开度是加大还是关小;(2) 调节阀门开度后的管路特性方程。

解:(1) 如何调节阀门开度　当流量为 0.012 m³/s 时,泵提供的压头为 48 m,管路要求的压头为

$$H_e = (26 + 1.1 \times 10^5 \times 0.012^2) \text{ m} = 41.84 \text{ m}$$

管路要求的压头小于泵提供的压头。为保证流量,需关小出口阀,以增加管路阻力。调节阀门而损失的压头为

$$H_f' = H - H_e = (48 - 41.84) \text{ m} = 6.16 \text{ m}$$

损失的有效功率为

$$N'_f = H'_f g Q \rho = (6.16 \times 9.81 \times 0.012 \times 1000) \ W = 725 \ W$$

（2）调节阀门开度后的管路特性方程　本例条件下,管路特性方程中 B 值因阀门关小而增大。此时应满足如下关系,即

$$48 = 26 + B'(0.012)^2$$

解得

$$B' = 1.528 \times 10^5 \ s^2/m^5$$

关小阀门后的管路特性方程为

$$H_e = 26 + 1.528 \times 10^5 \ Q_e^2$$

通过本例看出,用关小阀门开度的方法调节流量,造成泵的压头利用率降低,能耗加大。

2. 改变泵的特性

改变泵的转速 n（比例定律）或叶轮外径尺寸 D_2（切割定律）均可改变泵的特性,见例 2-4。

3. 离心泵的并联和串联操作

当单台离心泵不能满足管路对流量或压头的要求时,可采用泵的组合操作。下面以两台性能相同的泵为例,讨论离心泵组合操作的特性。

（1）离心泵的并联　设将两台型号相同的泵并联于管路系统,且各自的吸入管路相同,则两台泵各自的流量和压头必定相同。显然,在同一压头下,并联泵的流量为单台泵的两倍。并联泵的合成特性曲线如图 2-16 中蓝色曲线 Ⅱ 所示。

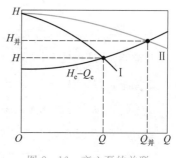

图 2-16　离心泵的并联

并联泵的工作点由并联特性曲线与管路特性曲线的交点决定。由于流量加大使管路流动阻力加大,因此,并联后的总流量必低于单台泵流量的两倍,而并联压头略高于单台泵的压头。并联泵的总效率与单台泵的效率相同。

（2）离心泵的串联　两台型号相同的泵串联操作时,每台泵的流量和压头也各自相同。因此,在同一流量下,串联泵的压头为单台泵压头的两倍,其合成特性曲线如图 2-17 中蓝色曲线 Ⅱ 所示。

同样,串联泵的工作点由串联特性曲线与管路特性曲线的交点决定。两台泵串联操作的总压头必低于单台泵压头的两倍,流量大于单台泵的流量。串联泵的总效率为 $Q_{串}$ 下单台泵的效率。

（3）离心泵组合方式的选择　生产中采取何种组合方式能够取得最佳经济效果,则应视管路要求的压头和特性曲线形状而定,如图 2-18 所示。

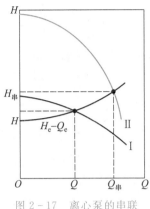

图 2-17 离心泵的串联

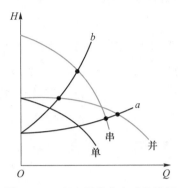

图 2-18 离心泵组合方式的选择

案例解析

① 如果单台泵所能提供的最大压头小于管路两端的 $\left(\Delta Z + \dfrac{\Delta p}{\rho g}\right)$ 值,则只能采用泵的串联操作。

② 对于管路特性曲线较平坦的低阻型管路,采用并联组合方式可获得比串联组合方式高的流量和压头;反之,对于管路特性曲线较陡的高阻型管路,则宜采用串联组合方式。

◆ 例 2-9 库房里有两台型号相同的离心泵,单台泵的特性方程为

$$H = 36 - 4.8 \times 10^5\, Q^2 \quad (Q\ \text{的单位为 m}^3/\text{s,下同})$$

三个管路系统的特性方程分别为

1 管路 $H_e = 12 + 1.5 \times 10^5\, Q_e^2$

2 管路 $H_e = 12 + 4.4 \times 10^5\, Q_e^2$

3 管路 $H_e = 12 + 8.0 \times 10^5\, Q_e^2$

试比较两台泵在如上三个管路系统中各如何组合操作能获得较大的送水量。

解: 本例旨在比较在不同管路系统中离心泵组合操作的效果。下面以 1 管路系统为例计算并联和串联操作的送水量。

单台泵操作时的送水量

$$12 + 1.5 \times 10^5\, Q^2 = 36 - 4.8 \times 10^5\, Q^2$$

解得 $Q = 6.172 \times 10^{-3}\ \text{m}^3/\text{s} = 22.22\ \text{m}^3/\text{h} \quad H = 17.71\ \text{m}$

两台泵并联操作时,单台泵的送水量为管路中总流量的 1/2,而泵的压头不变,则有

$$12 + 1.5 \times 10^5\, Q^2 = 36 - 4.8 \times 10^5 \left(\dfrac{Q}{2}\right)^2$$

解得 $Q = 9.428 \times 10^{-3}\ \text{m}^3/\text{s} = 33.94\ \text{m}^3/\text{h} \quad H = 25.33\ \text{m}$

两台泵串联操作时,单台泵的送水量和管路中总流量一致,而泵的压头加倍,即

$$12+1.5\times10^5\,Q^2=2\times(36-4.8\times10^5\,Q^2)$$

解得　　　　　　$Q=7.352\times10^{-3}\ \mathrm{m^3/s}=26.47\ \mathrm{m^3/h}$　　$H=20.11\ \mathrm{m}$

同样方法可求得 2 管路和 3 管路系统的对应参数,列于本例附表。

例 2-9 附表

管路特性	$\dfrac{Q}{\mathrm{m^3/h}}$			备注
	单台泵	两台串联	两台并联	
$12+1.5\times10^5\,Q_\mathrm{e}^2$	22.22	26.47	33.94	并联效果好
$12+4.4\times10^5\,Q_\mathrm{e}^2$	18.39	23.57	23.57	并、串联无差别
$12+8.0\times10^5\,Q_\mathrm{e}^2$	15.59	21.02	18.39	串联效果好

由本例附表数据可看出:

① 同一台泵装在不同阻力类型管路中,其送水量相差甚大,说明管路特性对泵的操作参数有明显影响。

② 低阻型管路(1 管路),泵的并联效果显著;高阻型管路(3 管路),泵的串联有利于增大流量;对于 2 管路,两台泵并联和串联获得效果相同。

2.2.5　离心泵的类型与选择

一、离心泵的类型

由于化工生产及石油工业中被输送液体的性质相差悬殊,对流量和压头的要求千变万化,因而设计和制造出了种类繁多的离心泵。离心泵有多种分类方法:

(1) 按叶轮数目分为单级泵和多级泵。

(2) 按吸液方式分为单吸泵和双吸泵。

(3) 按泵送液体性质和使用条件分为水泵、油泵、耐腐蚀泵、杂质泵、高温泵、高温高压泵、低温泵、液下泵、屏蔽泵、磁力泵等。各种类型离心泵按其结构特点自成一个系列。同一系列中又有各种规格。泵样本中列有各类离心泵的性能和规格。

综合如上分类,工业上应用广泛的几类离心泵如下所示:

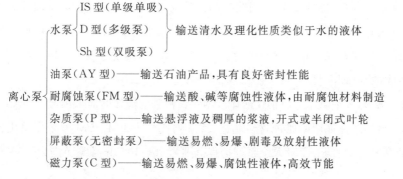

下面仅对几种主要类型离心泵做简要介绍。

1. 水泵（IS 型、D 型、Sh 型）

IS 型水泵——单级单吸悬臂式离心水泵，其结构如图 2－19 所示。全系列扬程范围为 8～98 m，流量范围为 4.5～360 m³/h。一般生产厂家提供 IS 型水泵的系列特性曲线（或称选择曲线），如图 2－20 所示，以便于泵的选用。曲线上的点代表额定参数。

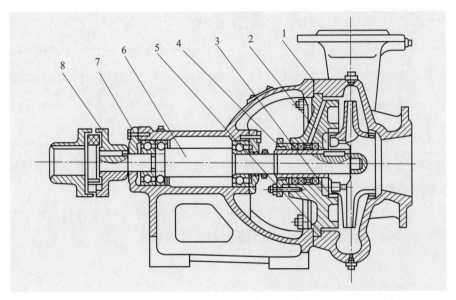

1—泵体；2—叶轮；3—密封环；4—护轴套；5—后盖；6—泵轴；7—机架；8—联轴器部件

图 2－19   IS 型水泵的结构图

D 型水泵——若所要求的压头较高而流量不太大时，可采用图 2－21 所示的多级泵。多级泵的每一级都安装导轮，以有效提高液体的静压能。国产多级泵的叶轮多为 2～9 级，最多 12 级。全系列扬程范围为 14～351 m，流量范围为 10.8～850 m³/h。

Sh 型水泵——若泵送流量较大而所需压头并不高时，则可采用图 2－22 所示的双吸泵，国产双吸泵系列代号为 Sh。全系列扬程范围为 9～140 m，流量范围为 120～12500 m³/h。

2. 油泵（AY 型）

输送石油产品的泵称为油泵。AY 型离心油泵是在 Y 型油泵系列的基础上进行改进，并重新设计的节能型新产品。它具有比 Y 型油泵更高的可靠性和效率。因为油品易燃、易爆，因而要求油泵有良好的密封性能。当输送高温油品（200 ℃以上）时，需采用具有冷却措施的高温泵。油泵有单吸与双吸、单级与多级之分。国产油泵系列代号为 AY，双吸式为 AYS。全系列扬程范围为 60～603 m，流量范围为 6.25～500 m³/h，温度范围为 －45～500 ℃。

3. 耐腐蚀泵（FM 型）

当输送酸、碱及浓氨水等腐蚀性液体或不允许污染的液体时应采用耐腐蚀泵，该类泵中所有与液体接触的部件都用耐腐蚀材料制造，其系列代号为 FM。FM 型泵多采用机械密封装置，以保证高度密封要求。FM 泵全系列扬程范围为 16～103 m，流量范围为 3.6～360 m³/h。

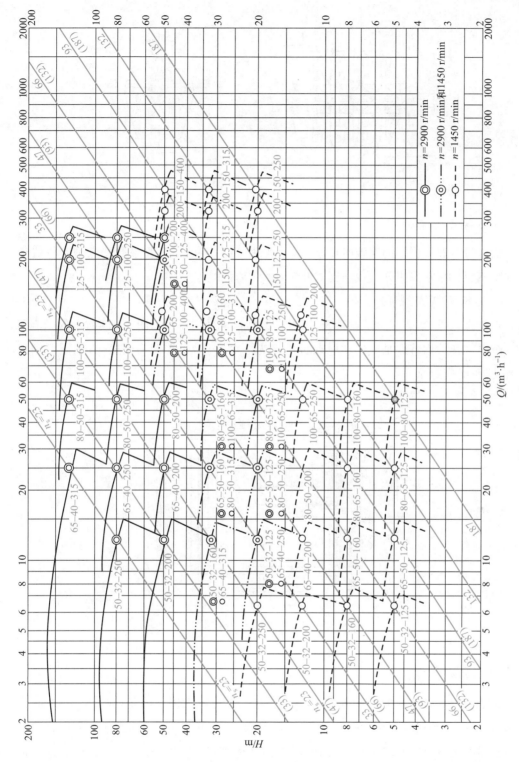

图2-20 IS型水泵系列特性曲线

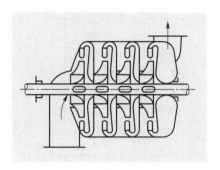
图 2-21　多级泵示意图

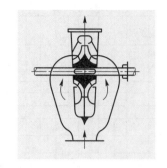
图 2-22　双吸泵示意图

4. 杂质泵（P 型）

输送悬浮液及稠厚的浆液时用杂质泵，其系列代号为 P。P 型泵的特点是叶轮流道宽，叶片数目少，常采用开式或半闭式叶轮，泵的效率低。

5. 屏蔽泵（无密封泵）

近年来，输送易燃、易爆、剧毒及放射性液体时，常采用一种如图 2-23 所示的无泄漏的屏蔽泵。其结构特点是叶轮和电动机连接为一个整体，封在同一泵壳内，不需要轴封装置，又称无密封泵。

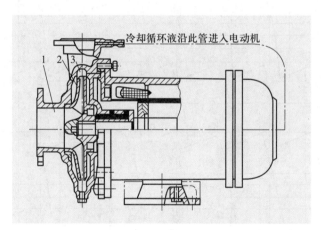
1—吸入口；2—叶轮；3—集液室
图 2-23　屏蔽泵

6. 磁力泵（C 型）

磁力泵是高效节能的特种离心泵，其系列代号为 C。采用永磁联轴驱动，无轴封，消除液体渗透，使用极为安全；在泵运转时无机械摩擦，故可节能。磁力泵主要用于输送不含固体颗粒的酸、碱、盐溶液和挥发性、剧毒性液体等，特别适用于易燃、易爆、腐蚀性液体的输送。磁力泵全系列扬程范围为 $1.2 \sim 100$ m，流量范围为 $0.1 \sim 100$ m³/h。

本书附录十五中摘录了 IS 型水泵的性能参数，供选用时参考。附录中泵的型号由字母和数字组合而成，代表泵的类型和规格。举例说明如下：

IS100－80－125

其中　　IS——单级单吸离心水泵；

　　　　100——泵的吸入管内径,mm；

　　　　80——泵的排出管内径,mm；

　　　　125——泵的叶轮直径,mm。

其他类型离心泵的型号、规格和性能参数等可从有关书籍和泵的样本中查得。

二、离心泵的选择

离心泵种类齐全,能适应各种不同用途,选泵时应注意以下几点：

(1) 根据被输送液体的性质和操作条件,确定适宜的类型。

(2) 根据管路系统在最大流量下的流量 Q_e 和压头 H_e 确定泵的型号。在选泵的型号时,要使所选泵所能提供的流量 Q 和压头 H 比管路要求值稍大一点,并使泵在高效范围内运行。选出泵的型号后,应列出泵的有关性能参数和转速。若有几种型号的泵同时可满足要求时,应选择效果最好者,并参考泵的价格作综合权衡。

(3) 当单台泵不能满足管路要求时,要考虑泵的串联和并联。

(4) 核算泵的轴功率。若输送液体的密度大于水的密度,则要核算泵的轴功率。

另外,要会利用泵的系列特性曲线。

三、离心泵的安装与操作

(1) 实际安装高度要小于允许安装高度,并尽量减小吸入管路的流动阻力。

(2) 启动泵前要灌泵,并关闭出口阀,使启动功率最小；停泵前也应先关闭出口阀,以保护叶轮。

(3) 定期检查和维修。

◆ 例 2-10　用离心泵将密闭储槽内的油品以 21 m³/h 的流量送往加工车间表压为 260 kPa 的压力容器中。在储存条件下,油品的密度为 760 kg/m³,饱和蒸气压为 80 kPa。容器内液面比储槽内液面高出 5.0 m。输送管路为 $\phi57$ mm×2 mm 的钢管。吸入管路和压出管路的压头损失分别为 1.0 m 和 5.0 m。试选择一台合适的离心泵,并确定泵的安装位置及泵的有效功率。

当地大气压为 100 kPa。

解：(1) 选泵　输送石油产品应选 AY 型油泵。泵的具体型号需根据管路要求的流量和压头来确定。

由管路特性方程计算管路要求的压头 H_e,即

$$H_e = K + BQ_e^2 = \Delta Z + \frac{\Delta p}{\rho g} + \sum H_f$$

式中　　$K = \Delta Z + \frac{\Delta p}{\rho g} = \left[5.0 + \frac{(260+100)\times10^3 - 80\times10^3}{760\times9.81} \right] m = 42.56 \ m$

$$\sum H_f = (1.0 + 5.0) \ m = 6.0 \ m$$

则 $$H_e = (42.56 + 6.0) \text{ m} = 48.56 \text{ m}$$

根据 $Q_e = 21 \text{ m}^3/\text{h}$ 及 $H_e = 48.56 \text{ m}$ 从 AY 型油泵性能表查得 65AY60 型油泵较为合适。在 $n = 2950 \text{ r/min}$ 转速下，其性能参数为 $Q = 25 \text{ m}^3/\text{h}$，$H = 60 \text{ m}$，$\eta = 52\%$，$\Delta h_r = 3.0 \text{ m}$，$N = 7.9 \text{ kW}$。

从有关数据看出，泵所提供的流量和压头均大于管路要求值，可通过泵出口阀开度进行调节。

（2）泵的安装位置　油泵的安装位置用式（2-28）计算，即

$$H_g = \frac{p_a - p_v}{\rho g} - \Delta h - H_{f,0-1} = \left[\frac{(80-80) \times 10^3}{760 \times 9.81} - (3.0 + 0.5) - 1.0\right] \text{m}$$
$$= -4.5 \text{ m}$$

即油泵需安装在储槽中油品液面以下约 5.0 m 的位置。注意，储槽中液面上方的压力为油品的饱和蒸气压，即 80 kPa。

（3）泵的有效功率

$$N_e = Q\rho Hg = \left(\frac{21 \times 760 \times 48.56 \times 9.81}{3600 \times 1000}\right) \text{kW} = 2.11 \text{ kW}$$

◆ 例2-11　用离心泵将 20 ℃清水送入带压高位槽，其流程及部分数据如本例附图 1 所示。离心泵的特性方程为 $H = 22 - 2.0 \times 10^5 Q^2$（$Q$ 的单位为 m^3/s）。吸入管路和排出管路的直径均为 $\phi 56 \text{ mm} \times 3 \text{ mm}$，吸入管的总长度为 5.0 m（包括所有局部阻力的当量长度）。当高位槽压力表 A 的读数为 100 kPa，泵出口阀 C 在某一开度时，管内清水的流动在阻力平方区。此时管路的摩擦系数 $\lambda = 0.03$，泵吸入口真空表 p_1 的读数为 30 kPa。试求（1）管内清水的流量；（2）管路特性方程；（3）泵出口压力表 p_2 的读数；（4）根据离心泵工作点的概念定性分析，当高位槽压力表 A 的读数变小而阀门 C 的开度不变时，离心泵的轴功率 N 将如何变化。

解：本例解题的思路是：根据吸入管路的已知参数计算管内流速和流量；由泵工作点的对应关系确定管路特性方程，进而计算相关项目。解题的技巧是合理选取截面。

20 ℃清水的密度 ρ 取为 1000 kg/m^3。

（1）管内清水的流量　在水池中水面与离心泵入口真空表所在截面之间列机械能衡算方程并化简得

$$\frac{30 \times 10^3}{1000 \times 9.81} = 2 + \frac{u_1^2}{2 \times 9.81} + 0.03 \times \frac{5}{0.05} \times \frac{u_1^2}{2 \times 9.81}$$

解得 $$u_1 = 2.278 \text{ m/s}$$

$$Q = \frac{\pi}{4} d^2 u_1 = \left(\frac{\pi}{4} \times 0.05^2 \times 2.278\right) \text{ m}^3/\text{s} = 4.473 \times 10^{-3} \text{ m}^3/\text{s} = 16.1 \text{ m}^3/\text{h}$$

（2）管路特性方程　管路特性方程的一般表达式为

$$H_e = K + BQ_e^2$$

式中 $\qquad K = \Delta Z + \dfrac{\Delta p}{\rho g} = \left(6 + \dfrac{100 \times 10^3}{1000 \times 9.81}\right) \text{ m} = 16.2 \text{ m}$

联立泵的特性方程与管路特性方程并将 $Q = 4.473 \times 10^{-3} \text{ m}^3/\text{s}$ 代入,得

$$22 - 2.0 \times 10^5 \times (4.473 \times 10^{-3})^2 = 16.2 + B(4.473 \times 10^{-3})^2$$

解得 $\qquad\qquad\qquad B = 8.99 \times 10^4 \text{ s}^2/\text{m}^5$

则 $\qquad\qquad\qquad H_e = 16.2 + 8.99 \times 10^4 Q_e^2$

(3) 泵出口压力表 p_2 的读数　以泵吸入管水平轴线为基准面,在泵吸入口真空表所在截面与泵出口压力表所在截面之间列机械能衡算方程并整理,得

$$p_2 = (H - H_1 - h)\rho g$$

在本例条件下

$$H = [22 - 2.0 \times 10^5 \times (4.473 \times 10^{-3})^2] \text{ m} = 18.0 \text{ m}$$

$$H_1 = \frac{p_1}{\rho g} = \left(\frac{30 \times 10^3}{1000 \times 9.81}\right) \text{ m} = 3.058 \text{ m}$$

$$h = 0.4 \text{ m}$$

于是 $\quad p_2 = [(18.0 - 3.058 - 0.4) \times 1000 \times 9.81] \text{ Pa} = 1.427 \times 10^5 \text{ Pa} = 142.7 \text{ kPa}$

在水池液面与泵出口压力表所在截面之间列机械能衡算方程可得到相同的结果。

(4) 泵轴功率 N 的变化趋势　在泵出口阀开度不变的条件下,高位槽压力变小时,管路特性方程中的 K 值变小,管路特性曲线将平行下移,泵的工作点向右移动,泵的流量加大,泵的轴功率 N 随之加大,如本例附图 2 的 M_2 曲线所示。

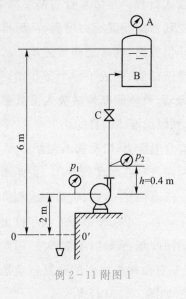

例 2-11 附图 1

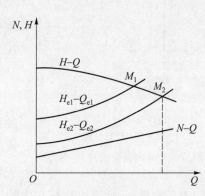

例 2-11 附图 2

演示文稿

2.3　其他类型化工用泵

在全面掌握离心泵的基础上,通过对比,掌握其他类型液体输送机械的结构特点和操作特性,最后能根据介质性质和工艺要求,经济合理地选择和操作其他类型液体输送机械。

2.3.1　往复泵

往复泵除了活塞往复泵(简称往复泵),还包括计量泵和隔膜泵,属正位移泵,应用比较广泛。往复泵是通过活塞等的往复运动直接以压力能形式向液体提供能量的输送机械。按驱动方式,往复泵分为机动泵(电动机驱动)和直动泵(蒸汽、气体或液体驱动)两大类。

一、往复泵

1. 往复泵的基本结构和工作原理

动画
往复泵

(1) 往复泵的基本结构　往复泵的装置简图如图 2-24 所示,其主要部件为泵缸、活塞、活塞杆、单向开启的吸入阀和排出阀。活塞杆与传动机构相连接,从而使活塞在泵缸内做往复运动。泵缸内活塞与单向阀之间的空间为工作室。

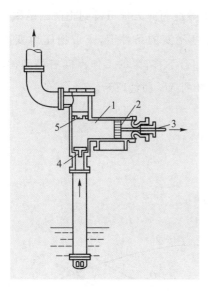

1—泵缸;2—活塞;3—活塞杆;
4—吸入阀;5—排出阀
图 2-24　往复泵的装置简图和工作原理

(2) 往复泵的工作原理　如图 2-24 所示,当活塞自左向右移动时,工作室的容积增大形成低压,吸入阀被泵外液体推开而进入泵缸内,排出阀因受排出管内液体压力而关闭。活塞移至右端点时即完成吸入行程。当活塞自右向左移动时,泵缸内液体受到挤压使其压力增高,从而推开排出阀而压入排出管路,吸入阀则被关闭。活塞移至左端点时排液结束,完成了一个工作循环。活塞如此往复运动,液体间断地被吸入泵缸和排入压出管路,达到输送液体的目的。

往复泵有自吸能力,启动前不灌泵。

活塞从左端点到右端点(或相反)的距离称为冲程或位移。活塞往复一次只吸液一次和排液一次的泵称为单动泵。单动泵的吸入阀和排出阀均安装在泵缸的同一侧,吸液时不能排液,因此排液不连续。对于机动泵,活塞由连杆和曲轴带动,它在左右两端点之间的往复运动是不等速的,于是形成了单动泵不连续和不均匀的流量曲线,如图 2-25(a)所示。

(3) 提高液体流量连续性、均匀性的措施　为了改善单动泵流量的不均匀性,人们又设计出了双动泵和三联泵。如图2-26所示,双动泵活塞两侧的泵缸内均装有吸入阀和排出阀,活塞每往复一次各吸液和排液两次,使吸入管路和压出管路总有液体流过,所以送液连续,但由于活塞运动的不匀速性,流量曲线仍有起伏。双动泵和三联泵的流量曲线都是连续但不均匀的,如图 2-25(b)和图 2-25(c)所示。

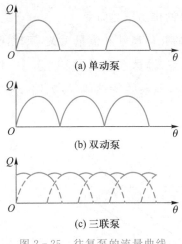

(a) 单动泵

(b) 双动泵

(c) 三联泵

图 2-25　往复泵的流量曲线

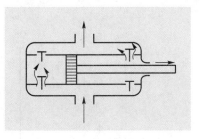

图 2-26　双动泵示意图

在吸入管路的终端和压出管路的始端安装空气室,利用气体的压缩和膨胀来储存或放出部分液体,可使管路系统流量的变化减小到允许的范围内。

2. 往复泵的性能参数与特性曲线

(1)流量(排液能力)　往复泵的流量由泵缸尺寸、活塞冲程及往复次数(即活塞扫过的体积)所决定,其理论平均流量可按下式计算:

单动泵理论流量

$$Q_T = ASn_r \qquad\qquad (2-29)$$

式中　　Q_T——往复泵的理论流量,$m^3/\min$;

　　　　A——活塞的截面积,m^2;

　　　　S——活塞的冲程,m;

　　　　n_r——活塞每分钟往复次数,$1/\min$。

双动泵理论流量

$$Q_T = (2A - a)Sn_r \qquad\qquad (2-30)$$

式中　　a——活塞杆的截面积,m^2。

实际上,由于活塞与泵缸内壁之间的泄漏(泄漏量随泵压头升高而更加明显),吸入阀和排出阀启闭滞后等原因,往复泵的实际流量低于理论流量,即

$$Q = \eta_v Q_T \qquad\qquad (2-31)$$

式中　　η_v——往复泵的容积效率,其值在 $0.85\sim0.95$,小型泵接近下限,大型泵接近上限。

(2)功率与效率　往复泵的功率计算与离心泵相同,即

$$N = \frac{HQ\rho g}{60\eta} \tag{2-32}$$

式中　　　N——往复泵的轴功率，W；

　　　　　η——往复泵的总效率，通常 $\eta = 0.65 \sim 0.85$，其值由实验测定。

由于往复泵的排液量恒定，故其功率和效率随泵的排出压力而变。

（3）压头和特性曲线　往复泵的压头与泵本身的几何尺寸和流量无关，只取决于管路情况。只要泵的机械强度和电动机提供的功率允许，输送系统要求多高压头，往复泵即提供多高压头。往复泵的压头与流量的关系曲线，即泵的特性曲线，如图 2-27（a）所示。

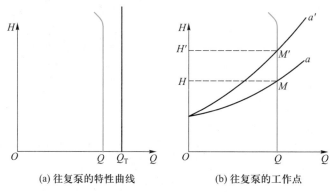

(a) 往复泵的特性曲线　　　　　(b) 往复泵的工作点

图 2-27　往复泵的特性曲线及工作点

往复泵的输送液体能力只取决于活塞的位移，而与管路情况无关，泵的压头仅随输送系统要求而定，这种性质称为正位移特性，具有这种特性的泵称为正位移（定排量）泵。往复泵是正位移泵的一种。

3. 往复泵的工作点与流量调节

（1）往复泵的工作点　任何类型泵的工作点都是由管路特性曲线和泵的特性曲线的交点所决定的，往复泵也不例外。由于往复泵的正位移特性，工作点只能沿 Q＝常数的垂直线上移动，如图 2-27(b)所示。

（2）往复泵的流量调节　要想改变往复泵的输送液体能力，可采取如下措施：

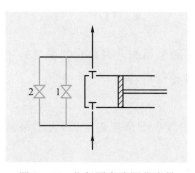

图 2-28　往复泵旁路调节流量

① 增设旁路调节装置　往复泵的流量与管路特性曲线无关，所以不能通过出口阀调节流量，简便的调节方法是增设旁路调节装置，如图 2-28 所示，通过调节旁路流量来达到调节主管路流量的目的。显而易见，调节旁路流量并没有改变泵的总流量，只是改变了流量在旁路与主管路之间的分配。旁路调节造成了功率的无谓消耗，经济上并不合理。但对于流量变化幅度较小的经常性调节非常方便，生产上常采用。

② 改变活塞冲程或往复频率　调节活塞冲程 S 或每分钟往复次数 n_r 均可达到改变流量的目的,而且能量利用合理,但不适合用于经常性流量调节。

对于输送易燃、易爆液体,采用直动泵可方便地调节进入蒸气缸的蒸气压力,实现流量调节。

基于以上特性,往复泵主要适用于较小流量,高扬程,清洁、高黏度液体的输送,它不适宜输送腐蚀性液体和含有固体颗粒的悬浮液。

◆ **例 2-12**　用单动往复泵向表压为 491 kPa 的密闭高位槽输送密度为 1250 kg/m³ 的黏稠液体。泵的活塞直径 $D=120$ mm,冲程 $S=225$ mm,每分钟往返次数 $n_r=200$ min⁻¹。操作范围内泵的容积效率 $\eta_v=0.96$,总效率 $\eta=0.85$。管路特性方程为 $H_e=56+182.2Q_e^2$(Q_e 的单位为 m³/min),试比较如下三种情况下泵的轴功率,即(1) 泵的流量全部流经主管路;(2) 用旁路调节流量使主管流量减少 1/3;(3) 改变冲程使主管流量减少 1/3。

假设改变流量后管路特性方程不变。

解:(1) 全部流经主管路

$$Q=\eta_v A S n_r=\left(0.96\times\frac{\pi}{4}\times0.12^2\times0.225\times200\right)\text{ m}^3/\text{min}=0.4886\text{ m}^3/\text{min}$$

$$H=H_e=56+182.2Q_e^2=[56+182.2\times(0.4886)^2]\text{ m}=99.5\text{ m}$$

则

$$N=\frac{HQ\rho}{60\times102\eta}=\left(\frac{99.5\times0.4886\times1250}{60\times102\times0.85}\right)\text{ kW}=11.68\text{ kW}$$

(2) 旁路调节流量　此情况下通过泵的总流量不变,主管路压头变小,致使功率降低。

$$H'=H_e'=\left[56+182.2\times\left(0.4886\times\frac{2}{3}\right)^2\right]\text{ m}=75.33\text{ m}$$

则

$$N'=\left(\frac{75.33\times0.4886\times1250}{60\times102\times0.85}\right)\text{ kW}=8.844\text{ kW}$$

(3) 改变冲程调节流量　此情况下,$H''=75.33$ m,$Q''=\left(0.4886\times\frac{2}{3}\right)$ m³/min$=0.3257$ m³/min

$$N''=\left(\frac{75.33\times0.3257\times1250}{60\times102\times0.85}\right)\text{ kW}=5.90\text{ kW}$$

由以上数据看出,通过改变冲程调节流量最为经济,但用旁路调节流量在操作上比较方便。

通过改变往复频率的方法调节流量与改变冲程调节流量可取得相同的效果。

二、计量泵

计量泵又称比例泵,图 2-29 所示为计量泵的一种,其工作原理和往复泵相同。要改变送液量,可以方便而准确地借助调节偏心轮的偏心距离,来改变栓塞的冲程而实现。有时,还可通过一台电动机带动几台计量泵的方法将几种液体按比例输送或混合。

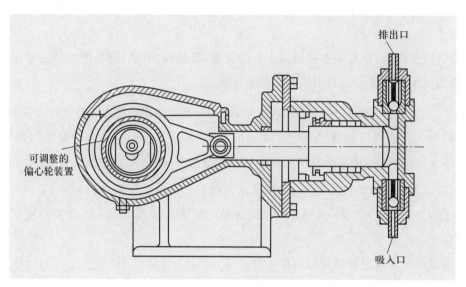

图 2-29　计量泵

三、隔膜泵

当输送剧毒、易燃、易爆、腐蚀性液体或悬浮液时,可采用如图 2-30 所示的隔膜泵,隔膜泵实际上就是栓塞泵,其结构特点是借助薄膜将被输送液体与活柱和泵缸隔开,从而保护活柱和泵缸。隔膜左侧与液体接触的部分均由耐腐蚀材料制造或涂一层耐腐蚀物质;隔膜右侧充满水或油。当柱塞做往复运动时,迫使隔膜交替向两侧弯曲,将被输送液体吸入和排出。弹性隔膜采用耐腐蚀橡胶或金属薄片制成。

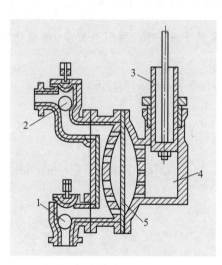

1—吸入活门;2—压出活门;3—活柱;
4—水(或油)缸;5—隔膜

图 2-30　隔膜泵

2.3.2　回转式泵

回转式泵又称转子泵,属正位移泵,其工作原理是依靠泵内一个或多个转子的旋转来吸液和排液的。化工中常用的有齿轮泵和螺杆泵。

一、齿轮泵

目前化工中常用的是外啮合齿轮泵,如图 2-31(a)所示。泵壳内有两个齿轮,其中一个为主动轮,它由电动机带动旋转;另一个为从动轮,它是靠与主动轮相啮合而转动的。两齿轮将泵壳内分为互不相通的吸入室和排出室。当齿轮按图中箭头方向旋转时,吸入室内两轮的齿互相拨开,形成低压而将液体吸入;然后液体分两路封闭于齿穴和泵壳之间随齿轮向排出室旋转,在排出室两齿轮的齿互相合拢,形成高压而将液体排出。图2-31(b)为近年来已逐步采用的内啮合齿轮泵,其较外啮合齿轮泵工作平稳,但制造较复杂。

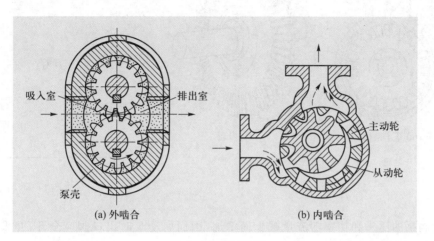

图2-31   齿轮泵

齿轮泵的流量小而扬程高,适用于黏稠液体乃至膏状物料的输送,但不能输送含固体颗粒的悬浮液。

二、螺杆泵

螺杆泵由泵壳和一根或多根螺杆所构成,图2-32所示双螺杆泵的工作原理与齿轮泵十分相似,它是依靠互相啮合的螺杆来吸送液体的。当需要较高压头时,可采用较长的螺杆。

螺杆泵的扬程高、效率高、运转平稳、噪声低,适用于高黏度液体的输送。

2.3.3   旋涡泵

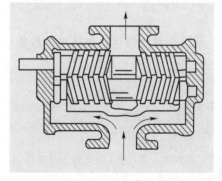

图2-32   双螺杆泵

旋涡泵是一种特殊类型的离心泵,其工作原理和离心泵相同,即依靠叶轮旋转产生的惯性力而吸液和排液,无自吸能力,启动前需向泵壳内灌满被输送液体,而泵的其他操作特性则又和正位移泵相似。

旋涡泵的基本结构如图2-33(a)所示,主要由叶轮和泵壳组成。叶轮和泵壳之间形成引液道,吸入口和排出口之间由间壁(隔舌)隔开。叶轮上有呈辐射状排列、多达数十片的叶片,如图2-33(b)所示。当叶轮旋转时,泵内液体随叶轮旋转的同时,又在各叶片与引液道之间做反复的迂回运动,被叶片多次拍击而获得较高能量。旋涡泵的特性曲线如图2-34所示。

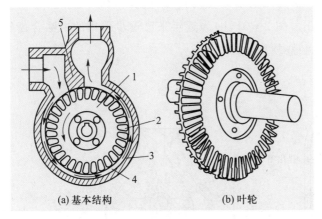

(a) 基本结构   (b) 叶轮

1—叶轮；2—叶片；3—泵壳；4—引液道；5—间壁

图 2-33   旋涡泵

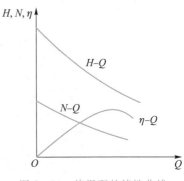

图 2-34   旋涡泵的特性曲线

旋涡泵的压头和功率随流量减少而增加，因而启动泵时出口阀应全开，并采用旁路调节流量，避免泵在很小流量下运转。

旋涡泵分开式和闭式两种类型。开式抗汽蚀性能好，可输送气液混合物料，有自吸能力，但其效率较低（20%～40%）。

2.3.4 常用液体输送机械性能比较

化工中常用液体输送机械的性能比较列于表 2-1。

表 2-1   化工中常用液体输送机械的性能比较

泵的类型	离心泵		正位移（容积式）泵		流体作用式
	离心泵（IS 型、AY 型、FM 型、P 型）	旋涡泵	回转式（齿轮泵、螺杆泵）	往复泵	喷射泵等
工作原理	惯性离心力（无自吸能力——灌泵，防气缚；开式旋涡泵有自吸能力）		转子的挤压作用，有自吸能力	活塞的往复运动，有自吸能力	能量转换
特性曲线					
操作特性	启动前灌泵，关出口阀，连续吸液与排液，出口阀开度调流量	启动前灌泵，不能关出口阀，连续吸液与排液，旁路调流量	启动前不灌泵，不能关出口阀，连续吸液与排液，旁路调流量	启动前不灌泵，不能关出口阀，周期吸液与排液，旁路（冲程）调流量	无运动内件，可连续排液

续表

适用场合	不太黏稠液体,流量大,中等压头	低黏度清洁液体,小流量,较高压头	膏状黏稠液体,小流量,高压头	黏稠、不含杂质液体,小流量,高压头	腐蚀性液体

2.3.5 液体输送机械的发展趋势

对于液体输送机械及输送技术来说,人们最关注的问题是输送费用、节能和运行的可靠性。其发展方向是改进设计,提高功率、转速、工作压力和温度。对于泵而言,总的目标是增大转速、提高泵的单级扬程。目前,高速离心泵的转速达到 24700 r/min,单级扬程高达 1700 m。开发新材料是突破离心泵单级扬程极限的重要条件。同时,开发泵用新材料,提高泵零部件的使用寿命和对苛刻运行条件的适应性,也是重要的研究课题。

未来的开发重点是叶轮设计及解决水力稳定性问题。诱导轮的采用可望取得显著效果。

2.4 气体输送机械

演示文稿

气体输送机械的基本结构、工作原理与液体输送机械大同小异,它们的作用都是对流体做功以提高其机械能,主要表现为静压能的提高。但是,由于气体的密度小、可压缩性和压缩升温,使气体输送机械具有某些特殊性。

2.4.1 气体输送机械的分类

气体输送机械根据其用途分类如下:

气体输送机械
通风机——出口表压低于 $1.47×10^4$ Pa,压缩比为 $1～1.15$,常见的是离心通风机(结构、原理与离心泵相同)
鼓风机——出口表压 $1.47×10^4～2.94×10^5$ Pa,压缩比小于 4,如罗茨鼓风机(工作原理与齿轮泵相同)、离心鼓风机等
压缩机——出口表压在 $2.94×10^5$ Pa 以上,压缩比大于 4,如往复压缩机(结构、原理与往复泵相同)、离心压缩机、液环压缩机等
真空泵——用于减压操作,出口压力为 $1.013×10^5$ Pa,如水环真空泵、往复真空泵、蒸汽喷射真空泵等

2.4.2 离心通风机、离心鼓风机和离心压缩机

离心通风机都是单级的,对气体只起输送作用,可用机械能衡算方程进行有关计算;

离心鼓风机和离心压缩机都是多级的,用于产生高压气体,离心压缩机需要采取冷却措施。

一、离心通风机

离心通风机的结构和工作原理与离心泵大致相同。低压通风机的叶片数目多,与轴心成辐射状平直安装,如图 2-35 所示。中、高压通风机的叶片则是后弯的,所以高压通风机的外形与结构和单级离心泵更相似。

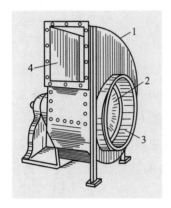

1—机壳;2—叶轮;3—吸
入口;4—排出口

图 2-35　低压通风机

动画
低压通
风机

按照出口风压将离心通风机分为低压式($H_T <$ 0.981 kPa)、中压式($H_T = 0.981 \sim 2.94$ kPa)及高压式($H_T = 2.94 \sim 14.7$ kPa)三类。由于气体通过风机前后绝对压力变化不超过 20%,故可当成不可压缩流体处理。

1. 离心通风机的性能参数与特性曲线

和离心泵相对应,离心通风机的性能参数有风量、风压、轴功率和效率。

(1) 风量 Q　风量是指单位时间内从风机出口排出的气体体积,以风机进口处的气体状态计,计量单位为 m³/h。

(2) 风压 H_T　是单位体积气体通过风机时所获得的能量,计量单位为 J/m³ 或 Pa,习惯上用 mmH₂O 表示。

在忽略风机进、出口位能差和风机本身流动阻力(用效率校正)的条件下,风机的全风压由静风压与动风压组成,即

$$H_T = (p_2 - p_1) + \rho \frac{u_2^2}{2} \tag{2-33}$$

离心通风机铭牌或手册中所列的风压是在空气密度为 1.2 kg/m³(20 ℃、101.33 kPa)的条件下用空气作介质测定的。若实际的操作条件与上述的实验条件不同,应将操作条件下的风压 H_T' 换算为实验条件下的风压 H_T 来选择风机,即

$$H_T = H_T' \left(\frac{1.2}{\rho'} \right) \tag{2-34}$$

式中　　ρ'——操作条件下空气的密度,kg/m³。

(3) 轴功率 N 与效率 η　离心通风机的轴功率为

$$N = \frac{H_T Q_s}{1000\eta} \tag{2-35}$$

式中　　N——轴功率,kW;

Q_s——风量,m³/s;

H_T——全风压，Pa；

η——全压效率。

注意，用式$(2-35)$计算功率时，H_T 与 Q_s 必须是同一状态下的数值。

离心通风机的特性曲线是出厂前在温度为 20 ℃ 的常压$(101.33\ \text{kPa})$下实验测定的。离心通风机的特性曲线与离心泵的特性曲线相比，增加了一条静风压随流量的变化曲线 $H_{st}-Q$，如图 $2-36$ 所示。

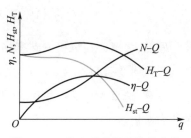

图 $2-36$ 离心通风机的特性曲线

2. 离心通风机的选择

与离心泵的选择遵循相似的步骤：

① 根据管路布局和工艺条件，计算输送系统所需的实际风压 H_T'，并按式$(2-34)$换算为实验条件下的风压 H_T。

② 根据所输送气体的性质及所需的风压范围，确定风机的类型。对于清洁空气或与空气性质相近的气体，可选用一般类型的离心通风机。工业中常用的中、低压离心通风机为 $4-72$ 型。$4-72$ No.12 表示叶轮直径为 12 dm 的离心通风机。同一型号，转速不同的离心通风机性能相差悬殊。

③ 根据实际风量和实验条件下的风压，选择适宜的离心通风机型号。

④ 当 $\rho'>1.2\ \text{kg/m}^3$ 时，要核算轴功率。

◆ 例 $2-13$ 用离心通风机将 20 ℃、$101.33\ \text{kPa}$ 的清洁空气，以 23600 kg/h 的流量经加热器升温至 80 ℃ 后通入干燥器。在平均条件下(50 ℃、$101.33\ \text{kPa}$)输送系统所需的全风压为 2460 Pa。试选择合适型号的离心通风机，并分析将选定的离心通风机安装到加热器后面是否适宜。

解：由于输送清洁空气，可选用一般类型的通风机。至于具体型号，则需根据操作条件下的风量和实验条件下的风压来确定。

(1) 选择离心通风机型号　按离心通风机安装在加热器前考虑。20 ℃空气的密度 $\rho=1.205\ \text{kg/m}^3$，平均条件下空气的密度 $\rho'=1.093\ \text{kg/m}^3$。

20 ℃空气的风量为

$$Q=\left(\frac{23600}{1.205}\right)\ \text{m}^3/\text{h}=19585\ \text{m}^3/\text{h}$$

将 50 ℃下的风压换算为实验条件下的风压，即

$$H_T=H_T'\left(\frac{1.2}{\rho'}\right)=\left(2460\times\frac{1.2}{1.093}\right)\ \text{Pa}=2701\ \text{Pa}$$

根据风量 $Q=19585\ \text{m}^3/\text{h}$ 和风压 $H_T=2701\ \text{Pa}$ 选择 $4-72$ 型机号为 8(C 类连接)的风机。在1800 r/min转速下，风机的有关性能参数为

$$Q = 19646 \ \text{m}^3/\text{h} \qquad H_\text{T} = 3143 \ \text{Pa} \qquad N = 30.0 \ \text{kW}$$

（2）离心通风机安装在加热器之后　若将离心通风机安装在加热器之后，而离心通风机的转速不变，其入口气体状态参数应以 80 ℃ 及 101.33 kPa 为依据，则

$$Q' = \left(19585 \times \frac{273+80}{273+20}\right) \ \text{m}^3/\text{h} = 23596 \ \text{m}^3/\text{h}$$

显然，将离心通风机安装在加热器之后，将不能满足风量的要求。同时，尚需考虑离心通风机是否耐高温。

注意：选择离心通风机时，风量是操作条件下的体积流量，而风压需换算为实验条件下的数值。

二、离心鼓风机与离心压缩机

离心鼓风机与离心压缩机又称透平式鼓风机与透平式压缩机，其结构和多级离心泵十分相似，每级叶轮之间都有导轮。工作原理和离心通风机相同。图 2-37 为五级离心鼓风机示意图。由于离心鼓风机中压缩比不高，所以各级叶轮直径相差不大，也不需级间冷却。离心压缩机的叶轮级数较多（可在 10 级以上），常分为几段，段与段之间设置冷却器，以免气体温度过高；叶轮直径和宽度则逐渐变小。

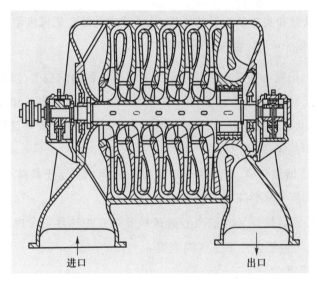

进口　　　　出口

图 2-37　五级离心鼓风机示意图

离心鼓风机与离心压缩机的送气量大，供气均匀，连续运行，安全可靠，维修方便，机体内无润滑油污染气体，因而在现代化大型合成氨工业和石油化工企业中应用广泛。其压力可达几十兆帕，风量可达每小时几十万立方米。

2.4.3　往复压缩机

一、往复压缩机的基本结构和工作原理

往复压缩机的基本结构和工作原理与往复泵相似。主要部件有气缸、活塞、吸气阀和

排气阀。依靠活塞的往复运动将气体吸入和压出。但是,由于往复压缩机处理的气体密度小、具有可压缩性,压缩后气体的温度升高,体积变小,因而又具有某些特殊性,诸如:

① 往复压缩机的吸气阀和排气阀必须灵巧精制;

② 为移除压缩放出的热量以降低气体的温度,还应附设冷却装置;

③ 由于气缸中余隙的影响,往复压缩机实际的工作过程也比往复泵的更加复杂。

1. 往复压缩机的理想压缩循环

为了便于分析往复压缩机的工作过程,可做如下简化假设:

① 被压缩的气体为理想气体。

② 气体流经吸气阀的流动阻力可忽略不计。这样,在吸气过程中气缸内气体的压力与入口处气体的压力 p_1 相等,排气过程中气体的压力恒等于出口处的压力 p_2。

③ 压缩机无泄漏。

④ 排气终了时活塞与气缸端盖之间没有空隙(又称余隙),这样吸入气缸中的气体在排气终了时全部被排净。

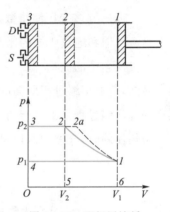

图 2-38 理想压缩循环的 $p-V$ 图

单动往复压缩机的理想压缩循环过程按图 2-38 中 $p-V$ 图上所示的三个阶段进行,即吸气阶段、压缩阶段和排气阶段。

① 吸气阶段 当活塞自左向右运动时,排气阀关闭,吸气阀打开,气体被吸入,直至活塞移动到最右端,缸内气体压力为 p_1,体积为 V_1,其状态如 $p-V$ 图中的点 1 所示,吸气过程由水平线 4—1 表示。

② 压缩阶段 活塞自最右端向左运动,由于吸气阀和排气阀都是关闭的,气体的体积逐渐缩小,压力逐渐升高,直至气缸内气体的压力升高至排气阀外的气体压力 p_2 为止,此时对应的气体体积为 V_2。若压缩过程为等温过程,则气体状态变化如 $p-V$ 图中曲线 1—2 所示;若压缩过程为绝热过程,则气体状态变化如 $p-V$ 图中曲线 1—2a 所示。

③ 排气阶段 当气缸内气体压力达到 p_2 时,排气阀被顶开,随活塞继续向左运动,气体在压力 p_2 下全部被排净。气体状态变化如 $p-V$ 图中水平线 2(2a)—3 所示。

当活塞再从左端开始向右运动时,因气缸内无气体,缸内压力立即降至 p_1,从而开始下一个工作循环。

理想压缩循环中所需外功与气体的压缩过程有关。根据气体和外界的热交换情况,可分为等温、绝热与多变三种压缩过程。

一个理想压缩循环所需的外功为

$$W = \int_{p_1}^{p_2} V \mathrm{d}p \tag{2-36}$$

式中　　W——一个理想压缩循环所需的理论功,J;

p_1、p_2——分别为吸入和排出气体的压力，Pa。

针对等温、绝热、多变三种压缩过程，分别积分式(2-36)，则可得到一个理想压缩循环所需的理论功，分别为

$$W = \int_{p_1}^{p_2} V\mathrm{d}p \begin{cases} = p_1 V_1 \ln \dfrac{p_2}{p_1} \text{（等温）} & (2-37) \\[2ex] = p_1 V_1 \dfrac{k}{k-1}\left[\left(\dfrac{p_2}{p_1}\right)^{\frac{k-1}{k}}-1\right] \text{（绝热）} & (2-38) \\[2ex] = p_1 V_1 \dfrac{m}{m-1}\left[\left(\dfrac{p_2}{p_1}\right)^{\frac{m-1}{m}}-1\right] \text{（多变）} & (2-39) \end{cases}$$

式中　　V_1——一个理想压缩循环吸入的气体体积，m^3；

　　　　k——绝热压缩指数；

　　　　m——多变压缩指数。

等温压缩和绝热压缩的循环功分别对应于图 2-38 中 $1-2-3-4-1$ 与 $1-2a-3-4-1$ 所包围的面积。

显然，等温压缩过程所需的外功最少，而绝热压缩过程消耗的外功最多。工程上，要实现等温压缩过程是不可能的，但常用来衡量压缩机实际工作过程的经济性。

绝热压缩时，气体的出口温度为

$$T_2 = T_1 \left(\frac{p_2}{p_1}\right)^{\frac{k-1}{k}} \tag{2-40}$$

式中　　T_1、T_2——分别为气体吸入和排出时的温度，K。

2. 往复压缩机的实际压缩循环

有余隙存在的实际压缩过程与理想压缩过程的区别是，由于余隙的存在，排气终了时气缸内会残留压力为 p_2，体积为 V_3 的气体。当活塞向右运动时，存在于余隙内的气体将不断膨胀，直至压力降至与吸入压力 p_1 相等为止，此过程称为余隙气体的膨胀阶段，如图 2-39 中的曲线 $3-4$ 所示。当活塞从截面 4 继续向右移动时，吸气阀被打开，在恒定压力下进行吸气过程，气体的状态沿图上的水平线 $4-1$ 而变化。这样，往复压缩机的实际压缩循环由吸气、压缩、排气和膨胀四个阶段所组成。

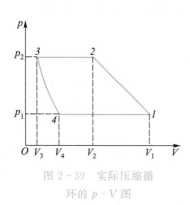

图 2-39　实际压缩循环的 p-V 图

工业上的压缩过程绝大多数为多变压缩，活塞对气体所做的多变理论功为

$$W = p_1(V_1 - V_4)\frac{m}{m-1}\left[\left(\frac{p_2}{p_1}\right)^{\frac{m-1}{m}}-1\right] \tag{2-41}$$

气缸中余隙体积的存在明显影响着压缩机的性能。

(1) 余隙系数和容积系数

① 余隙系数 ε　余隙体积 V_3 与活塞一次扫过的体积 (V_1-V_3) 之比的百分数称为余隙系数,用 ε 表示,即

$$\varepsilon=\frac{V_3}{V_1-V_3}\times 100\% \qquad (2-42)$$

通常,大、中型压缩机低压气缸的 ε 值约在 8% 以下,而高压气缸的 ε 值可达 12%。

② 容积系数 λ_0。　压缩机一个循环吸入气体的体积 (V_1-V_4) 与活塞一次扫过的体积 (V_1-V_3) 之比称为容积系数,用 λ_0 表示,即

$$\lambda_0=\frac{V_1-V_4}{V_1-V_3} \qquad (2-43)$$

将 $V_4=V_3\left(\dfrac{p_2}{p_1}\right)^{\frac{1}{k}}$ 代入上式并经整理即可得到容积系数与余隙系数之间的关系为

$$\lambda_0=1-\varepsilon\left[\left(\frac{p_2}{p_1}\right)^{\frac{1}{k}}-1\right] \qquad (2-44)$$

合理设计时,$\lambda_0=0.7\sim 0.92$。

(2) 余隙系数对往复压缩机性能的影响　由式(2-44)可看出:

① 当压缩比一定时,余隙系数加大,容积系数变小,压缩机的吸气量就减少。

② 对于一定的余隙系数,气体的压缩比越高,容积系数则越小,即每一压缩循环的吸气量越小,当压缩比高到某极限值时,容积系数可能变为零。例如,对于绝热压缩指数 $k=1.4$ 的气体,气缸的余隙系数为 8%,单级压缩的压缩比 (p_2/p_1) 达 38.2 时,λ_0 即为零,此时的 (p_2/p_1) 称为压缩极限。

二、往复压缩机的主要性能参数

1. 排气量

往复压缩机的排气量又称往复压缩机的生产能力,它是指往复压缩机单位时间排出的气体体积,其值以入口状态计算。

若无余隙存在,往复压缩机的理论吸气量计算式和往复泵的相类似,即

单动往复压缩机

$$V'_{\min}=ASn_r \qquad (2-45)$$

双动往复压缩机

$$V'_{\min}=(2A-a)Sn_r \qquad (2-46)$$

式中　　$V'_{\min}$——理论吸气量,m^3/min;

　　　　A——活塞的截面积,m^2;

　　　　S——活塞的冲程,m;

　　　　n_r——活塞每分钟往复次数,$1/min$;

a——活塞杆的截面积，m^2。

由于往复压缩机余隙的存在，以及气体通过阀门的流动阻力、气体吸入气缸后的温度升高和往复压缩机的各种泄漏等因素的影响，使往复压缩机的生产能力比理论值低。实际的排气量为

$$V_{\min} = \lambda_d V'_{\min} \qquad (2-47)$$

式中　　$V_{\min}$——实际排气量，$m^3/\min$；

　　　　λ_d——排气系数，其值为 $(0.8\sim0.95)\lambda_0$。

2. 轴功率和效率

以绝热压缩过程为例，往复压缩机的理论功率为

$$N_a = p_1 V_{\min} \frac{k}{k-1}\left[\left(\frac{p_2}{p_1}\right)^{\frac{k-1}{k}}-1\right] \times \frac{1}{60\times1000} \qquad (2-48)$$

式中　　N_a——按绝热压缩考虑的往复压缩机的理论功率，kW。

实际所需的轴功率比理论功率要大，即

$$N = N_a/\eta_a \qquad (2-49)$$

式中　　N——往复压缩机的轴功率，kW；

　　　　η_a——绝热总效率，一般取 $\eta_a=0.7\sim0.9$，设计完善的往复压缩机，$\eta_a \geqslant 0.8$。

绝热总效率考虑了往复压缩机泄漏、流动阻力、运动部件的摩擦所消耗的功率。

三、多级压缩

当生产过程的压缩比大于 8 时，工业上大都采取多级压缩。所谓多级压缩是指气体连续依次经过若干气缸的多次压缩，从而达到所要求的最终压力。图 2-40 所示为三级压缩示意图。由于级间对气体进行冷却，所以多级压缩的优点是(1)避免排出气体温度过高；(2)提高气缸容积利用率(即保持在 λ_0 的较高范围)；(3)减少功率消耗；(4)往复压缩机的结构更为合理，从而提高往复压缩机的经济效益。但若级数过多，则会使整个压缩系统结构复杂，能耗加大。

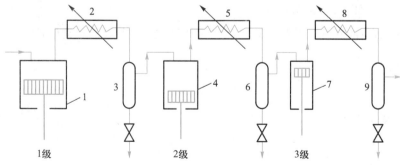

1、4、7—气缸；2、5—中间冷却器；3、6、9—油水分离器；8—出口气体冷却器

图 2-40　三级压缩示意图

根据理论计算可知，当每级的压缩比相等时，多级压缩所消耗的总理论功为最小。

当压缩比为 p_2/p_1 时，每级的压缩比为

$$x = \left(\frac{p_2}{p_1}\right)^{\frac{1}{i}} \tag{2-50}$$

式中 x——每级压缩比；

$\quad\quad i$——多级压缩的级数。

对于各级压缩比相等的 i 级多变压缩过程，所消耗的总理论功为

$$W = p_1 V_1 \frac{im}{m-1}\left[\left(\frac{p_2}{p_1}\right)^{\frac{m-1}{im}} - 1\right] \tag{2-51}$$

◆ **例 2-14** 某生产工艺需要将 20 ℃的空气从 100 kPa 压缩至 1600 kPa。库房有一台单动往复压缩机，气缸的直径为 200 mm，活塞冲程为 240 mm，往复次数为 240 min^{-1}，余隙系数为 0.06，排气系数为容积系数的 0.90。已知多变压缩指数为 1.25。试计算单级压缩和两级压缩的生产能力，所需理论功率及第一级气体的出口温度。

解： (1) 单级压缩

① 生产能力 由式(2-45)计算，即

$$V'_{\min} = A S n_r = \left[\frac{\pi}{4} \times (0.2)^2 \times 0.24 \times 240\right] \text{m}^3/\text{min} = 1.81 \text{ m}^3/\text{min}$$

$$\lambda_0 = 1 - \varepsilon\left[\left(\frac{p_2}{p_1}\right)^{\frac{1}{m}} - 1\right] = 1 - 0.06 \times \left[\left(\frac{1600}{100}\right)^{\frac{1}{1.25}} - 1\right] = 0.5086$$

$$\lambda_d = 0.9\lambda_0 = 0.9 \times 0.5086 = 0.4577$$

则

$$V_{\min} = \lambda_d V'_{\min} = (0.4577 \times 1.81) \text{ m}^3/\text{min} = 0.8284 \text{ m}^3/\text{min}$$

② 理论功率 由式(2-48)计算，即

$$N_a = p_1 V_{\min} \frac{m}{m-1}\left[\left(\frac{p_2}{p_1}\right)^{\frac{m-1}{m}} - 1\right] \times \frac{1}{60 \times 1000}$$

$$= \left\{100 \times 10^3 \times 0.8284 \times \frac{1.25}{1.25-1} \times \left[\left(\frac{1600}{100}\right)^{\frac{1.25-1}{1.25}} - 1\right] \times \frac{1}{60 \times 1000}\right\} \text{ kW} = 5.116 \text{ kW}$$

③ 气体出口温度 由式(2-40)计算，即

$$T_2 = T_1\left(\frac{p_2}{p_1}\right)^{\frac{m-1}{m}} = \left[293 \times \left(\frac{1600}{100}\right)^{\frac{1.25-1}{1.25}}\right] \text{K} = 510.1 \text{ K}$$

(2) 两级压缩 对于两级压缩，每级的压缩比为

$$x = \left(\frac{p_2}{p_1}\right)^{\frac{1}{2}} = \left(\frac{1600}{100}\right)^{\frac{1}{2}} = 4$$

再用相应公式进行重复计算。

① 生产能力 $V'_{\min}$ 仍为 1.81 m^3/min，排气系数将增大，即

$$\lambda_0 = 1 - 0.06 \times (4^{\frac{1}{1.25}} - 1) = 0.8781$$

$$V_{\min} = (0.90 \times 0.8781 \times 1.81)\ \text{m}^3/\text{min} = 1.43\ \text{m}^3/\text{min}$$

② 理论功率

$$N_a = \left[100 \times 10^3 \times 1.43 \times \frac{2 \times 1.25}{1.25-1} \times (4^{\frac{1.25-1}{1.25}} - 1) \times \frac{1}{60 \times 1000} \right] \text{kW} = 7.615\ \text{kW}$$

③ 第一级气体出口温度

$$T_2 = (293 \times 4^{\frac{1.25-1}{1.25}})\ \text{K} = 386.6\ \text{K}$$

由上面计算数据看出,在第一级气缸参数相同条件下,改为两级压缩后,往复压缩机的生产能力提高,气体出口温度降低,达到相同生产能力的理论功率减小(单级压缩达到 1.43 m³/min 的生产能力,$N_a = 8.83$ kW)。

四、往复压缩机的类型与选择

1. 往复压缩机的类型

往复压缩机有多种分类方法:

按所处理的气体种类可分为空气压缩机、氨气压缩机、氢气压缩机、石油气压缩机、氧气压缩机等。

按吸气和排气方式可分为单动式压缩机与双动式压缩机。

按压缩机产生的终压可分为低压(9.81×10^5 Pa 以下)、中压($9.81 \times 10^5 \sim 9.81 \times 10^6$ Pa)和高压(9.81×10^6 Pa 以上)压缩机。

按排气量大小可分为小型(10 m³/min 以下)、中型(10~30 m³/min)和大型(30 m³/min 以上)压缩机。

按气缸放置方式或结构型式可分为立式(垂直放置)、卧式(水平放置)和角式(几个气缸互相配置成 L 型、V 型和 W 型)压缩机。

2. 往复压缩机的选用

选用往复压缩机时,首先应根据所输送气体的性质,确定往复压缩机的种类;然后,根据生产任务及厂房具体条件,选择往复压缩机的结构型式;最后,根据排气量和排气压力(或压缩比),从往复压缩机样本或产品目录中选取适宜的型号。

2.4.4　回转鼓风机、压缩机

与回转式泵相似,回转鼓风机与压缩机是依靠机壳内转子的回转运动使工作容积交替扩大和缩小,从而将气体吸入并提高气体压力。回转气体压缩机械具有结构简单、排气连续且均匀等优点,特别适用于所需压力不高而流量较大的场合。常见的回转式气体压缩机械有罗茨鼓风机、叶式鼓风机、液环压缩机、滑片压缩机、滚动活塞压缩机、螺杆压缩机等多种型式。本节仅对罗茨鼓风机、液环压缩机做简要介绍。

一、罗茨鼓风机

罗茨鼓风机的基本结构如图 2-41 所示,其主要部件是机壳和两个特殊形状的转子

（常为腰形或三星形）。

罗茨鼓风机的工作原理和齿轮泵相似，两个转子的旋转方向相反，气体从机壳一侧吸入，从另一侧排出，其流量范围在 $2\sim500$ m³/min，最大可达 1400 m³/min。

罗茨鼓风机属容积式机械，其排气量与转速成正比。当转速一定时，风量与风机出口压力无关，表压为 40 kPa 上下时效率较高。

罗茨鼓风机一般用回路调节流量，其出口应安装气体稳压罐并配置安全阀。

二、液环压缩机

液环压缩机又称纳氏泵，它主要由略似椭圆的外壳和旋转叶轮组成，壳中盛有适量的液体，其装置如图 2-42 所示。当叶轮旋转时，由于离心力的作用，液体被抛向壳体，形成椭圆形的液环，在椭圆形长轴两端形成两个月牙形空隙。当叶轮回转一周时，叶片和液环间所形成的密闭空间逐渐变大和变小各两次，气体从两个吸入口进入机内，而从两个排出口排出。吸气量可达 30 m³/min。

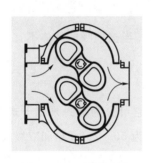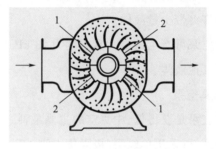

1—吸入口；2—排出口

图 2-41　罗茨鼓风机　　　　图 2-42　液环压缩机

动画
罗茨鼓
风机

液环压缩机内的液体将被压缩的气体与机壳隔开，气体仅与叶轮接触，若叶轮用耐腐蚀材料制造，则适宜于输送腐蚀性气体。壳内的液体应不与被输送气体发生反应，例如，压送氯气时，壳内的液体可采用硫酸。

液环压缩机的压缩比可达 $6\sim7$，但出口表压在 $150\sim180$ kPa 时效率最高。

2.4.5　真空泵

从设备或系统中抽出气体使其中的绝对压力低于大气压力，此种抽气机械称为真空泵。从原则上讲，真空泵就是在负压下吸气，一般以大气压力排气的输送机械。在真空技术中，通常把真空状态按绝对压力高低划分为低真空（$10^3\sim10^5$ Pa）、中真空（$10^{-1}\sim10^3$ Pa）、高真空（$10^{-6}\sim10^{-1}$ Pa）、超高真空（$10^{-10}\sim10^{-6}$ Pa）及极高真空（$<10^{-10}$ Pa）5 个真空区域。为了产生和维持不同真空区域强度的需要，现已设计出多种类型的真空泵。

化工中用来产生低、中真空的真空泵有往复真空泵、旋转真空泵（包括液环真空泵、旋片真空泵）和喷射真空泵等。

一、往复真空泵

往复真空泵属于干式真空泵，其构造和工作原理与往复压缩机基本相同。但是，由于真空泵所抽吸气体的压力很小,其压缩比又很高(通常大于 20),因而真空泵吸入和排出阀门必须更加轻巧灵活、余隙容积必须更小。为了减小余隙的不利影响,真空泵气缸设有连通活塞左右两侧的平衡气道。若气体具有腐蚀性,可采用隔膜真空泵。

二、旋转真空泵

1. 液环真空泵

用液体作工作介质的粗抽泵称为液环真空泵。其中,用水作工作介质的叫水环真空泵,其他还可用油、硫酸及醋酸等作工作介质。工业上水环真空泵应用居多,其结构如图 2-43 所示。

水环真空泵的外壳内偏心地安装有叶轮,叶轮上有辐射状叶片,泵壳内约充有一半容积的水。当叶轮旋转时,形成水环。水环有液封作用,使叶片间空隙形成大小不等的密封小室。当小室的容积增大时,气体通过吸入口被吸入;当小室变小时,气体由排出口排出。水环真空泵运转时,要不断补充水以维持泵内液封。水环真空泵属湿式真空泵,吸气中可允许夹带少量液体。

水环真空泵可产生的最大真空度为 83 kPa 左右。当被抽吸的气体不宜与水接触时,泵内可充以其他液体。

2. 旋片真空泵

旋片真空泵是获得低、中真空的主要泵种之一。它可分为油封泵和干式泵。根据所要求的真空度,可采用单级泵(极限压力为 4 Pa,通常为 50~200 Pa)和双级泵(极限压力为 0.06~0.01 Pa),其中以双级泵应用更为普遍。

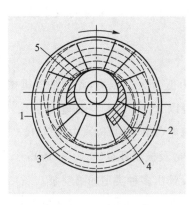

1—外壳;2—叶片;3—水环;
4—吸入口;5—排出口

图 2-43   水环真空泵

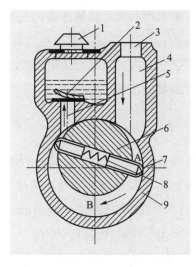

1—排气口;2—排气阀片;3—吸入口;4—吸气管;
5—排气管;6—转子;7—旋片;8—弹簧;9—泵体;
A—吸气工作室;B—排气工作室

图 2-44   单级旋片真空泵

以图 2-44 所示的单级旋片真空泵为例来介绍泵的工作过程。当带有两个旋片的偏心转子按图中箭头方向旋转时,旋片在弹簧的压力及自身离心力的作用下,紧贴着泵体的内壁滑动,吸气工作室 A 的容积不断扩大,被抽气体流经吸入口和吸气管进入其中,直到旋片偏转到垂直位置时完成一次吸气过程,吸入的气体被旋片隔离。转子继续旋转,被隔离气体逐渐被压缩,压力升高。当压力超过排气阀片上的压力时,则气体从排气口排出。转子每旋转一周有两次吸气和排气过程。

旋片真空泵具有使用方便、结构简单、工作压力范围宽、可在大气压力下直接启动等优点,应用比较广泛。但旋片真空泵不适用于抽除含氧量过高、有爆炸性、有腐蚀性、对油起化学反应及含颗粒尘埃的气体。

三、喷射真空泵

喷射泵是利用流体高速流动时所造成的低压来抽送流体的。工作流体既可以是蒸汽,也可以是液体。被抽送的流体同样可是气体,也可是液体。化工生产中,喷射泵常用于抽真空,故它又称为喷射真空泵。

图 2-45 所示为单级蒸汽喷射真空泵。工作蒸汽以很高的速度从喷嘴喷出,在喷射过程中,蒸汽的静压能转变为动能,产生低压,而将气体吸入。吸入的气体与蒸汽混合后进入扩散管,使部分动能转变为静压能,而后从压出口排出。

单级蒸汽喷射真空泵可达到 99% 的真空度,若要获得更高的真空度,可以采用多级蒸汽喷射真空泵。

图 2-46 所示为三级蒸汽喷射真空泵。工作蒸汽与被抽送气体先进入第一级喷射真空泵 1,混合气体经冷凝器 2 使蒸汽冷凝,气体则进入第二级喷射真空泵 3,而后顺序通过冷凝器 4、第三级喷射真空泵 5 及冷凝器 6,最后由排出喷射真空泵 7 排出。辅助喷射真空泵 8 与主要喷射真空泵并联,用以增加启动速度。当系统达到指定的真空度时,辅助喷射真空泵 8 可停止工作。

由于被抽送流体与工作流体混合,喷射真空泵的应用范围受到一定限制。

2.4.6 常用气体输送机械的性能比较

化工生产中,常用气体输送机械的操作特性与适用场合列于表 2-2。

应予指出,气体输送机械除上述的类型和适用场合外,近年来随着我国大型工程项目的建设和制造业水平的提高,不断有新的大型气体输送机械问世,如在我国西气东输工程项目中应用的 30 MW 级燃驱压缩机组等。

课程思政

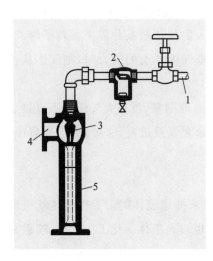

1—工作蒸汽入口；2—过滤器；3—喷嘴；
4—吸入口；5—扩散管

图 2-45　单级蒸汽喷射真空泵

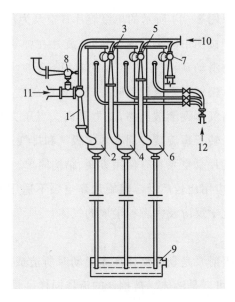

1、3、5—第一、二、三级喷射真空泵；2、4、6—冷凝器；
7—排出喷射真空泵；8—辅助喷射真空泵；9—槽；
10—工作蒸汽；11—气体入口；12—水进口

图 2-46　三级蒸汽喷射真空泵

表 2-2　常用气体输送机械的操作特性与适用场合

机械类型		出口压力/kPa	操作特性	适用场合
离心式	通风机	低压＜0.981（表压） 中压 0.981～2.94（表压） 高压 2.94～14.7（表压）	风量大（可达 186300 m³/h），连续均匀，通过出口阀或风机并、串联调节流量	主要用于通风
	鼓风机 （透平式）	≤294（表压）	多级，温升不高，不设级间冷却装置	主要用于高炉送风
	压缩机 （透平式）	＞294（表压）	多级，级间设冷却装置	用于气体压缩
往复式	压缩机	低压＜981 中压 981～9810 高压＞9810	脉冲式供气，旁路调节流量，高压时要多级，级间设冷却装置	适用于高压气体场合，如合成氨生产
回转式	罗茨鼓风机	181	流量范围 120～3×10⁴ m³/h，旁路调节流量	操作温度不高于 85 ℃
	液环压缩机 （纳氏泵）	490～588（表压）	风量大，供气均匀	腐蚀性气体压送（如 H_2SO_4 作工作介质送 Cl_2）
真空泵	水环真空泵	最高真空度 83	结构简单，操作平稳可靠	可产生真空，也可用作鼓风机
	蒸汽喷射 真空泵	绝对压力 0.07～13.3	结构简单，无运动部件	多级可达高真空度

习题

基础习题

1. 用离心油泵将甲地油罐的油品送到乙地油罐。管路情况如本题附图所示。启动泵之前 A、C 两压力表的读数相等。启动离心泵并将出口阀调至某开度时,输油量为 39 m^3/h,此时泵的压头为 38 m。已知输油管内径为 100 mm,摩擦系数为 0.02;油品密度为 810 kg/m^3。试求(1)管路特性方程;(2)输油管线的总长度(包括所有局部阻力当量长度)。

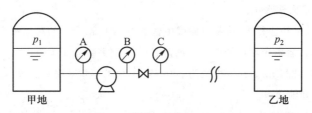

习题 1 附图

2. 用离心泵(转速为 2900 r/min)进行性能参数测定实验。在某流量下泵入口真空表和出口压力表的读数分别为 60 kPa 和 220 kPa,两测压口之间垂直距离为 0.5 m,泵的轴功率为 6.7 kW。泵吸入管和排出管内径均为 80 mm,吸入管中流动阻力可表达为 $\sum h_{f,0-1} = 3.0u_1^2$($u_1$ 为吸入管内水的流速,m/s)。离心泵的安装高度为 2.5 m,实验是在 20 ℃、98.1 kPa 的条件下进行的。试计算泵的流量、压头和效率。

3. 对于习题 2 的实验装置,若分别改变如下参数,试求新操作条件下泵的流量、压头和轴功率(假设泵的效率保持不变)。

(1)改送密度为 1220 kg/m^3 的果汁(其他性质与水相近);

(2)泵的转速降至 2610 r/min。

4. 用离心泵(转速为 2900 r/min)将 20 ℃ 的清水以 60 m^3/h 的流量送至敞口容器。此流量下吸入管路的压头损失和动压头分别为 2.4 m 和 0.61 m。规定泵入口的真空度不能大于 64 kPa。泵的必需汽蚀余量为 3.5 m。试求(1)泵的安装高度(当地大气压为 100 kPa);(2)若改送 55 ℃ 的清水,泵的安装高度是否合适。

5. 用离心泵将真空精馏塔的釜残液送至常压储罐。塔底液面上的绝对压力为 32.5 kPa(即输送温度下溶液的饱和蒸气压)。已知:吸入管路压头损失为 1.46 m,泵的必需汽蚀余量为 2.3 m,该泵安装在塔内液面下 3.0 m 处。试核算该泵能否正常操作。

6. 在指定转速下,用 20 ℃ 的清水对离心泵进行性能测试,测得 $Q-H$ 数据如本题附表所示。

习题 6 附表 $Q-H$ 数据

$\dfrac{Q}{m^3/min}$	0	0.1	0.2	0.3	0.4	0.5
H/m	37.2	38.0	37.0	34.5	31.8	28.5

在实验范围内,摩擦系数变化不大,管路特性方程为

$$H_e = 12 + 80.0Q_e^2 \qquad (Q_e \text{ 的单位为 } m^3/min)$$

试确定此管路中的 Q、H 和 $N(\eta = 81\%)$。

7. 用离心泵将水库中的清水送至灌溉渠，两液面维持恒高度差 8.8 m，管内流动在阻力平方区，管路特性方程为

$$H_e = 8.8 + 5.2 \times 10^5 Q_e^2 \qquad (Q_e \text{ 的单位为 } m^3/s)$$

单台泵的特性方程为

$$H = 28 - 4.2 \times 10^5 Q^2 \qquad (Q \text{ 的单位为 } m^3/s)$$

试求泵的流量、压头和有效功率。

8. 对于习题 7 的管路系统，若用两台规格相同的离心泵（单台泵的特性方程与习题 7 相同）组合操作，试求可能的最大输水量。

9. 采用一台三效单动往复泵，将敞口储槽中密度为 1200 kg/m³ 的黏稠液体送至表压为 1.62×10^3 kPa 的高位槽中，两容器中液面维持恒高度差 8 m，管路系统总压头损失为 4 m。已知泵的活塞直径为 70 mm，冲程为 225 mm，往复次数为 200 min⁻¹，泵的容积效率和总效率分别为 0.96 和 0.91。试求泵的流量、压头和轴功率。

10. 用离心通风机将 50 ℃、101.3 kPa 的空气通过内径为 600 mm，总长为 105 m（包括所有局部阻力当量长度）的水平管道送至某表压为 1×10^4 Pa 的设备中。空气的输送量为 1.5×10^4 m³/h。摩擦系数可取为 0.0175。现库房中有一台离心通风机，其性能为：转速 1450 min⁻¹，风量 1.6×10^4 m³/h，风压 1.2×10^4 Pa。试核算该风机是否合用。

11. 有一台单动往复压缩机，余隙系数为 0.06，气体的入口温度为 20 ℃，绝热压缩指数为 1.4，要求压缩比为 9，试求（1）单级压缩的容积系数和气体的出口温度；（2）两级压缩的容积系数和第一级气体的出口温度；（3）往复压缩机的压缩极限。

综合习题

12. 某油田通过 ϕ300 mm×15 mm 的钢管将原油输送至炼油厂。管路总长度为 160 km（包括所有局部阻力当量长度），输油量为 2.5×10^5 kg/h。已知原油的密度为 890 kg/m³，黏度为 187×10^{-3} Pa·s。输油管路水平放置。现决定采用双吸多级离心油泵，其高效范围内的性能参数列于本题附表。

习题 12 附表   双吸多级离心油泵的性能参数

$\dfrac{Q}{m^3/h}$	200	240	280	320
H/m	500	490	470	425

试求（1）需要设立几个泵站；（2）实际的输油量为若干。

13. 某工厂设置在河边的供水站安装了五台相同型号的离心泵向厂区内供水。水的扬程为 15 m，水压要求不低于 294.2 kPa（表压），输水管路的压头损失为 $\sum H_f = 87.2Q_e^2$（H_f 的单位为 m，Q_e 的单位为 m³/s）。试求（1）五台泵并联时每小时向厂区的供水量、单台泵的流量及效率；（2）冬季用水量减少，仅启用三台泵并联操作，再求每小时的总供水量、单台泵的流量及效率。

单台离心水泵的性能参数列于本题附表。

习题 13 附表　单台离心水泵的性能参数

$\dfrac{Q}{m^3/s}$	0	0.04	0.06	0.08	0.11	0.14	0.18
H/m	70.0	71.5	72.5	71.0	70.0	64.0	52.0
$\eta/\%$	0	45.0	62.0	72.0	80.0	77.0	60.0

14. 如本题附图(a)所示,高位槽中的某液体经一管路系统流入低位槽中,当球阀 C 全开时,液体的流量为 30 m³/h,此时 U 管压差计的读数为 50.0 mm。现要将低位槽中的液体输送至高位槽,采用的措施是在原管路中安装一台离心泵,如本题附图(b)所示,已知离心泵的特性方程为 $H=20-2.0\times10^5 Q^2$(式中 H 的单位为 m,Q 的单位为 m³/s)。假设管内流体均在阻力平方区流动,离心泵的安装不影响原管路的阻力特性。试求(1) 离心泵的最大输送流量(m³/h);(2) 最大输送流量时,管路系统的总压头损失(m);(3) 最大输送流量时,U 管压差计的读数 R(mm)。

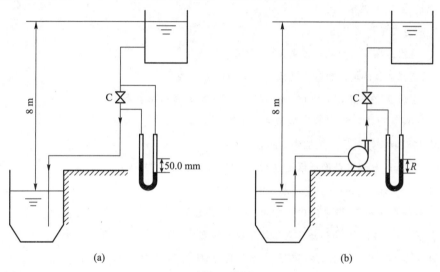

(a)　　　　　　　　　　　　　　(b)

习题 14 附图

15. 如本题附图所示,用离心泵将池 A 中 20 ℃的清水送到高位槽 B 中。管路内径为 60 mm,泵的安装高度为 3.2 m。启动离心泵,当泵出口阀 C 关闭时,泵入口真空表的读数为 $p_2=31.39$ kPa,泵出口压力表的读数 $p=410.5$ kPa。当泵出口阀 C 在某一开度时,泵的流量为25.5 m³/h,此时管内流动在阻力平方区,管路特性方程为 $H_e=28+2.0\times10^5 Q_e^2$($Q_e$ 的单位为m³/s),吸入管路的压头损失为 $H_{f,0-1}=0.31 u_1^2$(u_1 为吸入管内流速,m/s;$H_{f,0-1}$ 的单位为m)。当地大气压为 100 kPa。

试求(1) 离心泵的特性方程;(2) 泵工作点的参数;(3) 当$Q=25.5$ m³/h 时,真空表(p_2)、压力表(p_1)的读数;(4) 当阀门 C 的开度加大时,真空表读数 p_2、压力表读数 p_1 和 p_4 将如何变化;(5) 当地夏季的最高水温可达 43 ℃($p_v=8.87$ kPa,$\rho=991$ kg/m³),泵能否正常运行;[离心泵的$(NPSH)_r=3.0$ m](6) 当 $p_3=80$ kPa

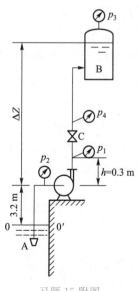

习题 15 附图

（表压）时，本题附图中的 ΔZ 为何值。

 思考题

1. 一定转速下，用离心泵向表压为 50 kPa 的密闭高位槽输送密度 $\rho = 1200$ kg/m³ 的水溶液。泵出口阀全开时，管路特性方程为

$$H_e = \Delta Z + \frac{\Delta p}{\rho g} + BQ_e^2 = K + BQ_e^2$$

现分别改变如下操作条件，且改变条件前后流动均在阻力平方区，试判断管路特性方程中参数变化趋势：

(1) 关小泵的出口阀；

(2) 改送 20 ℃的清水；

(3) 将高位槽改为常压。

2. 为有效提高离心泵的静压能，能采取哪些措施？

3. 试选择适宜的输送机械来完成如下输送任务：

(1) 将 45 ℃的热水以 300 m³/h 的流量送至 18 m 高的凉水塔；

(2) 将膏状物料以 5.5 m³/h 的流量送至高压容器；

(3) 将碱液按控制的流量加到反应釜；

(4) 以 4 m³/h 的流量输送低黏度有机液体，要求的压头为 65 m；

(5) 向空气压缩机的气缸中注润滑油；

(6) 输送低压氯气，要求出口压力为 75 kPa(表压)；

(7) 将 101.3 kPa 的空气压缩至 506.5 kPa，风量为 550 m³/h；

(8) 以 50000 m³/h 的风量将空气送至气柜，风压为 2400 Pa。

4. 试比较往复泵用旁路、改变冲程或改变每分钟往复次数的方法调节流量的适用场合和经济性。

5. 用 IS80-65-125($n=2900$ r/min)型离心水泵将 60 ℃的水($\rho=983.2$ kg/m³，$p_v=19.92$ kPa)送至密闭高位槽(压力表读数为 49 kPa)，要求流量为 43 m³/h，提出如本题附图所示三种方案，三种方案的管径、粗糙度和管长(包括所有局部阻力当量长度)均相同，且管路的总压头损失均为 3 m，当地大气压为 100 kPa。试分析(1) 三种安装方法是否都能将水送到高位槽中。若能送到，是否都能保证流量。泵的轴功率是否相同。(2) 其他条件都不变，改送水溶液($\rho=1200$ kg/m³，其他性质和水相近)，则泵出口压力表的读数、流量、压头和轴功率将如何变化。(3) 若将高位槽改为敞口，则送 60 ℃的水和溶液($\rho=1200$ kg/m³)的流量是否相同。

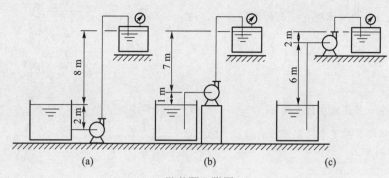

思考题 5 附图

本章主要符号说明

英文字母

a——活塞杆的截面积,m^2;

A——活塞的截面积,m^2;

b——叶轮宽度,m;

c——离心泵叶轮内液体质点的绝对速度,m/s;

c_H、c_Q、c_η——压头、流量、效率的黏度换算系数;

d——管径,m;

D——叶轮或活塞直径,m;

g——重力加速度,m/s^2;

Δh——离心油泵允许汽蚀余量,m;

H——泵的压头,m;

H_c——泵的动压头,m;

H_e——管路系统所需的压头,m;

H_f——压头损失,m;

H_g——泵的允许安装高度,m;

H_p——泵的静压头,m;

H_{st}——离心通风机的静风压,Pa;

H_T——离心通风机的全风压,Pa;

$H_{T\infty}$——离心泵的理论压头,m;

i——多级压缩的级数;

k——绝热压缩指数;

L——管长,m;

L_e——局部阻力当量长度,m;

m——多变压缩指数;

n——转速,r/min;

n_r——活塞每分钟往复次数,1/min;

N——轴功率,kW;

N_a——按绝热压缩考虑的往复压缩机的理论功率,kW;

N_e——有效功率,W;

$NPSH$——允许汽蚀余量,m;

p——压力,Pa;

p_a——大气压力,Pa;

p_v——液体的饱和蒸气压,Pa;

Q——流量,m^3/s 或 m^3/h;

Q_e——管路系统要求的流量,m^3/s 或 m^3/h;

Q_s——泵的额定流量,m^3/s 或 m^3/h;

Q_T——泵的理论流量,m^3/s;

R——叶轮半径,m;

S——活塞的冲程,m;

t——温度,℃

T——热力学温度,K;

u——流速或离心泵内液体质点的圆周速度,m/s;

V——体积,m^3;

$V_{\min}$——往复压缩机的排气量，m^3/min；　　　　W——往复压缩机的理论功，J；

w——离心泵叶轮内液体质点运动的相对速度，　　Z——位压头，m

　　　　m/s；

希腊字母

α——绝对速度与圆周速度的夹角，$°$；　　　　　ε——余隙系数；

β——相对速度与圆周速度反方向延长线的夹角　　ζ——阻力系数；

　　　或流动角，$°$；　　　　　　　　　　　　　　η——效率；

θ——时间，s；　　　　　　　　　　　　　　　μ——黏度，$Pa\cdot s$；

λ——摩擦系数；　　　　　　　　　　　　　　ν——运动黏度，m^2/s；

λ_d——排气系数；　　　　　　　　　　　　　　ρ——密度，kg/m^3；

λ_0——容积系数；　　　　　　　　　　　　　　ω——叶轮旋转角速度，$1/s$

 学习指导

一、学习目的

掌握颗粒相对于流体及流体相对于颗粒床层的流动规律,并将其应用于沉降、过滤、固体流态化及气力输送等工业过程。掌握过程的原理、计算方法、典型设备的结构特性,能够根据生产工艺的要求,合理选择设备。

二、学习要点

重点掌握沉降(包括重力沉降和离心沉降)过程的基本原理,降尘室的设计,旋风分离器的选型。

重点掌握过滤操作的原理,过滤基本方程的推导思路,恒压过滤的计算,过滤常数的测定方法,过滤机生产能力的计算。

掌握颗粒及颗粒床层的特性。

了解离心机的类型和应用场合,固体流态化的基本概念,气力输送过程的一般概念。

学习过程中要掌握将流体力学的基本原理用于处理颗粒相对于流体运动和流体通过颗粒床层流动等复杂工程问题的思路和方法。

实际生产中经常会遇到需要分离非均相混合物的例子,如分离水中的固体杂质、烟道气中的煤渣等。只要混合物中存在相界面,就是非均相混合物,因此,气－固、气－液、液－固、液－液、固－固混合物都有可能形成非均相混合物。非均相混合物中,处于分散状态的物质(如分散在流体中的固体颗粒、液滴、气泡等)称为分散相或分散物质;包围着分散相而处于连续状态的物质(如气态非均相混合物中的气体、液态非均相混合物中的液体)称为连续相或分散介质。

非均相混合物的分离方法很多,较常见的是机械分离方法,即利用非均相混合物中两相的物理性质(如密度、颗粒形状、尺寸等)的差异,使两相之间发生相对运动而分离。由于机械分离方法能耗较低,因此在许多领域得以广泛应用,例如:

(1)收集分散物质　例如,收取从气流干燥器或喷雾干燥器出来的气体,以及从结晶器出来的晶浆中带有的固体颗粒,这些悬浮的颗粒作为产品必须回收;又如,回收从催化反应器出来的气体中夹带的催化剂颗粒以循环使用;再如,某些金属冶炼过程中,有大量的金属化合物或冷凝的金属烟尘悬浮在烟道气中,收集这些烟尘不仅能提高该种金属的收率,而且是提炼其他金属的重要途径。

(2)净化分散介质   对于某些催化反应,原料气中夹带杂质会影响催化剂的效能,必须在气体进入反应器之前清除催化反应原料气中的杂质,以保证催化剂的活性。

(3)环境保护   近年来,工业污染对环境的危害越来越明显,利用机械分离方法处理工厂排出的废气、废液,使其达到规定的排放标准,以保护环境。

机械分离方法中包括沉降和过滤两种操作,其中涉及颗粒相对于流体及流体相对于颗粒床层的流动。同时,在许多单元操作和化学反应中经常采用的流态化技术同样涉及两相间的流动。因此,本章从研究颗粒与流体相对运动规律的颗粒流体力学入手,介绍沉降和过滤过程的基本原理及设备,同时简要介绍流态化技术的基本概念。

3.1 沉降分离原理及设备

演示文稿

3.1.1 颗粒相对于流体的运动

一、颗粒的特性

颗粒的特性包括颗粒的大小和形状。

1. 球形颗粒

球形颗粒的尺寸由直径 d 确定。其他参数均可表示为直径 d 的函数,如:

体积

$$V = \frac{\pi d^3}{6} \tag{3-1}$$

表面积

$$S = \pi d^2 \tag{3-2}$$

比表面积

$$a = \frac{S}{V} = \frac{6}{d} \tag{3-3}$$

式中 d——球形颗粒的直径,m;

S——球形颗粒的表面积,m^2;

V——球形颗粒的体积,m^3;

a——颗粒的比表面积(单位体积颗粒具有的表面积),m^2/m^3。

2. 非球形颗粒

工业上处理的颗粒物料大多是非球形的。对非球形颗粒,需要用形状和尺寸两个参数来描述其特性。工程上常用球形度描述颗粒的形状,当量直径描述颗粒的尺寸。

(1)球形度 ϕ_s 颗粒的球形度表示颗粒形状与球形的差异,定义为与该颗粒体积相等的球体的表面积除以颗粒的表面积,即

$$\phi_s = \frac{S}{S_p} \qquad (3-4)$$

式中　ϕ_s——颗粒的球形度或形状系数,量纲为 1;

　　　S——与该颗粒体积相等的球体的表面积,m^2;

　　　S_p——颗粒的表面积,m^2。

由于同体积不同形状的颗粒中,球形颗粒的表面积最小,因此对非球形颗粒,总有 $\phi_s < 1$。颗粒的形状越接近球形,ϕ_s 越接近 1;对球形颗粒,$\phi_s = 1$。

(2) 颗粒的当量直径　当量直径通常有两种表示方法:

① 体积当量直径　颗粒的体积当量直径为与该颗粒体积相等的球体的直径。

$$d_e = \sqrt[3]{\frac{6}{\pi} V_p} \qquad (3-5)$$

式中　d_e——颗粒的体积当量直径,m;

　　　V_p——颗粒的体积,m^3。

② 比表面积当量直径　即与非球形颗粒比表面积相等的球形颗粒的直径为该颗粒的比表面积当量直径。根据此定义并结合式(3-3)得

$$d_a = \frac{6}{a} \qquad (3-6)$$

式中　d_a——颗粒的比表面积当量直径,m。

依据式(3-5)和式(3-6)可以得出颗粒的体积当量直径和比表面积当量直径之间的关系:

$$d_a = \phi_s d_e \qquad (3-7)$$

所以说,非球形颗粒的比表面积当量直径一定小于其体积当量直径。一般体积当量直径用得较多。

非球形颗粒的体积、表面积和比表面积可由体积当量直径和球形度表示如下:

$$V_p = \frac{\pi}{6} d_e^3 \qquad (3-8)$$

$$S_p = \frac{\pi d_e^2}{\phi_s} \qquad (3-9)$$

$$a = \frac{S_p}{V_p} = \frac{6}{\phi_s d_e} \qquad (3-10)$$

二、球形颗粒的自由沉降

将一个表面光滑的刚性球形颗粒置于静止的流体中,若颗粒的密度大于流体的密度,则颗粒所受重力大于浮力,颗粒将在流体中降落。由于流体具有黏性,颗粒一旦开始运动,就会受到颗粒表面与流体相摩擦而产生的与运动方向相反的阻力,也称曳力。此时颗粒受到三个力的作用,即重力、浮力与阻力,如图 3-1 所示。重力向下,浮力向上,阻力与颗粒运动方向相反(即向上)。对于一定的流体和颗粒,重力和浮力是恒定的,而阻

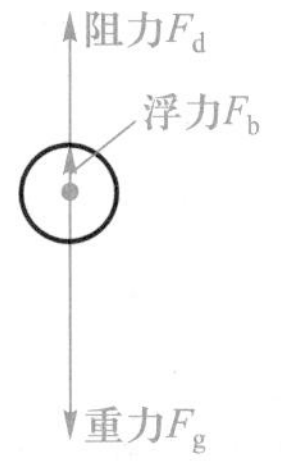

力却随颗粒的降落速度而变。

图 3-1　沉降颗粒的受力情况

若颗粒的密度为 ρ_s，直径为 d，流体的密度为 ρ，则颗粒所受的三个力为

$$重力\qquad\qquad F_g=\frac{\pi}{6}d^3\rho_s g \qquad\qquad (3-11)$$

$$浮力\qquad\qquad F_b=\frac{\pi}{6}d^3\rho g \qquad\qquad (3-12)$$

$$阻力（曳力）\qquad\qquad F_d=\zeta A\,\frac{\rho u^2}{2} \qquad\qquad (3-13)$$

式中　　ζ——阻力系数（或曳力系数），量纲为 1；

　　　　A——颗粒在垂直于其运动方向的平面上的投影面积，$A=\dfrac{\pi}{4}d^2$，m^2；

　　　　u——颗粒相对于流体的降落速度，m/s。

根据牛顿第二定律可知，上面三个力的合力应等于颗粒的质量与其加速度 a 的乘积，即

$$F_g-F_b-F_d=ma \qquad\qquad (3-14)$$

$$或\qquad \frac{\pi}{6}d^3(\rho_s-\rho)g-\zeta\,\frac{\pi}{4}d^2\,\frac{\rho u^2}{2}=\frac{\pi}{6}d^3\rho_s\,\frac{\mathrm{d}u}{\mathrm{d}\theta} \qquad (3-14a)$$

式中　　m——颗粒的质量，kg；

　　　　a——加速度，m/s^2；

　　　　θ——时间，s。

颗粒开始沉降的瞬间，初速度 u 为零使得阻力 F_d 为零，因此加速度 a 为最大值；颗粒开始沉降后，阻力随速度 u 的增加而加大，加速 a 则相应减小，当速度达到某一值 u_t 时，阻力、浮力与重力平衡，颗粒所受合力为零，使加速度为零，此后颗粒的速度不再变化，开始做速度为 u_t 的匀速沉降运动。

从以上分析可见，静止流体中颗粒的沉降过程可分为两个阶段，即开始的加速阶段和后来的匀速阶段。由于小颗粒的比表面积很大，使得颗粒与流体间的接触面积很大，颗粒开始沉降后，在极短的时间内阻力便与颗粒所受的净重力（即重力减去浮力）接近平衡。因此，颗粒沉降时加速阶段时间很短，对整个沉降过程来说往往可以忽略。

匀速阶段中颗粒相对于流体的运动速度 u_t 称为沉降速度，由于该速度是加速段终了时颗粒相对于流体的运动速度，故又称为"终端速度"，也可称为自由沉降速度。从式（3-14a）可得出沉降速度的表达式。当 $a=0$ 时，$u=u_t$，则

$$u_t=\sqrt{\frac{4gd(\rho_s-\rho)}{3\zeta\rho}} \qquad\qquad (3-15)$$

式中　　u_t——颗粒的自由沉降速度，m/s；

　　　　d——颗粒直径，m；

ρ_s、ρ——分别为颗粒和流体的密度,kg/m³;

g——重力加速度,m/s²。

三、阻力系数(曳力系数)ζ

用式(3−15)计算沉降速度时,首先需要确定阻力系数 ζ 的值。通过量纲分析可知,ζ 是颗粒与流体相对运动时雷诺数 Re_t 和球形度 ϕ_s 的函数,即

$$\zeta = f(Re_t, \phi_s)$$

其中

$$Re_t = \frac{du_t\rho}{\mu}$$

式中　　μ——流体的黏度,Pa·s。

ζ 随 Re_t 及 ϕ_s 变化的实验测定结果见图 3−2。

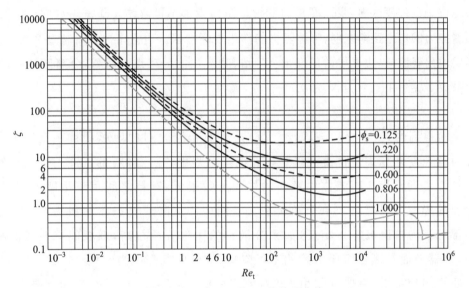

图 3−2　ζ 与 Re_t 及 ϕ_s 的关系曲线

对球形颗粒($\phi_s = 1$),ζ−Re_t 曲线按 Re_t 值大致可分为三个区域,各区域内的曲线可分别用相应的关系式表达如下:

层流区或斯托克斯(Stokes)定律区($10^{-4} < Re_t \leqslant 2$),此时的流动称为爬流(又称蠕动流,creeping flow),黏性力占主导地位,则

$$\zeta = \frac{24}{Re_t} \tag{3−16}$$

过渡区或艾仑(Allen)定律区($2 < Re_t \leqslant 500$)

$$\zeta = \frac{18.5}{Re_t^{0.6}} \tag{3−17}$$

湍流区或牛顿(Newton)定律区($500 < Re_t < 2 \times 10^5$)

$$\zeta = 0.44 \tag{3−18}$$

将式(3−16)、式(3−17)及式(3−18)分别代入式(3−15),便可得到球形颗粒在相应各区的沉降速度公式,即

层流区
$$u_t = \frac{d^2(\rho_s - \rho)g}{18\mu}$$
(3-19)

过渡区
$$u_t = 0.27\sqrt{\frac{d(\rho_s - \rho)g}{\rho}Re_t^{0.6}}$$
(3-20)

湍流区
$$u_t = 1.74\sqrt{\frac{d(\rho_s - \rho)g}{\rho}}$$
(3-21)

式(3-19)、式(3-20)及式(3-21)分别称为斯托克斯公式、艾仑公式和牛顿公式。球形颗粒在流体中的沉降速度可根据不同流型,分别选用上述三式进行计算。

在层流区内,由流体黏性引起的表面摩擦力占主要地位。在湍流区内,流体黏性对沉降速度已无明显影响,而是流体在颗粒后半部出现的边界层分离所引起的形体阻力占主要地位。在过渡区内,表面摩擦力和形体阻力则都不可忽略。随雷诺数 Re_t 的增大,表面摩擦力的作用逐渐减弱,形体阻力的作用逐渐增强。当雷诺数 Re_t 超过 2×10^5 时,边界层内出现湍流,边界层内速度增大,此时边界层的分离点向后移,分离区减小,所以阻力系数 ζ 突然由 0.44 下降为 0.1。

四、影响沉降速度的因素

上面得到的式(3-19)~式(3-21)是表面光滑的刚性球形颗粒在流体中自由沉降时的速度计算式。自由沉降是指在沉降过程中,任一颗粒的沉降不因其他颗粒的存在而受到干扰。即流体中颗粒的体积分数很低,颗粒之间距离足够大,并且容器壁面的影响可以忽略。单个颗粒在大空间中的沉降或气态非均相物系中颗粒的沉降都可视为自由沉降。相反,如果分散相的体积分数较高,颗粒间有明显的相互作用,容器壁面对颗粒沉降的影响不可忽略,这时的沉降称为干扰沉降或受阻沉降。液态非均相物系中,一般分散相浓度较高,往往发生干扰沉降。在实际沉降操作中,影响沉降速度的因素有以下几方面。

1. 颗粒的体积分数

当颗粒的体积分数小于 0.2% 时,前述各种沉降速度关系式的计算偏差在 1% 以内。当颗粒的体积分数较高时,由于颗粒间相互作用明显,便发生干扰沉降。此时颗粒的实际沉降速度小于按自由沉降计算出的速度。因为当流体中颗粒的体积分数较高时,颗粒实际上是在密度和黏度均大于纯流体的介质中沉降,所受的浮力和阻力都较大;此外,颗粒沉降时被置换的流体向上运动,会阻滞在其中的颗粒的沉降。

2. 器壁效应

容器的壁面和底面会对沉降的颗粒产生曳力,使颗粒的实际沉降速度低于自由沉降速度。当容器尺寸远远大于颗粒尺寸时(如 100 倍以上),器壁效应可以忽略,否则,则应考虑器壁效应对沉降速度的影响。在层流区,器壁对沉降速度的影响可用下式修正:

$$u_t' = \frac{u_t}{1 + 2.1(d/D)}$$
(3-22)

式中　　u_t'——颗粒的实际沉降速度,m/s;

　　　　D——容器直径,m。

3. 颗粒形状的影响

同一种固体物质,球形或近球形颗粒比同体积的非球形颗粒的沉降要快一些。非球形颗粒的形状及其投影面积 A 均对沉降速度有影响。

由图 3-2 可见,相同 Re_t 下,颗粒的球形度越小,阻力系数 ζ 越大,但 ϕ_s 值对 ζ 的影响在层流区内并不显著。随着 Re_t 的增大,这种影响逐渐变大。

必须指出的是,上述自由沉降速度的公式不适用于非常细微颗粒(如颗粒尺寸小于 $0.5~\mu m$)的沉降计算,这是因为流体分子热运动使得颗粒发生布朗运动。当 $Re_t > 10^{-4}$ 时,布朗运动的影响可不考虑。

上述各区沉降速度的计算式可用于各种情况下颗粒与流体相对运动速度的计算。例如,颗粒密度大于流体密度的沉降操作和颗粒密度小于流体密度的颗粒浮升运动;静止流体中颗粒的沉降和流体相对于静止颗粒的运动;颗粒与流体做逆向运动和颗粒与流体做同向运动但速率不同时相对运动速度的计算。

沉降是用机械方法分离非均相混合物的一种单元操作,它是指在某种外力作用下,利用分散相和连续相之间的密度差异,使之发生相对运动而实现分离的操作过程。实现沉降的外力通常是重力或惯性离心力,因此,沉降过程又可分为重力沉降和离心沉降。

3.1.2　重力沉降

在重力场中实现的沉降过程称为重力沉降。

演示文稿

一、重力沉降速度的计算

用式(3-15)可计算在给定介质中颗粒的重力沉降速度,具体可有以下几种算法。

1. 试差法

对球形颗粒,可直接用式(3-19)、式(3-20)及式(3-21)计算沉降速度 u_t。但首先遇到的问题是,需要根据雷诺数 Re_t 判断流型,才能选用相应的计算公式。但是,Re_t 中含有待求的沉降速度 u_t,所以沉降速度 u_t 的计算需采用试差法,即:先假设沉降属于某一流型(如层流),选用相应的沉降速度公式计算 u_t,然后核算 Re_t,检验是否在原假设的流型区域内。如果与原假设一致,则计算的 u_t 有效。否则,按计算的 Re_t 所确定的流型,另选相应的计算公式求 u_t,直到用 u_t 的计算值算出的 Re_t 与选用公式的 Re_t 范围相符为止。

2. 摩擦数群法

为避免试差,可将图 3-2 加以转换,使其两个坐标轴之一变成不包含 u_t 的量纲为 1 数群。

由 ζ 和 Re_t 组合成如下不包含 u_t 的量纲为 1 数群:

$$\zeta Re_t^2 = \frac{4d^3 \rho (\rho_s - \rho) g}{3\mu^2} \qquad (3-23)$$

再令

$$K = d \sqrt[3]{\frac{\rho (\rho_s - \rho) g}{\mu^2}} \qquad (3-24)$$

得到

$$\zeta Re_t^2 = \frac{4}{3} K^3 \qquad (3-23a)$$

因 ζ 是 Re_t 的函数，则 ζRe_t^2 必然也是 Re_t 的函数，所以，图 3-2 所示的 $\zeta - Re_t$ 曲线可转化成 $\zeta Re_t^2 - Re_t$ 曲线，如图 3-3 所示。计算 u_t 时，可先将已知数据代入式(3-23)求出 ζRe_t^2 值，再由图 3-3 所示的 $\zeta Re_t^2 - Re_t$ 曲线查出 Re_t，最后由 Re_t 反求 u_t。

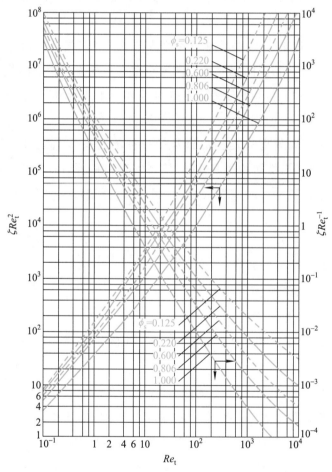

图 3-3 $\zeta Re_t^2 - Re_t$ 及 $\zeta Re_t^{-1} - Re_t$ 关系曲线

若要计算介质中具有某一沉降速度 u_t 的颗粒的直径，可用 ζ 与 Re_t^{-1} 相乘，得到一不含颗粒直径 d 的量纲为 1 数群 ζRe_t^{-1}，即

$$\zeta Re_t^{-1} = \frac{4\mu (\rho_s - \rho) g}{3\rho^2 u_t^3} \qquad (3-25)$$

同理，$\zeta Re_t^{-1} - Re_t$ 曲线绘于图 3-3 中。根据 ζRe_t^{-1} 查出 Re_t，再反求 d。

依照摩擦数群法的思路，对球形颗粒沉降速度的计算式[式(3-19)、式(3-20)和式

(3-21)]进行变换,设法找到一个不含 u_t 的量纲为 1 数群作为判别流型的判据。将式(3-19)代入雷诺数定义式,再利用式(3-24)得

$$Re_t = \frac{d^3(\rho_s-\rho)\rho g}{18\mu^2} = \frac{K^3}{18} \qquad (3-26)$$

在斯托克斯定律区,$Re_t \leqslant 2$,则 $K \leqslant 3.30$。同理,将式(3-21)代入雷诺数定义式,由 $Re_t = 500$ 可得牛顿定律区 K 的下限值为 43.55。因此,$K \leqslant 3.30$ 为斯托克斯定律区,$3.30 < K \leqslant 43.55$ 为艾仑定律区,$K > 43.55$ 为牛顿定律区。

这样,计算已知直径的球形颗粒的沉降速度时,可根据 K 值选用相应的公式计算 u_t,从而避免试差。

◆ 例 3-1 直径为 80 μm,密度为 3 000 kg/m³ 的球形颗粒在 25 ℃ 的水中自由沉降,试计算其沉降速度。若密度为 1600 kg/m³ 的另一种球形颗粒在 25 ℃ 的水中以相同速度沉降,颗粒的直径应是多少?

解:(1) 密度为 3000 kg/m³ 的球形颗粒在 25 ℃ 水中的沉降　查得,25 ℃ 水的密度为 996.9 kg/m³,黏度为 0.8973 m Pa·s。

根据量纲为 1 数群 K 值判别颗粒沉降流型。将已知数值代入式(3-24)得

$$K = d\sqrt[3]{\frac{\rho(\rho_s-\rho)g}{\mu^2}} = (80 \times 10^{-6})\sqrt[3]{\frac{996.9 \times (3000-2996.9) \times 9.81}{(0.8973 \times 10^{-3})^2}} = 2.32$$

由于 K 值小于 3.30,所以沉降在层流区,可用斯托克斯公式计算沉降速度。由式(3-19)得

$$u_t = \frac{d^2(\rho_s-\rho)g}{18\mu} = \left[\frac{(80 \times 10^{-6})^2(3000-996.9) \times 9.81}{18 \times 0.8973 \times 10^{-3}}\right] \text{m/s} = 7.786 \times 10^{-3} \text{ m/s}$$

(2) 密度为 1600 kg/m³ 的球形颗粒在 25 ℃ 的水中以相同速度沉降　用摩擦数群法计算,由式(3-25)计算不包括 d 的摩擦数群,即

$$\zeta Re_t^{-1} = \frac{4\mu(\rho_s-\rho)g}{3\rho^2 u_t^3} = \frac{4 \times 0.8973 \times 10^{-3} \times (1600-996.9) \times 9.81}{3 \times 996.9^2 \times (7.786 \times 10^{-3})^3} = 15.09$$

对于球形颗粒,$\phi_s = 1$,由 ζRe_t^{-1} 数值查得 $Re_t = 1.26$,则

$$d = \frac{Re_t \mu}{u_t \rho} = \left(\frac{1.26 \times 0.8973 \times 10^{-3}}{7.786 \times 10^{-3} \times 996.9}\right) \text{m} = 1.457 \times 10^{-4} \text{ m} = 0.1457 \text{ mm}$$

也可采用试差法求颗粒的直径。

二、重力沉降设备

1. 降尘室

降尘室是依靠重力沉降从气流中分离出固体颗粒的设备,典型的降尘室结构如图 3-4(a)所示。含尘气体进入沉降室后,颗粒在随气流以速度 u 水平向前运动的同时,在重力作用下,以沉降速度 u_t 向下沉降。只要颗粒能够在气体通过降尘室的时间降至室底,便可从气流中分离出来。颗粒在降尘室中的运动情况示于图 3-4(b)中。设降尘室

的长度为 l，宽度为 b，高度为 H，其单位均为 m。降尘室的生产能力（即含尘气通过降尘室的体积流量）为 V_s，单位为 m^3/s；则位于降尘室最高点的颗粒沉降到室底所需的时间为

$$\theta_t = \frac{H}{u_t}$$

动画
降尘室

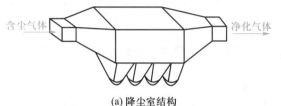

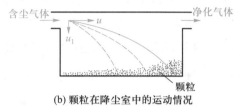

(a) 降尘室结构　　　　　　　　　　(b) 颗粒在降尘室中的运动情况

图 3-4　降尘室

气体通过降尘室的时间为

$$\theta = \frac{l}{u}$$

要使颗粒被分离出来，则气体在降尘室内的停留时间应不少于颗粒沉降所需时间，即

$$\theta \geqslant \theta_t \quad \text{或} \quad \frac{l}{u} \geqslant \frac{H}{u_t} \tag{3-27}$$

气体在降尘室内的水平通过速度由降尘室的生产能力和降尘室的尺寸决定，即

$$u = \frac{V_s}{Hb} \tag{3-28}$$

式(3-27)中考虑极限条件取等号，并将式(3-28)代入，得

$$V_s = blu_t \tag{3-29}$$

上式表明，理论上降尘室的生产能力只与其沉降面积 bl 及颗粒的沉降速度 u_t 有关，而与降尘室高度 H 无关。所以对于一定尺寸的降尘室，为了增大气体处理量，往往将降尘室设计成多层的，即在室内均匀设置多层水平隔板，构成多层降尘室，结构如图 3-5 所示。通常隔板间距为 $40 \sim 100$ mm。降尘室高度的设计还应保证气流通过降尘室的流动处于层流状态，因为气速过高会干扰颗粒的沉降或将已沉降的颗粒重新扬起。

对设置了 n 层水平隔板的降尘室，其生产能力为

$$V_s = (n+1)blu_t \tag{3-29a}$$

通常，被处理的含尘气体中的颗粒大小不均，沉降速度 u_t 应根据需完全分离的最小颗粒尺寸计算。

降尘室结构简单，流动阻力小，但体积庞大，分离效率低，通常只适用于分离粒度大于50 μm 的粗颗粒，一般作为预除尘使用。多层降尘室虽能分离较细的颗粒且节省占地面积，但清灰比较麻烦。

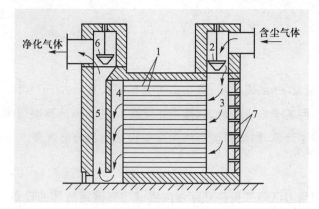

1—隔板;2、6—调节闸阀;3—气体分配道;4—气体集聚道;5—气道;7—清灰口

图 3-5 多层降尘室

◆ 例 3-2 采用降尘室回收 20 ℃空气中所含的球形固体颗粒,要求空气处理量为 1.0 m³/s,且能将 50 μm 以上的颗粒全部除去。已知固体的密度为 1800 kg/m³。求 (1) 降尘室所需的底面积;(2) 若降尘室的高度为 2 m,现在降尘室内设置 19 层水平隔板,计算此多层降尘室可分离的最小颗粒直径。

解: (1) 查附录可知:20 ℃空气,$\rho=1.205$ kg/m³,$\mu=1.81\times10^{-5}$ Pa·s,假设 50 μm 的颗粒的沉降处于层流区,则由式(3-19)计算颗粒的沉降速度。

$$u_t=\frac{d^2(\rho_s-\rho)g}{18\mu}$$

$$=\left[\frac{(50\times10^{-6})^2(1800-1.205)\times9.81}{18\times1.81\times10^{-5}}\right] \text{m/s}=0.1354 \text{ m/s}$$

依此沉降速度设计降尘室的底面积应为

$$A=\frac{V_s}{u_t}=\left(\frac{1.0}{0.1354}\right) \text{m}^2=7.386 \text{ m}^2$$

校核 Re_t:

$$Re_t=\frac{\rho u_t d}{\mu}=\frac{1.205\times0.1354\times50\times10^{-6}}{1.81\times10^{-5}}=0.45<2$$

所以,颗粒沉降在层流区的假设正确。

(2) 设置 19 层水平隔板将降尘室分为 20 层。没加隔板时,由式(3-29)得

$$V_s=blu_t=bl\frac{d^2(\rho_s-\rho)g}{18\mu}$$

加隔板后,设可除去的最小颗粒直径为 d',则由式(3-29a)得

$$V_s=(n+1)blu_t=(n+1)bl\frac{d'^2(\rho_s-\rho)g}{18\mu}$$

两式相比,得

$$\frac{d'}{d} = \left(\frac{1}{n+1}\right)^{0.5} = \left(\frac{1}{20}\right)^{0.5} = 0.224$$

$$d' = 11.2\ \mu m$$

即在原降尘室内设置 19 层隔板后,理论上可全部回收直径大于 11.2 μm 的颗粒。

　　本题的第(1)问属于设计型计算,即由给定生产任务和分离要求来设计降尘室;而第(2)问属于操作型计算,即核算现有降尘室能够达到的分离效果。

　　2. 沉降槽

　　沉降槽是利用重力沉降来提高悬浮液浓度或得到澄清液体的设备,根据使用目的的不同,沉降槽又称为增浓器和澄清器。沉降槽可间歇操作也可连续操作。

　　间歇沉降槽通常是带有锥底的圆槽,使需要处理的悬浮液在槽内静置足够时间后,将上层清液由槽上部排出管抽出,增浓的沉渣则由槽底排出。

　　连续沉降槽的典型结构如图 3-6 所示。其形状是一底部略成锥状的大直径浅槽,其直径小者为数米,大者可达数百米;高度为 2.5~4 m。悬浮液经中央进料口送到液面以下 0.3~1.0 m 处,在尽可能减小扰动的情况下,分散到整个横截面上,液体向上流动,清液经由槽顶端四周的溢流堰连续流出,称为溢流;固体颗粒下沉至底部,槽底有徐徐旋转的转耙将沉渣缓慢地聚拢到底部中央的排渣口连续排出。排出的稠浆称为底流。

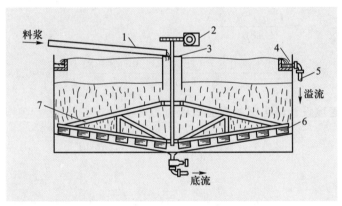

1—进料槽道;2—转动机构;3—中央进料口;4—溢流堰;5—溢流管;6—叶片;7—转耙

图 3-6　连续沉降槽

　　与降尘室同样的原理,连续沉降槽的生产能力与沉降槽的高度无关。因此,有时将数个沉降槽垂直叠放,共用一根中心竖轴带动各槽的转耙。这种多层沉降槽可以节省用地,但操作控制较为复杂。

　　连续沉降槽适合于处理量大、浓度不高、颗粒不太细的悬浮液,常见的污水处理就是一例。经沉降槽处理后的沉渣内仍有约 50% 的液体。

　　为了在给定尺寸的沉降槽内获得最大可能的生产能力,应尽可能提高沉降速度。向悬浮液中添加少量电解质或表面活性剂,使颗粒发生"凝聚"或"絮凝";改变一些物理条件(如加热、冷冻或震动),使颗粒的粒度或相界面面积发生变化,都有利于提高沉降速度。沉降槽中的转耙,除了能把沉渣导向排渣口外,还能减低非牛顿悬浮物物系的表观黏度,并能促使沉淀物的压紧,从而加速沉聚过程。转耙的转速应选择适当,通常小槽耙的转速为 1 r/min,大槽耙的转速在 0.1 r/min 左右。

3. 分级器

分级是利用颗粒的沉降速度不同将悬浮液中不同粒度的颗粒进行粗略的分离,或将不同密度的颗粒进行分类的操作,实现分级操作的设备称为分级器。图3-7为双锥分级器。混合粒子由上部加入,水经可调锥与外壁的环形间隙向上流出。沉降速度大于水在环隙处上升流速的颗粒进入底流,而沉降速度小于水流速的颗粒则被溢流带出。通过调节可调锥位置的高低,可调节水在环隙处的上升流速,从而控制带出颗粒的粒径范围。图3-8为另一类重力沉降分级器,它是由几个直径不同的柱体容器串联而成的,含有固体颗粒的气体或液体垂直进入后,沉降较快的颗粒会沉降到靠近入口端的槽中,沉降较慢的颗粒会沉降到靠近出口端的槽中,使粒径不同的颗粒得以分离。

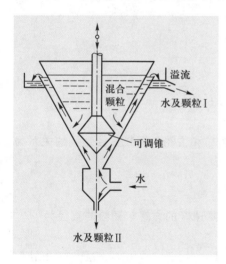

图3-7 双锥分级器

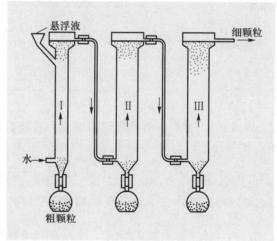

图3-8 重力沉降分级器

◆ 例3-3 利用如图3-7所示的双锥分级器对方铅矿与石英矿两种颗粒的混合物进行分离。已知:

颗粒形状	球形
颗粒尺寸	直径为 0.08~0.7 mm
方铅矿密度	$\rho'_s = 7500$ kg/m³
石英矿密度	$\rho_s = 2650$ kg/m³
25 ℃水的密度和黏度	$\rho = 996.9$ kg/m³, $\mu = 0.8973$ m Pa·s

假设颗粒在上升水流中自由沉降,试求(1) 欲得纯方铅矿颗粒,水的上升流速至少应为多少? (2) 所得纯方铅矿粒的尺寸范围。

解：(1) 水的上升流速   为了得到纯方铅矿颗粒,应使全部石英矿颗粒被溢流带出,因此,水的上升流速应等于或略大于最大石英矿颗粒的自由沉降速度。

用量纲为 1 数群 K 值判别流型。

$$K=d\sqrt[3]{\frac{\rho(\rho_s-\rho)g}{\mu^2}}=(7\times10^{-4})\times\sqrt[3]{\frac{996.9\times(2650-996.9)\times9.81}{(0.8973\times10^{-3})^2}}=19.03$$

由于 K 值大于 3.30 而小于 43.55,所以沉降在过渡区,可用艾仑公式计算沉降速度。

$$u_t=\frac{0.154g^{1/1.4}d^{1.6/1.4}(\rho_s-\rho)^{1/1.4}}{\rho^{0.4/1.4}\mu^{0.6/1.4}}$$

$$=\left[\frac{0.154\times9.81^{1/1.4}\times(7\times10^{-4})^{1.6/1.4}\times(2650-996.9)^{1/1.4}}{996.9^{0.4/1.4}\times(0.8973\times10^{-3})^{0.6/1.4}}\right]\text{m/s}=0.1092\ \text{m/s}$$

所以水的上升流速应取为 0.1092 m/s 或略大于此值。

(2) 纯方铅矿颗粒的尺寸范围   所得到的纯方铅矿颗粒中尺寸最小者应是沉降速度恰好等于 0.1092 m/s 的颗粒。假设颗粒沉降仍在过渡区,可用艾仑公式计算沉降速度。

石英矿：
$$u_t=\frac{0.154g^{1/1.4}d^{1.6/1.4}(\rho_s-\rho)^{1/1.4}}{\rho^{0.4/1.4}\mu^{0.6/1.4}}$$

方铅矿：
$$u_t=\frac{0.154g^{1/1.4}d'^{1.6/1.4}(\rho_s'-\rho)^{1/1.4}}{\rho^{0.4/1.4}\mu^{0.6/1.4}}$$

以上两式相比,得到具有相同沉降速度的石英矿颗粒和方铅矿颗粒直径之间的关系为

$$\frac{d'}{d}=\left(\frac{\rho_s-\rho}{\rho_s'-\rho}\right)^{0.625}$$

因此可以得到,与 0.7 mm 石英矿颗粒具有相同沉降速度的方铅矿颗粒的直径为

$$d'=d\left(\frac{\rho_s-\rho}{\rho_s'-\rho}\right)^{0.625}=\left[7\times10^{-4}\times\left(\frac{2650-996.9}{7500-996.9}\right)^{0.625}\right]\text{m}=3.0\times10^{-4}\ \text{m}=0.3\ \text{mm}$$

校核 Re_t：
$$Re_t=\frac{\rho u_t d'}{\mu}=\frac{996.9\times0.1092\times3.0\times10^{-4}}{0.8973\times10^{-3}}=36.40$$

所以假设颗粒沉降在过渡区正确,所得纯方铅矿颗粒的粒径范围为 0.3～0.7 mm。

由此可见,通过此分级器,可以在底流中得到 0.3～0.7 mm 粒径的纯方铅矿颗粒,而粒度在 0.08～0.3 mm 的方铅矿颗粒仍与全部石英矿颗粒混合在一起,由水流从分级器上部带出。因此,用这种方法只能将混合物部分分离,而不能完全分离。

3.1.3 离心沉降

对于颗粒和流体之间的密度很接近,颗粒粒度较细,或者组分之间有缔合力的物系,采用重力沉降会很慢,分离效率很低甚至完全不能分离,为使颗粒能从流体中分离出来,

演示文稿

利用离心力可大大提高沉降速度,设备尺寸也可缩小。

在离心力作用下实现的沉降过程称为离心沉降。

一、离心沉降速度及分离因数

当流体带着颗粒旋转时,如果颗粒的密度大于流体的密度,则离心力将会使颗粒在径向上与流体发生相对运动而飞离中心。和颗粒在重力场中受到三个作用力相似,离心力场中颗粒在径向上也受到三个力的作用,即离心力、浮力和阻力。离心力的作用方向沿半径从旋转中心指向外,浮力等于颗粒所排开的流体所受的离心力,作用方向与离心力相反,阻力必然与颗粒运动方向相反。如果球形颗粒的直径为 d,密度为 ρ_s,流体密度为 ρ,颗粒与中心轴的距离为 R,切向速度为 u_T,则上述三个力的大小分别为

$$离心力 = \frac{\pi}{6}d^3\rho_s\frac{u_T^2}{R} \tag{3-30}$$

$$浮力 = \frac{\pi}{6}d^3\rho\frac{u_T^2}{R} \tag{3-31}$$

$$阻力 = \zeta\frac{\pi}{4}d^2\frac{\rho u_r^2}{2} \tag{3-32}$$

式中　　u_r——颗粒与流体在径向上的相对速度,m/s。

上述三个力达到平衡时:

$$\frac{\pi}{6}d^3\rho_s\frac{u_T^2}{R} - \frac{\pi}{6}d^3\rho\frac{u_T^2}{R} - \zeta\frac{\pi}{4}d^2\frac{\rho u_r^2}{2} = 0 \tag{3-33}$$

平衡时颗粒在径向上相对于流体的运动速度 u_r 便是它在此位置上的离心沉降速度,即

$$u_r = \sqrt{\frac{4d(\rho_s-\rho)u_T^2}{3\rho\zeta}\frac{}{R}} \tag{3-34}$$

比较式(3-34)与式(3-15)可以看出,颗粒的离心沉降速度 u_r 与重力沉降速度 u_t 具有相似的关系式,若将重力加速度 g 用离心加速度 u_T^2/R 代替,则式(3-15)便成为式(3-34)。但是离心沉降速度 u_r 不是颗粒运动的绝对速度,而是绝对速度在径向上的分量,且方向不是向下而是沿半径向外;另外,离心沉降速度 u_r 随位置而变,不是恒定值,而重力沉降速度 u_t 则是恒定不变的。

离心沉降时,球形颗粒沉降的阻力系数 ζ 仍可用式(3-16)~式(3-18)表示,只要用离心加速度 u_T^2/R 代替式(3-11)和式(3-12)中的重力加速度 g,即可得到球形颗粒在不同流型下的离心沉降速度。例如,球形颗粒在斯托克斯定律区的离心沉降速度为

$$u_r = \frac{d^2(\rho_s-\rho)}{18u}\frac{u_T^2}{R} \tag{3-34a}$$

同一颗粒所受的离心力与重力之比为

$$K_c = \frac{u_T^2}{gR} \tag{3-35}$$

比值 K_c 称为离心分离的分离因数。分离因数的大小是反映离心分离设备性能的重要指标。某些高速离心机,分离因数 K_c 值可高达数十万。旋风或旋液分离器的分离因数一般为 $5\sim2500$。例如,当旋转半径 $R=0.4$ m,切向速度 $u_T=20$ m/s 时,分离因数为

$$K_c = \frac{20^2}{9.81 \times 0.4} = 102$$

这表明颗粒在上述条件下的离心沉降速度比重力沉降速度约大百倍。显然,离心加速度不是常数,利用圆周速度 u_T 和旋转半径 R 的变化,可使颗粒在离心沉降设备中获得远高于重力沉降设备中的分离效果。

二、离心沉降设备

气固非均相物质离心沉降的典型设备是旋风分离器,液固悬浮物系的离心沉降可在旋液分离器或离心机中进行。

1. 旋风分离器

(1) 旋风分离器的结构与操作原理   图 3-9 是旋风分离器典型的结构型式,称为标准旋风分离器。分离器上部为圆筒形,下部为圆锥形。各部位尺寸均与圆筒直径成比例,比例标注于图中。含尘气体由圆筒上部的进气管切向进入,受器壁的约束由上向下做螺旋运动。在惯性离心力作用下,颗粒被抛向器壁,再沿壁面落至锥底的排灰口而与气流分离。旋风分离器的底部是封闭的,因此气流到达底部后反转方向,在中心轴附近由下而上做螺旋运动,净化后的气体最后由顶部排气管排出。通常,把下行的螺旋形气流称为外旋流,上行的螺旋形气流称为内旋流(又称气芯)。内、外旋流气体的旋转方向相同。外旋流的上部是主要除尘区。图 3-10 中描绘了气流在旋风分离器内的运动情况,这种双层螺旋运动只是大致的运动情况,实际情况要复杂得多。

旋风分离器内的静压力在器壁附近最高,仅稍低于气体进口处的压力,往中心逐渐降低,在气芯中可降至气体出口压力以下。旋风分离器内的低压气芯由排气管入口一直延伸至底部出灰口。因此,如果出灰口或集尘室密封不良,便易漏入气体,把已收集在锥形底部的粉尘重新卷起,严重降低分离效果。

旋风分离器因其结构简单,造价低廉,没有活动部件,可用多种材料制造,适用温度范围广,分离效率较高,所以至今仍在化工、冶金、机械、食品、轻工等行业广泛采用。旋风分离器一般用来除去气流中直径在 $5\ \mu m$ 以上的颗粒。对颗粒含量高于 $200\ g/m^3$ 的气体,由于颗粒聚结作用,它甚至能除去直径在 $3\ \mu m$ 以下的颗粒。旋风分离器还可以从气流中分离除去雾沫。对于直径在 $200\ \mu m$ 以上的大颗粒,最好先用重力沉降法除去,以减少其对旋风分离器器壁的磨损;对于直径在 $5\ \mu m$ 以下的小颗粒,一般旋风分离器的捕集效率已不高,需用袋滤器或湿法捕集。旋风分离器不适用于处理黏性粉尘、含湿量高的粉尘及腐蚀性粉尘。此外,气量的波动对除尘效果及设备阻力影响较大。

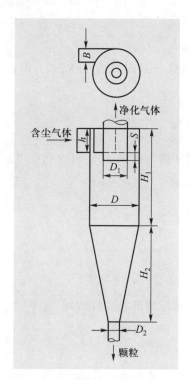

$h = D/2; B = D/4; D_1 = D/2; H_1 = 2D;$
$H_2 = 2D; S = D/8; D_2 = D/4$

图 3-9   标准旋风分离器

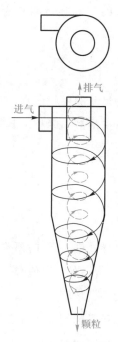

动画
旋风分
离器

图 3-10   气流在旋风分离器内
的运动情况

（2）旋风分离器的性能   评价旋风分离器性能的主要指标是从气流中分离颗粒的效果及气体经过旋风分离器的压降。分离效果可用临界粒径和分离效率来表示。

① 临界粒径   临界粒径是指理论上能够完全被旋风分离器分离下来的最小颗粒直径。临界粒径的大小很难精确测定，都是在一定简化条件下推出临界粒径的近似计算式，其简化假设如下：

假设 1   颗粒在层流区自由沉降。

假设 2   进入旋风分离器的气流严格按螺旋形路线做等速运动，其切向速度恒定且等于进口气速 u_i，颗粒的切向速度与气流相等，与颗粒所处位置无关。

假设 3   颗粒向器壁沉降时，其沉降距离为整个进气管宽度 B。

依假设 1 和假设 2，可以写出颗粒离心沉降速度为

$$u_r = \frac{d^2(\rho_s - \rho)}{18\mu} \cdot \frac{u_i^2}{R}$$

对气固混合物，因为固体颗粒的密度远大于气体密度，即 $\rho_s \gg \rho$，故 $\rho_s - \rho \approx \rho_s$；旋转半径 R 取平均值 R_m，则气流中颗粒的离心沉降速度为

$$u_r = \frac{d^2 \rho_s u_i^2}{18\mu R_m}$$

依假设 3，颗粒到达器壁所需的沉降时间应为

$$\theta_t = \frac{B}{u_r} = \frac{18\mu R_m B}{d^2 \rho_s u_i^2}$$

令气流的有效旋转圈数为 N_e，则气流在器内运行的距离为 $2\pi R_m N_e$，因此停留时间为

$$\theta = \frac{2\pi R_m N_e}{u_i}$$

若某种尺寸的颗粒所需的沉降时间 θ_t 恰好等于停留时间 θ，该颗粒就是理论上能被完全分离下来的最小颗粒。其直径即为临界粒径，用 d_c 表示，即

$$\frac{18\mu R_m B}{d_c^2 \rho_s u_i^2} = \frac{2\pi R_m N_e}{u_i}$$

得

$$d_c = \sqrt{\frac{9\mu B}{\pi N_e \rho_s u_i}} \tag{3-36}$$

虽然推导式(3-36)时所作的 2、3 两项假设与实际情况差距较大，但这个公式非常简单，只要给出合适的 N_e 值，求出 d_c 的值尚可参考。N_e 的数值一般为 $0.5\sim3.0$，标准旋风分离器的 N_e 为 5。

临界粒径是判断旋风分离器分离效率高低的重要依据。临界粒径越小，说明旋风分离器的分离性能越好。由于旋风分离器的其他尺寸均与 D 成一定比例，由式(3-36)可见，临界粒径随分离器尺寸增大而加大，因此大尺寸的旋风分离器的分离效果较小尺寸的差。所以，当气体处理量很大时，常将若干个小尺寸的旋风分离器并联使用(称为旋风分离器组)，以维持较好的除尘效果。

② 分离效率   旋风分离器的分离效率有两种表示法，一种是总效率，用 η_o 表示；另一种是分效率，又称粒级效率，用 η_p 表示。

总效率是指进入旋风分离器的全部颗粒中被分离下来的质量分数，即

$$\eta_o = \frac{C_1 - C_2}{C_1} \tag{3-37}$$

式中 C_1——旋风分离器进口气体含尘质量浓度，g/m^3；
        C_2——旋风分离器出口气体含尘质量浓度，g/m^3。

总效率是工程中最常用的，也是最易于测定的分离效率。但总效率无法显示旋风分离器对各种尺寸颗粒的不同分离效率。

含尘气流中的颗粒通常是大小不均匀的，通过旋风分离器之后，各种尺寸的颗粒被分离下来的百分数并不相同。按各种粒度分别表明其被分离下来的质量分数，称为粒级效率。通常将气流中所含颗粒的尺寸范围分成 n 个小段，而其中第 i 小段范围的颗粒(平均粒径为 d_i)的粒级效率定义为

$$\eta_{pi} = \frac{C_{1i} - C_{2i}}{C_{1i}} \tag{3-38}$$

式中 C_{1i}——进口气体中粒径在第 i 小段范围内的颗粒的质量浓度，g/m^3；

C_{2i}——出口气体中粒径在第 i 小段范围内的颗粒的质量浓度,g/m^3。

通过实测旋风分离器进、出气流中所含尘粒的浓度及粒度分布,可得粒级效率 η_p 与颗粒直径 d 的对应关系曲线,该曲线称为粒级效率曲线。

有时也将旋风分离器的粒级效率 η_p 标绘成粒径比 d/d_{50} 的函数曲线。d_{50} 是粒级效率恰为 50% 的颗粒直径,称为分割粒径。对图 3-9 所示的标准旋风分离器,其 d_{50} 可用下式估算:

$$d_{50} \approx 0.27 \sqrt{\frac{\mu D}{u_i(\rho_s - \rho)}} \tag{3-39}$$

标准旋风分离器的 $\eta_p - d/d_{50}$ 曲线见图 3-11。同一型式且尺寸比例相同的旋风分离器,其 $\eta_p - d/d_{50}$ 曲线相同,因此用 $\eta_p - d/d_{50}$ 曲线估算旋风分离器的效率较为方便。

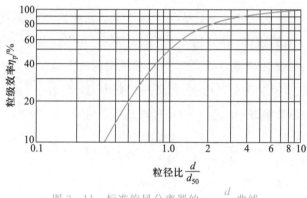

图 3-11 标准旋风分离器的 $\eta_p - \dfrac{d}{d_{50}}$ 曲线

旋风分离器总效率 η_o 可以由进、出口气体中颗粒的质量浓度依式(3-37)计算,也可以由气体中颗粒的粒度分布和粒级效率,按下式估算:

$$\eta_o = \sum_{i=1}^{n} w_i \eta_{pi} \tag{3-40}$$

式中　　w_i——粒径在第 i 小段范围内的颗粒占全部颗粒的质量分数;

　　　　η_{pi}——粒径在第 i 小段范围内的颗粒的粒级效率;

　　　　n——全部粒径被划分的段数。

因此,旋风分离器总效率取决于气流中所含尘粒的粒度分布和各种颗粒的粒级效率。即使同一设备处于同样操作条件下,如果气流含尘的粒度分布不同,也会得到不同的总效率。

③ 压降　压降即气流通过旋风分离器的能量损失,它是旋风分离器的另一重要指标。气体经旋风分离器时,由于进气管、排气管及主体器壁所引起的摩擦阻力,流动时的局部阻力及气体旋转运动所产生的动能损失等,造成气体的压降。仿照第一章的处理方法,将压降表示为气体进口动能的倍数,即

$$\Delta p = \zeta \frac{\rho u_i^2}{2} \tag{3-41}$$

式中　　ζ——比例系数,亦即阻力系数。

对于同一结构型式及尺寸比例的旋风分离器,ζ为常数,不因尺寸大小而变。例如,图3-9所示的标准旋风分离器,其阻力系数 ζ= 8.0。旋风分离器的压降一般为 500~2000 Pa。

气流在旋风分离器内的流动情况和分离机理均非常复杂,因此影响旋风分离器性能的因素较多,其中最重要的是物性及操作条件。一般说来,颗粒密度大、粒径大、进口气速高及粉尘浓度高等情况均有利于分离。含尘浓度高则有利于颗粒的聚结,可以提高效率,而且颗粒浓度增大可以抑制气体涡流,从而使阻力下降,所以较高的含尘浓度对压降与效率两个方面都是有利的。进口气速稍高有利于分离,但过高则导致涡流加剧,增大压降而不利于分离。因此,旋风分离器的进口气速在10~25 m/s为宜。

◆ 例3-4　用标准旋风分离器净化含尘气体。已知固体密度为 1100 kg/m³;气体密度为 1.2 kg/m³,黏度为 1.8×10^{-5} Pa·s,流量为 0.40 m³/s;允许压降为 1500 Pa。试估算(1) 旋风分离器的临界粒径;(2) 若需要处理的气体量加倍,欲维持原有分离效果(临界粒径)和压降要求不变,讨论各种可采用方案的可行性。

解:(1) 根据压降要求,依式(3-41)可计算进口气速:

$$u_i = \sqrt{\frac{2\Delta p}{\zeta\rho}} = \sqrt{\frac{2\times1500}{8.0\times1.2}} \text{ m/s} = 17.68 \text{ m/s}$$

旋风分离器进口截面积为 hB,$h=D/2$,$B=D/4$,所以,

$$hB = \frac{D^2}{8}$$

同时,

$$hB = \frac{V_s}{u_i}$$

故旋风分离器的圆筒直径为

$$D = \sqrt{\frac{8V_s}{u_i}} = \sqrt{\frac{8\times0.40}{17.68}} \text{ m} = 0.4254 \text{ m}$$

临界粒径:

$$d_c = \sqrt{\frac{9\mu B}{\pi N_e \rho_s u_i}} = \sqrt{\frac{9\times1.8\times10^{-5}\times0.4254/4}{\pi\times5\times1100\times17.68}} \text{ m} = 7.51\times10^{-6} \text{ m}$$

(2) 气体量加倍后可采用的方案有:① 仍然采用一台旋风分离器;② 采用两台相同旋风分离器串联;③ 采用两台相同旋风分离器并联,分别计算如下。

① 单台旋风分离器

依压降计算出的进口气速仍然是 17.68 m/s,因此,旋风分离器的圆筒直径为

$$D = \sqrt{\frac{8V_s}{u_i}} = \sqrt{\frac{8\times0.80}{17.68}} \text{ m} = 0.6017 \text{ m}$$

临界粒径:

$$d_c = \sqrt{\frac{9\mu B}{\pi N_e \rho_s u_i}} = \sqrt{\frac{9 \times 1.8 \times 10^{-5} \times 0.6017/4}{\pi \times 5 \times 1100 \times 17.68}} \ \text{m} = 8.93 \times 10^{-6} \ \text{m}$$

② 两台相同旋风分离器串联

若忽略级间连接管的阻力,每台旋风分离器允许的压降为

$$\Delta p = \left(\frac{1}{2} \times 1500\right) \ \text{Pa} = 750 \ \text{Pa}$$

则旋风分离器的进口气速为

$$u_i = \sqrt{\frac{2\Delta p}{\zeta \rho}} = \sqrt{\frac{2 \times 750}{8.0 \times 1.2}} \ \text{m/s} = 12.5 \ \text{m/s}$$

每台旋风分离器的直径为

$$D = \sqrt{\frac{8V_s}{u_i}} = \sqrt{\frac{8 \times 0.80}{12.5}} \ \text{m} = 0.7155 \ \text{m}$$

$$d_c = \sqrt{\frac{9\mu B}{\pi N_e \rho_s u_i}} = \sqrt{\frac{9 \times 1.8 \times 10^{-5} \times 0.7155/4}{\pi \times 5 \times 1100 \times 12.5}} \ \text{m} = 1.159 \times 10^{-5} \ \text{m}$$

③ 两台相同旋风分离器并联

当两台相同旋风分离器并联时,每台旋风分离器的气体流量为 $\left(\frac{1}{2} \times 0.8\right) \text{m}^3/\text{s} =$ 0.4 m^3/s,而每台旋风分离器的允许压降仍为 1500 Pa,则进口气速仍为 17.68 m/s。因此每台旋风分离器的直径和分离的临界粒径仍与第一问相同。

由上面的计算结果可以看出,当气体处理量增加时,选用一台大旋风分离器将使临界粒径增大,分离效果变差;选用两台相同旋风分离器串联时,为维持总压降只能降低进口气速,也使旋风分离器尺寸增大,临界粒径增大;采用两台相同旋风分离器并联时,可维持原有分离效果,并且旋风分离器尺寸小,设备投资省。多台旋风分离器并联使用时,须特别注意解决气流的均匀分配及出灰口的窜漏问题,以便在保证气体处理量的前提下兼顾分离效率与气体压降的要求。

(3) 旋风分离器的类型　　旋风分离器的性能不仅受含尘气的物理性质、含尘浓度、粒度分布及操作条件的影响,还与设备的结构尺寸密切相关。只有各部分结构尺寸恰当,才能获得较高的分离效率和较低的压降。

近年来,旋风分离器的结构设计主要从以下几个方面进行改进,以提高分离效率或降低压降。

采用细而长的器身,减小器身直径可增大惯性离心力,增加器身长度可延长气体停留时间,所以,细而长的器身有利于颗粒的离心沉降,使分离效率提高。但当器身增加到一定程度后,效果就不再明显。

减小涡流的影响,含尘气体自进气管进入旋风分离器后,有一小部分气体向顶盖流动,然后沿排气管外侧向下流动,当达到排气管下端时汇入上升的内旋气流中,这部分气

流称为上涡流。上涡流中的颗粒也随之由排气管排出,使旋风分离器的分离效率降低。采用带有旁路分离室或采用异形进气管的旋风分离器,可以改善上涡流的影响。

在标准旋风分离器内,内旋流旋转上升时,会将沉积在锥底的部分颗粒重新扬起,这是影响分离效率的另一重要原因。为抑制这种不利因素,设计了扩散式旋风分离器。

此外,排气管和灰斗尺寸的合理设计都可使除尘效率提高。

鉴于以上考虑,对标准旋风分离器加以改进,设计出了一些新的结构型式。目前我国对各种类型的旋风分离器已制定了系列标准,各种型号旋风分离器的尺寸和性能均可从有关资料和手册中查到。现列举几种化工中常见的旋风分离器类型。

① XLT/A 型　这种旋风分离器具有倾斜螺旋面进口,其结构如图 3-12 所示。倾斜方向进气可在一定程度上减小涡流的影响,并使气流阻力较低(阻力系数 ζ 值可取5.0～5.5)。

② XLP 型　XLP 型是带有旁路分离室的旋风分离器,采用蜗壳式进气口,其上沿较器体顶盖稍低。含尘气进入器内后即分为上、下两股旋流。"旁室"结构能迫使被上旋流带到顶部的细微尘粒聚结并由旁室进入向下旋转的主气流而得以捕集,对直径为 5 μm 以上的尘粒具有较高的分离效果。根据器体及旁路分离室形状的不同,XLP 型又分为 A 和 B 两种型式,图 3-13 所示为 XLP/B 型,其阻力系数 ζ 值可取 4.8～5.8。

③ XLK 型(扩散式)　XLK 型(扩散式)旋风分离器的结构如图 3-14 所示,其主要

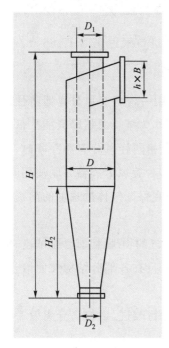
$h=0.66D;B=0.26D;$
$D_1=0.6D;D_2=0.3D;$
$H_2=2D;H=(4.5\sim4.8)D$

图 3-12　XLT/A 型旋风分离器

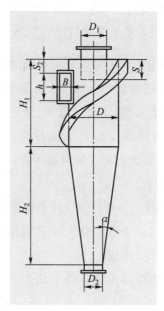
$h=0.6D;B=0.3D;D_1=0.6D;$
$D_2=0.3D;H_1=1.7D;H_2=2.3D;$
$S=0.8D+0.3D;S_2=0.28D;\alpha=14°$

图 3-13　XLP/B 型旋风分离器

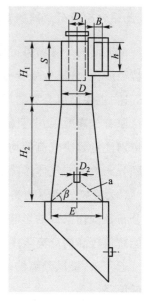
$h=D;B=0.26D;D_1=0.6D;$
$D_2=0.1D;H_1=2D;H_2=3D;$
$S=1.1D;E=1.65D;\beta=45°$

图 3-14　XLK 型(扩散式)旋风分离器

特点是具有上小下大的外壳,并在底部装有挡灰盘(又称反射屏)。挡灰盘 a 为倒置的漏斗形,顶部中央有孔,下沿与器壁底圈留有缝隙。沿壁面落下的颗粒经此缝隙降至集尘箱内,而气流主体被挡灰盘隔开,少量进入箱内的气体则经挡灰盘顶部的小孔返回器内,与上升旋流汇合经排气管排出。挡灰盘有效地防止了已沉下的细粉被气流重新卷起,因而使效率提高,尤其对直径为 $10~\mu m$ 以下的颗粒,分离效果更为明显。

(4)旋风分离器的选用　选择旋风分离器时,首先应根据系统的物性,结合各型设备的特点,选定旋风分离器的类型;然后依据含尘气的体积流量,要求达到的分离效率,允许的压降计算决定旋风分离器的型号与个数。工业常用旋风分离器的类型及操作性能如表3-1所示。严格地按照上述三项指标计算指定型式的旋风分离器尺寸与个数,需要知道该型设备的粒级效率及气体中颗粒的粒度分布数据或曲线。但实际往往缺乏这些数据,因此难以对分离效率作出准确计算,只能在满足生产能力及允许压降的同时,对效率作粗略的考虑。

表 3-1　工业常用旋风分离器的类型及操作性能

性能	型号		
	XLT/A 型	XLP/B 型	XLK 型(扩散式)
适宜气速 m/s	12～18	12～20	12～20
除尘粒度 μm	>10	>5	>5
含尘质量浓度 g/m^3	4.0～50	>0.5	1.7～200
阻力系数 ζ	5.0～5.5	4.8～5.8	7～8

2. 旋液分离器

旋液分离器又称水力旋流器,是利用离心沉降原理从悬浮液中分离固体颗粒的设备,它的结构与操作原理和旋风分离器类似,如图3-15所示。旋液分离器底部排出的增浓液称为底流;从顶部的中心管排出的称为溢流。顶部排出清液的操作称为增浓,顶部排出含细小颗粒液体的操作称为分级。旋液分离器的结构特点是直径小而圆锥部分长。因为液固密度差比气固密度差小,在一定的切线进口速度下,较小的旋转半径可使颗粒受到较大的离心力而提高沉降速度;同时,锥形部分加长可增大液流的行程,从而延长了悬浮液在器内的停留时间,有利于液固分离。

旋液分离器中颗粒沿器壁快速运动,对器壁产生严重磨损,因此,旋液分离器应采用耐磨材料制造或采用耐磨材料作内衬。

旋液分离器的粒级效率和颗粒直径的关系曲线与旋风分离器颇为相似,并且同样可根据粒级效率及粒径分布计算总效率。

旋液分离器不仅可用于悬浮液的增浓、分级,还可用于不互溶液体的分离,气液分离

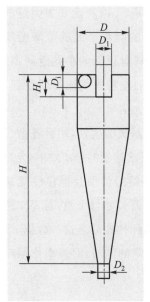

	增浓	分级
D_i	$D/4$	$D/7$
D_1	$D/3$	$D/7$
H	$5D$	$2.5D$
H_1	$(0.3{\sim}0.4)D$	$(0.3{\sim}0.4)D$

图 3 – 15　旋液分离器

及传热、传质和雾化等操作中,因而广泛应用于多种工业领域中。

根据增浓或分级用途的不同,旋液分离器的尺寸比例也有相应的变化,见图 3 – 15 中的标注。在进行旋液分离器设计或选型时,应根据工艺的不同要求,对技术指标或经济指标加以综合权衡,以确定设备的最佳结构及尺寸比例。例如,用于分级时,分割粒径通常为工艺所规定,而用于增浓时,则往往规定总收率或底流浓度。从分离角度考虑,在给定处理量时,选用若干小直径旋液分离器并联运行,其效果要比使用一个大直径的旋液分离器好得多。正因如此,多数制造厂家都提供不同结构的旋液分离器组,使用时可单级操作,也可并联操作,以获得更高的分离效率。

近年来,各国研究者对超小型旋液分离器(指直径小于 15 mm 的旋液分离器)进行开发。超小型旋液分离器组适用于微细物料悬浮液的分离操作,颗粒直径可小到 $2{\sim}5\ \mu\text{m}$。

3.2　过滤分离原理及设备

演示文稿

3.2.1　流体通过固体颗粒床层的流动

流体流过颗粒床层的流动,也是实际生产中经常会遇到的过程。其流动特性与流体流经管道的情况有相同之处,即都是流体相对于固体界面的流动,但床层中颗粒任意堆积,形成的流道形状多变,很不规则,边界条件复杂,对于这种复杂流道内的流动规律的研究,需要先了解组成流道的颗粒群的特性。

一、固体颗粒群的特性

生产中所处理的颗粒物料通常是大小不等的,这时需对颗粒群进行筛分分析,确定颗粒的粒度分布及平均直径。

1. 颗粒群的粒度分布

颗粒粒度的测量方法有很多,如筛分法、显微镜法、沉降法、电感应法、激光衍射法、动态光散射法等,这里介绍筛分法。筛分是用单层或多层筛面将松散的物料按颗粒粒度分成两个或多个不同粒级产品的过程。筛分分析是在一套标准筛中进行的,标准筛的筛网为金属丝网,各国标准筛的规格不尽相同,我国使用泰勒标准筛,以每英寸边长的孔数为筛号,称为目。例如,100 目的筛子表示每英寸筛网上有 100 个筛孔。泰勒标准筛的目数和对应孔径的数据可从有关手册中查到。

筛分时,尺寸小于筛孔尺寸的物料通过筛孔,称为筛过量,尺寸大于筛孔尺寸的物料被截留在筛面上,称为筛余量。若用 n 层筛面,可得 $n+1$ 种产品。用标准筛测粒度分布时,将一套标准筛按筛孔上大下小的顺序叠在一起,若从上向下筛子的序号分别为 1,$2,\cdots,i-1,i$,相应筛孔的直径分别为 $d_1,d_2,\cdots,d_{i-1},d_i$。筛分后不同粒度的颗粒分别被截留于各号筛网面上。第 i 号筛网上的颗粒的尺寸应在 d_{i-1} 和 d_i 之间,分别称取各号筛网上的颗粒质量,即可得到样品的粒度分布。样品的粒度分布可以用表格表示,也可以表示为分布函数曲线或频率函数曲线。

停留在第 i 层筛网上的颗粒的平均直径 d_{pi} 值按 d_{i-1} 和 d_i 的算术平均值计算,即

$$d_{pi} = \frac{d_i + d_{i-1}}{2} \tag{3-42}$$

第 i 层筛网所对应的分布函数 F_i 定义为第 i 层筛网的筛过量占样品总量的质量分数,以 d_{pi} 为横坐标,F_i 为纵坐标得到的曲线即为分布函数曲线。如图 3-16 所示。

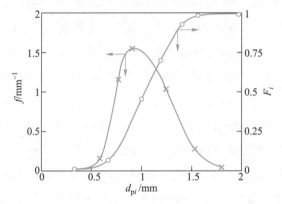

图 3-16   颗粒的分布函数曲线和频率函数曲线

定义频率函数为

$$f = \frac{\mathrm{d}F}{\mathrm{d}(d_p)} \tag{3-43}$$

有了分布函数曲线,很容易通过数学方法得到分布函数曲线上各点的斜率,即频率函数 f 值,以 d_{pi} 为横坐标,f 为纵坐标作图得到频率函数曲线。如图 3-16 所示。

2. 颗粒群的平均直径

根据各号筛网上截留的颗粒质量,可以计算出直径为 d_{pi} 的颗粒占全部样品的质量分数 w_i,按下式可计算出颗粒群的平均直径:

$$\overline{d}_p = \frac{1}{\sum \dfrac{w_i}{d_{pi}}} \tag{3-44}$$

式中 $\overline{d}_p$——颗粒群的平均直径,m;

w_i——粒径段内颗粒的质量分数；

d_{pi}——被截留在第 i 层筛网上的颗粒的平均直径，m。

二、固体颗粒床层的特性

大量固体颗粒堆积在一起便形成颗粒床层。流体流经颗粒床层时，床层中的固体颗粒静止不动，此时的颗粒床层又称为固定床。描述颗粒床层的特性参数主要有以下几项。

1. 床层的空隙率

床层中颗粒之间的空隙体积与整个床层体积之比，称为床层的空隙率（或称空隙度），以 ε 表示，即

$$\varepsilon = \frac{\text{床层体积} - \text{颗粒体积}}{\text{床层体积}}$$

式中　　ε——床层的空隙率，m^3/m^3。

空隙率的大小与颗粒形状、粒度分布、颗粒直径与床层直径的比值、床层的填充方式等因素有关。对颗粒形状和直径均一的非球形颗粒床层，其空隙率主要取决于颗粒的球形度和床层的填充方式。填充方式对床层空隙率的影响较大，采用"湿装法"（即在容器中先装入一定高度的水，然后再逐渐加入颗粒）填充颗粒，通常形成较疏松的排列。非球形颗粒的球形度越小，则床层的空隙率越大。由大小不均匀的颗粒所填充成的床层，小颗粒可以嵌入大颗粒之间的空隙中，因此床层空隙率比均匀颗粒填充的床层小。粒度分布越不均匀，床层的空隙率就越小；颗粒表面越光滑，床层的空隙率亦越小。因此，采用大小均匀的颗粒是提高固定床空隙率的一个方法。

空隙率在床层同一截面上的分布是不均匀的，在容器壁面附近，空隙率较大；而在床层中心处，空隙率较小。器壁对空隙率的这种影响称为壁效应。壁效应使得流体通过床层的速度不均匀，流动阻力较小的近壁处的流速较床层内部大。改善壁效应的方法通常是限制床层直径与颗粒直径之比不得小于某极限值。若床层的直径比颗粒的直径大得多，则壁效应可忽略。

床层的空隙率可通过实验测定。在体积为 V 的颗粒床层中加水，直至水面达到床层表面，测定加入水的体积 $V_水$，则床层空隙率为 $\varepsilon = V_水/V$。也可用称量法测定，称量体积为 V 的床层中颗粒的质量为 G，若固体颗粒的密度为 ρ_s，则床层的空隙率为

$$\varepsilon = \frac{V - G/\rho_s}{V}。$$

一般非均匀、非球形颗粒的乱堆床层的空隙率在 $0.47 \sim 0.7$。均匀的球体最松排列时的空隙率为 0.48，最紧密排列时的空隙率为 0.26。

2. 床层的自由截面积

床层截面上未被颗粒占据的流体可以自由通过的面积称为床层的自由截面积。

小颗粒乱堆床层可认为是各向同性的。各向同性床层的重要特性之一是其自由截

面积与床层截面积之比在数值上与床层空隙率相等。同床层空隙率一样,由于壁效应的影响,壁面附近的自由截面积较大。

3. 床层的比表面积

床层的比表面积是指单位体积床层中具有的颗粒表面积(即颗粒与流体接触的表面积)。如果忽略床层中颗粒间相互重叠的接触面积,对于空隙率为 ε 的床层,床层的比表面积 a_b(单位为 m^2/m^3)与颗粒物料的比表面积 a 具有如下关系:

$$a_b=(1-\varepsilon)a \qquad (3-45)$$

床层的比表面积也可用颗粒的堆积密度估算,即

$$a_b=\frac{6(1-\varepsilon)}{d}=\frac{6\rho_b}{\rho_s d} \qquad (3-46)$$

式中 ρ_b——颗粒的堆积密度,kg/m^3;

         ρ_s——颗粒的真实密度,kg/m^3。

4. 床层的当量直径

流体在固定床中流动时,实际是在固定床颗粒间的空隙内流动,而这些空隙所构成的流道的结构非常复杂,彼此交错连通,大小、形状有很大差别,很不规则。因此,流体在固定床中的流动情况比流体在管道中的流动要复杂得多,难以精确描述,只能采用简化模型来处理,即将固定床中不规则的流道简化成一组与床层高度相等的平行细管。细管的当量直径可由床层的空隙率和颗粒的比表面积来计算。依照第一章非圆形管的当量直径定义,床层流道的当量直径 d_{eb} 为

$$d_{eb}=4\times水力半径=4\times流通截面/润湿周边$$

若分子、分母同乘以流道长度,上式变为

$$d_{eb}=4\times流道容积/流道表面积$$

考虑面积为 $1\ m^2$,高度为 $1\ m$ 的固定床,则

$$床层体积=(1\times1)\ m^3=1\ m^3$$

假设细管的全部流动空间等于床层的空隙体积,则

$$流道容积=(1\times\varepsilon)\ m^3=\varepsilon\ m^3$$

若忽略床层中因颗粒相互接触而彼此覆盖的表面积,则

$$流道表面积=颗粒体积\times颗粒比表面积=1\times(1-\varepsilon)a\ m^2$$

所以床层流道的当量直径

$$d_{eb}=\frac{4\varepsilon}{(1-\varepsilon)a} \qquad (3-47)$$

三、流体通过固体颗粒床层(固定床)的压降

流体通过固定床的压降主要有两方面,一是流体与颗粒表面间的摩擦作用产生的压降;二是流动过程中,孔道截面积突然扩大和突然缩小,以及流体对颗粒的撞击产生的压降。层流时,压降主要由表面摩擦作用产生,而湍流时,或在薄的床层中流

动时,突然扩大和突然缩小的损失起主要作用。采用计算床层当量直径时所用的简化模型,将流体通过床层的流动看成流体通过一组当量直径为 d_{eb} 的平行细管的流动,其压降为

$$\Delta p_f = \lambda \frac{L}{d_{eb}} \frac{\rho u_1^2}{2} \tag{3-48}$$

式中　　L——床层高度,m;

　　　　d_{eb}——床层流道的当量直径,m;

　　　　u_1——流体在床层内的实际流速,m/s。

u_1 与按整个床层截面计算的空床流速 u 的关系为

$$u_1 = \frac{u}{\varepsilon} \tag{3-49}$$

将式(3-47)、式(3-49)代入式(3-48)得

$$\frac{\Delta p_f}{L} = \frac{\lambda}{8} \frac{(1-\varepsilon)a}{\varepsilon^3} \rho u^2 = \lambda' \frac{(1-\varepsilon)a}{\varepsilon^3} \rho u^2 \tag{3-50}$$

流体通过床层的摩擦系数 λ' 是床层雷诺数的函数。床层雷诺数 Re_b 定义为

$$Re_b = \frac{d_{eb} u_1 \rho}{4\mu} = \frac{\rho u}{a(1-\varepsilon)\mu} \tag{3-51}$$

康采尼(Kozeny)在层流($Re_b \leqslant 2$)情况下进行实验,得到

$$\lambda' = \frac{K}{Re_b} \tag{3-52}$$

式中 K 称为康采尼常数,通常取 $K=5$。将式(3-52)代入式(3-50)中得

$$\frac{\Delta p_f}{L} = 5 \frac{(1-\varepsilon)^2 a^2 u\mu}{\varepsilon^3} \tag{3-53}$$

式(3-53)称为康采尼方程。

欧根(Ergun)在较宽的 Re_b 范围内进行实验,得到如下关联式:

$$\lambda' = \frac{4.17}{Re_b} + 0.29 \tag{3-54}$$

将式(3-51)、式(3-54)代入式(3-50)中得

$$\frac{\Delta p_f}{L} = 4.17 \frac{(1-\varepsilon)^2 a^2 u\mu}{\varepsilon^3} + 0.29 \frac{(1-\varepsilon)a\rho u^2}{\varepsilon^3} \tag{3-55}$$

将式(3-10)代入得

$$\frac{\Delta p_f}{L} = 150 \frac{(1-\varepsilon)^2 u\mu}{\varepsilon^3 (\phi_s d_e)^2} + 1.75 \frac{(1-\varepsilon)\rho u^2}{\varepsilon^3 (\phi_s d_e)} \tag{3-56}$$

式(3-56)称为欧根方程,适用于 $Re_b = 0.17 \sim 330$。当 Re_b 较小时,流动基本为层流,式中右边第二项可忽略;当 Re_b 较大时,流动为湍流,式中右边第一项可忽略。

3.2.2 过滤操作的原理

过滤是在外力作用下,使悬浮液中的液体通过多孔介质的孔道,而固体颗粒被截留在介质上,从而实现固、液分离的操作。其中多孔介质称为过滤介质,所处理的悬浮液称为滤浆或料浆,滤浆中被过滤介质截留的固体颗粒称为滤饼或滤渣,滤浆中通过滤饼及过滤介质的液体称为滤液。图3-17是过滤操作的示意图。

实现过滤操作的外力可以是重力、压力差或惯性离心力。在化工中应用最多的是以压力差为推动力的过滤。

过滤是分离悬浮液最普遍有效的单元操作之一,在化工生产中被广泛采用。通过过滤操作可获得洁净的液体或固相产品。与沉降分离相比,过滤可使悬浮液的分离更迅速、更彻底。在某些场合,过滤是沉降的后续操作。过滤与蒸发、干燥等非机械操作相比,其能耗较低,适合于除去大量水分。

一、过滤方式

目前工业应用的过滤操作方式主要有以下几种。

1. 饼层过滤

过滤时固体物质沉积于介质表面而形成滤饼层。由于滤浆中固体颗粒大小不一,过滤介质中微细孔道的尺寸可能大于悬浮液中部分小颗粒的尺寸,因而,过滤之初会有一些细小颗粒穿过介质而使滤液浑浊,但是不久颗粒会在孔道中发生"架桥"现象(见图3-18),之后小于孔道尺寸的细小颗粒也能被截留,此时滤饼开始形成,滤液变清,过滤真正开始进行。所以在饼层过滤中,真正发挥截留颗粒作用的主要是滤饼层而不是过滤介质。通常,过滤开始阶段得到的浑浊液,待滤饼形成后应返回滤浆槽重新处理。饼层过滤适用于处理固体含量较高(固相体积分数约在1%以上)的悬浮液。

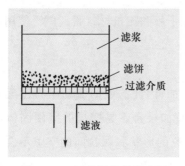

图3-17 过滤操作的示意图

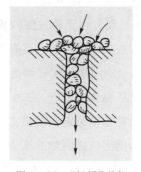

图3-18 "架桥"现象

2. 深床过滤

过滤介质是很厚的颗粒床层,过滤时并不形成滤饼,悬浮液中的颗粒尺寸小于床层孔道尺寸。当悬浮液通过过滤介质时,其中的固体颗粒由于表面力和静电的作用而附着在孔道壁上,被截留在过滤介质床层内部,这种过滤适用于处理固体颗粒含量极少(固相体积分数在 0.1% 以下)、颗粒很小的悬浮液。如自来水厂饮用水的净化,从合成纤维丝液中除去极细固体物质,啤酒、果汁、色拉油等液体食品的过滤均采用这种过滤方法。

3. 膜过滤

膜过滤作为一种精密分离技术,可以实现分子级过滤,它是利用膜孔隙的选择透过性进行两相分离的技术。以膜两侧的压力差为推动力,使溶剂、无机离子、小分子等透过膜,而截留微粒及大分子。膜过滤可分为微滤、超滤、纳滤、反渗透,其截留颗粒尺寸为:微滤截留 $0.1 \sim 10 \ \mu m$ 的微粒,超滤截留 $0.005 \sim 0.1 \ \mu m$ 的微粒,纳滤截留 $0.5 \sim 5 \ nm$ 的微粒,反渗透截留 $0.1 \sim 1 \ nm$ 的微粒,而常规过滤截留 $10 \ \mu m$ 以上的颗粒。近年来,工业生产中要求分离的滤浆中的颗粒越来越细,使得膜过滤技术发展很快,并且已应用于许多行业。

本节只讨论饼层过滤。

二、过滤介质

过滤介质起着支撑滤饼的作用,对其基本要求是具有足够的机械强度和尽可能小的流动阻力,同时,还应具有相应的化学稳定性、耐腐蚀性和耐热性。应用于食品和生物制品过滤的介质还应考虑无毒、不易滋生微生物、易清洗消毒等因素。

工业上常用的过滤介质主要有:

(1) 织物介质(又称滤布) 指由棉、毛、丝、麻等天然纤维及合成纤维制成的织物,以及由玻璃丝、金属丝等织成的网。这类介质能截留颗粒的最小直径为 $5 \sim 65 \ \mu m$。织物介质在工业上应用最为广泛。

(2) 堆积介质 由各种固体颗粒(砂、木炭、石棉、硅藻土)或非编织纤维等堆积而成,多用于深床过滤中。

(3) 多孔固体介质 具有很多微细孔道的固体材料,如多孔陶瓷、多孔塑料及多孔金属制成的管或板,能截留 $1 \sim 3 \ \mu m$ 的微细颗粒。

(4) 多孔膜 用于膜过滤的各种有机高分子膜和无机材料膜。广泛使用的是粗醋酸纤维素和芳香聚酰胺系两大类有机高分子膜。

三、滤饼的压缩性和助滤剂

随着过滤操作的进行,滤饼的厚度逐渐增加,因此滤液的流动阻力也逐渐增加。构成滤饼的颗粒特性决定流动阻力的大小。颗粒如果是不易变形的坚硬固体(如硅藻土、碳酸钙等),则当滤饼两侧的压力差增大时,颗粒的形状和颗粒间的空隙不会发生明显变化,单位厚度床层的流动阻力可视作恒定,这类滤饼称为不可压缩滤饼。相反,如果滤饼中的固体颗粒受压会发生变形,如豆渣、干酪和一些胶体物质,则当滤饼两侧的压力差增大时,颗粒的形状会有明显的改变,颗粒间的空隙减小,单位厚度饼层的流动阻力随压力差增大而增大,这种滤饼称为可压缩滤饼。

为了降低可压缩滤饼的过滤阻力,可加入助滤剂以改变滤饼的结构。助滤剂是某种质地坚硬而能形成疏松饼层的固体颗粒或纤维状物质,将其混入悬浮液或预涂于过滤介质上,可以改善饼层的性能,使滤液得以畅流。

对助滤剂的基本要求如下:

(1)能形成多孔饼层的刚性颗粒,使滤饼有良好的渗透性及较低的流动阻力。

(2)有化学稳定性,不与悬浮液发生化学反应,不溶于液相中。

(3)在过滤操作的压力差范围内,应具有不可压缩性,以保持滤饼较高的空隙率。

一般只有在以获得清净滤液为目的时,才使用助滤剂。常用的助滤剂有硅藻土、珍珠岩粉、活性炭和石棉粉等。

近年来,国内外过滤分离技术的研究重点在于如何强化过滤过程,提高过滤速率,如研究新型、功能型滤布,烧结网,滤纸板,滤膜等;采用新型过滤技术,如动态过滤、高梯度磁过滤技术等。动态过滤是料浆平行于过滤面高速流动,限制了滤饼的增长从而保持高的过滤速率,它特别适用于低浓度悬浮液的浓缩。近年来人们发现借助于辅助力场(电场或振荡力场)的共同作用可大幅度提高动态过滤速率。高梯度磁过滤技术,是让滤浆流过高梯度磁过滤场,利用高梯度磁场产生的强大的磁场力,除去滤浆中的磁性固体。

3.2.3 过滤过程的物料衡算

对于指定的料浆,若要获得一定量的滤液,则必定形成相应量的滤饼,二者之间的关系可由物料衡算推出。由于固体颗粒不溶于滤液,因此料浆体积可视为滤饼体积和滤液体积之和。设料浆的体积为 V_0,其中固相的体积分数为 φ。过滤后,获得滤液体积为 V,相应滤饼的体积为 V_c,滤饼的空隙率为 ε。过滤过程的物料衡算如下:

一、体积衡算

由物料的总体积衡算得

$$V_0 = V + V_c \tag{3-57}$$

对固体颗粒作体积衡算得

$$V_0 \varphi = V_c(1-\varepsilon) \tag{3-58}$$

联立式(3-57)与式(3-58)解得滤饼体积与滤液体积之比为

$$v = \frac{V_c}{V} = \frac{\varphi}{1-\varepsilon-\varphi} \tag{3-59}$$

则

$$V_c = Vv = LA \tag{3-60}$$

式中　　V_0——料浆的体积,m^3;

　　　　V——滤液的体积,m^3;

　　　　V_c——取得滤液体积为 V 时的滤饼体积,m^3;

　　　　φ——料浆中固相的体积分数,m^3 固体/m^3 料浆;

　　　　ε——滤饼的空隙率,m^3 滤饼空隙/m^3 滤饼;

　　　　v——滤饼体积与滤液体积之比,m^3 滤饼/m^3 滤液;

L——滤饼厚度，m；

A——过滤面积，m^2。

若料浆中固体颗粒的量以质量分数 w 表示，则

$$\varphi = \frac{w}{\rho_s} \Big/ \left(\frac{w}{\rho_s} + \frac{1-w}{\rho} \right) \tag{3-61}$$

式中　　w——料浆中固相的质量分数，kg 固体/kg 料浆；

ρ_s——固体颗粒的密度，kg/m^3；

ρ——滤液的密度，kg/m^3。

二、质量衡算

若已知滤饼的密度 ρ_c 和料浆的密度 ρ_F，则由物料的总质量衡算得

$$(V+V_c)\rho_F = V\rho + V_c\rho_c \tag{3-62}$$

式中　　ρ_c——滤饼的密度，kg/m^3；

ρ_F——料浆的密度，kg/m^3。

联立式(3-59)和式(3-62)解得

$$v = \frac{v_c}{V} = \frac{\rho_F - \rho}{\rho_c - \rho_F} \tag{3-63}$$

同时，料浆的密度按下式计算：

$$\rho_F = 1 \Big/ \left(\frac{w}{\rho_s} + \frac{1-w}{\rho} \right) \tag{3-64}$$

◆ 例 3-5　在 25 ℃下用板框过滤机过滤某悬浮液，悬浮液含固体 2.5%(质量分数)，固相密度为 2930 km/m^3，液相为水，过滤后形成的滤饼中含水 30%(质量分数)，试求过滤后形成的滤饼体积与滤液体积之比。

解：取水的密度为 1000 kg/m^3。1 kg 滤饼中含 0.3 kg 水和 0.7 kg 固相，其体积为

$$\left(\frac{0.3}{1000} + \frac{0.7}{2930} \right) m^3 = 5.389 \times 10^{-4}\ m^3$$

$$\rho_c = \left(\frac{1}{5.389 \times 10^{-4}} \right) kg/m^3 = 1855.6\ kg/m^3$$

由式(3-64)得

$$\rho_F = \left[\frac{1}{\dfrac{2.5\%}{2930} + \dfrac{1-2.5\%}{1000}} \right] kg/m^3 = 1016.7\ kg/m^3$$

由式(3-63)得

$$v = \frac{1016.7 - 1000}{1855.6 - 1016.7} = 0.0199$$

用式(3-59)计算得到相同的结果。

3.2.4 过滤基本方程

一、滤液通过饼层的流动

滤液通过滤饼和过滤介质的流动是流体流经固体床层的一种情况。所不同的是过滤操作时,滤饼厚度随过程进行而不断增加。操作中可维持操作压力不变,则随滤饼增厚,过滤阻力加大,滤液通过的速率将逐渐减小;也可以维持滤液通过速率不变,则需不断增大操作压力。

在过滤操作中,由于构成滤饼层的颗粒尺寸通常很小,形成的滤液通道不仅细小曲折,而且相互交联,形成不规则的网状结构,所以通常滤液流速很小,多属于层流流动的范围,因此,可用康采尼方程描述,将式(3-53)应用于过滤过程,即

$$u = \frac{\varepsilon^3}{5a^2(1-\varepsilon)^2}\left(\frac{\Delta p_c}{\mu L}\right) \tag{3-65}$$

式中　　Δp_c——滤液通过滤饼层的压降,Pa;

　　　　L——床层厚度,m;

　　　　μ——滤液黏度,Pa·s;

　　　　ε——床层空隙率,m^3/m^3;

　　　　a——颗粒比表面积,m^2/m^3;

　　　　u——按整个床层截面计算的滤液流速,m/s。

二、过滤速度与过滤速率

过滤速度是单位时间通过单位过滤面积的滤液体积,单位为 m/s。依式(3-65)得

$$u = \frac{dV}{Ad\theta} = \frac{\varepsilon^3}{5a^2(1-\varepsilon)^2}\left(\frac{\Delta p_c}{\mu L}\right) \tag{3-65a}$$

过滤速率定义为单位时间获得的滤液体积,单位为 m^3/s。可写成

$$\frac{dV}{d\theta} = \frac{\varepsilon^3}{5a^2(1-\varepsilon)^2}\left(\frac{A\Delta p_c}{\mu L}\right) \tag{3-65b}$$

式中　　V——滤液量,m^3;

　　　　θ——过滤时间,s;

　　　　A——过滤面积,m^2。

过滤速度是单位过滤面积上的过滤速率,注意不要将二者混淆。若过滤过程中其他因素维持不变,则由于滤饼厚度不断增加,过滤速度会逐渐变小。上面两式表示的是任一瞬间的过滤速度和过滤速率。

三、滤饼的阻力

式(3-65a)和式(3-65b)中的 $\dfrac{\varepsilon^3}{5a^2(1-\varepsilon)^2}$ 反映了颗粒及颗粒床层的特性,其值由物料性质决定。若以 $1/r$ 代表,即

$$r = \frac{5a^2(1-\varepsilon)^2}{\varepsilon^3} \qquad (3-66)$$

则式(3-65a)可写成

$$\frac{dV}{A\,d\theta} = \frac{\Delta p_c}{\mu r L} = \frac{\Delta p_c}{\mu R} \qquad (3-65c)$$

式中 R——滤饼阻力,$1/m$,其计算式为

$$R = rL \qquad (3-67)$$

r——滤饼的比阻,即单位厚度床层的阻力,$1/m^2$。

比阻 r 在数值上等于黏度为 1 Pa·s 的滤液以 1 m/s 的平均流速通过厚度为 1 m 的滤饼层时所产生的压降。比阻反映了颗粒形状、尺寸及床层的空隙率对滤液流动的影响。床层空隙率 ε 越小及颗粒比表面积 a 越大,则床层越致密,对流体流动的阻滞作用也越大。对于不可压缩滤饼,过滤过程中滤饼层的空隙率 ε 可视为常数,颗粒的形状、尺寸也不改变,比表面积 a 亦为常数,因此,比阻 r 为常数。

显然,式(3-65c)具有速度=推动力/阻力的形式,式中 $\mu r L$ 或 μR 为过滤阻力。其中 μr 为比阻,但因 μ 代表滤液的影响因素,rL 代表滤饼的影响因素,因此习惯上将 r 称为滤饼的比阻,R 称为滤饼阻力。

四、过滤介质的阻力

仿照式(3-65c)可以写出滤液穿过过滤介质层的速度关系式:

$$\frac{dV}{A\,d\theta} = \frac{\Delta p_m}{\mu R_m} \qquad (3-68)$$

式中 Δp_m——过滤介质两侧的压力差,Pa;

R_m——过滤介质阻力,$1/m$。

饼层过滤中,过滤介质的阻力一般都比较小,但在过滤初期,滤饼还较薄时,介质阻力占总阻力的比例较大,此时介质阻力不能忽略。过滤介质的阻力与其材质、厚度等因素有关。通常把过滤介质的阻力视为常数。

五、过滤基本方程

由于过滤介质的阻力与滤饼层的阻力往往是无法分开的,因此很难划定过滤介质与滤饼之间的分界面,更难测定分界面处的压力,所以过滤计算中总是把过滤介质与滤饼联合起来考虑。

通常,滤饼与过滤介质的面积相同,所以两层中的过滤速度应相等,将式(3-65c)和式(3-68)等号右边分子、分母分别相加,得

$$\frac{dV}{A\,d\theta} = \frac{\Delta p_c + \Delta p_m}{\mu(R+R_m)} = \frac{\Delta p}{\mu(R+R_m)} \qquad (3-69)$$

式中,$\Delta p = \Delta p_c + \Delta p_m$,代表滤饼与过滤介质两侧的总压降,称为过滤压力差。在实际过滤设备上,常有一侧处于大气压力下,此时 Δp 就是另一侧表压的绝对值,所以 Δp 也称

为过滤的表压。式(3-69)表明,过滤推动力为滤饼与过滤介质两侧的总压力差,过滤的总阻力为滤饼与过滤介质的阻力之和。

假设过滤介质对滤液流动的阻力相当于厚度为 L_e 的滤饼层的阻力,即

$$rL_e = R_m \tag{3-70}$$

于是,式(3-69)可写为

$$\frac{dV}{A d\theta} = \frac{\Delta p}{\mu(rL + rL_e)} = \frac{\Delta p}{\mu r(L + L_e)} \tag{3-71}$$

式中　　L_e——过滤介质的当量滤饼厚度,或称虚拟滤饼厚度,m。

在一定操作条件下,以一定过滤介质过滤一定悬浮液时,L_e 为定值;但同一过滤介质在过滤不同悬浮液的操作中,L_e 值不同。

若每获得 $1\ m^3$ 滤液所形成的滤饼体积为 $v\ m^3$,则任一瞬间的滤饼厚度与当时已经获得的滤液体积之间的关系为

$$LA = vV$$

则

$$L = \frac{vV}{A} \tag{3-60a}$$

同理,如生成厚度为 L_e 的滤饼所应获得的滤液体积以 V_e 表示,则

$$L_e = \frac{vV_e}{A} \tag{3-72}$$

式中　　V_e——过滤介质的当量滤液体积,或称虚拟滤液体积,m^3。

V_e 是与 L_e 相对应的滤液体积,因此,一定的操作条件下,以一定过滤介质过滤一定的悬浮液时,V_e 为定值;但同一过滤介质在过滤不同悬浮液的操作中,V_e 值不同。

将式(3-60a)、式(3-72)代入式(3-71)中,得

$$\frac{dV}{d\theta} = \frac{A^2 \Delta p}{\mu r v(V + V_e)} \tag{3-73}$$

若令 $q = \dfrac{V}{A}$,$q_e = \dfrac{V_e}{A}$,则

$$\frac{dq}{d\theta} = \frac{\Delta p}{\mu r v(q + q_e)} \tag{3-73a}$$

式中　　q——单位过滤面积所得滤液体积,m^3/m^2;

　　　　q_e——单位过滤面积所得当量滤液体积,m^3/m^2。

对可压缩滤饼,比阻在过滤过程中不再是常数,它是两侧压力差的函数。通常用下面的经验公式来粗略估算压力差增大时比阻的变化,即

$$r = r'(\Delta p)^s \tag{3-74}$$

式中　　r'——单位压力差下滤饼的比阻,$1/m^2$;

　　　　Δp——过滤压力差,Pa;

　　　　s——滤饼的压缩性指数,量纲为1。

　　一般情况下,$s=0\sim1$;对于不可压缩滤饼,$s=0$。

　　几种典型物料的压缩性指数列于表3-2中。

表3-2　几种典型物料的压缩性指数

物料	硅藻土	碳酸钙	钛白(絮凝)	高岭土	滑石	黏土	硫酸锌	氢氧化铝
s	0.01	0.19	0.27	0.33	0.51	0.56~0.6	0.69	0.9

　　在一定压力差范围内,式(3-74)对大多数可压缩滤饼都适用。

　　将式(3-74)代入式(3-73),得

$$\frac{\mathrm{d}V}{\mathrm{d}\theta}=\frac{A^2\Delta p^{1-s}}{\mu r'v(V+V_e)} \tag{3-75}$$

或

$$\frac{\mathrm{d}q}{\mathrm{d}\theta}=\frac{\Delta p^{1-s}}{\mu r'v(q+q_e)} \tag{3-75a}$$

　　对于一定的悬浮液,μ、r'及v皆可视为常数,令

$$k=\frac{1}{\mu r'v} \tag{3-76}$$

式中　　　k——表征过滤物料的特性常数,$\mathrm{m^4/(N \cdot s)}$。

　　将式(3-76)代入式(3-75),得

$$\frac{\mathrm{d}V}{\mathrm{d}\theta}=\frac{kA^2\Delta p^{1-s}}{V+V_e} \tag{3-77}$$

或

$$\frac{\mathrm{d}q}{\mathrm{d}\theta}=\frac{k\Delta p^{1-s}}{q+q_e} \tag{3-77a}$$

　　式(3-75)和式(3-77)均称为过滤基本方程式,表示过滤进程中任一瞬间的过滤速率与各有关因素间的关系,是过滤计算及强化过滤操作的基本依据。该式适用于可压缩滤饼及不可压缩滤饼。对于不可压缩滤饼,$s=0$,上式即简化为式(3-73)和式(3-73a)。

　　上面得到的是过滤基本方程式的微分形式,应用时需针对具体的操作方式积分,得到过滤时间与所得滤液体积之间的关系。过滤的操作方式主要有两种,即恒压过滤及恒速过滤。工业上还常常采用先恒速后恒压的复合操作方式,先采用较低的恒定速度操作,当表压升至给定数值后,再转入恒压操作。当然,工业上也有既非恒速亦非恒压的过滤操作,如用离心泵向压滤机送浆即属此类。

3.2.5　恒压过滤

　　在恒定压力差下进行的过滤操作称为恒压过滤。恒压过滤是最常见的过滤方式。连续过滤机内进行的过滤都是恒压过滤,间歇过滤机内进行的过滤也多为恒压过滤。恒压过滤时,滤饼不断变厚使得阻力逐渐增加,但推动力 Δp 恒定,因而过滤速率逐渐变小。

　　恒压过滤时,压力差 Δp 不变,k、A、s、V_e 也都是常数。因此,令

$$K = 2k\Delta p^{1-s} \tag{3-78}$$

K 是由物料特性及过滤压力差所决定的常数,称为过滤常数,其单位为 m^2/s。所以恒压过滤时过滤基本方程式变为

$$\frac{dV}{d\theta} = \frac{KA^2}{2(V+V_e)} \tag{3-79}$$

或

$$\frac{dq}{d\theta} = \frac{K}{2(q+q_e)} \tag{3-79a}$$

对式(3-79)积分,由 $\theta=0, V=0$ 积分至 $\theta=\theta, V=V$,即

$$\int_0^V (V+V_e)dV = \frac{1}{2}KA^2 \int_0^\theta d\theta$$

得到

$$V^2 + 2V_e V = KA^2\theta \tag{3-80}$$

同理,对式(3-79a)积分,由 $\theta=0, q=0$ 积分至 $\theta=\theta, q=q$,得到

$$q^2 + 2q_e q = K\theta \tag{3-80a}$$

式(3-80)称为恒压过滤方程式,它表明恒压过滤时滤液体积与过滤时间的关系为抛物线方程。

当过滤介质阻力可以忽略时,$V_e=0, q_e=0$,则式(3-80)和式(3-80a)简化为

$$V^2 = KA^2\theta \tag{3-81}$$

$$q^2 = K\theta \tag{3-81a}$$

恒压过滤方程式中的 V_e 与 q_e 是反映过滤介质阻力大小的常数,称为介质常数,单位分别为 m^3 及 m^3/m^2,V_e、q_e 与 K 总称为过滤常数,其数值由实验测定。

◆ 例3-6 20 ℃下恒压过滤某种水的悬浮液,操作压力差为 9.81×10^3 Pa。悬浮液中固相体积分数为 20%,固相为直径 0.1 mm 的球形颗粒。此操作压力差下过滤,形成空隙率为 0.6 的滤饼,滤饼不可压缩。试求(1) 过滤常数;(2) 若将操作压力差提高 1 倍,再求过滤常数。

解:(1) 20 ℃,操作压力差 $\Delta p = 9.81 \times 10^3$ Pa 的过滤过程 滤饼不可压缩,所以过滤常数为

$$K = \frac{2\Delta p}{\mu r \upsilon}$$

已知 $\Delta p = 9.81 \times 10^3$ Pa,操作温度下水的黏度 $\mu = 1.0 \times 10^{-3}$ Pa·s,滤饼的空隙率 $\varepsilon = 0.6$。

球形颗粒的比表面积为

$$a = \frac{6}{d} = \left(\frac{6}{0.1 \times 10^{-3}}\right) \ m^2/m^3 = 6 \times 10^4 \ m^2/m^3$$

于是 $$r = \frac{5a^2(1-\varepsilon)^2}{\varepsilon^3} = \left[\frac{5 \times (6 \times 10^4)^2 (1-0.6)^2}{(0.6)^3}\right] m^{-2} = 1.333 \times 10^{10} \ m^{-2}$$

又根据料浆中的固相含量及滤饼的空隙率,可求出滤饼体积与滤液体积之比 v。因为滤饼的空隙率为 0.6,所以形成 1 m³ 滤饼需要固体颗粒 0.4 m³,所对应的料浆量是 $(0.4/0.2)\,\mathrm{m}^3=2\ \mathrm{m}^3$,因此,形成 1 m³ 滤饼可得到 $(2-1)\ \mathrm{m}^3=1\ \mathrm{m}^3$ 滤液,则

$$v=\left(\frac{1}{1}\right)\ \mathrm{m}^3/\mathrm{m}^3=1\ \mathrm{m}^3/\mathrm{m}^3$$

$$K=\left[\frac{2\times9.81\times10^3}{(1.0\times10^{-3})(1.333\times10^{10})}\right]\mathrm{m}^2/\mathrm{s}=1.472\times10^{-3}\ \mathrm{m}^2/\mathrm{s}$$

(2) 过滤操作压力差提高,$\Delta p_1=2\Delta p$ 对于不可压缩滤饼,$s=0$,$r'=r=$ 常数,则

$$K_1=\frac{2\Delta p_1}{\mu r v}$$

$$K_1=K\left(\frac{\Delta p_1}{\Delta p}\right)=(1.472\times10^{-3}\times2)\ \mathrm{m}^2/\mathrm{s}=2.944\times10^{-3}\ \mathrm{m}^2/\mathrm{s}$$

即对不可压缩滤饼,$K\propto\Delta p$。

◆ 例 3-7   在 50 ℃,9.81×10^3 Pa 的恒定压力差下过滤碳酸钙颗粒的悬浮液。已知 $K=1.572\times10^{-5}$ m²/s。现测得过滤 11 min 时,可得滤液 9.78×10^{-2} m³/m²。求再过滤 10 min,又可得滤液多少?

解: 依恒压过滤方程式(3-80a)得

$$(0.0978)^2+2\times0.0978q_e=660\times1.572\times10^{-5}$$

解得 $q_e=4.14\times10^{-3}\ \mathrm{m}^3/\mathrm{m}^2$

所以恒压过滤方程式为

$$q^2+8.28\times10^{-3}q=1.572\times10^{-5}\theta$$

将 $\theta=(660+600)\ \mathrm{s}=1260\ \mathrm{s}$ 代入恒压过滤方程式,解得

$$q=0.1367\ \mathrm{m}^3/\mathrm{m}^2$$

所以再过滤 10 min 后,又可得滤液 $\Delta q=(0.1367-0.0978)\ \mathrm{m}^3/\mathrm{m}^2=0.0389\ \mathrm{m}^3/\mathrm{m}^2$

3.2.6   恒速过滤与先恒速后恒压的过滤

恒速过滤是维持过滤速率恒定的过滤方式。当用排量固定的正位移泵向过滤机供料,并且支路阀处于关闭状态时,过滤速率便是恒定的。在这种情况下,由于随着过滤的进行,滤饼不断增厚,过滤阻力不断增大,要维持过滤速率不变,必须不断增大过滤的推动力——压力差。

恒速过滤时的过滤速度为常数,即

$$\frac{\mathrm{d}V}{A\mathrm{d}\theta}=\frac{V}{A\theta}=\frac{q}{\theta}=u_R=\text{常数}\qquad\qquad(3-82)$$

所以 $$V=Au_R\theta\qquad\qquad(3-83)$$

或
$$q = u_R\theta \tag{3-83a}$$

式中 u_R——恒速阶段的过滤速度,m/s。

式(3-83)和式(3-83a)表明,恒速过滤时,V(或 q)与 θ 的关系是通过原点的直线。

对于不可压缩滤饼,根据式(3-73a)可写出

$$\frac{dq}{d\theta} = \frac{\Delta p}{\mu rv(q+q_e)} = u_R = 常数$$

对一定的悬浮液、一定的过滤介质,式中 μ、r、v、u_R 及 q_e 均为常数,仅 Δp 及 q 随 θ 而变化,于是得到

$$\Delta p = \mu rv u_R^2\theta + \mu rv u_R q_e \tag{3-84}$$

或写成
$$\Delta p = a\theta + b \tag{3-84a}$$

式中常数:$a = \mu rv u_R^2$;$b = \mu rv u_R q_e$。

式(3-84a)表明,对不可压缩滤饼进行恒速过滤时,其操作压力差随过滤时间呈线性增大。

若整个过滤过程都在恒速条件下进行,在操作后期压力会很高,可能引起过滤设备泄漏或动力设备超负荷。若整个过滤过程都在恒压下进行,则过滤刚开始时,滤布表面无滤饼层,过滤阻力小,较高的过滤压力

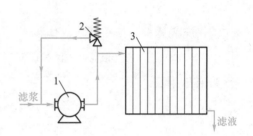

1—正位移泵;2—支路阀;3—过滤机

图 3-19 先恒速后恒压过滤装置

会使细小的颗粒通过介质而使滤液浑浊,或阻塞介质孔道而使阻力增大。因此,实际过滤操作中多采用先恒速后恒压的复合操作方式。其装置见图 3-19。采用正位移泵送料,支路阀来控制恒速过滤到恒压过滤的切换。具体过程是:过滤初期维持恒定速率,泵出口表压逐渐升高。经过 θ_R 时间(获得体积 V_R 的滤液)后,表压达到能使支路阀自动开启的给定数值,此时支路阀开启,开始有部分料浆经支路返回泵的入口,进入压滤机的料浆流量逐渐减小,而压滤机入口表压维持恒定。这后一阶段的操作即为恒压过滤。

对于恒压阶段的 V-θ 关系,仍可用过滤基本方程式求得,即

$$\frac{dV}{d\theta} = \frac{kA^2\Delta p^{1-s}}{V+V_e} \tag{3-77}$$

或
$$(V+V_e)dV = kA^2\Delta p^{1-s}d\theta$$

若令 θ_R、V_R 分别代表恒速阶段的过滤时间及所得滤液体积,对恒压阶段积分上式得

$$\int_{V_R}^{V}(V+V_e)dV = kA^2\Delta p^{1-s}\int_{\theta_R}^{\theta}d\theta$$

将式(3-77)代入,得

$$(V^2-V_R^2)+2V_e(V-V_R) = KA^2(\theta-\theta_R) \tag{3-85}$$

此式即为先恒速后恒压过滤中恒压阶段的过滤方程,式中($V-V_R$)、($\theta-\theta_R$)分别代表转入恒压操作后所得的滤液体积和所经历的过滤时间。

练习文稿

案例解析

◆ 例 3-8　采用由 10 个滤框构成的板框压滤机过滤浓度为 $v=0.025$ m³ 滤饼/m³ 滤液的某悬浮液,滤框的尺寸为 635 mm×635 mm×25 mm,滤布阻力可以忽略。先恒速过滤 20 min,得滤液 2 m³。随即保持当时的压力差再恒压过滤,直至滤饼充满滤框,计算恒压过滤阶段所需过滤时间及可得滤液体积。

解：恒速过滤阶段过滤速率为

$$\left(\frac{\mathrm{d}V}{\mathrm{d}\theta}\right)_{\mathrm{R}} = \left(\frac{2}{20}\right) \mathrm{m^3/min} = 0.1 \ \mathrm{m^3/min}$$

恒压过滤的最初速率等于恒速阶段的过滤速率,恒压过滤阶段的最初速率为

$$\frac{\mathrm{d}V}{\mathrm{d}\theta} = \frac{KA^2}{2V_{\mathrm{R}}} \quad (V_{\mathrm{e}}=0)$$

即

$$KA^2 = 2V_{\mathrm{R}}\left(\frac{\mathrm{d}V}{\mathrm{d}\theta}\right)_{\mathrm{R}} = 0.4$$

滤饼充满滤框时所得滤饼总体积：

$$V_{\mathrm{c}} = na^2b = (10 \times 0.635^2 \times 0.025) \ \mathrm{m^3} = 0.1008 \ \mathrm{m^3}$$

所得滤液总体积：

$$V = \frac{V_{\mathrm{c}}}{v} = \left(\frac{0.1008}{0.025}\right) \ \mathrm{m^3} = 4.032 \ \mathrm{m^3}$$

则恒压过滤阶段所得滤液体积为 $(4.032-2)$ m³ $= 2.032$ m³

恒压过滤阶段所需过滤时间由式(3-85)计算,即

$$\theta - \theta_{\mathrm{R}} = (V^2 - V_{\mathrm{R}}^2)/(KA^2) = \left(\frac{4.032^2 - 2^2}{0.4}\right) \ \mathrm{min} = 30.64 \ \mathrm{min}$$

3.2.7　过滤常数的测定

对于工业生产设计,须知道过滤常数 K 和 $V_{\mathrm{e}}(q_{\mathrm{e}})$,但目前还无法从理论上准确描述过滤过程,因此,过滤常数通常是在相同条件下,用相同物料,在小型实验设备上进行恒压过滤实验而获得。

一、恒压下 K、$V_{\mathrm{e}}(q_{\mathrm{e}})$ 的测定

将恒压过滤方程式(3-80a)变换为

$$\frac{\theta}{q} = \frac{1}{K}q + \frac{2}{K}q_{\mathrm{e}} \tag{3-80b}$$

上式表明 θ/q 与 q 呈直线关系,直线的斜率为 $1/K$,截距为 $2q_{\mathrm{e}}/K$。

恒压下在过滤面积为 A 的过滤设备上对待测的悬浮料浆进行恒压过滤实验,每隔一定时间测定所得滤液体积,并由此算出相应的 $q(=V/A)$ 值。在直角坐标系中标绘 θ/q 与 q 间的函数关系,可得一条直线,由直线的斜率($1/K$)及截距($2q_{\mathrm{e}}/K$)的数值便可求得 K 与 q_{e},再用 $V_{\mathrm{e}}=q_{\mathrm{e}}A$ 即可求出 V_{e}。这样得到的 K 和 $V_{\mathrm{e}}(q_{\mathrm{e}})$ 便是此种悬浮料浆在特定

的过滤介质及压力差条件下的过滤常数。

　　当进行过滤实验比较困难时,只要能够获得指定条件下的过滤时间与滤液量的两组对应数据,也可用式(3-80a)求解出过滤常数 K 和 $V_e(q_e)$,但是,如此求得的过滤常数,其准确性完全依赖于这仅有的两组数据,可靠程度往往较差。

二、压缩性指数 s 的测定

　　将式(3-78)两端取对数,得

$$\lg K = (1-s)\lg(\Delta p) + \lg(2k) \tag{3-78a}$$

因 $k = \dfrac{1}{\mu r'v} = $ 常数,故 K 与 Δp 的关系在双对数坐标上标绘时应是直线,直线的斜率为 $(1-s)$,截距为 $\lg(2k)$。由不同压力差下对指定物料进行过滤实验的数据可得滤饼的压缩性指数 s 及物料特性常数 k。具体见例3-9。

　　值得注意的是,上述求压缩性指数的方法是建立在 v 值恒定的条件上的,这就要求在过滤压力变化范围内,滤饼的空隙率应没有显著的改变。

　　◆ 例3-9　在 25 ℃下对每升水中含 25 g 某种颗粒的悬浮液进行了三个压力差下的过滤实验,所得数据见本例附表1。

　　试求(1) 各 Δp 下的过滤常数 K、q_e;(2) 滤饼的压缩性指数 s。

例3-9附表1

实验序号	Ⅰ	Ⅱ	Ⅲ	Ⅰ	Ⅱ	Ⅲ
过滤压力差 $\Delta p/(10^5\ \text{Pa})$	0.463	1.95	3.39	0.463	1.95	3.39
单位面积滤液量 $q/(10^{-3}\ \text{m}^3\cdot\text{m}^{-2})$	过滤时间 θ/s			$\dfrac{\theta}{q}/(\text{s}\cdot\text{m}^{-1})$		
0	0	0	0			
11.35	17.30	5.5	3.8	1524.2	484.6	334.8
22.70	41.40	14	9.4	1823.8	616.7	414.1
34.05	72.00	24.1	16.2	2114.5	707.8	475.8
45.10	108.4	37.1	24.5	2403.5	822.6	543.2
56.75	152.3	51.8	34.6	2683.7	912.8	609.7
68.10	201.3	69.1	48.1	2955.9	1014.7	706.3

　　解:(1) 各 Δp 下的过滤常数　根据每一 Δp 下的实验数据整理出与 q 值相应的 $\dfrac{\theta}{q}$ 值(列于本例附表1中)。回归 $\dfrac{\theta}{q}$-q 直线方程: $\dfrac{\theta}{q} = \dfrac{1}{K}q + \dfrac{2}{K}q_e$,分别得到三个压力差下方程的斜率和截距(数据列于本例附表2中),再由斜率和截距求出 K、q_e。各次实验条件下的过滤常数计算过程及结果列于本例附表2中。

　　(2) 滤饼的压缩性指数 s　将附表2中三次实验的 K-Δp 数据关联为式(3-78a)的形式,得

$$\lg K = 0.6967 \lg(\Delta p) + 7.652$$

因为此直线的斜率为 $1-s=0.6967\approx0.70$，于是可求得滤饼的压缩性指数为 $s=1-0.70=0.30$。

例 3-9 附表 2

实验序号		I	II	III
过滤压力差 $\Delta p/(10^5 \text{ Pa})$		0.463	1.95	3.39
$\dfrac{\theta}{q}-q$ 直线的斜率 $\dfrac{1}{K}/(\text{s} \cdot \text{m}^{-2})$		25259	9202	6329
$\dfrac{\theta}{q}-q$ 直线的截距 $\dfrac{2}{K}q_e/(\text{s} \cdot \text{m}^{-1})$		1248	394.8	262.9
过滤 常数	$K/(\text{m}^2 \cdot \text{s}^{-1})$	3.959×10^{-5}	1.087×10^{-4}	1.580×10^{-4}
	$q_e/(\text{m}^3 \cdot \text{m}^{-2})$	0.0247	0.0215	0.0208

演示文稿

3.2.8　过滤设备

为适应各种生产工艺的不同要求，在工业生产中开发了多种形式性能各异的过滤机。根据操作方式不同，过滤机可分为间歇过滤机与连续过滤机；依照产生压力差的方式不同，可分为压滤过滤机、吸滤过滤机和离心过滤机。本节简单介绍板框压滤机、加压叶滤机和转筒真空过滤机，过滤式离心机将在下节介绍。

一、板框压滤机

板框压滤机是一种压滤型间歇过滤机，在工业生产中应用最早，至今仍在应用。它由带凹凸纹路的滤板和滤框交替排列组装于机架而构成，如图 3-20 所示。滤板和滤框的构造如图 3-21 所示。正方形板和框的角端均开有圆孔，将其装合、压紧后即构成供滤浆、滤液或洗涤液流动的通道。框的两侧覆以滤布，空框与滤布围成了容纳滤浆及滤饼的空间。板又分为洗涤板和过滤板两种。为了便于区别，常在板、框外侧铸有小钮或其他标志，通常，过滤板为一钮，框为二钮，洗涤板为三钮，如图 3-21 所示。组合时即按钮数 1—2—3—2—1—2……的顺序排列板与框。压紧装置的驱动有手动、电动或液压传动等方式。

过滤操作时，悬浮液在压力差推动下经滤浆通道由滤框角端的暗孔流入框内，滤液穿过滤框两侧滤布，再经邻板板面流到滤液出口排出，固体则被截留于框内。过滤过程中液体的流径如图 3-22(a) 所示，滤液的排出方式有明流与暗流两种。若滤液经由每块滤板底部侧管直接排出（如图 3-22 所示），称为明流。若滤液不宜暴露于空气中，则需将各板流出的滤液汇集于总管后送出（如图 3-20 所示），称为暗流。

滤饼充满滤框后，停止过滤。将洗水压入待洗涤滤饼，洗水经洗涤板角端的暗孔进入板面与滤布之间。此时，洗涤板下部的滤液出口是关闭的，洗水便在压力差推动下穿过整个厚度的滤饼及滤框两侧的两层滤布，最后由过滤板下部的滤液出口排出，如图 3-22(b) 所示。这种操作方式称为横穿洗涤法，其作用在于提高洗涤效率。

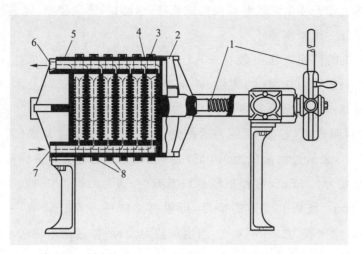

1—压紧装置;2—可动头;3—滤框;4—滤板;5—固定头;
6—滤液出口;7—滤浆进口;8—滤布

图 3-20 板框压滤机

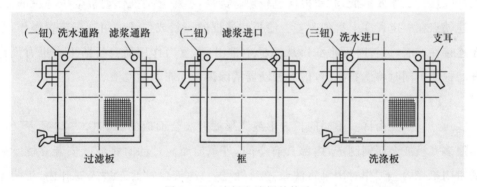

图 3-21 滤板和滤框的构造

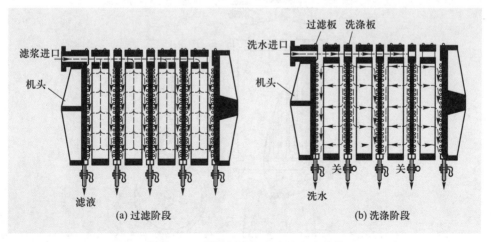

图 3-22 板框压滤机内液体流动路径

洗涤结束后,旋开压紧装置并将板框拉开,卸出滤饼,清洗滤布,完成清洗后重新组装过滤机,进入下一个操作循环。

板框压滤机的操作表压一般在 $3 \times 10^5 \sim 8 \times 10^5$ Pa,有时可高达 1.5×10^6 Pa。滤板和滤框的材料可由金属(如铸铁、碳钢、不锈钢、铝等)、塑料及木材制造。我国已制定板框压滤机系列标准及规定代号,如型号 BMS20/635 - 25,其中 B 表示板框压滤机,M 表示明流式(若为 A,则表示暗流式),S 表示手动压紧式(若为 Y,则表示液压压紧式),20 表示过滤面积为 20 m²,635 表示滤框为边长 635 mm 的正方形,25表示滤框的厚度为25 mm。在板框压滤机系列中,通常每框边长 320~1000 mm,厚度为 25~50 mm。滤板和滤框的数目,可根据生产任务自行调节,一般为 10~60块,所提供的过滤面积为2~80 m²。当生产能力大,所需过滤面积较小时,可在板框间插入一块盲板,切断过滤通道,盲板后部的过滤面积即失去作用。

板框压滤机结构简单,制造方便,占地面积较小而过滤面积较大,操作压力高,适应能力强,故其应用颇为广泛。它的主要缺点是间歇操作,装卸、清洗需手工操作,劳动强度大、耗时长,工作效率低,滤布损耗也较快。近来,各种自动操作型板框压滤机的出现,使上述缺点在一定程度上得到改善。滤板和滤框的压紧或拉开采用液压装置操作,全部滤布连接在一起,运转时可将滤饼从滤框中带出,靠重力作用而自行落下。也有设计成拉开滤框时可同时将滤布拉出,借助振动器清除附于滤布上的滤渣。

二、加压叶滤机

加压叶滤机是由许多不同的长方形或圆形滤叶装合而成的,如图 3 - 23 所示。滤叶由金属多孔板或金属网制造,内部具有空间,外罩滤布。过滤时将滤叶安装在能承受内压的密闭机壳内。工作时用泵将滤浆送到机壳内,滤液穿过滤布进入滤叶内,汇集至总

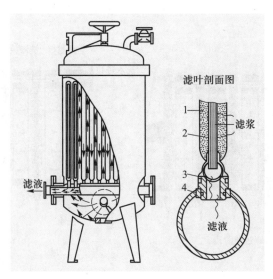

1—滤饼;2—滤布;3—拔出装置;4—橡胶圈

图 3 - 23　加压叶滤机

管后排出机外,颗粒则积于滤布外侧形成滤饼。滤饼的厚度通常为 5～35 mm,视滤浆性质及操作情况而定。

若滤饼需要洗涤,则于过滤完毕后通入洗涤水,洗涤水的路径与滤液相同,这种洗涤方法称为置换洗涤法。洗涤过后打开机壳上盖,拨出滤叶即可卸除滤饼。

加压叶滤机也是间歇操作设备,其优点是过滤速度快,洗涤效果好,占地面积小,密闭操作,改善了操作条件;缺点是造价较高,更换过滤面(特别是对于圆形滤叶)比较麻烦。

三、转筒真空过滤机

转筒真空过滤机是一种工业上应用较广的连续操作过滤设备,其主体是一个能转动的水平圆筒,圆筒表面装有金属网,网上覆盖滤布,筒的下部浸入滤浆中,如图 3-24 所示。

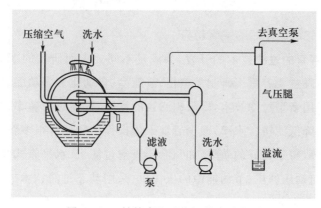

图 3-24 转筒真空过滤机装置示意图

圆筒端面沿径向分隔成若干扇形区,每区都有孔道通至分配头上。凭借分配头的作用,圆筒转动时,这些孔道依次分别与真空管及压缩空气管相连通,从而在圆筒回转一周的过程中,每个扇形表面即可依次进行过滤、洗涤、吸干、吹松、卸饼等操作。对圆筒的每一块过滤面,转筒转动一周即完成一个操作循环。

分配头由紧密贴合着的转动盘与固定盘构成,运行时转动盘随着筒体一起旋转,固定盘保持不动,其内侧面各凹槽分别通向作用不同的各种管道。如图 3-25 所示,转筒连续运转时,转筒表面上各区域分别完成不同的操作,整个过滤过程在转筒表面连续进行。

转筒的过滤面积一般为 5～40 m²,浸没部分占总面积的 30%～40%。转速可在一定范围内调整,通常为 0.1～3 r/min。滤饼厚度一般保持在 40 mm 以内,转筒过滤机所得滤饼中的液体含量多在 10% 以上,通常在 30% 左右。

转筒真空过滤机可连续自动操作,节省人力,生产能力大,对处理量大而容易过滤的料浆特别适宜,对过滤性较差的胶体物系或细微颗粒的悬浮液,若采用预涂助滤剂措施也比较方便。但转筒真空过滤机附属设备较多,过滤面积不大。此外,由于它是真空操作,因而过滤推动力有限;滤饼在被吸干的过程中体积收缩,形成无数裂缝,使大量空气被吸入,增加能耗;滤饼的洗涤也不充分,尤其不能过滤温度较高(饱和蒸气压高)的滤浆。

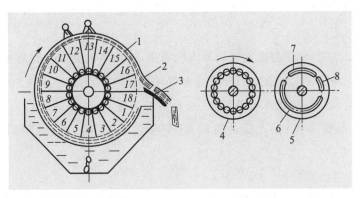

1—转筒；2—滤饼；3—割刀；4—转动盘；5—固定盘；6—吸走滤液的真空凹槽；
7—吸走洗水的真空凹槽；8—通入压缩空气的凹槽

图 3-25　转筒及分配头的结构

四、过滤技术和过滤设备的发展趋势

近几十年，随着新的过滤技术的开发，为满足不同要求而研发的新型过滤机不断出现。过滤设备的研发主要着重于研制大型化、节能型、自动化和多功能设备，以提高生产效率，降低能耗；采用新型过滤技术，以限制滤饼的增厚，提高过滤速率；减少设备所占空间，增加过滤面积；降低滤饼含水率，减少后继干燥操作的能耗。很多新型设备已在大型生产中得到应用并取得了良好的效果，如预涂层真空过滤机、水平带式真空过滤机、多圆盘式真空过滤机、自动压滤机、节约能源的压榨机、采用动态过滤技术的叶滤机等。有兴趣的读者可参阅有关专著。

3.2.9　滤饼的洗涤

洗涤滤饼的目的是回收滞留在颗粒缝隙间的滤液，或净化构成滤饼的颗粒。

洗涤速率定义为单位时间内消耗的洗水容积，以 $(\mathrm{d}V/\mathrm{d}\theta)_\mathrm{w}$ 表示。由于洗涤过程中滤饼不再增厚，故而阻力不变，在恒定的压力差推动力下洗涤速率基本为常数。若每次过滤后以体积为 V_w 的洗水洗涤滤饼，则所需洗涤时间为

$$\theta_\mathrm{W} = \frac{V_\mathrm{W}}{(\mathrm{d}V/\mathrm{d}\theta)_\mathrm{W}} \tag{3-86}$$

式中　　V_w——洗水用量，m^3；

θ_w——洗涤时间，s。

下标 W 表示洗涤操作。

根据过滤基本方程式来分析影响洗涤速率的因素，即

$$\frac{\mathrm{d}V}{\mathrm{d}\theta} = \frac{A\Delta p^{1-s}}{\mu r'(L+L_\mathrm{e})} \tag{3-75b}$$

洗涤时滤饼的状态与过滤终了时滤饼的状态基本相同，若洗涤时采用与过滤终了时相同的压力差，并假定洗水黏度与滤液黏度相近，则洗涤速率 $\left(\dfrac{\mathrm{d}V}{\mathrm{d}\theta}\right)_\mathrm{w}$ 可以通过过滤终了

时的速率 $\left(\dfrac{\mathrm{d}V}{\mathrm{d}\theta}\right)_E$ 来确定(式中下标 E 表示过滤终了时刻),两者的关系取决于特定过滤设备上采用的洗涤方式。

连续式过滤机及叶滤机等所采用的是置换洗涤法,洗水与过滤终了时的滤液流径基本相同,故

$$(L+L_e)_W = (L+L_e)_E$$

而且洗涤与过滤面积也相同,故洗涤速率大致等于过滤终了时的过滤速率,即

$$\left(\frac{\mathrm{d}V}{\mathrm{d}\theta}\right)_W = \left(\frac{\mathrm{d}V}{\mathrm{d}\theta}\right)_E = \frac{KA^2}{2(V+V_e)} \qquad (3-87)$$

式中　　V——过滤终了时所得的滤液体积,m^3。

板框压滤机采用的是横穿洗涤法,洗水穿过整个厚度的滤饼,流径长度约为过滤终了时滤液流动路径的两倍;洗水横穿两层滤布而滤液只需穿过一层滤布,洗水流通面积为过滤面积的一半,因此,

$$(L+L_e)_W = 2(L+L_e)_E$$

$$A_W = \frac{1}{2}A$$

将以上关系代入过滤基本方程式,可得

$$\left(\frac{\mathrm{d}V}{\mathrm{d}\theta}\right)_W = \frac{1}{4}\left(\frac{\mathrm{d}V}{\mathrm{d}\theta}\right)_E = \frac{KA^2}{8(V+V_e)} \qquad (3-88)$$

即板框压滤机上的洗涤速率约为过滤终了时过滤速率的四分之一。

若洗水黏度、洗水表压与滤液黏度、过滤压力差有明显差异时,依照过滤基本方程式,洗涤时间应做如下修正:

$$\theta_W' = \theta_W\left(\frac{\mu_W}{\mu}\right)\left(\frac{\Delta p}{\Delta p_W}\right) \qquad (3-89)$$

式中　　θ_W'——校正后的洗涤时间,s;

　　　　θ_W——未经校正的洗涤时间,s;

　　　　μ_W——洗水黏度,$\mathrm{Pa \cdot s}$;

　　　　Δp——过滤终了时刻的推动力,Pa;

　　　　Δp_W——洗涤推动力,Pa。

3.2.10　过滤机的生产能力

过滤机的生产能力通常以单位时间获得的滤液体积来计算,少数情况下,也有按滤饼的产量或滤饼中固相物质的产量来计算的。

一、间歇过滤机的生产能力

间歇过滤机的特点是在整个过滤机上依次进行一个过滤循环中的过滤、洗涤、卸渣、清理、装合等操作。在每一循环周期中,全部过滤面积只有部分时间在进行过滤,而在计

算生产能力时,应以整个操作周期为基准。一个操作周期的时间包括:(1) 过滤时间 θ, s;(2) 洗涤时间 θ_w,s;(3) 卸渣、清理、装合等辅助操作时间 θ_D,s。

一个操作周期的总时间为

$$T = \theta + \theta_w + \theta_D \qquad (3-90)$$

因此,生产能力为

$$Q = \frac{3600V}{T} = \frac{3600V}{\theta + \theta_w + \theta_D} \qquad (3-91)$$

式中　　V——一个操作循环内所获得的滤液体积,即过滤时间 θ 内所获得的滤液体积,m^3;

　　　　Q——生产能力,即单位时间内获得的滤液体积,m^3/h。

在一个操作周期中,只有过滤时间可以获得滤液,那么是否过滤时间在整个操作周期中所占的比例越大越好? 实际并非如此,采用较长的过滤时间,虽然非过滤时间在整个过滤周期内所占比例较小,但因形成的滤饼较厚,过滤后期速度很慢,使过滤的平均速度减小,生产能力也不会太高。因此,过滤时间的选取应综合考虑各因素,在一个操作周期内,过滤时间有一个使生产能力最大的最佳值。利用式(3-91),可以从数学上确定最佳过滤时间,板框压滤机的框厚度应据此最佳过滤时间生成的滤饼厚度来设计。

◆ 例3-10　用具有 10 个框的 BMS20/830-20 板框压滤机恒压过滤某悬浮液。已知操作条件下过滤常数为 $K = 2 \times 10^{-5}$ m^2/s,$q_e = 0.01$ m^3/m^2,滤饼与滤液体积之比为 $v = 0.06$。过滤至滤框充满滤饼后用0.2 m^3 的洗水在相同压力差下对滤饼进行横穿洗涤,假设洗水黏度与滤液相同。试求(1) 滤框充满滤饼时所需过滤时间;(2) 洗涤时间;(3) 若每次卸渣、清理、装合等辅助操作时间为 15 min,求此板框压滤机的生产能力。

解: (1) 过滤面积

$$A = (0.83 \times 0.83 \times 2 \times 10) \ m^2 = 13.78 \ m^2$$

滤框充满滤饼时滤饼体积

$$V_c = (0.83 \times 0.83 \times 0.02 \times 10) \ m^3 = 0.1378 \ m^3$$

滤框充满滤饼时所得滤液体积

$$V = V_c / v = \left(\frac{0.1378}{0.06}\right) \ m^3 = 2.297 \ m^3$$

$$q = V/A = \left(\frac{2.297}{13.78}\right) \ m^3/m^2 = 0.1667 \ m^3/m^2$$

由恒压过滤方程式求得过滤时间

$$0.1667^2 + 2 \times 0.1667 \times 0.01 = 2 \times 10^{-5}\theta$$

得　　　　　　　　　　　$\theta = 1556 \ s = 25.93 \ min$

(2) 板框过滤机的洗涤速率为过滤终了时过滤速率的 $1/4$，则

$$\left(\frac{dV}{d\theta}\right)_w = \frac{1}{4}\left(\frac{dV}{d\theta}\right)_E = \frac{KA^2}{8(V+V_e)} = \frac{KA}{8(q+q_e)}$$

$$= \left[\frac{2\times10^{-5}\times13.78}{8\times(0.1667+0.01)}\right] m^3/s = 1.95\times10^{-4} \ m^3/s$$

洗涤时间

$$\theta_w = V_w \bigg/ \left(\frac{dV}{d\theta}\right)_w = \left(\frac{0.2}{1.95\times10^{-4}}\right) s = 1026 \ s = 17.10 \ min$$

(3) 又知 $\theta_D = 15 \ min$，则生产能力为

$$Q = \frac{3600V}{T} = \frac{3600V}{\theta+\theta_w+\theta_D} = \left(\frac{60\times2.297}{25.93+17.10+15}\right) m^3/h = 2.375 \ m^3/h$$

二、连续过滤机的生产能力

连续过滤机(以转筒真空过滤机为例)的特点是过滤、洗涤、卸饼等操作在转筒表面的不同区域内同时进行。任何一块表面在转筒回转一周过程中都只有部分时间进行过滤操作。

以一个操作周期为基准计算连续式过滤机的生产能力。对转筒转速为 n(单位为 r/min)的转筒真空过滤机，一个操作周期就是转筒旋转一周所用时间 T(单位为 s)，即

$$T = \frac{60}{n} \tag{3-92}$$

转筒表面浸入滤浆中的分数称为浸没度，以 ψ 表示，则

$$\psi = 浸没角度/360°$$

因转筒以匀速运转，故浸没度 ψ 就是转筒表面任何一块过滤面积每转一周浸入滤浆中的时间(即过滤时间)分数。因此，在一个过滤周期内，转筒表面上任何一块过滤面积所经历的过滤时间均为

$$\theta = \psi T = \frac{60\psi}{n} \tag{3-93}$$

依照恒压过滤方程式(3-80)，可得转筒每转一周所得的滤液体积为

$$V = \sqrt{KA^2\theta+V_e^2} - V_e = \sqrt{KA^2\frac{60\psi}{n}+V_e^2} - V_e$$

则每小时所得滤液体积，即生产能力为

$$Q = 60nV = 60\left(\sqrt{60KA^2\psi n+V_e^2 n^2} - V_e n\right) \tag{3-94}$$

当滤布阻力可以忽略时，$V_e = 0$，则上式简化为

$$Q = 60n\sqrt{KA^2\frac{60\psi}{n}} = 465A\sqrt{Kn\psi} \tag{3-94a}$$

从上式中可以看出，对于特定的连续过滤机，其转速越高，浸没度越大，生产能力也越大。但实际上 ψ 过大会使其他操作的面积减小得过多，难以操作；旋转过快使每一周

期中的过滤时间缩至很短,使滤饼太薄,难以卸除,也不利于洗涤,而且功率消耗增大,合适的转速需经实验确定。

◆ 例 3-11　在一定真空度下用转筒真空过滤机过滤某种悬浮液,转筒真空过滤机的转筒直径 1 m,长 2.5 m,转筒转速 1 r/min,转筒的浸没度 0.35。现已测得操作条件下的过滤常数为 $K=8\times10^{-4}$ m²/s,$q_e=0.01$ m³/m²。每得 1 m³ 滤液可得滤饼 0.04 m³,试求(1) 此过滤机的生产能力及滤饼的厚度;(2) 若需要保证过滤表面上滤饼厚度不低于 7 mm,应如何调节转筒转速?

解: (1) 生产能力及滤饼厚度　以转筒转一周为基准。转筒转一周的过滤时间为

$$\theta=60\psi/n=(60\times0.35/1)\text{ s}=21\text{ s}$$

由恒压过滤方程式求此过滤时间可得滤液量为

$$q^2+0.02q=8\times10^{-4}\theta=0.0168$$

解得
$$q=0.120\text{ m}^3/\text{m}^2$$

过滤面积
$$A=\pi DL=(1\times2.5\pi)\text{ m}^2=7.85\text{ m}^2$$

所得滤液
$$V=qA=(0.120\times7.85)\text{ m}^3=0.942\text{ m}^3$$

所以转筒真空过滤机的生产能力为　$Q=60nV=(60\times1\times0.942)\text{ m}^3/\text{h}=56.52\text{ m}^3/\text{h}$

转筒转一周所得滤饼体积　$V_c=vV=(0.04\times0.942)\text{ m}^3=0.03768\text{ m}^3$

滤饼厚度
$$\delta=\frac{V_c}{A}=\left(\frac{0.03768}{7.85}\right)\text{ m}=0.0048\text{ m}=4.8\text{ mm}$$

(2) 转速调节　仍然以转筒转一周为基准。按滤饼厚度 7 mm 计算滤饼体积及相应的滤液体积:

$$V_c=\delta A=(0.007\times7.85)\text{ m}^3=0.05495\text{ m}^3$$

$$q=\frac{V}{A}=\frac{V_c/v}{A}=\frac{\delta}{v}=\left(\frac{0.007}{0.04}\right)\text{ m}^3/\text{m}^2$$

$$=0.175\text{ m}^3/\text{m}^2$$

代入恒压过滤方程式所需过滤时间,则

$$q^2+0.02q=8\times10^{-4}\theta$$

$$0.175^2+0.02\times0.175=8\times10^{-4}\theta$$

$$\theta=42.66\text{ s}$$

由
$$\theta=60\ \psi/n$$

得
$$n=\frac{60\psi}{\theta}=\left(\frac{60\times0.35}{42.66}\right)\text{ r/min}=0.4923\text{ r/min}$$

所以,应减慢转速为 0.4923 r/min。

3.3 离 心 机

3.3.1 一般概念

离心机是利用惯性离心力分离非均相混合物的机械。它既可用于沉降操作,也可用于过滤操作。与前面介绍的旋液分离器不同的是,离心机是由设备(转鼓)本身旋转而产生离心力的。在离心机内,离心力远远大于重力,重力的作用可忽略不计。由于离心机可产生很大的离心力,故可用来分离用一般方法难以分离的悬浮液或乳状液。

离心机可有不同的分类方式。

按照分离方式,离心机可分为过滤式、沉降式和分离式三种基本类型。过滤式离心机于转鼓壁上开孔,在鼓内壁上覆以滤布,悬浮液加入鼓内并与转鼓一起旋转,液体受离心力作用被甩出而颗粒被截留在鼓内形成滤饼。沉降式或分离式离心机的鼓壁上没有开孔,在离心力的作用,若被处理物料为悬浮液,其中密度较大的颗粒沉积于转鼓内壁而液体集于中央并不断引出,此种操作即为离心沉降;若被处理物料为乳状液,则两种液体按轻重分层,重者在外,轻者在内,各自从适当的径向位置引出,此种操作即为离心分离。

根据式(3-35)定义的分离因数又可将离心机分为

常速离心机　　$K_c < 3 \times 10^3$（一般为 600～1200）

高速离心机　　$K_c = 3 \times 10^3 \sim 5 \times 10^4$

超速离心机　　$K_c > 5 \times 10^4$

最新式的离心机,其分离因数可高达 5×10^5 以上,常用来分离胶体颗粒及破坏乳状液等。分离因数的极限值取决于转动部件的材料强度。

根据操作方式,离心机可分为间歇操作式离心机与连续操作式离心机。此外,还可根据转鼓轴线的方向将离心机分为立式与卧式。

3.3.2 离心机的结构与操作简介

一、三足式离心机

图 3-26 所示的三足式离心机是间歇操作、人工卸料的立式离心机,在工业上应用较早,目前仍是国内应用最广、制造数量最多的一种离心机。

三足式离心机分过滤式和沉降式两种,其卸料方式又有上部卸料与下部卸料之分。离心机的转鼓借助三根拉杆弹簧悬挂于三足支柱上,以减轻加料或其他原因造成的冲击。国内生产的三足式离心机基本技术参数如下:

转鼓直径/m　　　0.45～1.5

有效容积/m³　　　0.02～0.4

转速/(r·min⁻¹)   730～1950

分离因数 K_c 450～1170

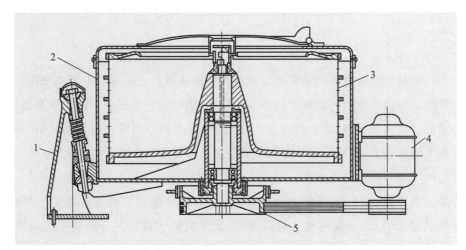

1—支脚；2—外壳；3—转鼓；4—电动机；5—皮带轮

图 3-26   三足式离心机

三足式离心机结构简单、制造方便、运转平稳、适应性强,滤饼中固体颗粒不易受损伤,适用于间歇生产中小批量物料,适合于处理固体为颗粒晶体或纤维状的物料。缺点是轴承和传动装置在转鼓下面,检修、清洗不方便。卸料时劳动强度大,生产能力低。近年来已出现了可自动卸料、连续生产的三足式离心机。

二、卧式刮刀卸料离心机

卧式刮刀卸料离心机是连续操作的离心机,可用于沉降操作,也可用于过滤操作。卧式刮刀卸料过滤式离心机的结构及操作示意于图 3-27,转鼓在全速运动中自动地依次进行加料、分离、洗涤、甩干、卸料、洗网等操作。每一工序的操作时间可根据工艺要求实行自动控制。操作时,悬浮液从进料管进入高速旋转的转鼓内,滤液经滤网及鼓壁小孔被甩到鼓外,再经机壳的排液口流出。留在鼓内的固相被耙齿均匀分布在滤网面上。当滤饼达到指定厚度时,进料阀门自动关闭,停止进料并进行冲洗,再经甩干一定时间后,刮刀自动上升,滤饼被刮下并经倾斜的溜槽排出。刮刀升至极限位置后自动退下,同时冲洗阀又开启,对滤网进行冲洗,至此完成一个操作循环,然后重新开始进料,进行下一操作循环。

卧式刮刀卸料沉降式离心机的结构与过滤式的相似,如图 3-28 所示。只是转鼓壁上没有开孔,也不需要滤布。高速旋转的转鼓内,悬浮液中的固体颗粒沉积在转鼓内壁上,上层清液经转鼓拦液盖溢流入机壳,由排液管排出。当转鼓内壁上沉积的固体颗粒过多,引出清液的澄清度不满足要求时,停止加料,用机械刮刀卸出沉渣。

卧式刮刀卸料离心机可连续运转,自动操作,生产能力大,适合于大规模连续生产。目前在石油、化工、食品等行业中有广泛应用,如硫铵、尿素、碳酸氢铵、聚氯乙烯、食盐、糖等物料的脱水。由于用刮刀卸料,易造成颗粒破碎,对于要求必须保持晶粒完整的物料不宜采用该设备。

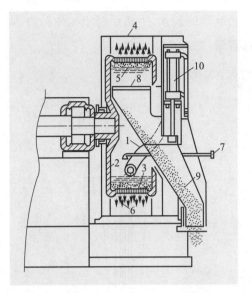

1—进料管;2—转鼓;3—滤网;4—外壳;5—滤饼;6—滤液;
7—冲洗管;8—刮刀;9—溜槽;10—液压缸

图 3-27 卧式刮刀卸料过滤式离心机

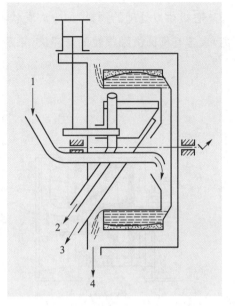

1—进料管;2—清液;3—沉渣;4—溢流

图 3-28 卧式刮刀卸料沉降式离心机

三、活塞推料离心机

活塞推料离心机的结构如图 3-29 所示,是一种连续操作的过滤式离心机。在高速运转的情况下,料浆不断由进料管送入,沿锥形进料斗的内壁流至转鼓的滤网上。滤液穿过滤网经滤液出口连续排出,积于滤网内面上的滤渣则被往复运动的活塞推进器沿转鼓内壁面推出。滤渣被推至出口的途中,可用由冲洗管出来的水进行喷洗,洗水则由另一出口排出。整个过程连续自动进行。

此种离心机主要用于浓度适中并能很快脱水和失去流动性的悬浮液,其优点是颗粒破碎程度小,控制系统较简单,功率消耗也较均匀;缺点是对悬浮液的浓度要求较高,适应于固体质量分数在 $30\%\sim50\%$ 的料浆。若料浆太稀,则滤饼来不及生成,料液则直接流出转鼓,并可冲走已形成的滤饼;若料浆太稠,则流动性差,易使滤渣分布不均,引起转鼓的振动。

活塞推料离心机除单级外,还有双级、四级等多种型式。采用多级活塞推料离心机能提高转速,改善其工作性能,分离较难处理的物料。

四、管式高速离心机

管式高速离心机的结构如图 3-30 所示。它是一种能产生高强度离心力场的离心机,具有很高的分离因数($1.5\times10^4\sim6\times10^4$),转鼓的转速可达 $8\times10^3\sim5\times10^4$ r/min。

为尽量减小转鼓所受的压力,需采用较小的鼓径,在一定的进料量下,这样可以使悬浮液沿转鼓轴向运动的速度加大,为保证物料在鼓内有足够的沉降时间,必须延长转鼓的长度,于是转鼓结构衍变成为细高的管式结构。管式高速离心机生产能力小,但能分离普通离心机难以处理的物料,如分离乳状液(动植物油的脱水,牛奶中脱脂牛奶和奶油的分离)及含有稀薄微细颗粒的悬浮液(果蔬汁的澄清)。

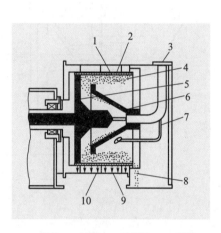

1—转鼓;2—滤网;3—进料管;4—滤饼;
5—活塞推进器;6—进料斗;7—冲洗管;
8—固体排出;9—洗水出口;10—滤液出口

图 3-29　活塞推料离心机

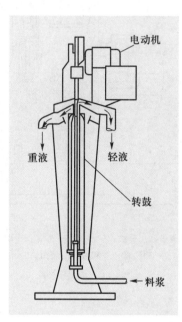

图 3-30　管式高速离心机

乳状液或悬浮液由底部进料管送入转鼓,鼓内安装有径向的挡板(图中未画出),以便带动液体迅速旋转。如处理乳状液,则液体分轻、重两层,各自由上部不同的出口流出;如处理悬浮液,则可只采用一个液体出口,而颗粒附着于鼓壁上,一定时间后停机取出。

3.4　固体流态化

演示文稿

3.4.1　流态化的基本概念

一、流态化现象

当流体由下向上通过固体颗粒床层时,随流速的增加,会出现以下几种情况。

1. 固定床阶段

当流体速度较低时,颗粒所受的曳力不足以使颗粒运动,此时颗粒静止,流体只是穿过静止颗粒之间的空隙流动,这种床层称为固定床,如图 3-31(a)所示,床层高度 L。不随气速改变。

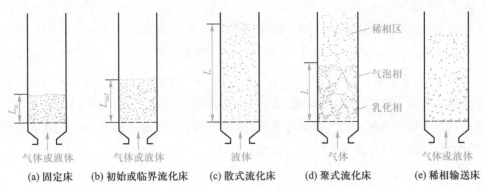

图3-31　不同流速时床层的变化

动画
流态化

2. 流化床阶段

当流速增至一定值时,颗粒床层开始松动,颗粒稍有振动并有方位调整,床层略有膨胀,但颗粒仍保持相互接触,不能自由运动,床层的这种情况称为初始流化床或临界流化床,如图3-31(b)所示,此时床层高度为L_{mf}。此时的空塔气速称为初始流化速度或临界流化速度。超过此临界点后再继续增大流速,固体颗粒将悬浮于流体中做随机运动,床层将随流速提高而膨胀、增高,空隙率也随之增大,此时颗粒与流体之间的摩擦力恰好与其净重力相平衡。这种床层具有类似于流体的性质,故称为流化床,如图3-31(c)、(d)所示。通过床层的流体称为流化介质。

3. 稀相输送床阶段

若流速再升高达到某一极限时,流化床的上界面消失,颗粒分散悬浮于气流中,并不断被气流带走,这种床层称为稀相输送床,如图3-31(e)所示,颗粒开始被带出的气速称为带出速度,其数值等于颗粒在该流体中的沉降速度。

借助于固体的流态化来实现某种处理过程的技术,称为流态化技术。由于流化床内颗粒与流体之间具有良好的传热、传质特性,因此广泛应用于固体颗粒物料的干燥、混合、煅烧、输送及催化反应过程中,已经成为化学工程学科的一个重要分支。鉴于目前绝大多数工业应用都是气固流化系统,因此,本节主要讨论气固流化系统。

二、两种不同流化形式

流化床内颗粒与流体的密度差不同,颗粒尺寸及床层尺寸的不同,会使流化床内颗粒与流体的相对运动呈现不同的形式,主要有下面两种。

1. 散式流化

散式流化亦称均匀流化,如图3-31(c)所示。其特点是固体颗粒均匀地分散在流化介质中。随流速增大,颗粒间的距离均匀增大,床层逐渐膨胀而没有气泡产生,并保持稳定的上界面。通常,两相密度差小的系统趋向于散式流化。大多数液固流化呈现散式流化。当固体颗粒粒度和密度都很小,而气体密度很大时,气固系统的流化也可能出现散式流化。

2. 聚式流化

形成聚式流化时,床层内分为两相,一相是空隙小而固体浓度大的气固均匀混合物构成的连续相,称为乳化相;另一相则是夹带有少量固体颗粒而以气泡形式通过床层的不连续相,称为气泡相。如图 3-31(d)所示。气泡相在上升过程中逐渐长大、合并,至床层上界面处破裂,使得床层极不稳定,上界面亦以某种频率上下波动,床层压降也随之相应波动。对于密度差较大的气固流化系统,一般趋向于形成聚式流化。但这并不是绝对的,当固体密度很大时,液固流化也可能为聚式流化。

三、流化床的主要特点

在流化床中,气、固两相的运动状态就像沸腾的液体,因此流化床也称为沸腾床,如图3-32所示。流化床具有液体的某些性质,如具有流动性,无固定形状,随容器形状而变,可从小孔中喷出,从一个容器流入另一个容器;具有上界面,当容器倾斜时,床层上界面将保持水平,当两个床层连通时,它们的上界面自动调整至同一水平面;比床层密度小的物体被推入床层后会浮在床层表面上;床层中任意两截面的压力差可用压差计测定,且大致等于两截面间单位面积床层的重力。

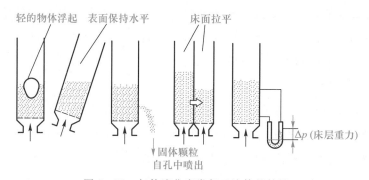

图 3-32　气体流化床类似于液体的特性

流化床内的固体颗粒处于不停的运动状态中,这种颗粒的均匀混合使床层基本处于全混状态,系统内温度、浓度分布均匀,避免床层局部过热。同时这种剧烈运动和均匀的混合增加了颗粒的湍动程度,使颗粒和流体间的界面不断更新,强化了颗粒与流体间的传热、传质。另外,流化床类似于流体的特性使得从床层中取出颗粒和向床层加入颗粒都很方便,易于连续自动操作。但颗粒的激烈运动使颗粒间和颗粒与固体器壁间产生强烈的碰撞与摩擦,造成颗粒破碎和固体壁面磨损,磨碎的颗粒易被气流带走,因此需要配备粉尘回收装置;同时当固体颗粒连续进出床层时,会造成反混,颗粒在床层内的停留时间不均,导致固体产品的质量不均。聚式流化床中,大部分气体以气泡形式通过床层,与固体颗粒接触时间较短,也使气固间接触效率降低。

显然,流态化技术有优点也有缺点,掌握流态化技术,了解其特性,应用时扬长避短,可以获得更好的经济效益。

3.4.2 流化床的流体力学特性

一、流化床的压降

1. 理想流化床

在理想情况下,流体通过颗粒床层时,克服流动阻力产生的压降与空塔气速之间的关系曲线如图 3-33 所示,大致可分为以下几个阶段:

(1) 固定床阶段 如图 3-33 中 AB 段,此时气速较低,床层静止不动,气体通过床层的空隙流动,气体通过床层的压降随气速的增加而增大。流体流经固定床的压降计算已在本章 3.2.1 中讨论。

(2) 流化床阶段 当流速增大至超过 C 点时,开始进入流化状态,与 C 点对应的流速称为临界流化速度 u_{mf},它是最小流化速度。相应的床层空隙率称为临界空隙率 ε_{mf}。

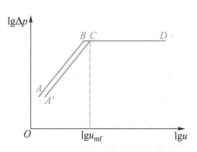

图 3-33 理想流化床 Δp-u 关系曲线

流化床阶段中床层的压降,可根据颗粒与流体间的摩擦力恰与其净重力平衡的关系求出,即

$$(\Delta p)(A_f) = W = A_f L_{mf}(1-\varepsilon_{mf})(\rho_s-\rho)g \qquad (3-95)$$

整理得

$$\Delta p = L_{mf}(1-\varepsilon_{mf})(\rho_s-\rho)g \qquad (3-95a)$$

式中　　A_f——床层横截面积,m^2;

　　　　L_{mf}——开始流化时床层的高度。

随着流速的增大,床层高度和空隙率 ε 都增加,但整个床层的压降 Δp 保持不变,压降不随气速改变而变化是流化床的一个重要特征。流化床阶段的 Δp 与 u 的关系如图 3-33中 CD 段所示。整个流化床阶段的压降为

$$\Delta p = L(1-\varepsilon)(\rho_s-\rho)g \qquad (3-95b)$$

在气固系统中,ρ 与 ρ_s 相比较小可以忽略,Δp 约等于单位面积床层的重力。

当降低流化床气速时,床层高度、空隙率也随之降低,Δp-u 关系曲线沿 DCA' 返回。这是由于从流化床阶段进入固定床阶段时,床层由于曾被吹松,其空隙率比相同气速下未被吹松的固定床要大,因此,相应的压降会小一些。

(3) 气流输送阶段 在此阶段,气流中颗粒浓度降低,由浓相变为稀相,使压降变小,并呈现出复杂的流动情况,此阶段起点的空塔气速称为带出速度或最大流化速度,即流化床操作所容许的理论最大气速。此阶段的特性将在本章 3.4.5 中讨论。

2. 实际流化床

实际流化床的情况比理想流化床复杂,其 Δp-u 关系曲线如图 3-34 所示。它与理想流化床 Δp-u 曲线的主要区别如下:

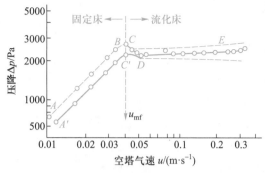

图 3-34　实际流化床 $\Delta p-u$ 关系曲线

（1）在固定床区域 AB 和流化床区域 DE 之间有一个"驼峰"BCD，这是因为固定床的颗粒间相互挤压，开始需要较大的推动力才能使床层松动，直至颗粒达到悬浮状态时，压降 Δp 便从"驼峰"段降到水平的 DE 段，此后压降基本不随气速而变，最初的床层越紧密，"驼峰"就越大。

（2）理想情况下流化床阶段的压降线 DE 为水平线，而实际流化床中 DE 线右端略微向上。这是由于气体通过床层时的压降除绝大部分用于平衡床层颗粒的重力外，还有很少一部分能量消耗于颗粒之间的碰撞及颗粒与器壁之间的摩擦。

（3）图 3-34 中临界点 C' 所对应的流速为临界流化速度 u_{mf}，空隙率称为临界空隙率 ε_{mf}，其值比没有流化过的原始流化床的空隙率要稍大一些。

（4）实际气体流化床的压降是波动的。在图 3-34 中 DE 线的上、下各有一条虚线，这是实际气体流化床压降的波动范围，DE 线为这两条线的平均值。压降的波动是因为从分布板进入的气体形成气泡，在向上运动的过程中不断长大，到床面即自行破裂。在气泡运动、长大、破裂的过程中产生压降的波动。

二、流化床的不正常现象

1. 腾涌现象

腾涌现象主要出现在气固流化床中。若床层高径比过大，或气速过高，或气体分布不均时，会发生气泡合并现象。当气泡直径长到与床层直径相等时，气泡将床层分为几段，形成相互间隔的气泡层与颗粒层。颗粒层被气泡推着向上运动，到达上部后气泡突然破裂，颗粒则分散落下，这种现象称为腾涌现象。出现腾涌时，$\Delta p-u$ 曲线上表现为 Δp 在理论值附近大幅度的波动，如图 3-35 所示。这是因为气泡向上推动颗粒层时，颗粒与器壁的摩擦造成压降高于理论值，而气泡破裂时压降又低于理论值。

流化床发生腾涌时，床层高度起伏很大，气、固接触不均，颗粒对器壁的磨损加剧，引起设备振动，严重的会破坏设备内构件。

2. 沟流现象

沟流现象是指气体通过床层时形成短路，大部分气体穿过沟道上升，没有与固体颗粒很好地接触。沟流现象使床层密度不均且气、固接触不良,不利于气、固两相的传热、传质和化学反应;同时由于部分床层变成死床,颗粒不是悬浮在气流中,故在 $\Delta p - u$ 曲线上表现为低于单位床层面积上的重力,如图 3-36 所示。

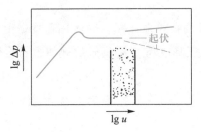
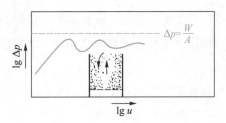

图 3-35 腾涌发生后的 $\Delta p - u$ 关系曲线   图 3-36 沟流发生后的 $\Delta p - u$ 关系曲线

沟流容易发生在大直径的床层中,此外,粒度过细、密度大、易于粘连的颗粒,以及气体在分布板处的初始分布不均,都容易引起沟流。

通过测定 $\Delta p - u$ 曲线可以帮助判断流化床的操作是否正常。流化床正常操作时,压降波动较小。若波动较大,可能是形成了大气泡。若发现压降直线上升,然后又突然下降,则表明发生了腾涌现象。反之,如果压降比正常操作时低,则说明发生了沟流现象。实际压降与正常压降偏离的大小反映了沟流现象的严重程度。

三、流化床的操作范围

要使固体颗粒床层在流化状态下操作,必须使气速高于临界流化速度 u_{mf},而最大气速又不得超过颗粒带出速度,因此,流化床的操作范围应在临界流化速度和带出速度之间。

1. 临界流化速度 u_{mf}

临界流化速度可通过实验测定或关联式计算。

(1)实验测定法 测定实验装置如图 3-37 所示。逐渐增大气速,测定固体颗粒床层从固定床到流化床的压降变化;再降低气速,得到从流化床回到固定床时压降与气体流速之间的关系,

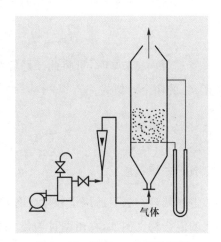

图 3-37 测定 u_{mf} 的实验装置

即可得到如图3-34所示的曲线,曲线上 C' 点所对应的流速即为临界流化速度。

临界流化速度的测定受很多因素的影响,在给定固体颗粒与流化介质条件下,还必须有良好的气体分布装置。测定时常用空气作流化介质,实际生产时对不同介质应加以修正。设 u'_{mf} 为以空气为流化介质时测定的临界流化速度,则实际生产中的临界流化速度 u_{mf} 可用下式推算:

$$u_{mf} = u'_{mf} \frac{(\rho_s - \rho)\mu_a}{(\rho_s - \rho_a)\mu} \qquad (3-96)$$

式中　　ρ——实际流化介质的密度，kg/m^3；

ρ_a——空气的密度，kg/m^3；

μ——实际流化介质的黏度，$Pa\cdot s$；

μ_a——空气的黏度，$Pa\cdot s$。

（2）关联式计算法　没有实验数据时，可用关联式来计算临界流化速度。由于临界点是固定床到流化床的转折点，所以，临界点的压降既符合流化床的规律也符合固定床的规律。

当颗粒直径较小（$Re_b<20$）时，欧根方程［式（3-56）］中第二项可忽略，根据式（3-95a）得到临界流化速度计算式为

$$u_{mf}=\frac{(\phi_s d_p)^2(\rho_s-\rho)g}{150\mu}\frac{\varepsilon_{mf}^3}{1-\varepsilon_{mf}} \tag{3-97}$$

当颗粒直径较大（$Re_b>1000$）时，欧根方程［式（3-56）］中第一项可忽略，由式（3-95a）得到

$$u_{mf}^2=\frac{\phi_s d_p(\rho_s-\rho)g}{1.75\rho}\cdot\varepsilon_{mf}^3 \tag{3-98}$$

式中　　d_p——颗粒直径，非球形颗粒时用当量直径，非均匀颗粒时用颗粒群的平均直径。

应用式（3-97）和式（3-98）计算时，床层的临界空隙率 ε_{mf} 的数据常常不易获得，对于许多不同系统，发现存在以下经验关系，即

$$\frac{1-\varepsilon_{mf}}{\phi_s^2\varepsilon_{mf}^3}\approx11 \quad 和 \quad \frac{1}{\phi_s\varepsilon_{mf}^3}\approx14 \tag{3-99}$$

当 ε_{mf} 和 ϕ_s 未知时，可将此二经验关系式分别代入式（3-97）和式（3-98），从而得到计算 u_{mf} 的两个近似式：

对于小颗粒 $$u_{mf}=\frac{d_p^2(\rho_s-\rho)g}{1650\mu} \tag{3-100}$$

对于大颗粒 $$u_{mf}^2=\frac{d_p(\rho_s-\rho)g}{24.5\rho} \tag{3-101}$$

上述处理方法只适用于粒度分布较为均匀的混合颗粒床层，不能用于颗粒粒度差异很大的混合物。例如，在由两种粒度相差悬殊的固体颗粒混合物构成的床层中，细粉可能在粗颗粒的间隙中流化起来，而粗颗粒依然不能悬浮。

2. 带出速度

当流化床内气速达到颗粒的沉降速度时，大量颗粒会被流体带出器外，因此，颗粒带出速度即颗粒的沉降速度。

各种情况下颗粒沉降速度的计算见本章 3.1.1。值得注意的是，计算 u_{mf} 时要用实际存在于床层中不同粒度颗粒的平均直径 d_p，而计算 u_t 时则必须用具有相当数量的最小颗粒直径。

3. 流化床的操作范围与流化数

带出速度与临界流化速度的比值反映了流化床的可操作范围。对于均匀的小颗粒，

由式(3-100)和式(3-19)可得

$$u_t / u_{mf} = 91.7 \qquad (3-102)$$

对于大颗粒,由式(3-101)和式(3-21)可得

$$u_t / u_{mf} = 8.62 \qquad (3-103)$$

研究表明,上述两个上、下限值与实验数据基本相符,比值 u_t / u_{mf} 常在 $10 \sim 90$。可见,大颗粒床层的操作范围要比小颗粒床层小,说明其操作灵活性较差。

流化床实际操作速度与临界流化速度的比值称为流化数。不同生产过程的流化数差别很大,设计时根据物料性质、工艺要求和操作经验来确定。有些流化床的流化数高达数百,甚至超过 u_t / u_{mf},但实际上夹带现象未必严重,这是因为大部分气流以几乎不含固相的大气泡通过床层,而床层中的大部分颗粒则是悬浮在气速依然很低的乳化相中。此外,在许多流化床中都配有内部或外部旋风分离器以捕集被夹带颗粒并使之返回床层(称为载流床),因此也可采用较高的气速以提高生产能力。

◆ **例 3-12**　某流化床在常压、20 ℃下操作,固体颗粒群的直径范围为 $50 \sim 175~\mu m$,平均颗粒直径为98 μm,其中直径大于 65 μm 的颗粒不能被带出,试求流化床的初始流化速度和带出速度。其他已知条件:固体密度为 1000 kg/m³,颗粒的球形度为1,初始流化时床层的空隙率为 0.4。

解: 查附录得 20 ℃空气的黏度 $\mu = 0.0181$ mPa·s、密度 $\rho = 1.205$ kg/m³。

允许最小气速就是用平均直径计算的 u_{mf},假设颗粒的雷诺数 $Re_b < 20$,由式(3-97)可以写出其临界流化速度为

$$u_{mf} = \frac{(\phi_s d_p)^2 (\rho_s - \rho) g}{150 \mu} \cdot \frac{\varepsilon_{mf}^3}{1 - \varepsilon_{mf}}$$

$$= \left[\frac{(98 \times 10^{-6})^2}{150} \times \frac{1000 - 1.205}{0.0181 \times 10^{-3}} \times 9.81 \times \frac{0.4^3}{1 - 0.4} \right] \text{m/s} = 0.0037 \text{ m/s}$$

校核流型

$$Re_b = \frac{d_p u_{mf} \rho}{\mu} = \frac{98 \times 10^{-6} \times 0.0037 \times 1.205}{0.0181 \times 10^{-3}} = 0.024 (< 20)$$

由于不希望夹带直径大于 65 μm 的颗粒,因此最大气速不能超过 65 μm 的颗粒的带出速度 u_t。假设颗粒沉降属于层流区,其沉降速度用斯托克斯公式计算,即

$$u_t = \frac{d_p^2 (\rho_s - \rho) g}{18 \mu} = \left[\frac{(65 \times 10^{-6})^2 \times (1000 - 1.205)}{18 \times 0.0181 \times 10^{-3}} \times 9.81 \right] \text{m/s} = 0.1271 \text{ m/s}$$

校核流型

$$Re_b = \frac{d_p u_t \rho}{\mu} = \frac{65 \times 10^{-6} \times 0.1271 \times 1.205}{0.0181 \times 10^{-3}} = 0.55 (< 2)$$

$$\frac{u_t}{u_{mf}} = \frac{0.1271}{0.0037} = 34.35$$

颗粒沉降速度和临界流化速度之比为 34：1，一般情况下，所选气速不应太接近 u_t 或 u_{mf}。通常取操作流化速度为 $(0.4\sim0.8)u_t$。

3.4.3　流化床的浓相区高度与分离高度

流化床的总高度分为浓相区（密相段）和稀相段（分离区）。流化床界面以下的区域称为浓相区，界面以上的区域称为稀相段。

一、浓相区高度

由于床层内颗粒质量 m 是一定的，因此，浓相区高度 L 与起始流化高度 L_{mf} 之间有如下关系：

$$m = AL_{mf}(1-\varepsilon_{mf})\rho_s = AL(1-\varepsilon)\rho_s \tag{3-104}$$

对于床层截面积不随床高而变化的情况，可得到下式：

$$R_c = \frac{L}{L_{mf}} = \frac{1-\varepsilon_{mf}}{1-\varepsilon} \tag{3-104a}$$

R_c 称为流化床的膨胀比。确定 L 的关键是确定 ε。对于散式流化床，空隙率 ε 与流速的关系为

$$\frac{u}{u_t} = \varepsilon^n \tag{3-105}$$

式中　　u——空塔气速，m/s；

　　　　u_t——颗粒的沉降速度，m/s；

　　　　n——实验常数，对于一定的系统为常数；

　　　　ε——流化床的空隙率。

对于多数属于聚式流化的气固系统，影响床层膨胀比的因素很多。图3-38表明了床层空隙率及床层高度波动的幅度与床层直径及空塔气速明显相关。目前尚无普遍的计算公式可供使用。

二、分离高度

由于流化床中固体颗粒的粒度大小不一和气泡在床层表面破裂时的夹带作用，使得床层表面一定高度范围内形成不同粒径颗粒的浓度分布，离开床层表面一定距离后，固体颗粒的浓度基本不再变化，如图 3-39 所示。固体颗粒浓度基本保持不变的最小距离称为分离高度，又称 TDH（transport disengaging height）。床层界面之上必须有一定的分离区，以使沉降速度大于气流速度的颗粒能够重新沉降到浓相区而不被气流带走。

分离高度的影响因素比较复杂，系统物性、设备及操作条件均会对其产生影响，至今尚无适当的计算公式。有资料提出，分离高度可近似等于浓相区的高度。

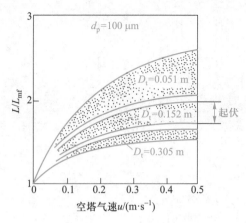

图 3-38　床径及空塔气速对气体
流化床膨胀比的影响

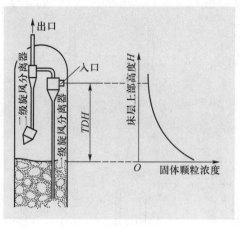

图 3-39　分离高度

3.4.4　流化质量及提高流化质量的措施

流化质量是指流化床的均匀程度,即气体分布和气、固接触的均匀程度。流化质量不高对流化床的传热、传质过程都非常不利。特别是在聚式流化床中,由于气相多以气泡形式通过床层,造成气、固接触不均匀,严重影响流化床的操作效果。一般地说,流化床内形成的气泡越小,气、固接触的情况越好。提高流化质量应主要从如下几方面入手。

一、分布板

在流化床中,分布板的作用除了支撑固体颗粒、防止漏料外,还有分散气流使气体得到均匀分布。设计良好的分布板,应对通过它的气流有足够大的阻力,从而保证气流均匀分布于整个床层截面上,也只有当分布板的阻力足够大时,才能克服聚式流化的不稳定性,抑制床层中出现沟流等不正常现象。但是阻力增大会增加鼓风机的能耗,因此通过分布板的压降应有个适宜值。据研究,适宜的分布板压降应等于或大于床层压降的 10%,并且其绝对值应不低于 3.5 kPa。床层压降可取为单位截面上床层重力。

工业上使用的气体分布板有直流式、侧流式和填充式等。直流式分布板如图 3-40所示。单层多孔板结构简单,便于设计和制造,但气流方向与床层垂直,易使床层形成沟流;小孔易堵塞,停车时易漏料。多层多孔板能避免漏料,但结构稍微复杂一些。凹形多孔板能承受固体颗粒的重荷和热应力,还有助于抑制鼓泡和沟流。侧流式分布板如图 3-41所示,在分布板的孔上装有锥形风帽(锥帽),气流从锥帽底部的侧缝和锥帽四周的侧孔流出。目前这种带锥帽的分布板应用最广,效果也最好,其中侧缝式锥帽采用最多。填充式分布板如图3-42所示,它是在直孔筛板或栅板和金属丝网层间铺上卵石—石英砂—卵石。这种分布板结构简单,能够达到均匀布气的要求。

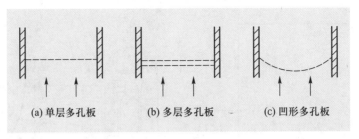

图 3-40　直流式分布板

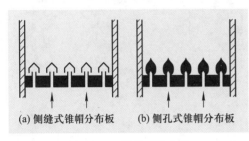

图 3-41　侧流式分布板

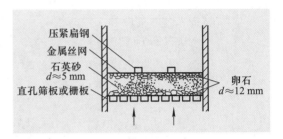

图 3-42　填充式分布板

　　一般分布板对气体分布的影响只局限在分布板上方不超过 0.5 m 的区域内,床层高度超过 0.5 m 时,必须采取其他措施,改善流化质量。

　　二、设备内部构件

　　在床层中设置某种内部构件以后,能够抑制气泡长大并破碎大气泡,从而改善气体在床层中的停留时间分布,减少气体返混和强化两相间的接触。

　　挡网、挡板和垂直管束都是工业流化床广泛采用的内部构件。

　　当气速较低时可采用挡网,它是用金属丝制成的,常采用的网眼有 15 mm×15 mm 和 25 mm×25 mm 两种规格。

　　我国目前采用百叶窗式的挡板较多,这种挡板大致分为单旋挡板和多旋挡板两种类型,以单旋挡板用得最多。采用挡板可破碎上升的气泡,使粒子在床层径向的粒度分布趋于均匀,改善气、固接触状况,阻止气体的轴向返混。但挡板也有不利的一面,它阻碍了颗粒的轴向混合,使颗粒沿床层高度按其粒径大小产生分级现象,造成床层的轴向温度差变大,因而恶化了流化质量。为了减少床层的轴向温度差,提高流化质量,挡板直径应略小于设备直径,使颗粒沿四周环隙下降,然后再被气流通过各层挡板吹上去,从而构成一个使颗粒得以循环的通道。

　　垂直管束(如流化床内垂直放置的加热管)是床层内的垂直构件,它们沿径向将床层分割,可限制气泡长大,但不会增大轴向温度差,操作效果较好,目前应用逐渐增多。

　　三、粒度分布

　　颗粒的特性,尤其是颗粒的尺寸和粒度分布对流化床的流动特性有重要影响。

　　有人根据颗粒的密度与粒度分布将床层分为四类,如图 3-43 所示。极细颗粒由于颗粒间的黏附力大,易聚结,使气流形成沟流,不能正常流化;极粗颗粒流化时床层不稳定,也不适于一般的流化床。在适合于流化床的颗粒粒度范围内,床层又可分为细颗粒床层和粗颗粒床层。粗颗粒床层在临界流化速度 u_{mf} 或稍大于 u_{mf} 时出现气泡,即粗颗粒床层基本上没有散式流化阶段,开始流化即为聚式流化。细颗粒床层在气速超过 u_{mf} 后,床层均匀膨胀,为散式流化,直到气速达到某一值时才出现气泡。因此,粒度分布较宽的细颗粒可以在较宽的气速范围内获得良好的流化质量。

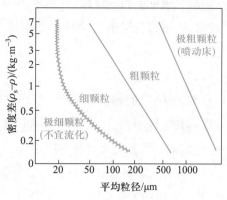

图 3-43 流化颗粒的粒度范围

近几年来,细颗粒高气速流化床在化工中得到重视和应用。它不仅提供了气、固两相较大的接触面积,而且增进了两相接触的均匀性,从而有利于提高反应转化率和床内温度均匀性。同时,高气速还可减小设备直径。

3.4.5 气力输送简介

一、概述

当气速大于颗粒的带出速度时,颗粒会被气流带出,并随气体一起流动,形成稀相输送床,利用这种方式来输送固体颗粒的方法称为气力输送(当输送介质为液体时称为水力输送)。作为输送介质的气体通常是空气,对易燃、易爆粉料,可采用惰性气体,如氮气等。

气力输送与其他机械输送方法相比具有许多优点,所以在许多领域得到广泛应用。气力输送的优点主要有:

(1)可长距离连续输送,自动化操作,生产效率高。

(2)设备结构简单、紧凑,占地面积小,使用、维修方便。

(3)输送系统密闭,避免了物料的飞扬、受潮、受污染,改善了劳动条件。

(4)可在运输过程中(或输送终端)同时进行粉碎、分级、加热、冷却及干燥等操作。

但是,气力输送与其他机械输送方法相比也存在一些缺点,如动力消耗较大,颗粒尺寸受到一定限制(<30 mm);在输送过程中物料破碎及物料对管壁的磨损不可避免,不适于输送黏附性较强或高速运动时易产生静电的物料。

在气力输送中,将单位质量气体所输送的固体质量称为混合比 R(或固气比),其表达式为

$$R = \frac{G_s}{G} \tag{3-106}$$

式中　　G_s——单位管道面积上单位时间内加入的固体质量,kg/(s·m²);

　　　　G——气体质量流速,kg/(s·m²)。

根据气流中固相的浓度,可将气力输送分为稀相输送和密相输送。混合比在 25 以下(通常 $R=0.1\sim5$)的气力输送称为稀相输送;混合比在 25 以上的气力输送称为密相输送。

二、稀相输送

1. 稀相输送的分类

在稀相输送中,气速较高(18~30 m/s),固体颗粒呈悬浮态。根据输送管中压力的大小,稀相输送可分为吸引式和压送式。

(1)吸引式   输送管中的压力低于常压的输送称为吸引式气力输送。气源真空度不超过 10 kPa 的称为低真空式,主要用于近距离、小输送量的细粉尘的除尘清扫;气源真空度在 10~50 kPa 的称为高真空式,主要用在粒度不大、密度介于 1000~1500 kg/m³ 的颗粒的输送。吸引式输送的输送量一般都不大,输送距离也不超过 50~100 m。

吸引式气力输送的典型装置流程如图 3-44 所示,这种装置往往在物料吸入口处设有带吸嘴的挠性管,以便将分散于各处的物料收集至料仓。这种输送方式适用于须在输送起始处避免粉尘飞扬的场合。

(2)压送式   输送管中的压力高于常压的输送称为压送式气力输送。按照气源的表压力可分为低压和高压两种。气源表压力不超过 50 kPa 的为低压式,这种输送方式在一般化工厂中用得最多,适用于小量粉粒状物料的近距离输送。高压式输送的气源表压力可高达 700 kPa,用于大量粉粒状物料的输送,输送距离可长达 600~700 m。压送式气力输送的典型装置流程如图 3-45 所示。

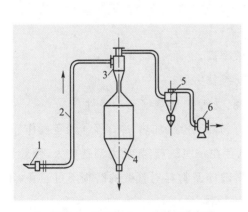

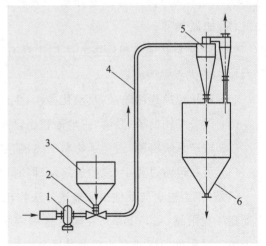

1—吸嘴;2—输送管;3——次旋风分离器;
4—料仓;5—二次旋风分离器;6—抽风机

1—压气机械;2—回转式供料器;3—料斗;
4—输料管;5—旋风分离器;6—料仓

图 3-44 吸引式气力输送典型装置流程   图 3-45 压送式气力输送典型装置流程

2. 稀相输送的流动特性

气力输送可在水平、垂直或倾斜管道中进行,所采用的气速和混合比都可在较大范围内变化,从而使管内气、固两相流动的特性有较大的差异,再加上固体颗粒在形状、粒度分布等方面的多样性,使得气力输送装置的设计计算目前尚处于经验阶段。以下仅简单介绍稀相输送的流动特性。

(1) 水平管中的输送 水平输送时,颗粒在垂直方向上似乎只受重力作用,应沉降在管的底部。实际上由于湍流气体在垂直方向上的分速度所产生的作用力,以及由于颗粒形状不规则而受到推力在垂直方向上的分力等作为对抗重力的因素,只要气速足够高,颗粒仍能被悬浮输送。

输送管内颗粒的运动状态,随着输送气速而显著变化。一般来说,气速越大则颗粒在输送管内越接近均匀分布。气速逐渐下降时,颗粒在管截面上开始出现不均匀分布,越靠近底部管壁,颗粒分布越密。当气速小于某一数值时,部分颗粒便沉积于底部管壁,一边滑动,一边被推着向前运动;气速进一步下降时,则沉积的物料层反复作不稳定的移动,最后完全停滞不动,造成堵塞。

颗粒开始沉积时的气速称为沉积速度,沉积速度是水平输送时的最低气速,实际操作时,气速必须大于沉积速度。

(2) 垂直管中的输送 垂直管中进行向上的稀相气力输送时,在一定的固体负荷下,若气速足够高,则颗粒能充分分散地流动。当气速逐渐降低时,气、固相速度都降低,空隙率也减小,气固混合物的平均密度 $\bar{\rho}$ 增大。当气速降低至某一值时,颗粒已不能悬浮在气体之中,而是汇集在一起形成柱塞状,于是输送状态被破坏而形成腾涌。此时的气速称为噎塞速度,噎塞速度是在垂直管中进行稀相输送的最低气速。

(3) 倾斜管中的输送 研究表明,当管子与水平线的夹角在10°以内时,沉积速度没有明显变化;当管子与垂直线的夹角在8°以内时,其相应的噎塞速度也没有显著变化。但当倾斜管与水平线夹角在 22°~45°时,沉积速度比在水平管中的沉积速度高 1.5~3 m/s。

沉积速度和噎塞速度与颗粒物性、混合比、供料器的类型和构造、输送管直径和长度及配管方式等许多因素有关。在气力输送装置中,一方面由于颗粒之间及颗粒与管壁之间存在着摩擦、碰撞或黏附作用,另一方面也由于在输送管中气速分布不均匀,存在着"边界层",因此,理论计算所确定的最佳气速通常与实际采用的输送气速经验值并不一致。设计时,通常采用生产实践中积累的经验数据。

三、密相输送

在密相输送中,固体颗粒呈集团状态。图3-46为脉冲式密相输送装置。一股压缩空气通过发送罐内的喷气环将粉料吹松,另一股表压力为150~300 kPa的气流通过脉冲发生器以20~40 r/min的频率间断地吹入输送管入口处,将流出的粉料切割成料栓与气栓相间的粒度系统,凭借空气的压力推动料栓在输送管中向前移动。

密相输送的特点是低风量、高固气比,物料在管内呈流态化或柱塞状运动。此类装置的输送能力大,输送距离可长达 100~1000 m,尾部所需的气固分离设备简单。由于物料或多或少呈集团状低速运动,物料的破碎及管道磨损较轻,但操作较困难。目前密相输送多用于水泥、塑料粉、纯碱、催化剂等粉状物料的输送。

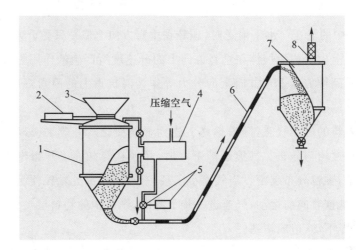

1—发送罐;2—气相密封插管;3—料斗;4—气体分配器;5—脉冲发生器和电磁阀;
6—输送管;7—受槽;8—袋滤器

图 3-46　脉冲式密相输送装置

 习题

基础习题

1. 颗粒在流体中自由沉降,试计算(1) 密度为 2650 kg/m³,直径为 0.04 mm 的球形石英颗粒在 20 ℃空气中自由沉降,沉降速度是多少?(2) 密度为 2 650 kg/m³,球形度 $\phi=0.6$ 的非球形颗粒在 20 ℃清水中的沉降速度为 0.1 m/s,颗粒的等体积当量直径是多少?(3) 密度为 7900 kg/m³,直径为 6.35 mm 的钢球在密度为 1600 kg/m³ 的液体中沉降 150 mm 所需的时间为 7.32 s,液体的黏度是多少?

2. 用降尘室除去气体中的固体杂质,降尘室长 5 m,宽 5 m,高 4.2 m,固体杂质为球形颗粒,密度为 3000 kg/m³。气体的处理量为 3000 m³(标准)/h。试求理论上能完全除去的最小颗粒直径。

(1) 若操作在 20 ℃下进行,操作条件下的气体密度为 1.06 kg/m³,黏度为 1.8×10^{-5} Pa·s。

(2) 若操作在 420 ℃下进行,操作条件下的气体密度为 0.5 kg/m³,黏度为 3.3×10^{-5} Pa·s。

3. 对 2 题中的降尘室与含尘气体,在 427 ℃下操作,若需除去的最小颗粒直径为 10 μm,试确定降尘室内隔板的间距及层数。

4. 在双锥分级器内用水对方铅矿与石英矿两种颗粒的混合物进行分离。操作温度下水的密度 $\rho=996.9$ kg/m³,黏度 $\mu=0.8973\times10^{-3}$ Pa·s。固体颗粒为棱长 0.08~0.7 mm 的正方体。已知:方铅矿密度 $\rho_{s1}=7500$ kg/m³,石英矿密度 $\rho_{s2}=2650$ kg/m³。

假设颗粒在上升水流中作自由沉降,试求(1) 欲得纯方铅矿粒,水的上升流速至少应为多少?(2) 所得纯方铅矿粒的尺寸范围。

5. 用标准型旋风分离器处理含尘气体,气体流量为 0.4 m³/s,黏度为 3.6×10^{-5} Pa·s,密度为 0.674 kg/m³,气体中尘粒的密度为 2300 kg/m³。若分离器圆筒直径为 0.4 m,(1) 试估算其临界粒径、分割粒径及压降;(2) 现在工艺要求处理量加倍,若维持压降不变,旋风分离器尺寸需增大为多少? 此时临界粒径是多少?(3) 若要维持原来的分离效果(临界粒径),应采取什么措施?

6. 在实验室里用面积 0.1 m² 的滤叶对某悬浮液进行恒压过滤实验,操作压力差为 67 kPa,测得过滤 5 min 后得滤液 1 L,再过滤 5 min 后又得滤液 0.6 L。试求过滤常数 K 和 V_e,并写出恒压过滤方程式。

7. 用 10 个框的板框压滤机恒压过滤某悬浮液,滤框尺寸为 635 mm×635 mm×25 mm。已知操作条件下过滤常数为 $K = 2 \times 10^{-5}$ m²/s,$q_e = 0.01$ m³/m²,滤饼体积与滤液体积之比为 $v = 0.06$ m³/m³。试求滤框充满滤饼所需时间及所得滤液体积。

8. 在 0.04 m² 的过滤面积上以 1×10^{-4} m³/s 的速率进行恒速过滤实验,测得过滤 100 s 时,过滤压力差为 3×10^4 Pa;过滤 600 s 时,过滤压力差为 9×10^4 Pa。滤饼不可压缩。今欲用框内尺寸为 635 mm×635 mm×60 mm 的板框压滤机处理同一料浆,所用滤布与实验时的相同。过滤开始时,以与实验相同的滤液流速进行恒速过滤,在过滤压力差达到 6×10^4 Pa 时改为恒压操作。恒压段每获得 1 m³ 滤液所生成的滤饼体积为 0.02 m³。试求框内充满滤饼所需的时间。

9. 在实验室用一个每边长均为 0.16 m 的小型滤框对碳酸钙颗粒在水中的悬浮液进行过滤实验。在操作条件下过滤压力差为 275.8 kPa,浆料温度为 20 ℃。已知碳酸钙颗粒为球形,密度为 2930 kg/m³。悬浮液中固体质量分数为 0.0723。滤饼不可压缩,每 1 m³ 滤饼烘干后的质量为 1620 kg。实验中测得得到 1 L 滤液需要 15.4 s,得到 2 L 滤液需要 48.8 s。试求过滤常数 K 和 V_e,滤饼的空隙率 ε,滤饼的比阻 r 及滤饼颗粒的比表面积 a。

综合习题

10. 拟用降尘室除去常压炉气中的球形颗粒。降尘室的宽和长分别为 2 m 和 6 m,气体处理量为 1 m³(标准)/s。炉气温度为 427 ℃,相应的密度 $\rho = 0.5$ km/m³,黏度 $\mu = 3.4 \times 10^{-5}$ Pa·s;固体密度 $\rho_s = 4000$ kg/m³。操作条件下,规定气体速度不得大于 0.5 m/s。试求(1) 降尘室的总高度 H;(2) 理论上能完全分离下来的最小颗粒尺寸;(3) 欲使粒径为 10 μm 的颗粒完全分离下来,需在降尘室内设置几层水平隔板。

11. 板框压滤机过滤某种水悬浮液,已知框的尺寸为 810 mm×810 mm×42 mm,总框数为 10,滤饼体积与滤液体积之比 $v = 0.1$ m³/m³,过滤 10 min,得滤液 1.31 m³,再过滤 10 min,共得滤液 1.905 m³,试求(1) 滤框充满滤饼时所需过滤时间;(2) 若洗涤与辅助时间共 45 min,求该装置的生产能力(以得到的滤饼体积计)。

12. 在 6.7×10^4 Pa 压力下对硅藻土在水中的悬浮液进行过滤实验,测得过滤常数 $K = 5 \times 10^{-5}$ m²/s,$q_e = 0.01$ m³/m²,滤饼体积与滤液体积之比 $v = 0.08$ m³/m³。现拟用有 38 个框的 BMY50/810-25 型板框压滤机在 1.34×10^5 Pa 压力下过滤上述悬浮液。试求(1) 过滤至滤框内部全部充满滤渣所需的时间;(2) 过滤完毕以相当于滤液量 1/10 的清水洗涤滤饼,求洗涤时间;(3) 若每次卸渣、重装等全部辅助操作共需 15 min,求过滤机的生产能力(单位为 m³ 滤液/h)。

13. 用一小型压滤机对某悬浮液进行过滤实验,操作真空度为 400 mmHg。测得,$K = 4 \times$

10^{-5} m^2/s，$q_e = 7 \times 10^{-3}$ m^3/m^2，$v = 0.2$ m^3/m^3。现用一台 GP5-1.75 型转筒真空过滤机在相同压力差下进行生产(过滤机的转鼓直径为 1.75 m，长度为 0.9 m，浸没角度为 120°)，转速为 1 r/min。滤饼不可压缩。试求此过滤机的生产能力及滤饼厚度。

14. 采用某过滤面积为 25 m^2 的板框压滤机，对其过滤常数 K 进行测定。操作压力差为 0.20 MPa 恒定不变，温度为 20 ℃，进行到 30 min 时，共得滤液 10.00 m^3。滤饼体积与滤液体积之比 $v = 0.02$ m^3/m^3。若忽略滤框阻力，试估算(1) 过滤常数 K；(2) 若使用尺寸为 0.65 m × 0.65 m × 0.02 m 的滤框，那么需要多少个滤框；(3) 在第(2)问的条件下，在滤饼充满滤框后使用 0.5 m^3 的洗水(洗涤压力差不变，洗水和滤液黏度相等)对滤饼进行洗涤，若辅助操作时间为 5 min，那么该板框压滤机的生产能力是多少。

 思考题

1. 根据颗粒沉降原理，设计一个简单的装置来测定液体的黏度。

2. 已知颗粒的沉降速度 u_t 求颗粒的直径 d 时，试根据式(3-25)的思路，找出一不含 d 的量纲为 1 数群，作为三个流型区域的判据。

3. 试分析过滤压力差对过滤常数的影响。

4. 当滤布阻力可忽略时，若要恒压操作的间歇过滤机得到最大的生产能力，在下列两种条件下，各需如何确定过滤时间 θ？

(1) 若已规定每一循环中辅助操作时间为 θ_D，洗涤时间为 θ_W；

(2) 若已规定每一循环中辅助操作时间为 θ_D，洗水体积与滤液体积之比为 a。

5. 试分析采取下列措施后，转筒过滤机的生产能力将如何变化，再分析上述各项措施的可行性。已知过滤介质阻力可忽略，滤饼不可压缩。

(1) 转筒尺寸按比例增大 50%；

(2) 转筒浸没度增大 50%；

(3) 操作真空度增大 50%；

(4) 转速增大 50%；

(5) 滤浆中固相体积分数由 10% 增稠至 15%，已知滤饼中固相体积分数为 60%；

(6) 升高滤浆温度，使滤液黏度减小 50%。

6. 理想流化床和实际流化床的差别主要是什么？

 本章主要符号说明

英文字母

a ——颗粒比表面积，m^2/m^3；　　　　　　a_b——床层的比表面积，m^2/m^3；

　——加速度，m/s^2；　　　　　　　　　　A——截面积，m^2；

　——常数；　　　　　　　　　　　　　　　b——降尘室宽度，m；

B——旋风分离器进口宽度，m；

C——悬浮物系中固相浓度，kg/m^3；

d——颗粒直径，m；

d_c——旋风分离器临界粒径，m；

d_e——颗粒的体积当量直径，m；

d_{eb}——床层的当量直径，m；

d_a——颗粒的比表面积当量直径，m；

d_{50}——旋风分离器分割粒径，m；

D——设备直径，m；

D_i——旋液分离器进口管直径，m；

D_1——旋风（旋液）分离器排出管直径，m；

F——作用力，N；

g——重力加速度，m/s^2；

h——设备高度，m；

H——除尘室高度，旋液分离器排出管插入筒体的深度，m；

k——滤浆的特性常数，$m^4/(N \cdot s)$，或 $m^2/(Pa \cdot s)$；

K——过滤常数，m^2/s；

K_c——分离因数，量纲为 1；

l——降尘室长度，m；

L——颗粒床层高度，滤饼厚度，m；

L_e——过滤介质的当量滤饼厚度，m；

m——颗粒的质量，kg；

n——转速，r/min；

N_e——旋风分离器内气体有效旋转圈数；

Δp——过滤推动力，Pa；

Δp_f——床层压降，Pa；

Δp_w——洗涤推动力，Pa；

q——单位过滤面积所得的滤液体积，m^3/m^2；

q_e——单位过滤面积所得的当量滤液体积，m^3/m^2；

V_s——含尘气体的体积流量，m^3/s；

Q——过滤机的生产能力，m^3/h；

r——滤饼的比阻，$1/m^2$；

r'——单位压力差下滤饼的比阻，$1/m^2$；

R——滤饼阻力，$1/m$；

Re——雷诺数，量纲为 1；

Re_b——颗粒床层的雷诺数，量纲为 1；

Re_t——等速沉降时的雷诺数，量纲为 1；

R_m——过滤介质的阻力，$1/m$；

s——滤饼的压缩性指数，量纲为 1；

S——与颗粒等体积的球体的表面积，m^2；

S_p——颗粒的表面积，m^2；

T——操作周期或回转周期，s；

u——流速，相对运动速度，过滤速度，m/s；

u_i——旋风分离器进口气速，m/s；

u_{mf}——临界流化速度，m/s；

u_t——沉降速度，m/s；

u_T——切向速度，m/s；

u_r——径向速度，离心沉降速度，m/s；

u_R——恒速阶段的过滤速度，m/s；

v——滤饼体积与滤液体积之比，m^3/m^3；

V——滤液体积，每个操作周期所得滤液体积，m^3；

V_e——过滤介质的当量滤液体积，m^3；

V_p——颗粒的体积，m^3；

V_R——恒速过滤阶段所得的滤液体积，m^3

w——质量分数

希腊字母

λ——摩擦系数，量纲为 1；

ε——床层空隙率，m^3/m^3；

ζ——阻力系数，量纲为 1；

η——分离效率，量纲为 1；

θ——过滤时间，s；

θ_D——辅助操作时间，s；

θ_R——恒速过滤阶段的过滤时间，s；

θ_t——沉降时间，s；

θ_w——洗涤时间，s；

μ——流体黏度，滤液黏度，$Pa \cdot s$；

μ_w——洗水黏度，$Pa \cdot s$；

ρ——流体密度，kg/m^3；

ρ_s——固相密度,分散相密度,kg/m³;　　　　ψ——转筒过滤机的浸没度

ϕ_s——颗粒球形度,量纲为 1;

下标

b——浮力的;

c ——离心的;

　——临界的;

　——滤饼的;

d——阻力的;

D——辅助操作的;

e——当量的;

　——有效的;

　——与过滤介质阻力相当的;

E——过滤终了的;

i——进口的;

m——介质的;

o ——总的;

　——表观的;

p——部分的;

　——颗粒的;

r——径向的;

R——恒速过滤阶段的;

s——固相的;

t——终端的;

　——切向的;

W——洗涤的;

1——进口的;

2——出口的

第四章 液体搅拌

 学习指导

一、学习目的

通过本章学习,掌握常用典型搅拌器的性能,以便根据搅拌目的、物料特性和工艺对混合指标的要求,选择适宜结构型式的搅拌装置,并确定最佳的操作条件(如转速、功率等)。

二、学习要点

重点掌握几种常用搅拌器的结构、性能(主要指流动场)、混合机理及功率估算方法;掌握提高搅拌槽内液体湍动程度的措施。

初步建立设备或装置放大的概念,了解工程放大的原则和方法。

液体搅拌是流体力学原理的应用实例之一,搅拌过程是通过搅拌器的旋转向搅拌槽内液体输入机械能,并造成适宜的流动场,以达到工艺对搅拌质量的要求。从过程现象和理论基础来说,液体搅拌都和离心泵相似。通过和流体输送机械对比来学习本章,更易于加深对流体力学原理的理解。

使两种或多种不同的物料达到均匀混合的单元操作称为物料的搅拌或混合。液体介质的搅拌(包括液-液、固-液及气-液)是许多生产过程中重要的单元操作。搅拌操作涉及的范围包括混合、分散、溶解、结晶、吸收与脱吸、传热与化学反应等。搅拌的目的是:

(1)使被搅拌物料各处达到均质混合状态　如互溶液体的混合,分散相在液体中的均匀分布(制备悬浮液、乳状液及泡沫液)等。

(2)强化传热过程　增大液体对传热壁面的相对速度,以提高对流传热系数;加速冷、热流体的混合,防止局部过热等。

(3)强化传质过程　减小分散相液滴尺寸,增大相际接触面积,促进相际表面更新;降低分散相液膜传质阻力,提高传质系数。

(4)促进化学反应　使反应物料混合均匀,为化学反应的顺利进行提供良好条件。同时,搅拌对反应热的快速传递也具有重要意义。据统计,搅拌反应器约占反应器总数的 90%。

一个搅拌器可同时达到以上几种目的。

　　根据搅拌目的的不同,采用相应的方法来评估搅拌效果:强化传热、传质可用传热、传质系数大小来判断;促进化学反应可用转化率来衡量;对于混合或分散,可用调匀度(混合物组成的均匀程度)或分割尺度(分散相尺寸大小及粒度分布)来度量。

　　搅拌过程是通过搅拌器的旋转向槽内液体输入机械能,并造成适宜的流动场,以达到工艺对搅拌质量的要求。因此,流动场和输入能量便成为本章的讨论重点。

4.1　搅拌器的性能和混合机理

演示文稿

4.1.1　搅拌设备

一、搅拌设备的基本结构

典型机械搅拌设备的基本结构如图 4-1 所示,一般由搅拌装置、轴封及搅拌槽(釜)三大部分构成。其构成结构如下:

动画
液体搅
拌设备

$$
\text{搅拌设备}
\begin{cases}
\text{搅拌装置}
\begin{cases}
\text{搅拌器}
\begin{cases}
\text{叶轮} \\
\text{搅拌轴}
\end{cases} \\
\text{传动机构}
\end{cases} \\
\text{轴封(填料函密封和机械密封)} \\
\text{搅拌槽(釜)}
\begin{cases}
\text{槽体} \\
\text{附件(挡板、导流筒等)}
\end{cases}
\end{cases}
$$

通过不同的叶轮型式和不同结构槽体的组合,出现数百种搅拌设备构型。

课程思政

搅拌器是搅拌设备的核心组成部分,其作用类似于离心泵的叶轮,它将能量直接传递给被搅拌的物料,并迫使流体按一定的流动状态流动。搅拌效果主要取决于搅拌器的结构尺寸、操作条件、物料性质及其工作环境。

1—搅拌槽;2—搅拌器;3—搅拌轴;
4—加料管;5—电动机;6—减速机;
7—联轴节;8—轴封;9—温度计套管;
10—挡板;11—放料阀

图 4-1　典型机械搅拌设备
的基本结构

二、机械搅拌器的类型

针对物料性质和搅拌目的,设计出多种类型的搅拌器,按其结构和原理的不同可划分为:机械搅拌器、管道机械搅拌器、管道混合器、射流混合器及气流搅拌器等。一些典型机械搅拌器的结构型式及有关性能参数列于表 4-1。

除表 4-1 中所列举的之外,工业上应用比较多的还有折叶开启涡轮式,折叶圆盘涡轮式,螺杆式,三叶后掠式,多段逆流式,以及新型、节能、高效的组合式搅拌器。

机械搅拌器有多种分类方法:

1. 根据叶片形状分类

根据叶片形状可分为平叶(如平叶桨式、平直叶涡轮式)、折叶(如折叶桨式)和螺旋面叶(如推进式、螺带式、螺杆式)三类搅拌器。

表 4-1　一些典型机械搅拌器的结构型式及有关性能参数

搅拌器型式		结构简图	典型尺寸	典型操作参数	常用介质黏度范围	流动状态	备注
开启涡轮式	平直叶		$d/D=0.2\sim0.5$，一般取 0.33；$b/d=0.15\sim0.3$，一般取 0.2；桨叶数 $z=3\sim16$，以 3、4、6、8 居多；后弯角 $\alpha=$ 30°、50°、60°、80°	$n=10\sim300$ r/min；$u_T=4\sim10$ m/s；折叶式桨叶 $u_T=2\sim6$ m/s（u_T 为叶端线速度，m/s，以下同）	<500 Pa·s；折叶式和后弯叶式<10 Pa·s	平直叶和后弯叶搅拌器为径向流。在有挡板时，可自桨叶为界形成上、下两个循环流。折叶搅拌器还有轴向分流，接近于轴流型	最高转速可达 600 r/min。折叶角为 24° 时，用于三叶开启涡轮，其搅拌效果类似于三叶推进式搅拌器。流体黏度较高时，后弯角 α 宜取较大值，以降低功率消耗
	后弯叶						
圆盘涡轮式	平直叶		$d/D=0.2\sim0.5$，一般取为 0.33；$d:l:b=$ 20:5:4；桨叶数 $z=4、6、8$；后弯角 $\alpha=45°$	$n=10\sim300$ r/min；$u_T=4\sim10$ m/s；折叶式桨叶 $u_T=2\sim6$ m/s	<50 Pa·s；折叶式和后弯叶式<10 Pa·s	平直叶和后弯叶搅拌器为径向流。在有挡板时，可自桨叶为界形成上、下两个循环流。折叶搅拌器还有轴向分流，圆盘上、下流体的混合效果不如开启涡轮式	最高转速可达 600 r/min
	后弯叶						
桨式	平直叶		$d/D=0.35\sim0.8$；$b/d=0.10\sim0.25$；桨叶数 $z=2$；折叶角 $\theta=45°、60°$	$n=1\sim100$ r/min；$u_T=1.0\sim5.0$ m/s	<2 Pa·s	低速时以水平环向流为主；高速时以径向流为主；有挡板时以上下循环流为主	当 $d/D\geqslant0.9$ 并且设置多层桨叶时，可用于高黏度流体的低速搅拌。在层流区操作，其适用介质的黏度可高达 100 Pa·s，而叶端线速度 $u_T=1.0\sim3.0$ m/s
	折叶					有轴向分流和环向分流。多在层流区和过渡流区操作	

搅拌器型式	结构简图	典型尺寸	典型操作参数	常用介质黏度范围	流动状态	备注
推进式		$d/D = 0.2 \sim 0.5$，一般为 0.33；桨叶数 $z = 2、3、4$，以 3 居多	$n = 100 \sim 500$ r/min；$u_T = 3 \sim 15$ m/s	< 2 Pa·s	轴流型，循环速率高，剪切力小。当安装挡板或导流筒时，轴向循环更强	最高转速可达 $n = 1750$ r/min；$u_T = 25$ m/s。转速在 500 r/min 以下时，适用介质黏度可达 50 Pa·s
锚式		$d/D = 0.9 \sim 0.98$；$b/D = 0.1$；$h/D = 0.48 \sim 1.0$	$n = 1 \sim 100$ r/min；$u_T = 1 \sim 5$ m/s	< 100 Pa·s	水平环向流，如采用折叶或角钢型叶可增加桨叶附近的涡流。层流区操作	为了增大搅拌范围，可根据需要在桨叶上增加立叶和横梁
框式						
螺带式		$d/D = 0.9 \sim 0.98$；$s/d = 0.5、1、1.5$；$h/d = 1.0 \sim 3.0$（可根据液层高度增大）；螺带条数为 1、2	$n = 0.5 \sim 50$ r/min；$u_T < 2$ m/s	< 100 Pa·s	轴流型，一般是流体沿槽壁螺旋上升再沿桨轴下降。层流区操作	

2. 根据搅拌器对液体黏度适应性分类

根据搅拌器对液体黏度适应性可分为两类：一类是适用于低、中黏度液体的有桨式、涡轮式、推进式（又称旋桨式）及三叶后掠式搅拌器；另一类是适用于高黏度液体的大叶片、低转速搅拌器，如锚式、框式、螺带式、螺杆式及平叶开启涡轮式等。

涡轮式搅拌器可有效地完成几乎所有的化工生产过程对搅拌的要求。

3. 根据工作原理分类

根据工作原理，各种搅拌器可大致分为两类。一类以涡轮式搅拌器为代表，与离心泵的叶轮相似，叶轮外缘附近造成强烈的旋涡运动和很高的剪切力，具有流量小、压头较高的特点，平桨式、锚式、框式也属于这一类搅拌器，但其产生的压头较低；另一类以推进式搅拌器为代表，与轴流泵的叶轮相似，具有流量大、压头低的特点，螺带式、折叶桨式等也属于此类。

三、搅拌器的性能

几种常用搅拌器的典型尺寸比例、操作参数(主要指转速或叶片端部周围速度)、对液体黏度的适用范围及搅拌槽中液体的流动状况都标注于表 4 - 1 中。

与推进式搅拌器相比,涡轮式搅拌器对于要求小尺寸均匀混合更为适用。但涡轮式搅拌器在槽内有两个循环回路,对易分层(如悬浮液)物料的搅拌则不太适宜。

当搅拌槽内液位较高时,可在同一轴上安装数个叶轮或桨式与推进式搅拌器配合使用,以获得希望的搅拌效果。

4.1.2 搅拌作用下流体的流动

搅拌器应具有两种功能,即在搅拌槽内形成一个循环流动,称为总体流动,达到大尺寸的宏观混合;同时,高速旋转的叶轮及其射流核心与周围流体产生强剪切(或高度湍动),以实现小尺寸的均匀混合。

一、搅拌设备内的基本流型

叶轮旋转时,槽内液体进行着三维流动,即径向流、轴向流及周向流,且流动场(流体的流型及速度分布)具有随机性。根据流型,搅拌器划分为

(1) 径向流搅拌器 包括平叶桨式、平直叶及后弯叶涡轮式、三叶后掠式搅拌器等。

(2) 轴向流搅拌器 包括推进式及螺旋面叶(螺带式、螺杆式)叶轮搅拌器。

(3) 周向流搅拌器 锚式、框式搅拌器以水平周向流为主。

折叶叶轮居径向流和轴向流二者之间,但更接近于轴向流。搅拌槽壁上设置挡板,可产生轴向流分量。

二、流体的流动状态

搅拌作用下,槽内液体的流动状态可用搅拌雷诺数 Re 来判断。搅拌雷诺数的定义为

$$Re = \frac{d^2 n \rho}{\mu}$$

式中 d——叶轮直径,m;

n——搅拌器转速,r/s;

ρ——液体的密度,kg/m³;

μ——液体的黏度,Pa·s。

搅拌雷诺数反映液体黏滞力对液体流动状态的影响。现以八片平直叶开启涡轮为例,分析槽内液体随叶轮转速变化的流动状态:

当 $Re < 10$ 时,叶轮周围液体随叶轮旋转作周向流,远离叶轮的液体基本是静止的,属于完全层流,如图 4 - 2(a)所示。

当 $Re = 10 \sim 30$ 时,液体的运动达到槽壁,并沿槽壁有少量上下循环流发生,如图 4 - 2(b)所示,此现象为部分层流,仍为层流范围。

当 $Re=30\sim10^3$ 时，桨叶附近的液体已出现湍流，而其外周仍为层流，如图 4-2(c)所示，此为过渡流状态。

当 $Re>10^3$ 时，液体达湍流状态。若槽壁处无挡板时，由于离心力的作用，搅拌轴附近会形成旋涡，如图 4-2(d)所示。搅拌器转速越大，形成的旋涡越深，这种现象称为"打旋"。旋涡中心的液体几乎与搅拌轴作同步旋转，类似于一个回转的圆形固体柱，称为"圆柱状回转区"。"打旋"发生时，几乎不产生轴向混合作用，对于多相物系，导致轻重相分层。当旋涡达到一定深度后，还会发生吸入气体的现象，降低被搅拌物料表观密度，致使搅拌功率下降，搅拌效果变差。所以，搅拌操作中应避免"打旋"现象发生。槽内加挡板，便可抑制"打旋"现象发生，如图 4-2(e)所示。

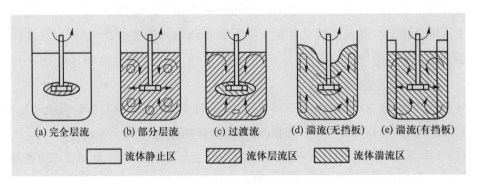

(a) 完全层流　(b) 部分层流　(c) 过渡流　(d) 湍流(无挡板)　(e) 湍流(有挡板)

☐ 流体静止区　▨ 流体层流区　▩ 流体湍流区

图 4-2　搅拌槽内流体的流动状态

三、搅拌槽内液体的循环量和压头

1. 排液量和液体的循环量

搅拌槽内液体的循环速度取决于循环液体的总体积流量。从叶轮直接排出的液体流量称为排液量。循环量则指参与循环流动的所有液体的体积流量（包括排出流量和诱导流量）。由于排出流的夹带作用，循环量可远大于叶轮的排液量。

对于几何相似的叶轮，其排液量 Q_1、叶轮直径 d 和转速 n 之间存在如下关系，即

$$Q_1 \propto nd^3 \tag{4-1}$$

式中　　Q_1——叶轮的排液量，m^3/s。

2. 搅拌槽内液体的压头

与离心泵的叶轮作用相类似，搅拌器叶轮旋转时既能使液体产生流动，又能产生用来克服流动阻力的压头。压头通常用动压头的倍数来表示，即

$$H \propto \frac{u^2}{2g} \tag{4-2}$$

式中　　H——压头，m；

　　　　u——液体离开叶轮的速度，m/s；

　　　　g——重力加速度，m/s^2。

$$u \propto nd \tag{4-3}$$

则
$$H \propto n^2 d^2 \tag{4-2a}$$

压头 H 是剪切力大小和液体湍动程度的量度。

搅拌槽内液体的循环流动和剪切流动必然消耗能量,依照离心泵功率的计算式,搅拌器叶轮所消耗的功率为

$$N \propto HQ \propto n^3 d^5 \tag{4-4}$$

3. 搅拌效果与 Q/H

对于不同的搅拌目的,槽内液体的流动场各不相同,循环流动和剪切流动所消耗的功率之比必然各异,常用 Q/H 来表示两种流动方式所消耗的功率之比。该比值对搅拌效果(或混合尺度)具有重要意义。

由式(4-1)及式(4-2a)可得

$$\frac{Q}{H} \propto \frac{d}{n} \tag{4-5}$$

当搅拌功率 N 一定(即 $n^3 d^5$ 为定值)时,则有

$$n \propto d^{-5/3}$$

及
$$d \propto n^{-3/5}$$

将上两式分别代入式(4-5),得到

$$\frac{Q}{H} \propto d^{8/3} \tag{4-5a}$$

及
$$\frac{Q}{H} \propto n^{-8/5} \tag{4-5b}$$

由式(4-5a)和式(4-5b)可看出,叶轮操作的基本原则是:当消耗相同的功率时,若搅拌过程以宏观混合为目的(即大循环流小剪切),宜采用大直径、低转速的叶轮。相反,如果要求高剪切流动(即小尺寸的微观混合),则宜采用小直径、高转速的叶轮。

一些常用叶轮的 Q/H 依次减小(即对液体的剪切作用依次增大)的顺序是:平叶桨式、涡轮式、推进式。某些生产工艺过程对 Q/H 的要求依次减小(即对剪切作用要求依次增大)的顺序是:均匀混合、传热、固体悬浮或溶解、气体分散、不互溶液-液分散等。

四、搅拌效果的影响因素

由表4-2可以看出,流态、物性、操作条件和设备的几何因素均能影响搅拌效果,这也反映出搅拌混合过程的复杂性。

表4-2 搅拌效果的影响因素

项目	主要影响因素
流态	流型、对流循环速率、湍流扩散、剪切流
物性	黏度或黏度差、密度或密度差、分子扩散系数、粒径、表面张力、比热容、热导率、非牛顿流体的流变性

续表

项目	主要影响因素
操作条件	叶轮型式、转速、溶质加入量、加入速度、分散状况、加入位置和加入方式（连续式或间歇式）
设备的几何因素	反应釜、釜内叶轮及釜内构件（挡板、导流筒）的几何形状、相对尺寸、安装方式和安装尺寸

五、增强搅拌槽内液体湍动的措施

增强搅拌槽内液体的湍动，即增大液体循环流动的阻力（加大内部剪切力），体现为搅拌压头的提高和搅拌功率的加大。为强化槽内液体的湍动，可采取如下措施。

1. 抑制"打旋"现象的发生

涡轮式和推进式搅拌器，当搅拌雷诺数 $Re > 300$ 时，槽内液体便可能出现"打旋"现象，引起搅拌质量下降。抑制"打旋"现象发生可采取的方法有

（1）搅拌槽内设置挡板　最常用的挡板是在槽内沿槽壁纵向安装几块阻碍流体环形流动的条形钢板。挡板可将切向流动转化为径向流动和轴向流动，并增大被搅拌液体的湍动，从而改善搅拌效果，如图 4-2(e) 所示。挡板的宽度 W、数量 n_b 及安装方式都将影响槽内液体的流动场和功率消耗。

对于通常的搅拌槽，设置四块挡板便可满足"全挡板条件"，即抑制或消除了"打旋"现象，搅拌器的功率达到最大。

槽内设置的其他能阻止水平回转流动的附件，如温度计套管，各种型式的换热器也能起到挡板作用。

（2）破坏液体循环回路的对称性　抑制"打旋"现象的另一种常用方法是破坏液体循环回路的对称性。对于小容器，可将搅拌器偏心或偏心倾斜安装，如图 4-3(a) 所示；对于大容器，可将搅拌器偏心水平安装在容器下部，如图 4-3(b) 所示。

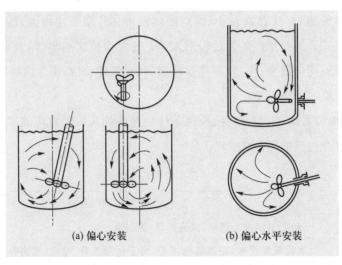

(a) 偏心安装　　　　　(b) 偏心水平安装

图 4-3　破坏液体循环回路的对称性

2. 导流筒

当需要控制液体的流动方向和速度以确定某一特定流动场时,可在搅拌槽内设置导流筒。导流筒的安装方式如图4-4所示。对涡轮式搅拌器,导流筒安装在搅拌器上方;而对推进式和螺杆式搅拌器,导流筒安装在搅拌器外面。

导流筒的作用在于加强搅拌器对液体的直接剪切作用,既可有效消除短路现象,又有助于消除死区,确保充分的循环流型。

一般情况下,导流筒将搅拌槽横截面分成面积相等的两部分,即导流筒直径约为搅拌槽直径的70%。

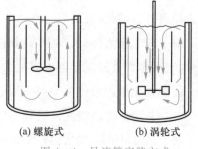

(a) 螺旋式　　　　　(b) 涡轮式

图4-4　导流筒安装方式

3. 提高搅拌器转速

搅拌器叶轮的工作原理类似于离心泵的叶轮,在全挡板条件下,其压头随转速的平方成正比关系变化。采用小直径叶轮、高转速操作可产生高剪切作用,增加液体湍动。

对于高黏度液体,宜采用大叶片、低转速近壁型搅拌器,如锚式、框式、螺带式等。螺杆式搅拌器往往与导流筒联合使用,以提高搅拌效果。

4.1.3　混合机理

搅拌器叶轮的旋转造成槽内液体的强制对流扩散。强制对流扩散包括总体对流扩散和涡流扩散(湍流扩散)。

一、均相液体的混合机理

1. 总体对流扩散

排出流和诱导流造成槽内液体大范围宏观流动,并产生整个槽内液体流动循环,这种流动称为总体流动。总体流动能使液体宏观上均匀混合(大尺度的混合)。为达到大尺度的均匀混合,必须合理设计搅拌装置和槽体,注意消除不流动的死区。

2. 涡流扩散

射流中心与周围液体交界处的速度梯度很大而产生强的剪切作用,对低黏度的液体会形成大量旋涡。旋涡的分裂破碎及能量传递,使微团尺寸减小(最小尺寸可达微米级),从而达到小尺度的微观均匀混合。

3. 分子扩散

均相液体在分子尺度的均匀混合靠分子扩散。但是槽内液体强的湍动会使微团尺寸减小,大大加速了分子扩散。

对于大多数混合过程,上述三种混合机理同时发挥作用。涡流扩散使大尺寸的液体团块分割成尺寸较小的液体微团;总体流动将液体微团带到槽内各处,达到宏观上的均匀混合;分子扩散使液体微团最终消失,使槽内液体达到分子尺度的均匀混合。一般来说,涡流扩散在整个混合过程中占主导地位。

对于高黏度液体的混合作用主要依赖于充分的总体流动,但同时也依赖于由速度梯度的剪切作用引起的液体微团的分散和破碎。为加强轴向流动,采用带上、下往复运动的旋转搅拌器,则混合效果更佳。

对于非牛顿流体,大多为假塑性流体,具有明显的剪切稀化作用。欲达到均匀混合效果,宜采用大直径搅拌器以促进总体流动,且应使槽内的剪切力场尽可能均匀。

前述强化槽内液体湍动的一切措施,都会使涡流扩散作用得到加强。

二、非均相物系的混合机理

对于非均相物系,为达到小尺度的宏观混合,同样应强化湍动,使分散相尺寸尽可能减小。

1. 不互溶液－液体系的分散

为达到分散相液滴尺寸大小的均匀一致,可采取的措施是

(1) 整个搅拌设备内保持湍动的均匀分布;

(2) 允许的话,在混合液中加入少量保护胶,以阻止小液滴碰撞时合并。

2. 气－液体系的分散

小气泡不但能提供较大的相际接触面积,还能在液体中保持较长的停留时间。所以,气泡的分散度非常重要。搅拌能达到的气泡尺寸通常为 2~5 mm。气泡的破碎主要靠高度湍动,即强剪切作用。

3. 固体颗粒在液体中的悬浮

固体颗粒在液体中的悬浮经历液体取代颗粒表面气体(润湿)和使颗粒团聚体被液体动力打散(分散)两个基本步骤。通常,搅拌过程不会使颗粒尺寸的大小发生变化,只能达到原来颗粒尺度上的均匀混合。

使全部颗粒都悬浮起来的最低转速,称为搅拌器的临界转速。显然,实际操作时,搅拌器的转速必须大于临界转速。

4.1.4　搅拌器的选型和发展趋势

一、搅拌器的选型

搅拌设备规模、操作条件及液体性质覆盖面非常广泛,选型时需考虑的因素很多,但主要考虑的因素是介质黏度、搅拌目的和搅拌器能造成的流动型态。

同一搅拌操作可用多种不同构型的搅拌设备来完成,但不同的实施方案所需的设备投资和功率消耗是不同的,甚至会有成倍的差别。为了经济高效地达到搅拌目的,必须对搅拌设备作合理的选择。

根据介质黏度由小到大,各种搅拌器的选用顺序是推进式、涡轮式、桨式、锚式和螺带式。

根据搅拌目的选择搅拌器的类型:均相液体的混合宜选推进式,其循环量大、耗能低。制备乳状液、悬浮液或固体溶解宜选涡轮式,其循环流量大和剪切强。气体吸收用圆盘涡轮式最适宜,其流量大、剪切强、气体平稳分散。对于结晶过程,小晶粒选涡轮式,

大晶粒选桨式为宜。从搅拌器本身性能来说,涡轮式适应性最广。根据搅拌器的适用条件来选择搅拌器可参考表 4-3。

表 4-3　搅拌器型式及适用条件

搅拌器型式	流型		搅拌目的										搅拌槽容量范围/m³	转速范围/(r/min)	最高黏度/Pa·s
	对流循环	湍流扩散	剪切流	低黏度液体混合	高黏度液体混合、传热及反应	分散	溶解	固体悬浮	气体吸收	结晶	传热	液相反应			
涡轮式	√	√	√	√	√	√	√	√	√	√	√	√	1~100	10~300	50
桨式	√	√		√	√		√	√		√	√	√	1~200	10~300	50
推进式	√	√		√		√	√	√			√		1~1000	100~500	2
折叶开启涡轮式	√	√			√		√	√		√		√	1~1000	10~3000	50
锚式	√				√		√						1~100	1~100	100
螺杆式	√				√		√						1~50	0.5~150	100
螺带式					√								1~50	0.5~150	100

注:√为合适,空白为不合适或不详。

搅拌器的流型、搅拌效果与能耗的关系十分密切,搅拌器的改进、新型搅拌器的开发都可从分析流型得到启示。

二、搅拌器的发展趋势

测量技术的飞速进步和计算机的广泛应用促进了搅拌技术和搅拌设备的高速发展。清洁安全,高效节能,造价低廉,易于大型化、集成化和高黏度化的新型搅拌设备不断问世。其发展趋势是

(1) 高效、节能化,开发先进叶轮(如薄长片推进式、泛能式),改变搅拌器运动方式(如回转兼上下往复的复动型、正反往复的往复式、公转加自转的行星式等)及组合方式(如齿片、锚和螺杆的组合,框式与双层涡轮式的组合等)来实现高效、节能化;高效轴流变频角变叶宽搅拌器对于均相混合和固液悬浮操作显示出良好的性能;径流型 Scaba 搅拌装置对于发酵液的搅拌取得良好效果。

(2) 清洁安全型搅拌器的研发。搅拌易燃、易爆、易挥发、有毒及强腐蚀物料时,要求搅拌设备严格密封,采用电磁搅拌器可以很好地达到上述目的;卧式表面更新型、卧式双轴自清洁型搅拌装置对于高黏度液体的搅拌具有清洁安全的良好性能。

(3) 搅拌设备的机电一体化和智能化,如组合式搅拌器和搅拌槽大都实现了计算机自动调控,搅拌设备也必将实现计算机辅助设计、制图和制造。

(4) 20 世纪 70 年代以来用途日益广泛的管道搅拌器、管道混合器(如静态混合器)等,具有可连续操作、易于控制、维护费用低、高效节能、装置小型化等优点,在某些场合显示出其特殊的优越性。

4.2　搅　拌　功　率

搅拌功率是槽内液体流动状态和搅拌强度的度量,也是选配电动机的依据。功率消耗的大小取决于流型、循环量和湍动强度(压头)。由于影响因素的复杂性,搅拌功率的确定采用实验研究的方法。

4.2.1　搅拌功率的量纲为 1 数群关联式

一、影响搅拌功率的因素

搅拌器消耗的功率用于向液体提供能量。凡是影响搅拌槽内液体总流量和压头的因素,均影响搅拌功率的消耗。概括来说,主要包括如下四个方面因素:

(1)搅拌器的因素　桨叶形状、叶轮直径及宽度、叶片数目、在槽内安装高度等。

(2)搅拌槽的因素　槽形、槽内径、挡板数目及宽度、导流筒的尺寸、液位高度等。

(3)物性因素　主要是被搅拌物料的密度和黏度。

(4)出现"打旋"现象时还需考虑重力加速度的影响。

为了便于分析,可假定搅拌设备的各项尺寸都和叶轮直径成一定比例关系,并将这些比值称为形状因子。对于特定的装置,形状因子一般为定值。于是,搅拌功率和各变量之间的一般函数关系式可表达为

$$N = f(n, d, \rho, \mu, g) \tag{4-6}$$

二、搅拌功率的量纲为 1 数群关联式

通过量纲分析可得如下量纲为 1 数群关联式,即

$$\frac{N}{\rho n^3 d^5} = K \left(\frac{d^2 n \rho}{\mu} \right)^x \left(\frac{n^2 d}{g} \right)^y \tag{4-7}$$

或

$$N_P = K Re^x Fr^y \tag{4-7a}$$

式中　　$N_P = \dfrac{N}{\rho n^3 d^5}$ ——功率数,量纲为1,包含待求功率;

$Re = \dfrac{d^2 n \rho}{\mu}$ ——搅拌雷诺数,量纲为1,用以衡量流体流动状态;

$Fr = \dfrac{n^2 d}{g}$ ——弗劳德数,量纲为1,用以衡量重力的影响;

K、x、y ——待定常数,K 包含形状因子等因素。

若再令 $\Phi = \dfrac{N_P}{Fr^y}$,称为功率因数,则有

$$\Phi = \frac{N_P}{Fr^y} = K Re^x \tag{4-8}$$

对于全挡板条件的搅拌装置,$Fr=1$,则

$$\Phi = N_P = KRe^x \qquad (4-8a)$$

注意功率数 N_P 与功率因数 Φ 是两个完全不同的概念。

对于一定几何构型的搅拌设备,通过实验得到相应的经验公式或算图。搅拌功率计算的经验公式很多,比较成熟的是均相系统,可以它为基础估算非均相系统的搅拌功率。

4.2.2 均相物系搅拌功率的计算

对于均相物系,应用较多的是借助拉斯通(Rushton)的典型搅拌器功率曲线进行计算。对于几种几何构型的搅拌器测得的 $\Phi - Re$ 关系曲线示于图 4-5 中。

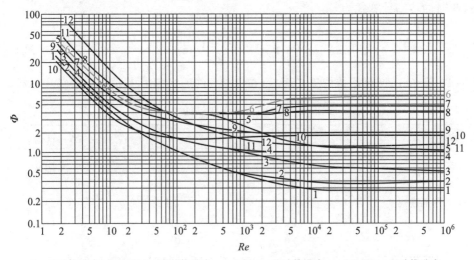

1—三叶推进式,$s=d$,N;2—三叶推进式,$s=d$,Y;3—三叶推进式,$s=2d$,N;4—三叶推进式,$s=2d$,Y;5—六片平直叶圆盘涡轮,N;6—六片平直叶圆盘涡轮,Y;7—六片弯叶圆盘涡轮,Y;8—六片箭叶圆盘涡轮,Y;9—八片折叶开启涡轮(45°),Y;10—双叶平桨,Y;11—六叶闭式涡轮,Y;12—六叶闭式涡轮(带有二十叶的静止导向器)

图注中:Y—有挡板;N—无挡板

图 4-5 拉斯通 $\Phi - Re$ 关系曲线

一、全挡板条件下搅拌功率的计算

采用功率曲线进行搅拌功率的计算,一定要注意每条曲线的应用条件。只有满足几何相似条件,才能由算出的 Re 从图的纵坐标读出 Φ 值,并根据槽内液体的流型选用相应的关系式计算功率。

通过分析图 4-5 中诸曲线可看出一些共同规律,即

(1)$Re < 10$ 为完全层流区,不同搅拌器的 $\Phi - Re$ 关系基本为斜率相同的直线,其斜率为 $x = -1$。因此,在此区域有

$$\Phi = N_P = K_1 Re^{-1} \qquad (4-9)$$

将 Re 的定义式代入式(4-9)并整理,得到

$$N = K_1 \mu n^2 d^3 \qquad (4-10)$$

式中的 K_1 由相应的曲线在纵坐标上的截距读取。

（2）$Re=10\sim10^4$ 为过渡区，各种搅拌器的 Φ-Re 关系曲线不再为直线，并且各条曲线差距明显，此时式（4-8）中的 x 不为常数。在此区域，由 Re 查得 Φ 值后，用下式计算 N，即

$$N=\Phi\rho n^3 d^5 \tag{4-11}$$

（3）$Re>10^4$ 为湍流区，液体黏滞力的影响可不予考虑，Φ 值不随 Re 而变化，N 仍用式（4-11）计算。

二、无挡板条件下搅拌功率的计算

无挡板条件下，当 $Re>300$ 时便可能出现"打旋"现象，重力加速度或 Fr 的影响不能忽略，此时的功率计算式为

$$N=\Phi\rho n^3 d^5 \left(\frac{n^2 d}{g}\right)^{\frac{\zeta_1-\lg Re}{\zeta_2}} \tag{4-12}$$

式中的 ζ_1 与 ζ_2 随搅拌器结构型式而异，在 $Re=300\sim10^4$ 时，其值可由表 4-4 查取。

表 4-4　当 $300\leqslant Re\leqslant10^4$ 时的 ζ_1、ζ_2 值

搅拌器型式	d/D	ζ_1	ζ_2
三叶推进式	0.47	2.6	18.0
	0.37	2.3	18.0
	0.33	2.1	18.0
	0.30	1.7	18.0
	0.20	0	18.0
六叶涡轮式	0.30	1.0	40.0
	0.33	1.0	40.0

为了消除"打旋"现象，当 $Re>10^4$ 时，一般均采用全挡板条件的搅拌设备。

三、关于搅拌功率的讨论

从图 4-5 可以看出在各种流型中不同构型桨叶搅拌功率的差别。在层流区各种搅拌器的功率曲线为一组平行直线，并且功率相差不大。在 $Re>300$ 以后，有挡板比无挡板时消耗的功率要大。同样的 Re，轴流型的推进式搅拌器消耗的功率最小，而径流型的涡轮式搅拌器消耗的功率最大。

对于均相物系搅拌功率的计算，许多研究者提出很多经验公式，但计算起来比较麻烦，并且在选用时要注意其使用条件。

◆ 例4-1　在本例附图所示的"标准"搅拌器构型（也称为"典型"搅拌器构型）中搅拌黏稠的液体。搅拌设备各有关参数标注于下。液体的黏度 $\mu=8.0\ \text{Pa·s}$，密度 $\rho=880\ \text{kg/m}^3$。搅拌槽的直径 $D=0.6\ \text{m}$，叶轮转速 $n=2\ \text{r/s}$。试求搅拌功率。

解：本例附图所示的"标准"搅拌器构型为六片平直叶圆盘涡轮式搅拌器，符合图 4-5 中曲线 6（蓝色）所规定的条件。

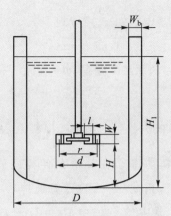

图中比例为：(1) 叶轮是具有六个平直叶片的涡轮式，叶片安装在一个直径为 r 的中心圆盘上；

(2) 叶轮直径 d 等于搅拌槽直径 D 的 $\frac{1}{3}$；(3) 叶轮距槽底的高度 $H=1.0d$；(4) 叶轮的叶片

宽度 $W=\frac{1}{5}d$；(5) 叶轮的叶片长度 $l=\frac{1}{4}d$；(6) 液体的深度 $H_1=1.0D$；(7) 挡板数目为 4，

垂直安装在槽壁上并从槽底延伸到液面之上；(8) 挡板宽度 $W_b=\frac{1}{10}D$

例 4-1 附图 "标准"搅拌器构型

由本例附图可知

$$d=\frac{1}{3}D=\left(\frac{1}{3}\times0.6\right)\text{ m}=0.2\text{ m}$$

$$Re=\frac{d^2n\rho}{\mu}=\frac{0.2^2\times2\times880}{8.0}=8.8\quad\text{（完全层流）}$$

用式(4-10)计算搅拌功率，式中 K_1 值由图 4-5 中曲线 6 的延长线与纵坐标的交点读取，其值为 71，于是

$$N=(71\times8\times2^2\times0.2^3)\text{ W}=18.2\text{ W}$$

该题也可由 $Re=8.8$ 从图 4-5 中曲线 6 查得 $\Phi=N_P=8.1$，用式(4-11)计算搅拌功率得到相同的结果。

"标准"的搅拌装置的几何尺寸如本题附图所示。

◆ 例 4-2 在例 4-1 附图所示的"标准"搅拌器中搅拌某种均相溶液，其黏度 $\mu=0.68$ Pa·s，密度 $\rho=980$ kg/m³。搅拌槽的直径 $D=3.0$ m，叶轮转速 $n=90$ r/min。试求(1) 全挡板条件下的搅拌功率 N；(2) 若搅拌槽中不加挡板，其他条件保持不变，再求 N。

解：根据搅拌器构型，全挡板条件下的搅拌功率用图 4-5 的曲线 6 进行计算，无挡板时借助图 4-5 的曲线 5 计算。

(1) 全挡板条件下的搅拌功率

$$d=\frac{1}{3}D=\left(\frac{1}{3}\times3.0\right)\text{ m}=1.0\text{ m}$$

$$Re = \frac{d^2 n \rho}{\mu} = \frac{1.0^2 \times \left(\frac{90}{60}\right) \times 980}{0.68} = 2162 \quad \text{（过渡流）}$$

由 $Re = 2162$ 从图 4-5 中的曲线 6 查得，$\Phi = 5.1$。

用式(4-11)计算 N，即

$$N = \Phi \rho n^3 d^5 = \left[5.1 \times 980 \times \left(\frac{90}{60}\right)^3 (1.0)^5\right] \text{W} = 16.87 \times 10^3 \text{ W} \approx 17 \text{ kW}$$

（2）无挡板条件下的搅拌功率 在其他条件相同的前提下，搅拌雷诺数仍为 2162，搅拌槽内流型为过渡流，用式(4-12)计算搅拌功率。对涡轮式搅拌器，从表 4-4 查得：$\zeta_1 = 1.0$，$\zeta_2 = 40.0$，式中的 Φ 值由 $Re = 2162$ 从图 4-5 中的曲线 5 查得，$\Phi = 1.9$，则

$$Fr = \frac{n^2 d}{g} = \frac{\left(\frac{90}{60}\right)^2 \times 1.0}{9.81} = 0.2294$$

$$y = \frac{\zeta_1 - \lg Re}{\zeta_2} = \frac{1 - \lg 2162}{40.0} = -0.0584$$

$$N = \Phi \rho n^3 d^5 Fr^y = \left[1.9 \times 980 \times \left(\frac{90}{60}\right)^3 \times (1.0)^5 \times 0.2294^{-0.0584}\right] \text{W}$$

$$= 6.848 \times 10^3 \text{ W} \approx 7.0 \text{ kW}$$

由上面计算数据看出，在其他条件相同的前提下，搅拌槽不安装挡板导致搅拌功率大幅度减小，即搅拌效果大为下降。所以，工业搅拌设备中大都在全挡板条件下操作。

4.2.3 非均相物系搅拌功率的计算

一、不互溶液-液和固-液非均相物系的搅拌功率

对于混合均匀的不互溶液-液和固-液非均相物系的搅拌功率，基本上采用均相物系所介绍的计算方法，但要用平均密度和黏度代入相应的计算式。

1. 不互溶液-液物系的平均密度和黏度

平均密度 $$\rho_m = \varphi_d \rho_d + (1 - \varphi_d) \rho_c \qquad (4-13)$$

式中 ρ_m——平均密度，kg/m^3；

ρ_d——分散相的密度，kg/m^3；

ρ_c——连续相的密度，kg/m^3；

φ_d——分散相的体积分数。

当两液相黏度都不大时，平均黏度的计算式为

$$\mu_m = \mu_d^{\varphi_d} \mu_c^{(1-\varphi_d)} \qquad (4-14)$$

式中 μ_m——平均黏度，$\text{Pa} \cdot \text{s}$；

μ_d——分散相的黏度，$\text{Pa} \cdot \text{s}$；

μ_c——连续相的黏度，Pa·s。

2. 固－液物系的平均密度和黏度

当固体颗粒的直径不大，体积分数不高时，可视作均匀的悬浮液。则

平均密度
$$\rho_m = \rho_s \varphi_s + \rho(1-\varphi_s) \tag{4-15}$$

式中　　ρ_m——平均密度，kg/m³；

　　　　ρ_s——固相的密度，kg/m³；

　　　　ρ——液相的密度，kg/m³；

　　　　φ_s——固相的体积分数。

固－液物系的平均黏度，视悬浮液中固相与液相的体积比 X 而采用不同的计算式。

当 $X \leqslant 1$ 时　　　　　$\mu_m = \mu(1+2.5X) \tag{4-16}$

当 $X > 1$ 时　　　　　$\mu_m = \mu(1+4.5X) \tag{4-16a}$

式中　　μ——液相黏度，Pa·s；

　　　　X——悬浮液中固相与液相的体积比。

二、气－液物系的搅拌功率

当向液相通入气体并进行搅拌时，由于气泡的存在，使液体的表观密度降低，因而通气搅拌功率 N_g 比均相物系的搅拌功率 N 要小。N_g/N 数值的大小取决于通气系数值。

若通气速率为 Q_g(m³/s)，则通气系数定义为

$$N_a = \frac{Q_g}{\pi d^3} \tag{4-17}$$

实测一些搅拌器的 $N_g/N - N_a$ 关系曲线示于图 4-6。由 N_a 值便可从图中的相应曲线查得 N_g/N 值。为了获得比较理想分散效果，N_g/N 值应保持在 0.6 以上。

对于某些类型搅拌器，也可选用相应经验公式计算 N_g。

◆ 例 4-3　在例 4-1 附图所示的"标准"搅拌器内搅拌 20 ℃的水溶液（其物性参数可按 20 ℃的清水查取），搅拌槽的直径 $D =$ 1.5 m，叶轮转速为 $n = 1.5$ r/s。在搅拌同时以 $Q_g = 0.5$ m³/min 的速度通入空气。试计算通气时的搅拌功率。

解：根据题给条件，首先计算不通气的搅拌功率 N 及通气系数 N_a，然后借助图 4-6 中的曲线 4 查取 N_g/N 值。

20 ℃时水的物性数据为 $\rho = 998.2$ kg/m³，$\mu = 1.005$ mPa·s。

$$d = \frac{1}{3}D = \left(\frac{1}{3} \times 1.5\right) \text{ m} = 0.5 \text{ m}$$

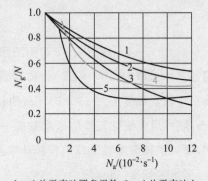

1—八片平直叶圆盘涡轮；2—八片平直叶上侧圆盘涡轮；3—十六片平直叶上侧圆盘涡轮；4—六片平直叶圆盘涡轮；5—平直叶双桨

搅拌条件：$d = D/3, H = D, C = D/3$，全挡板

图 4-6　功率比与通气系数的关系曲线

(1) 不通气的搅拌功率

$$Re = \frac{d^2 n \rho}{\mu} = \frac{0.5^2 \times 1.5 \times 998.2}{1.005 \times 10^{-3}} = 3.72 \times 10^5 \quad (湍流区)$$

由 $Re = 3.72 \times 10^5$，从图 4-5 中的曲线 6 查得 $\Phi = 6.6$，则

$$N = \Phi \rho n^3 d^5 = (6.6 \times 998.2 \times 1.5^3 \times 0.5^5)\ \text{W} = 695\ \text{W}$$

(2) 通气系数

$$N_a = \frac{Q_g}{\pi d^3} = \left(\frac{0.5}{60 \times 0.5^3 \pi}\right)\ \text{s}^{-1} = 0.0212\ \text{s}^{-1}$$

(3) 通气搅拌功率

由 $N_a = 0.0212\ \text{s}^{-1}$，从图 4-6 中的曲线 4 查得 $\dfrac{N_g}{N} = 0.77$，则

$$N_g = (0.77 \times 695)\ \text{W} = 535\ \text{W}$$

4.2.4 非牛顿流体的搅拌功率

研究牛顿流体搅拌所用的方法和所得的结论是处理非牛顿流体搅拌问题的基础。

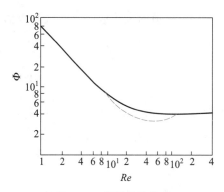

图 4-7　假塑性流体与
牛顿流体搅拌功率曲线

非牛顿流体搅拌功率的计算，同样借助于功率曲线，并且可用牛顿流体的有关计算式。在图 4-7 中同时标绘了牛顿流体（实线）及假塑性流体（蓝色虚线）的搅拌功率曲线。从图中看出，用牛顿流体的功率曲线计算非牛顿流体的搅拌功率，将得到比较保守的结果，即在 $Re = 10 \sim 160$ 时，假塑性流体比牛顿流体消耗的功率为低。非牛顿流体的表观黏度随剪切速率而变。对于工程计算，可用指定转速下槽内液体的平均剪切速率来计算平均表观黏度。

◆ 例 4-4　在例 4-1 附图所示的"标准"搅拌器内搅拌淀粉在水中的悬浮液（假塑性流体），槽内径 $D = 1.2$ m，搅拌器转速 $n = 1.5$ r/s，由黏度计测得操作条件下物料的平均表观黏度 $\mu_a = 13.2$ Pa·s，物料的平均密度 $\rho = 1230$ kg/m³。试求搅拌功率。

解：用假塑性流体的表观黏度 μ_a 代替牛顿流体有关公式中的黏度，借助功率曲线，便可求得假塑性流体的搅拌功率。

对于"标准"搅拌器，

$$d = \frac{1}{3}D = \left(\frac{1}{3} \times 1.2\right)\ \text{m} = 0.4\ \text{m}$$

$$Re = \frac{d^2 n \rho}{\mu_a} = \frac{0.4^2 \times 1.5 \times 1230}{13.2} = 22.36$$

由 $Re=22.36$,从图 4-7 查得 $\Phi=4.1$,则

$$N=\Phi\rho n^3 d^5=(4.1\times1230\times1.5^3\times0.4^5)\ \mathrm{W}=174.3\ \mathrm{W}$$

4.2.5 搅拌功率的经验公式

一、牛顿流体的搅拌功率

对于锚式搅拌桨,可将其看成直径相同、叶宽等于锚式搅拌桨高度的平桨式搅拌桨,故可采用计算平桨式搅拌桨搅拌功率的关联式估算锚式搅拌桨的搅拌功率。

$$N_\mathrm{P}^*=\frac{27(D/e)^{0.406}}{Re}+0.217\alpha\left(\frac{D}{d}\right)^{2.21}\left(\frac{Re^{0.171}}{Re^{0.171}+0.275}\right)^{[11.27(D/d)-12.9]} \tag{4-18}$$

$$N_\mathrm{P}^*=\frac{N_\mathrm{P}}{L_\mathrm{e}/d} \tag{4-19}$$

$$\alpha=\frac{1.15(d/D)}{1+0.00025\,Re^{0.87}} \tag{4-20}$$

式中 N_P^*——修正功率数,量纲为 1;

　　　　N_P——功率数,量纲为 1;

　　　　D——釜内径,m;

　　　　d——桨叶直径,m;

　　　　Re——搅拌雷诺数,量纲为 1;

　　　　L_e——锚式搅拌桨有效边缘总长度(即两垂直边长与底部边长之和),m;

　　　　e——锚式搅拌桨与釜壁间隙,m。

式(4-18)适用于 $d/D=0.78\sim0.94$。

当 $Re<30$ 时,式(4-18)等号右侧的第二项数值很小,可忽略;当 $Re=30\sim500$ 时,α 可近似取 1;当 $Re>1000$ 时,e 对功率数几乎没有影响。叶片断面形状为圆形及板形桨叶的 N_P^* 均较小,当 $Re<200$ 时,N_P^* 较式(4-18)的计算值低 $5\%\sim10\%$。此外,锚式搅拌桨上的水平或垂直拉杆都不影响总搅拌功率。

二、非牛顿流体的搅拌功率

(1)假塑性流体的搅拌功率

对于锚式或框式搅拌桨:

$$N_\mathrm{P}\left(\frac{e}{D}\right)^{1/4}=82\left\{\frac{n^{(2-f)}d^2\rho}{k\left[a(1-f)\right]^{(f-1)}}\right\}^{-0.93} \tag{4-21}$$

式中 a——系统的几何参数,量纲为 1;

　　　　n——搅拌器转速,r/s;

　　　　f——假塑性流体的幂指数,量纲为 1;

　　　　k——假塑性流体的稠度系数,$\mathrm{kg\cdot s}^{(f-2)}/\mathrm{m}$。

对于平叶片锚式搅拌桨:

$$a=37-120\left(\frac{e}{D}\right) \tag{4-22}$$

对于 45°斜叶片锚式搅拌桨且当 $\dfrac{e}{D}<0.06$ 时：

$$a=106-1454\left(\dfrac{e}{D}\right) \tag{4-23}$$

（2）黏弹性流体的搅拌功率

对于螺带式搅拌桨：

$$N_P=24n_i\left[(Re^*)^{0.93}(D/d)^{0.91}(d/l)^{1.23}\right]^{-1} \tag{4-24}$$

$$Re^*=\dfrac{d^2n\rho}{\mu_a} \tag{4-25}$$

$$\mu_a=\dfrac{\mu_0}{(1+t_1^2\dot{\gamma}^2)^s} \tag{4-26}$$

式中　　n_i——螺带数，个；

　　　　D——搅拌槽内径，m；

　　　　d——叶轮直径，m；

　　　　μ_0——零剪切黏度，Pa·s；

　　　　t_1——黏弹性流体流变模型 μ_a 的参数，s；

　　　　s——黏弹性流体流变模型 μ_a 的参数，量纲为 1；

　　　　$\dot{\gamma}$——剪切速率或速率梯度，s^{-1}；

　　　　l——螺带高度（对于锚式搅拌桨则为桨叶长度），m。

◆ 例 4-5　在直径 1 m 的圆形釜中，采用平叶片锚式搅拌桨搅拌假塑性流体时，试计算其功率数 N_P。已知搅拌桨的转速为 40 r/min，锚与釜壁间隙 $e=0.07\,D$。假塑性流体的密度 $\rho=1050\ \text{kg/m}^3$，$f=0.47$，$k=56.7\ \text{kg}\cdot\text{s}^{(f-2)}/\text{m}$。

解：由式（4-22）有

$$a=37-120\times\left(\dfrac{0.07}{1}\right)=28.6$$

由式（4-21）有

$$N_P\left(\dfrac{e}{D}\right)^{1/4}=82\times\left\{\dfrac{n^{(2-f)}d^2\rho}{k\left[a\left(1-f\right)\right]^{(f-1)}}\right\}^{-0.93}$$

$$N_P\left(\dfrac{0.07}{1}\right)^{1/4}=82\times\left(\dfrac{(40/60)^{(2-0.47)}\times(1-0.07\times2)^2\times1050}{56.7\times[28.6\times(1-0.47)]^{(0.47-1)}}\right)^{-0.93}$$

解得　　　　　　　　　　　　　　　$N_P=6.52$

4.3　搅拌设备的放大

演示文稿

　　由于影响因素的多样性，搅拌技术至今仍是对实验依赖性很大的工程技术。搅拌设备的开发和大型化主要在于搅拌设备构型的选择、流动场、功率和搅拌设备放大等流体工程问题上。

搅拌设备的放大是比较简单又具代表性的物理放大过程。其研究目的是:在小实验装置上获得令人满意的搅拌效果后,如何决定工业装置的尺寸及操作条件。

一、搅拌设备放大的基础

为了达到理想的放大效果,小试设备和工业设备在满足几何相似(即小试设备和生产设备的相应几何尺寸比例相等)的前提下,还必须满足一些其他相似条件。诸如:

运动相似——几何相似系统中对应位置上流体运动速度之比相等。

动力相似——几何相似系统中对应位置上力的比值相等。

热相似和反应相似还要求对应位置温度差或组成差之比也相等。

两个系统动力相似要求反映其特征的量纲为 1 数群之值应相等。对于搅拌过程来说,同一种液体同时满足 Re、Fr 等几个量纲为 1 数群相等是不可能的。因而,进行搅拌设备放大时,应尽量抑制重力(Fr)的影响,并忽略界面张力的影响,从而使动力相似变成单纯的 Re 相等,使问题得以简化。要完成可靠的放大工作,需满足两个必要条件,即

(1) 所研究的体系必须是相当单纯的。对于搅拌过程来说,系统的抗拒力应由黏性力、重力、界面张力三个力中的一个力所决定,而不是这三个力共同决定的。搅拌槽安装挡板即消除了重力的影响,再忽略界面张力的影响,于是变成单纯的黏性力(Re)作为相似条件。

(2) 当设备尺寸由小放大时,上述的单纯条件同样保持不变。

二、搅拌设备的放大方法

搅拌设备的放大,有两种方法:

1. 按搅拌功率放大

几何构型相同的搅拌设备,不论其尺寸大小,均可用同一条功率曲线。即只要 Re 相等,则 Φ 值必相同。如果符合全挡板条件,相同的 Re 对应相等的 N_P 值。这样通过测量实验设备的搅拌功率便可推算出生产设备的搅拌功率。

2. 按工艺过程结果放大

在几何相似系统中获得相同的搅拌效果,有以下一些放大准则可供选择,即

(1) 保持搅拌雷诺数 Re 相等 搅拌同一种物料,则应满足 $n_1 d_1^2 = n_2 d_2^2$,下标 1、2 分别代表小型和大型搅拌器,下同。

(2) 保持单位体积搅拌功率 N/V 不变 这里 V 系指搅拌器内所装液体的体积,因 $V \propto d^3$,则在充分湍流区应满足 $n_1^3 d_1^2 = n_2^3 d_2^2$。

(3) 保持搅拌器流量和压头的比值 Q/H 不变 由此准则,应满足 $\dfrac{d_1}{n_1} = \dfrac{d_2}{n_2}$。

(4) 保持搅拌器叶端速度 $\pi n d$ 不变 由此准则,应满足 $n_1 d_1 = n_2 d_2$。

对于一个具体的工艺搅拌过程,究竟哪一个准则适用,则需通过逐级放大实验来确定。当遇到上述四个准则均不适用时,须进一步探索放大规律,再行放大。

◆ 例 4-6   拟在例 4-1 附图所示的"标准"搅拌器内制备高分子化合物均相水溶液。溶液的密度 $\rho = 1200 \ \text{kg/m}^3$，黏度 $\mu = 0.03 \ \text{Pa·s}$。根据生产任务，搅拌槽的内径 $D = 1.5 \ \text{m}$。为了获得满意的搅拌效果，在实验室进行了三次几何相似的放大实验。实验数据如本例附表 1 所示。试根据实验数据确定放大准则、搅拌器转速和搅拌功率。

例 4-6 附表 1   实验设备的结构参数和转速

实验编号	槽径 D/m	桨径 d/m	转速 n/(r·min^{-1})
1	0.18	0.06	1800
2	0.36	0.12	1136
3	0.72	0.24	714

解：(1) 确定放大准则   根据实验数据计算各放大准则的相对值。计算结果列于本例附表 2。

例 4-6 附表 2   各放大准则的相对值

放大准则	1 号槽	2 号槽	3 号槽
$Re \propto nd^2$	6.48	16.36	41.13
$N/V \propto n^3 d^2$	2.1×10^7	2.11×10^7	2.097×10^7
$Q/H \propto d/n$	3.33×10^{-5}	1.06×10^{-4}	3.36×10^{-4}
$u_\text{T} \propto nd$	108	136.3	171.4

由计算数据看出，应以保持单位体积搅拌功率不变为放大准则。

(2) 生产设备中搅拌器的转速   对"标准"搅拌器构型，叶轮直径为

$$d = \frac{1}{3}D = \left(\frac{1}{3} \times 1.5\right) \ \text{m} = 0.5 \ \text{m}$$

根据 N/V 不变的放大准则有

$$n^3 d^2 = 2.1 \times 10^7$$

则

$$n = \sqrt[3]{2.1 \times 10^7/(0.5)^2} \ \text{r/min} = 438 \ \text{r/min} = 7.3 \ \text{r/s}$$

(3) 搅拌功率

$$Re = \frac{d^2 n \rho}{\mu} = \frac{0.5^2 \times 7.3 \times 1200}{0.03} = 7.3 \times 10^4$$

由 $Re = 7.3 \times 10^4$，查图 4-5 中的曲线 6，得到 $\Phi = 6.6$，则

$$N = \Phi \rho n^3 d^5 = (6.6 \times 1200 \times 7.3^3 \times 0.5^5) \ \text{W} = 96.28 \times 10^3 \ \text{W}$$

根据经验，液-液间分散或相间传质过程大都遵循单位体积搅拌功率相等的放大准则。

习题

基础习题

1. 采用六片平直叶圆盘涡轮式搅拌器搅拌某种黏稠液体。该液体密度 $\rho=1060$ kg/m³，黏度 $\mu=42$ Pa·s。搅拌槽直径 $D=1.2$ m，叶轮直径 $d=0.4$ m。已测得达到预期搅拌效果要求叶端速度 $u_T=2.65$ m/s。试求叶轮的转速及搅拌功率。

2. 用例 4-1 附图中所示的"标准"搅拌器来搅拌固体颗粒在 20 ℃水中的悬浮液。固相密度 $\rho_s=1600$ kg/m³，体积分数 $\varphi=0.12$。槽内径 $D=3$ m，叶轮转速 $n=1.5$ r/s。试求搅拌功率 N。

3. 在习题 2 的搅拌设备中搅拌密度 $\rho=880$ kg/m³，黏度 $\mu=0.66$ Pa·s 的均相混合液，要求叶轮的叶端速度 u_T 不低于 5 m/s，槽内径 D 仍为 3 m。试比较全挡板条件和不安装挡板的搅拌功率。

4. 在直径 $D=1.8$ m 的"标准"搅拌设备内搅拌假塑性流体。叶轮转速 $n=2$ r/s，液体密度 $\rho=1070$ kg/m³，操作条件下液体的表观黏度可用下式计算，即

$$\mu_a=K(kn)^{m-1}$$

式中　　　K——稠度系数，Pa·sᵐ，对该流体，$K=50.6$ Pa·sᵐ；

k——系数，量纲为 1，本例取 $k=13$；

m——流性指数，量纲为 1，本例取 $m=0.5$；

n——叶轮转速，r/s。

试求搅拌功率。

5. 在小规模生产时，搅拌某液体所用的搅拌釜容积为 8 L，采用直径 70 mm 开启平直叶涡轮搅拌器，在转速为 1200 r/min 时获得良好的搅拌效果。试以单位体积搅拌功率相等为准则，计算 1 m³ 搅拌釜中搅拌器的直径、转速与功率的放大比值。假设两种情况下均在充分湍流区操作。

6. 拟设计一"标准"构型的搅拌设备搅拌某种均相混合液，槽内径为 2.4 m，混合液密度 $\rho=1260$ kg/m³，黏度 $\mu=1.2$ Pa·s。为了取得最佳搅拌效果，进行三次几何相似系中的放大实验。实验数据如本例附表所示。

试根据实验数据判断放大准则，并计算生产设备的叶轮转速及搅拌功率。

习题 6 附表　　实验模型的结构参数与操作参数

实验编号	槽径 D/mm	叶轮直径 d/mm	转速 n/(r·min⁻¹)	备注
1	200	67	1360	
2	400	135	675	满意的搅拌
3	800	270	340	效果

综合习题

7. 在一搅拌槽直径 $D=2.7$ m 的"标准"构型 $\left(d=\dfrac{1}{3}D\right)$ 搅拌设备中，用六片平直叶圆盘涡轮搅

拌某种均相水溶液。溶液的物性数据为 $\rho=960$ kg/m³，$\mu=0.20$ Pa·s；叶轮转速为 $n=144$ r/min。试求全挡板和无挡板条件下的搅拌功率。

 思考题

1. 搅拌的目的是什么？

2. 搅拌器的两个基本功能是什么？

3. 试比较桨式、推进式及涡轮式搅拌器的操作性能及适用场合。

4. 提高搅拌槽内液体湍动强度的措施有哪些？

5. 均相液体搅拌的机理是什么？

6. 影响搅拌功率的因素都有哪些？对于不同的搅拌目的，Q/H 值有何区别？

7. 在搅拌机理和搅拌功率计算方面，非牛顿流体和牛顿流体有何异同？

8. 选择放大准则的基本要求是什么？

9. 制备乳状液宜选用什么类型搅拌器？搅拌功率主要消耗在哪些方面？

 本章主要符号说明

英文字母

A——系数；

b——桨叶的宽度，m；

B、B'——系数，量纲为 1；

C——搅拌器距槽底的高度，m；

d——叶轮直径，m；

D——搅拌槽内径，m；

Fr——弗劳德数，量纲为 1；

g——重力加速度，m/s²。

h——搅拌器高度，m；

H——槽内流体的深度，m；

　　——压头，m；

K、K_1、K_2——常数，量纲为 1；

l——桨叶长度，m；

n——搅拌器转速，r/s；

n_b——挡板数；

N——搅拌功率，W；

N_a——通气系数，s⁻¹；

N_g——通气搅拌功率，W；

N_P——功率数，量纲为 1；

Q——流量，m³/s；

Q_1——叶轮排液量，m³/s；

Q_g——通气速率，m³/s；

Re——雷诺数，量纲为 1；

Re_c——临界雷诺数，量纲为 1；

s——桨叶螺距，m；

u_T——叶端线速度，m/s；

V——流体的体积，m³；

W——挡板宽度，m；

x——指数，量纲为 1；

X——悬浮液中固液体积比；

y——指数，量纲为 1；

z——桨叶数量

希腊字母

α——桨叶后弯角,°;

β——桨叶上翘角,°;

δ——桨叶叶端与槽壁的间隙,m;

Φ——功率因数,量纲为1;

φ_d——分散相的体积分数;

φ_o——有机溶剂相的体积分数;

φ_s——固体颗粒的体积分数;

φ_w——水相的体积分数;

μ——流体的黏度,Pa·s;

μ_a——表观黏度,Pa·s;

μ_c——连续相的黏度,Pa·s;

μ_d——分散相的黏度,Pa·s;

μ_m——物料的平均黏度,Pa·s;

μ_o——有机溶剂相的黏度,Pa·s;

μ_w——水相的黏度,Pa·s;

θ——桨叶的折叶角,°;

ρ——流体的密度,kg/m³;

ρ_c——连续相的密度,kg/m³;

ρ_d——分散相的密度,kg/m³;

ρ_m——物料的平均密度,kg/m³;

ρ_s——固体颗粒的密度,kg/m³;

ζ_1、ζ_2——与搅拌器结构尺寸有关的常数,量纲
为1

学习指导

一、学习目的

通过本章学习,掌握传热的基本原理和规律,并会运用这些原理和规律去分析和计算传热过程的有关问题,诸如:

1. 热传导速率方程及其应用;

2. 对流传热系数关联式;

3. 辐射传热的基本概念和相关定律、两固体间辐射传热的速率方程;

4. 换热器的热量衡算,总传热速率方程和总传热系数的计算。

二、学习要点

1. 重点内容

(1) 单层、多层平壁和圆筒壁热传导速率方程及其应用;

(2) 对流传热系数的影响因素及量纲分析法;

(3) 换热器的热量衡算,总传热速率方程和总传热系数的计算,传热的平均温度差法计算;

(4) 换热器的结构型式和传热过程强化途径。

2. 应掌握的内容

(1) 传热的基本方式;

(2) 间壁式换热器;

(3) 热边界层、对流传热机理和对流传热系数;

(4) 两固体间的辐射传热速率方程及其应用。

3. 一般了解的内容

(1) 传热单元数法及其应用;

(2) 一般传热设计的规范、相关计算和设备选型要考虑的问题。

三、学习本章应注意的问题

1. 热阻的概念及其应用;

2. 边界层的概念及对流传热的机理；

3. 量纲分析法；

4. 辐射传热的基本概念和定律，影响辐射传热速率的因素；

5. 总传热速率方程的重要性，总传热系数和平均温度差的计算；

6. 设计型计算和校核型计算的特点；

7. 平均温度差法和传热单元数法的特点及适用对象。

5.1 传热过程概述

演示文稿

热量从高温度区向低温度区传递的过程称为热量传递，简称传热。热力学第二定律指出，凡是有温度差存在的地方，就必然有热量传递，故几乎所有的工业部门，如化工、能源、冶金、机械、建筑等，都涉及传热问题。其中尤其以化工与传热的关系最为密切，这是因为化工生产中的很多过程和单元操作，都需要进行热量的传递，包括物料的加热或冷却、蒸发和冷凝等。例如，化学反应通常都是在一定温度下进行的，为此就需要向反应器输入或移出热量，以使其达到并保持一定的操作温度；又如，在蒸馏操作中，为使塔釜达到一定的温度并产生一定量的上升蒸气，就需要向塔釜内的液体输入一定的热量，同时，为了使塔顶上升蒸气冷凝以得到液体产品，亦需从塔顶冷凝器中移出一定的热量。此外，化工设备及管道的绝热保温，生产过程中热能的合理利用，以及余热的回收等，都涉及传热问题。

化工生产中对传热过程的要求通常有两种情况：其一是强化传热过程，如各种换热设备中的传热；其二是削弱传热过程，如对设备或管道的保温，以减少热损失。

化工传热过程既可连续进行，亦可间歇进行。对于前者，传热系统中能量不发生积累，称为稳态传热。稳态传热的特点是传热速率在任何时刻都为常数，并且系统中各点的温度仅随位置变化而与时间无关。对于后者，传热系统中各点的温度既随位置而变，又随时间而变，称为非稳态传热。本章主要讨论稳态传热。

根据传热机理的不同，热量传递有三种基本方式：热传导、热对流和热辐射。在实际传热过程中，热量传递可以一种方式进行，亦可以两种或三种方式同时进行。

本章重点讨论传热的基本原理及其在化工中的应用。

5.1.1 传热的基本方式

一、热传导（导热）

1. 热传导的概念

不依靠物体内部各部分质点的宏观混合运动，而是借助于物体内部的分子、原子、离子、自由电子等微观粒子的热运动产生的热量传递称为热传导，简称导热。

　　热传导可发生在固体中,也可发生在液体和气体中,但它们的机理各不相同。气体热传导是气体分子不规则热运动时相互碰撞的结果。众所周知,温度代表着分子的动能,高温区的分子运动速度比低温区的大,能量高的分子与能量低的分子相互碰撞的结果就是热量由高温区传到低温区。液体热传导的机理与气体类似,但由于液体分子间距较小,分子力场对分子碰撞过程中的能量交换影响很大,故变得更加复杂些。固体以两种方式传导热能:自由电子的迁移和晶格振动。对于良好的导电体,由于有较高浓度的自由电子在其晶格结构间运动,则当存在温度差时,自由电子的流动可将热量由高温区快速移向低温区,这就是良好的导电体往往也是良好的导热体的原因。当金属中含有杂质时,如合金,由于自由电子浓度降低,则其热传导性能也将大为下降。在非导电的固体中,热传导是通过晶格结构的振动来实现的,通常通过晶格振动传递能量的速率要比通过自由电子传递能量的速率小。

　　描述热传导现象的物理定律为傅里叶定律(Fourier's law),其表达式为

$$\frac{\mathrm{d}Q}{\mathrm{d}S} = -\lambda\,\frac{\partial t}{\partial n} \tag{5-1}$$

式中　　$\mathrm{d}Q$——微分热传导速率,W;

　　　　$\mathrm{d}S$——与热传导方向垂直的微分传热面(等温面)面积,m^2;

　　　　λ——物质的导热系数(热导率),$\mathrm{W/(m \cdot ℃)}$;

　　　　$\dfrac{\partial t}{\partial n}$——温度梯度,$℃/\mathrm{m}$。

式(5-1)中负号表示热传导符合热力学第二定律,即热通量$\dfrac{\mathrm{d}Q}{\mathrm{d}S}$的方向与温度梯度$\dfrac{\partial t}{\partial n}$的方向相反,亦即热量朝着温度下降的方向传递。

　　2. 导热系数(热导率)

　　式(5-1)可改写为

$$\lambda = -\frac{\mathrm{d}Q/\mathrm{d}S}{\partial t/\partial n} \tag{5-2}$$

式(5-2)为导热系数的定义式,它表明,导热系数在数值上等于单位温度梯度下的热通量,因而导热系数表征了物质热传导能力的大小,是物质的基本物理性质之一,其值与物质的形态、组成、密度、温度等有关。

　　各种物质的导热系数通常由实验测定。导热系数数值的变化范围很大。一般来说,金属的导热系数最大,非金属固体次之,液体较小,气体最小。表5-1列举了一般情况下各类物质导热系数的范围,工程计算中常见物质的导热系数可从有关手册中查取。

表5-1　各类物质导热系数的范围

物质种类	气体	液体	非金属固体	金属	绝热材料
$\lambda/[\mathrm{W \cdot (m \cdot ℃)^{-1}}]$	0.006~0.06	0.1~0.7	0.2~3.0	15~420	0.003~0.06

（1）固体的导热系数　在所有固体中，金属是最好的导热体，大多数纯金属的导热系数随温度的升高而降低。纯金属的导热系数与电导率密切相关，二者的关系可用维德曼（Wiedemann）-弗兰兹（Franz）方程描述，即

$$\frac{\lambda}{\lambda_e T} = L \tag{5-3}$$

式中　λ——导热系数，$W/(m \cdot K)$；

　　　λ_e——电导率，$1/(\Omega \cdot m)$；

　　　T——热力学温度，K；

　　　L——洛伦茨（Lorenz）数，$W \cdot \Omega/K^2$。

式（5-3）表明，良好的导电体必然是良好的导热体，反之亦然。

金属的纯度对导热系数影响很大，合金的导热系数比纯金属要低。非金属的建筑材料或绝热材料的导热系数与温度、组成及结构的紧密程度有关，一般 λ 值随密度的增加而增大，亦随温度的升高而增大。

对大多数均质固体，其 λ 值与温度近似呈线性关系，即

$$\lambda = \lambda_0(1 + \beta t) \tag{5-4}$$

式中　λ、λ_0——固体在温度 t 和 0 ℃时的导热系数，$W/(m \cdot ℃)$；

　　　β——温度系数，$1/℃$。

对大多数金属材料，β 为负值；而对大多数非金属材料，β 为正值；对理想气体，$\beta = 1/T$，单位为 $1/K$。

（2）液体的导热系数　液体可分为金属液体和非金属液体。金属液体的导热系数比一般的液体要高。大多数金属液体的导热系数均随温度的升高而降低。在非金属液体中，水的导热系数最大。除水和甘油外，大多数非金属液体的导热系数亦随温度的升高而降低。液体的导热系数基本上与压力无关。一般而言，纯液体的导热系数比其溶液的要大。溶液的导热系数在缺乏实验数据时，可按纯液体的 λ 值进行估算。

有机化合物水溶液的导热系数估算式为

$$\lambda_m = 0.9 \sum w_i \lambda_i \tag{5-5}$$

有机化合物的互溶混合液的导热系数估算式为

$$\lambda_m = \sum w_i \lambda_i \tag{5-6}$$

式中　w——组分的质量分数；

　　　下标 m 表示混合液，i 表示组分的序号。

（3）气体的导热系数　与固体和液体相比，气体的导热系数最小，对热传导不利，但却有利于保温、绝热。工业上所使用的保温材料，如玻璃棉等，就是因为其空隙中有气体，所以其导热系数较小，适用于保温隔热。

气体导热系数随温度升高而增大。在相当大的压力范围内，气体的导热系数随压力的变化很小，可以忽略不计，仅当气体压力很高（大于 200 MPa）或很低（低于 2500 Pa）

时,才应考虑压力的影响,此时导热系数随压力的增高而增大。

常压下气体混合物的导热系数可用下式估算,即

$$\lambda_m = \frac{\sum_{i=1}^{n} \lambda_i y_i M_i^{1/3}}{\sum_{i=1}^{n} \lambda_i M_i^{1/3}} \tag{5-7}$$

式中　　y_i——气体混合物中 i 组分的摩尔分数;

　　　　M_i——气体混合物中 i 组分的摩尔质量,g/mol。

二、热对流

热对流是指流体内部因各质点发生相对位移而引起的热交换,简称对流。对流只能发生在流体中,与流体的流动状况密切相关。由于流体分子同时在进行着不规则的热运动,因而对流必然伴随着热传导现象。引起对流的原因有二:一是将外力(泵、风机或搅拌器等)施加于流体,从而使流体中各质点发生相对运动,称为强制对流;二是流体内部各处存在温度差,引起流体的密度差,从而使流体质点发生相对运动,称为自然对流。引起对流的原因不同,传热规律也不同。应予指出,在同一流体中,有可能同时发生自然对流和强制对流。

化工生产中经常研究的是流体流过固体壁面时,流体与固体壁面之间发生的热量传递过程,将其称为对流传热,以区别于热对流。

对流传热速率可由牛顿冷却定律描述,即

$$\frac{dQ}{dS} = \alpha \Delta t \tag{5-8}$$

式中　　dQ——微分对流传热速率,W;

　　　　dS——与传热方向垂直的微分传热面面积,m²;

　　　　Δt——固体壁面与流体主体之间的温度差,℃;

　　　　α——对流传热系数,或称膜系数,W/(m²·℃)。

工程上,经常遇到蒸气在冷表面上冷凝及液体在热壁面上沸腾等过程,它们属于伴有相变的对流传热过程,分别称为冷凝传热和沸腾传热。

三、热辐射

辐射是以电磁波方式传递能量的现象。产生电磁波的原因包括光和热等,其中因热而产生的电磁波在空间的传递称为热辐射。

热辐射与热传导和热对流的最大区别就在于它可以在完全真空的地方传递而无须借助于任何介质。热辐射的另一个特征是不仅产生能量的转移,而且还伴随着能量形式的转换,即在高温处,热能转化为辐射能,以电磁波的方式向空间发送,当遇到另一个能吸收辐射能的物体时,即被其部分或全部地吸收而转化为热能。辐射传热即是物体间相互辐射和吸收能量的总结果。当物体与周围环境处于热平衡时,辐射传热等于零,但这只是动态平衡,辐射与吸收过程仍在进行。

应予指出，任何物体只要在绝对零度以上，就都能发射辐射能，但仅当物体的温度较高、物体间的温度差较大时，热辐射才能成为主要的传热方式。

能全部吸收辐射能的物体称为黑体或绝对黑体。黑体是一种理想的辐射体。物体在一定的温度下，单位表面积、单位时间内所发射的全部波长的总能量称为物体的辐射能力。

描述热辐射的基本定律是斯特藩(Stefan) - 玻尔兹曼(Boltzmann)定律：黑体的辐射能力与其热力学温度的四次方成正比，即

$$E_b = \sigma_0 T^4 \tag{5-9}$$

式中 σ_0——斯特藩 - 玻尔兹曼常数，其值为 5.669×10^{-8} W/(m² · K⁴)。

式(5-9)只适用于绝对黑体，且只能应用于热辐射而不适用于其他形式的电磁波辐射。

5.1.2 传热过程中冷、热流体的（接触）热交换方式及其对应的换热器

在工业生产中，要实现冷、热流体间的热量交换，需采用一定的设备，此种交换热量的设备统称为换热器。传热过程中，冷、热流体的热交换可分为三种基本方式，每种方式所对应的换热器的结构也各不相同。

一、直接接触式换热和混合式换热器

对于某些换热过程，工艺上允许冷、热流体互相混合，如气体的冷却或水蒸气的冷凝，此时可使二者直接混合进行热交换，这种换热方式称为直接接触式换热。所用的热交换设备称为混合式换热器或直接接触式换热器，常见的有凉水塔、洗涤塔、文丘里管及喷射冷凝器等。这种换热方式的优点是设备结构简单，传热效率高。直接接触式换热在传热的同时，往往伴有传质，过程机理比较复杂。

二、蓄热式换热和蓄热器

蓄热式换热是在蓄热器中实现热交换的一种换热方式。蓄热器内装有固体填充物（如耐火砖等），热、冷流体交替地流过蓄热器，利用固体填充物来积蓄和释放热量，从而达到换热的目的。通常在生产中采用两个并联的蓄热器交替使用。其缺点是设备体积庞大，且不能完全避免两种流体的混合，所以这类设备在化工生产中使用得不多。

三、间壁式换热和间壁式换热器

在化工生产中经常遇到的是冷、热流体不允许混合的换热情况，如热油和冷却水之间的换热即是如此。此时常将冷、热流体用固体壁面隔开，使二者互不接触，热量由热流体通过壁面传递给冷流体，这种换热方式称为间壁式换热。完成上述换热过程的设备称为间壁式换热器，亦称表面式换热器或间接式换热器。间壁式换热器应用广泛，型式多样，各种管式和板式结构的换热器均属此类。

此外，中间载热体式换热器（亦称热媒式换热器）实质上也是一种间壁式换热器。此类换热器将两个间壁式换热器由在其中循环的载热体（热媒）连接起来，载热体在高、低温流体换热器内循环，将从高温流体换热器中吸收的热量带至低温流体换热器中传递给

低温流体。该类换热器多用于核能工业、化工过程、冷冻技术及余热回收利用中。热管式换热器、液体或气体偶联的间壁式换热器均属此类。

间壁式换热是本章讨论的重点。

图 5-1 为一种简单的管式换热器,称为套管式换热器,它是由直径不同的两根管子同心套在一起组成的,冷、热流体分别流经内管和环隙而进行换热。

动画
套管式
换热器

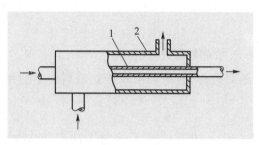

1—内管;2—外管

图 5-1　套管式换热器

图 5-2 是一种单程管壳式换热器,此时一种流体在管内流动,称为管程流体,而另一种流体在壳与管束之间从管外表面流过,称为壳程流体。为了保证壳程流体能够垂直或横向流过管束,以形成较高的传热速率,在外壳上装有多个挡板,称为折流挡板。

动画
管壳式
换热器

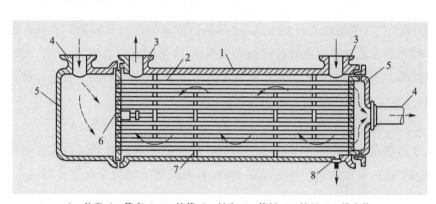

1—外壳;2—管束;3、4—接管;5—封头;6—管板;7—挡板;8—排水管

图 5-2　单程管壳式换热器

冷、热流体间的传热可能是无相变而仅有温度变化的显热,如液体的加热或冷却;也可能是伴有流体相变的潜热,如沸腾或冷凝。

通过上述分析可知,间壁式换热器内冷、热流体间的传热过程包括以下三个步骤:

(1) 热流体以对流传热方式将热量传递给热流体一侧的壁面;

(2) 热量以热传导方式由壁面的高温一侧传递至壁面的低温一侧;

(3) 传递至壁面低温一侧的热量又以对流传热方式传递给冷流体。

传热速率和热通量是评价换热器性能的重要指标。传热速率是指单位时间内通过换热器传热面的热量,热通量是指单位传热面积上的传热速率。

5.1.3 载热体及其选择

在化工生产中,物料在换热器内被加热或冷却时,通常需要用另一种流体供给或取走热量,此种流体称为载热体,其中起加热作用的称为加热介质(或加热剂);起冷却(冷凝)作用的称为冷却介质(或冷却剂)。

对于一定的传热过程,待加热或冷却物料的处理量及其初始与终了温度常由工艺条件所决定,因此需要供给或取出的热量是一定的,热量的多少决定了传热过程的操作费用。但应指出,单位热量的价格因载热体而异。例如,当加热时,温度要求越高,价格越高;当冷却时,温度要求越低,价格越高。因此,为了提高传热过程的经济效益,必须选择适当温位的载热体。同时,选择载热体时还应考虑以下原则,即

(1) 载热体的温度易调节控制;

(2) 载热体的饱和蒸气压较低,加热时不易分解;

(3) 载热体的毒性小,不易燃、易爆,不易腐蚀设备;

(4) 价格便宜,易于获得。

工业上常用的加热介质有热水、饱和蒸汽、矿物油、联苯混合物、熔盐及烟道气等。它们所适用的温度范围如表 5-2 所示。若所需的加热温度更高,则需采用电加热。

表 5-2　常用加热介质及其适用的温度范围

加热介质	热水	饱和蒸汽	矿物油	联苯混合物	熔盐（KNO$_3$ 53%、NaNO$_2$ 40%、NaNO$_3$ 7%）	烟道气
适用温度/℃	40～100	100～180	180～250	255～380	142～530	约 1000

工业上常用的冷却介质有水、空气和各种制冷剂。水和空气可将物料最低冷却至环境温度,其值随地区和季节而异,一般不低于 20 ℃。在水资源紧缺的地区,宜采用空气冷却。一些常用冷却介质及其适用的温度范围如表 5-3 所示。

表 5-3　常用冷却介质及其适用的温度范围

冷却介质	水(自来水、河水、井水)	空气	盐水	氨蒸气
适用温度/℃	0～80	>30	0～-15	<-15

5.2 热 传 导

演示文稿

如前所述,热传导是介质内无宏观质点运动时的传热现象。热传导在固体、液体和气体中均可发生,但是,只有在固体中的传热才是纯粹的热传导,这是因为流体即使处于

静止状态,其中也会由较高温度梯度所造成的密度差而产生自然对流。因此,在流体中热对流往往与热传导同时发生。本节仅介绍固体中的一维稳态热传导。工程上一维稳态热传导的例子很多,如方形燃烧炉的炉壁、蒸气管的管壁、管式换热器的管壁,以及球形压力容器的器壁等。

5.2.1 平壁的一维稳态热传导

一、单层平壁的一维稳态热传导

单层平壁的一维稳态热传导过程如图 5-3 所示。假设单层平壁的材质均匀,导热系数不随温度变化,或可取随温度而变化的平均值;平壁内的温度仅沿垂直于平壁的方向变化,且不随时间而变;平壁面积为一常量,且与平壁厚度相比很大,故可以忽略从壁的边缘处损失的热量。显然通过垂直于平壁方向上各平面的传热速率为一常量。

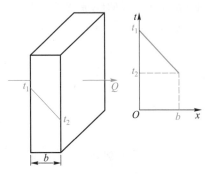

图 5-3 单层平壁的一维稳态热传导

对此单层平壁的一维稳态热传导,传热速率 Q 及传热面积 S 都为常量,则描述热传导现象的傅里叶定律式(5-1)可简化为

$$Q = -\lambda S \frac{\mathrm{d}t}{\mathrm{d}x} \tag{5-10}$$

边界条件为 $x=0, t=t_1; x=b, t=t_2$,且 $t_1 > t_2$。

积分式(5-10)并整理得

$$Q = \frac{\lambda S}{b}(t_1 - t_2) \tag{5-11}$$

或

$$Q = \frac{t_1 - t_2}{\dfrac{b}{\lambda S}} = \frac{\Delta t}{R} \tag{5-11a}$$

及

$$q = \frac{Q}{S} = \frac{t_1 - t_2}{\dfrac{b}{\lambda}} = \frac{\Delta t}{R'} \tag{5-11b}$$

式中　　b——平壁厚度,m;

$R = \dfrac{b}{\lambda S}$——导热热阻,℃/W;

$R' = \dfrac{b}{\lambda}$——导热热阻,也称为导热的面积热阻,m² · ℃/W;

Δt——平壁高温侧与低温侧之间的温度差,为热传导推动力,℃。

式(5-11)即为单层平壁一维稳态热传导速率方程。

应予指出,式(5-11)适用于导热系数 λ 为常数的稳态热传导过程。实际上,由于平壁内不同位置上的温度不同,故导热系数也随之而异。但可以证明,当导热系数随温度呈线性变化时,用固体两侧面温度下 λ 值的算术平均值进行热传导的计算,将不会引起太大的误差。在以后的热传导计算中,一般都采用平均导热系数。

式(5-11)表明,传热速率 Q 与热传导推动力 Δt 成正比,与导热热阻 R 成反比,即 $Q = \Delta t/R$;还可以看出,热传导距离越大,传热面积和导热系数越小,则导热热阻越大。

式(5-11)与电学中的欧姆定律(电流 I = 电动势 V/电阻 R)相比,形式类似。因此可以利用电学中串、并联电阻的计算办法,类比计算复杂热传导过程的热阻。

◆ 例 5-1 一扇玻璃窗的宽和高分别为 $W = 1\ \text{m}$ 和 $H = 2\ \text{m}$,厚为 5 mm,导热系数为 1.4 W/(m·℃)。在寒冷的冬天,测得玻璃内、外表面的温度分别为 15 ℃ 和 −20 ℃,试求通过该玻璃窗的散热速率。为减少通过窗户的热损失,习惯上采用双层玻璃结构,假定双层玻璃之间充满厚度为 10 mm 的空气,与空气接触的玻璃表面的温度分别为 10 ℃ 和 −15 ℃,此时通过该玻璃窗的散热速率又为多少? 设玻璃和空气中的导热为一维稳态热传导,双层玻璃之间的空气是静止的,空气的导热系数为 0.024 W/(m·℃)。

解: (1) 单层玻璃窗的散热速率

$$Q_1 = \frac{\lambda_1 S}{b_1}(t_1 - t_2) = \left\{ \frac{1.4 \times (1 \times 2)}{0.005} \times [15 - (-20)] \right\}\ \text{W} = 19600\ \text{W}$$

(2) 双层玻璃窗的散热速率

$$Q_2 = \frac{\lambda_2 S}{b_2}(t_1' - t_2') = \left\{ \frac{0.024 \times (1 \times 2)}{0.01} \times [10 - (-15)] \right\}\ \text{W} = 120\ \text{W}$$

由于空气的导热系数低(约为玻璃的 1/60),因而双层玻璃窗的热损失远低于单层玻璃窗,换言之,双层玻璃窗的保温效果要远优于单层玻璃窗,当然对于同样的室外环境气温,使用双层玻璃窗也会提高室内空气侧的玻璃的表面温度,也即提高室内温度。

◆ 例 5-2 试比较温度为 20 ℃ 条件下,1 mm 厚的某不锈钢板、水垢层和灰垢层的导热面积热阻。已知此条件下不锈钢板、水垢层和灰垢层的导热系数分别为 16.514 W/(m·℃)、1.160 W/(m·℃)及 0.116 W/(m·℃)。

解: 因平板导热的面积热阻为 $R' = \dfrac{b}{\lambda}$,故有

不锈钢板:$R' = \left(\dfrac{1 \times 10^{-3}}{16.514} \right)\ \text{m}^2 \cdot ℃/\text{W} = 6.055 \times 10^{-5}\ \text{m}^2 \cdot ℃/\text{W}$

水垢层:$R' = \left(\dfrac{1 \times 10^{-3}}{1.160} \right)\ \text{m}^2 \cdot ℃/\text{W} = 8.621 \times 10^{-4}\ \text{m}^2 \cdot ℃/\text{W}$

灰垢层:$R' = \left(\dfrac{1 \times 10^{-3}}{0.116} \right)\ \text{m}^2 \cdot ℃/\text{W} = 8.621 \times 10^{-3}\ \text{m}^2 \cdot ℃/\text{W}$

由上述结果可以看出,1 mm 厚的水垢层的面积热阻相当于 14.2 mm 厚的不锈钢板的面积热阻,而 1 mm 厚的灰垢层的面积热阻相当于 142.4 mm 厚的不锈钢板的面积热阻。因此,在换热器的运行过程中,应尽可能保持换热表面清洁而不堆积污垢。

二、多层平壁的一维稳态热传导

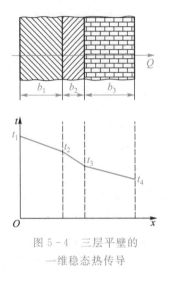

图 5-4 为三层平壁的一维稳态热传导。

若各层表面温度分别为 t_1、t_2、t_3 和 t_4,且 $t_1 > t_2 > t_3 > t_4$,则通过各层平壁截面的传热速率必相等,即 $Q_1 = Q_2 = Q_3 = Q_4 = Q$,则

$$Q = \lambda_1 S \frac{t_1 - t_2}{b_1} = \lambda_2 S \frac{t_2 - t_3}{b_2} = \lambda_3 S \frac{t_3 - t_4}{b_3}$$

或

$$Q = \frac{t_1 - t_2}{\dfrac{b_1}{\lambda_1 S}} = \frac{t_2 - t_3}{\dfrac{b_2}{\lambda_2 S}} = \frac{t_3 - t_4}{\dfrac{b_3}{\lambda_3 S}}$$

图 5-4　三层平壁的
一维稳态热传导

上式表明,对于多层平壁的一维稳态热传导,每层平壁两侧的温度差与该层平壁的导热热阻之比为一常数,即热阻越大,温度差越大,反之亦然。

由上式解出 $t_i - t_{i+1}(i = 1, 2, 3)$ 并相加,经整理得

$$Q = \frac{t_1 - t_4}{\dfrac{b_1}{\lambda_1 S} + \dfrac{b_2}{\lambda_2 S} + \dfrac{b_3}{\lambda_3 S}} \tag{5-12}$$

此即三层平壁一维稳态热传导速率方程。

对 n 层平壁,其传热速率方程可表示为

$$Q = \frac{t_1 - t_{n+1}}{\displaystyle\sum_{i=1}^{n} \frac{b_i}{\lambda_i S}} \tag{5-13}$$

式中,下标 i 表示平壁的序号。

由式(5-13)可知,多层平壁一维稳态热传导的总推动力为各层温度差之和,即总温度差;总热阻为各层热阻之和。

◆ **例5-3**　某平壁燃烧炉由一层厚 100 mm 的耐火砖和一层厚 80 mm 的普通砖砌成,其导热系数分别为 1.0 W/(m·℃)及 0.8 W/(m·℃)。操作稳定后,测得炉壁内表面温度为 700 ℃,外表面温度为 100 ℃。为减小燃烧炉的热损失,在普通砖的外表面增加一层厚为 30 mm,导热系数为 0.03 W/(m·℃)的保温材料。待操作稳定后,又测得炉壁内表面温度为 900 ℃,外表面温度为 60 ℃。设原有两层材料的导热系数不变,试求(1) 加保温层后炉壁的热损失比原来减少的百分数;(2) 加保温层后各层接触面的温度。

解：(1) 加保温层后炉壁的热损失比原来减少的百分数

加保温层前，为双层平壁的热传导，单位面积炉壁的热损失，即热通量 q_1 为

$$q_1 = \frac{t_1 - t_3}{\dfrac{b_1}{\lambda_1} + \dfrac{b_2}{\lambda_2}} = \left(\frac{700 - 100}{\dfrac{0.10}{1} + \dfrac{0.08}{0.8}} \right) \text{W/m}^2 = 3000 \text{ W/m}^2$$

加保温层后，为三层平壁的热传导，单位面积炉壁的热损失，即热通量 q_2 为

$$q_2 = \frac{t_1 - t_4}{\dfrac{b_1}{\lambda_1} + \dfrac{b_2}{\lambda_2} + \dfrac{b_3}{\lambda_3}} = \left(\frac{900 - 60}{\dfrac{0.10}{1} + \dfrac{0.08}{0.8} + \dfrac{0.03}{0.03}} \right) \text{W/m}^2 = 700 \text{ W/m}^2$$

加保温层后热损失比原来减少的百分数为

$$\frac{q_1 - q_2}{q_1} \times 100\% = \frac{3000 - 700}{3000} \times 100\% = 76.7\%$$

(2) 加保温层后各层接触面的温度

已知 $q_2 = 700 \text{ W/m}^2$，且通过各层平壁的热通量均为此值，于是

$$\Delta t_1 = \frac{b_1}{\lambda_1} q_2 = \left(\frac{0.1}{1} \times 700 \right) \text{℃} = 70 \text{ ℃}$$

$$t_2 = t_1 - \Delta t_1 = (900 - 70) \text{℃} = 830 \text{ ℃}$$

$$\Delta t_2 = \frac{b_2}{\lambda_2} q_2 = \left(\frac{0.08}{0.8} \times 700 \right) \text{℃} = 70 \text{ ℃}$$

$$t_3 = t_2 - \Delta t_2 = (830 - 70) \text{℃} = 760 \text{ ℃}$$

$$\Delta t_3 = \frac{b_3}{\lambda_3} q_2 = \left(\frac{0.03}{0.03} \times 700 \right) \text{℃} = 700 \text{ ℃}$$

例 5-3 附表　各层的温度差和热阻的数值

	温度差 ℃	热阻 $\text{m}^2 \cdot \text{℃/W}$
耐火砖	70 ℃	0.1
普通砖	70 ℃	0.1
保温材料	700 ℃	1

应予指出，在上述多层平壁热传导的计算中，假设层与层之间接触良好，两个接触表面具有相同的温度。实际上，不同材料构成的界面之间可能出现明显的温度降低。这种温度变化是表面粗糙不平而产生接触热阻的缘故。因两个接触面间有空穴，而空穴内又充满空气，因此，传热过程包括通过实际接触面的热传导和通过空穴的热传导（高温时还有辐射传热）。一般而言，因气体的导热系数很小，接触热阻主要由空穴造成。接触热阻的影响如图 5-5 所示。

接触热阻与接触面材料、表面粗糙度及接触面上压力等因素有关，目前还没有可靠的理论或经验计算式，主要依靠实验测定。

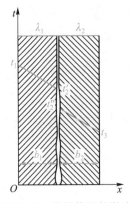

图 5-5　接触热阻的影响

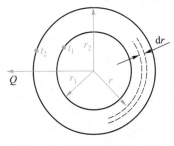

图 5-6　单层圆筒壁的一维
稳态热传导

5.2.2　圆筒壁的一维稳态热传导

化工生产中,经常遇到圆筒壁的热传导问题,它与平壁热传导的不同之处在于圆筒壁的传热面积和热通量不再是常量,而是随径向距离而变的,但传热速率在稳态热传导时依然是常量。

一、单层圆筒壁的一维稳态热传导

单层圆筒壁的一维稳态热传导如图 5-6 所示。假设圆筒壁材质均匀,导热系数不随温度变化,或可取平均值;圆筒壁内的温度仅沿径向变化,且不随时间而变;圆筒壁面积与圆筒壁厚度相比很大,故可以忽略从壁的边缘处损失的热量。

设圆筒的内半径为 r_1,外半径为 r_2,长度为 L。圆筒内、外壁面温度分别为 t_1 和 t_2,且 $t_1 > t_2$。若在圆筒径向距离 r 处沿半径方向取微分厚度 dr 的薄壁圆筒,其传热面积 S 可视为常量,为 $2\pi r L$;同时通过该薄层的温度变化为 dt。虽然圆筒壁的传热面积和热通量不再是常量,但传热速率在稳态时是常量。通过该薄圆筒壁的传热速率 Q 可以表示为

$$Q = -\lambda S \frac{dt}{dr} = -\lambda(2\pi r L)\frac{dt}{dr} \tag{5-14}$$

将上式分离变量并在圆筒内、外壁面积分,经整理可得

$$Q = 2\pi\lambda L \frac{t_1 - t_2}{\ln(r_2/r_1)} \tag{5-15}$$

此即单层圆筒壁一维稳态热传导速率方程。

式(5-15)亦可写成与单层平壁一维稳态热传导速率方程相类似的形式,即

$$Q = \lambda S_m \frac{t_1 - t_2}{r_2 - r_1} \tag{5-15a}$$

其中

$$S_m = 2\pi \frac{r_2 - r_1}{\ln(r_2/r_1)} L = 2\pi r_m L \tag{5-16}$$

$$S_m = \frac{2\pi L r_2 - 2\pi L r_1}{\ln \dfrac{2\pi L r_2}{2\pi L r_1}} = \frac{S_2 - S_1}{\ln \dfrac{S_2}{S_1}} \tag{5-16a}$$

$$r_m = \frac{r_2 - r_1}{\ln \dfrac{r_2}{r_1}} \tag{5-17}$$

式中 r_m——圆筒壁的对数平均半径,m;

  S_m——圆筒壁的对数平均面积,m²。

应予指出,当 $\dfrac{r_2}{r_1} \leqslant 2$ 时,上述各式中的对数平均值可用算术平均值代替。此时的计算误差小于 4%,这是工程计算允许的。

二、多层圆筒壁的一维稳态热传导

通过三层圆筒壁的一维稳态热传导如图 5-7 所示。除与单层圆筒壁相同的假设外,假设层与层之间接触良好,即互相接触的两表面温度相同。

与多层平壁一样,也可以将热阻的概念应用于多层圆筒壁,对于三层圆筒壁,其热传导速率方程可表示为

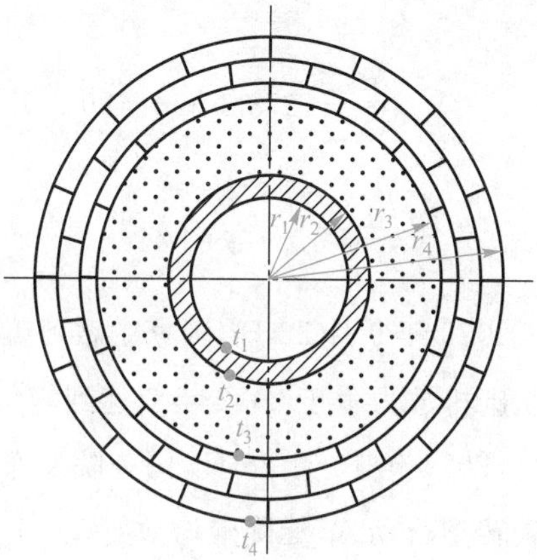

图 5-7 三层圆筒壁的一维稳态热传导

$$Q = \frac{t_1 - t_4}{\dfrac{1}{2\pi L\lambda_1}\ln\dfrac{r_2}{r_1} + \dfrac{1}{2\pi L\lambda_2}\ln\dfrac{r_3}{r_2} + \dfrac{1}{2\pi L\lambda_3}\ln\dfrac{r_4}{r_3}}$$

$$= \frac{t_1 - t_4}{\dfrac{r_2 - r_1}{\lambda_1 S_{m1}} + \dfrac{r_3 - r_2}{\lambda_2 S_{m2}} + \dfrac{r_4 - r_3}{\lambda_3 S_{m3}}} \qquad (5-18)$$

对 n 层圆筒壁,其热传导速率方程可表示为

$$Q = \frac{t_1 - t_{n+1}}{\displaystyle\sum_{i=1}^{n}\dfrac{b_i}{\lambda_i S_{mi}}} \qquad (5-19)$$

或

$$Q = \frac{t_1 - t_{n+1}}{\displaystyle\sum_{i=1}^{n}\left(\dfrac{1}{2\pi L\lambda_i}\ln\dfrac{r_{i+1}}{r_i}\right)} \qquad (5-20)$$

式中,下标 i 表示圆筒壁的序号。

多层圆筒壁热传导的总推动力亦为总温度差,总热阻亦为各层热阻之和,只是计算各层热阻所用的传热面积不再相等,而应采用各自的对数平均面积。

◆ 例 5-4 内径为 15 mm,外径为 19 mm 的金属管,$\lambda_1 = 20$ W/(m·℃),其外包扎一层厚为 30 mm,$\lambda_2 = 0.2$ W/(m·℃)的保温材料。若金属管内表面温度为 680 ℃,保温层外表面温度为 80 ℃,试求每米管长的热损失,以及保温层中的温度分布。

解:由式(5-20)可得

$$\frac{Q}{L} = \frac{2\pi(t_1 - t_3)}{\dfrac{1}{\lambda_1}\ln\dfrac{r_2}{r_1} + \dfrac{1}{\lambda_2}\ln\dfrac{r_3}{r_2}} = \left[\frac{2\pi\times(680-80)}{\dfrac{1}{20}\ln\dfrac{0.0095}{0.0075} + \dfrac{1}{0.2}\ln\dfrac{0.0395}{0.0095}}\right] \text{W/m} = 528.0 \text{ W/m}$$

对于保温层,有

$$\frac{Q}{L} = \frac{2\pi\lambda_2(t_2-t_3)}{\ln(r_3/r_2)}$$

则

$$t_2 = t_3 + \frac{Q}{L}\frac{\ln(r_3/r_2)}{2\pi\lambda_2} = \left[80 + 528.0 \times \frac{\ln(0.0395/0.0095)}{2\pi \times 0.2}\right]℃ = 679.0 \ ℃$$

于是,保温层内的温度分布为

$$t = t_2 - \frac{t_2-t_3}{\ln(r_3/r_2)}\ln\frac{r}{r_2} = 679.0 \ ℃ - \left(\frac{679.0-80}{\ln\dfrac{0.0395}{0.0095}}\right)℃ \times \ln\frac{r}{0.0095}$$

$$= -1278.3 \ ℃ - 420.3 \ ℃ \ \ln r$$

5.2.3　常见的绝热材料

2020 年 9 月 22 日,国家主席习近平在第七十五届联合国大会一般性辩论上提出"二氧化碳排放力争于 2030 年前达到峰值,努力争取 2060 年前实现碳中和"(简称"双碳"目标)。2021 年 10 月 26 日,国务院发布《2030 年前碳达峰行动方案》,"重点实施能源绿色低碳转型行动、节能降碳增效行动、工业领域碳达峰行动、城乡建设碳达峰行动、交通运输绿色低碳行动、循环经济助力降碳行动、绿色低碳科技创新行动、碳汇能力巩固提升行动、绿色低碳全民行动、各地区梯次有序碳达峰行动等'碳达峰十大行动'",制定了"双碳"目标下的技术路线图。节能提效被认为是实现碳达峰、碳中和的第一优选。为了实现"双碳"目标,我国今后将更加强调化工等过程工业的能量转换和利用单元设备(如换热器)的节能降碳要求。加强换热器的绝热和保温设计,是实现换热过程节能降碳的重要途径,将成为今后关注的重点。

换热过程的节能降碳途径主要包括传热强化和传热抑制等。换热设备的保温和保冷是抑制过程热量损失的关键。减少传热过程热量损失的主要措施是绝热保温和保冷,而绝热保温和保冷要用到绝热材料。

绝热材料是指在平均温度等于或小于 623 K(350 ℃)时,导热系数小于 0.14 W/(m·K) 的材料,又称为保温或保冷材料。绝热材料依据其性能一般可分为有机材料、无机材料和复合材料。不同的绝热材料性能各异,价格也千差万别。表 5-4 列出了 13 种常见绝热材料在 25 ℃下的导热系数,供设计计算时参考。

表 5-4　13 种常见绝热材料在 25 ℃下的导热系数

绝热材料	真空绝热	气凝胶/泡沫塑料	聚氨酯泡沫	挤塑聚苯板	硅酸铝/玻璃棉	玻璃纤维	矿棉	聚苯乙烯泡沫	复合硅酸镁	泡沫玻璃	膨胀珍珠岩
导热系数 λ / W/(m·K)	0.008	0.018	0.024	0.029	0.034	0.036	0.040	0.043	0.045	0.058	0.06

5.3 对流传热

如前所述,流体与固体壁面之间的对流传热与流体的流动状况密切相关。依据流体在传热过程中的状态,对流传热可分为两类:无相变的对流传热和有相变的对流传热。前者包括强制对流传热和自然对流传热,后者包括蒸气冷凝传热和液体沸腾传热。本节简要分析对流传热过程的机理,研究对流传热的基本规律,并着重解决对流传热系数的计算问题,从而为换热器的设计等传热计算打下理论基础。

5.3.1　对流传热机理和对流传热系数

在对流传热过程中,除热量的传递外,还涉及流体的流动,温度场与速度场将会发生相互作用,因此,对流传热过程比较复杂。针对复杂的对流传热问题,牛顿冷却定律给出了传热速率的计算方法。这种处理方法看似简单,但实质上是将难点集中到对流传热系数 α 上了。而在进行换热器的设计等传热计算时,首先需要得到对流传热系数的值。因此,分析对流传热过程的机理,研究不同流体流动状况下对流传热系数 α 的影响因素及计算式,是研究对流传热的核心内容。

一、对流传热机理

本书第一章曾经指出,当流体流过固体壁面时,由于流体具有黏性,在与流动方向相垂直的方向上,沿固体壁面形成流动边界层,边界层内存在着速度梯度。流动边界层分为层流边界层和湍流边界层。

对于处于层流状态下的流体,当流体和壁面之间因温度不同而进行对流传热时,由于在与流动方向相垂直的方向上不存在流体质点的宏观移动,故传热方式为热传导(或分子传热)。

当湍流的流体流经固体壁面时,将形成湍流边界层。若流体温度与壁面不同,二者之间也将进行对流传热。湍流对流传热的机理如图 5-8 所示(取自间壁式换热器内典型的局部位置)。假定壁面温度高于流体温度,热流便会由壁面流向运动流体。由速度边界层的知识可知,湍流边界层由壁面附近的很薄的层流内层,离开壁面一定距离处较薄的缓冲层和距离壁面较远处较厚的湍流核心(或湍流主体)三部分组成。在层流内层,流体在与热流垂直的方向上分层流动,相邻流体层间没有流体质点的宏观运动,因此,层流内层不存在热对流,只有热传导。由于流体的黏性作用,紧贴壁面的一层流体流速为零。由此可知,对流传热时,固体壁面处的热量首先以热传导方式通过静止的流体层进入层流内层,在层流内层中传热方式亦为热传导。然后热流经层流内层进入缓冲层,在这层流体中,既有流体质点的层流流动,也存在一些流体质点在热流方向上做涡旋和混合等宏观运动,故在缓冲层内兼有热传导和热对流两种传热方式。热流最后由缓冲层进入湍流核心,在湍流核心,流体剧烈湍动,由于热对流较热传导强烈得多,故湍流核心的热量传递以涡旋和混合等宏观运动引起的热对流为主,而分子运动所引起的热传导可以忽略不计。就三层流体的热阻而言,层流内层虽然很薄,但是由于流体的导热系数较小,使层流内层的导热热阻很大,占总对流传热热阻的大部分,相应地,层流内层的温度差也较大,即温度梯度较大;在湍流核心中,由于流体质点的剧烈混合并充满旋涡,因此湍流核心的温度差很小,各处的温度基本相同,即温度梯度很小,自然地,热阻也很小;在缓冲层,存在一定的温度梯度,热阻占有较小的份额。

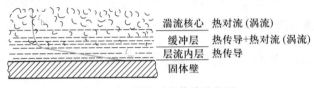

图 5 - 8　湍流对流传热的机理

由上述分析可知,对流传热是集热对流和热传导于一体的综合传热现象。对流传热的热阻主要集中在层流内层,因此减薄层流内层是强化对流传热的主要途径。

应予指出的是,上述传热机理分析没有考虑壁面附近层流流体层内的自然对流。如果流体和壁面间的温度差较大,流体的黏度较小、密度较大、体积膨胀系数较大,设备尺寸较大时,则层流流体层内的传热是热传导和附加的自然对流的联合作用过程。

有相变的对流传热过程——蒸气冷凝传热和液体沸腾传热的机理与一般强制对流传热有所不同,这主要是由于前两者有相的变化,界面不断扰动,故可大大增强传热速率。

二、热边界层及对流传热系数

流体和固体壁面间进行对流传热时,与速度边界层类似,也存在一热边界层,通常称

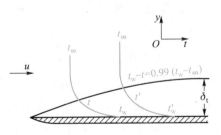

图 5 - 9　平板上的热边界层

为温度边界层。下面以流体流过平板为例,说明热边界层的形成和发展。如图 5 - 9 所示,当来自远处,温度为 t_∞ 的流体在表面温度为 t_w 的平板上流过时,流体和平板壁面间因温度不同而进行对流传热。此时仅在靠近板面的薄流体层中存在温度梯度,将此薄层定义为热(温度)边界层。在热边界层以外的区域,流体的温度

基本上相同,即温度梯度可视为零。热边界层的厚度用 δ_t 表示,其值与速度边界层的厚度 δ 相当。显然,热边界层是进行对流传热的主要区域。热边界层内的传热机理因速度边界层的发展状态而定,如前文的对流传热机理所述。

若紧贴固体壁面的一层流体的温度梯度用 $(\partial t/\partial y)_w$ 表示,由于通过该层流体的传热只是热传导,因此传热速率可用傅里叶定律表示,即

$$dQ = -\lambda \, dS \left(\frac{\partial t}{\partial y}\right)_w \tag{5-21}$$

式中　　dQ——微分对流传热速率,W;

　　　　λ——流体的导热系数,W/(m·℃);

　　　　dS——微分传热面积,m²;

　　　　$\left(\dfrac{\partial t}{\partial y}\right)_w$——紧贴固体壁面处流体层的温度梯度,℃/m;

　　　　y——与壁面相垂直方向上的距离,m。

因为是对流传热,根据牛顿冷却定律,流体和壁面间的对流传热速率为

$$dQ = \frac{t_w - t_\infty}{1/(\alpha dS)} = \alpha(t_w - t_\infty)dS \tag{5-22}$$

式中　　t_∞、t_w——冷流体的平均温度和壁面温度,℃;

　　　　α——局部对流传热系数,W/(m²·℃)。

式(5-22)表明,对流传热系数在数值上等于单位温度差下、单位传热面积的对流传热速率,它反映了对流传热的快慢,α越大表示对流传热越快。

联立式(5-21)和式(5-22)可得

$$\alpha = -\frac{\lambda}{t_w - t_\infty}\left(\frac{\partial t}{\partial y}\right)_w = -\frac{\lambda}{\Delta t}\left(\frac{\partial t}{\partial y}\right)_w \tag{5-23}$$

式(5-23)是对流传热系数α的另一定义式,它表明了对流传热系数与壁面温度梯度之间的关系。通常,热边界层的厚度影响其内的温度分布,因而影响温度梯度。当边界层内、外侧的温度差一定时,热边界层越薄,则$(\partial t/\partial y)_w$越大,因而α就越大;反之则α越小。

当流体流过圆管进行传热时,管内热边界层的形成和发展与流动边界层类似。流体最初以均匀速度u_0和均匀温度t_0进入管内,因受壁面温度的影响,热边界层的厚度由进口的零值逐渐增厚,经过一定距离后,在管中心汇合。由管进口至汇合点的轴向距离称为传热的进口段。超过汇合点以后,温度分布将逐渐趋于平坦,若管子的长度足够,则截面上的温度最后变为均匀一致并等于壁面温度。

从进口段的简单分析可知,在小于进口段以前,管子越短,则边界层越薄,α就越大。对于一定的管长,破坏边界层的发展也能强化对流传热。

对流传热系数α与导热系数λ不同,它不是流体的物性,而是受诸多因素,如流体有无相变、流体流动的原因、流体流动状态、流体物性和壁面情况(换热器结构)等影响的一个系数,反映对流传热热阻的大小。一般来说,对于同一种流体,强制对流传热的α要大于自然对流传热的α,有相变的α要大于无相变的α。表5-5列出了几种对流传热情况下的α值范围,以便对α的大小有一个数量级的概念,这对工程设计和应用非常重要。

表5-5　几种对流传热情况下的 α 值范围

传热方式	空气自然对流	气体强制对流	水自然对流	水强制对流	水蒸气冷凝	有机蒸气冷凝	水沸腾
$\dfrac{\alpha}{\text{W}/(\text{m}^2 \cdot \text{℃})}$	5～25	20～100	20～1000	1000～15000	5000～15000	500～2000	2500～25000

5.3.2　对流传热的量纲分析

对流传热系数的定义式(5-23)表明,对于一定的流体和温度差,只要知道壁面处流体层的温度梯度,就可由该式求得 α。但由于影响$(\partial t/\partial y)_w$ 的因素很复杂,目前仅能获得一些简单层流传热问题的分析解,对于复杂的层流及湍流传热问题,目前还无法通过理论分析的方法解决。在工程实际问题中,求取湍流传热的对流传热系数主要是应用本书第一章曾经介绍过的量纲分析方法,并结合实验建立相应的关联式,这需要对影响对流传热系数的因素系统地进行分析。

一、影响对流传热系数的因素

由对流传热的机理分析可知,对流传热系数取决于热边界层内的温度梯度。而温度梯度与流体的物性、温度、流动型态及壁面几何结构等诸多因素有关。

1. 流体的种类和相变的情况

液体、气体和蒸气的对流传热系数都不相同,牛顿流体和非牛顿流体也有区别。本章主要讨论牛顿流体的对流传热系数。

流体有无相变,对传热有不同的影响,后面将分别予以讨论。

2. 流体的物性

对 α 值影响较大的流体物性有导热系数、黏度、比定压热容、密度及体积膨胀系数。这些物性又是温度的函数,其中某些物性还与压力有关。

(1) 导热系数 λ　通常,对流传热的热阻主要由边界层的导热热阻构成,因之流体的导热系数越大,对流传热系数也越大。

(2) 黏度 μ　当流体在管中流动时,若管径和流速一定,流体的黏度越大,其雷诺数 Re 越小,即湍流程度越低,因此热边界层越厚,于是对流传热系数就越小。

(3) 热容量 ρc_p　ρc_p 代表单位体积流体所具有的热容量,ρc_p 值越大,表示流体携带热量的能力越强,因此对流传热的强度越大。

(4) 体积膨胀系数 β　一般而言,体积膨胀系数越大的流体,所产生的密度差越大,因此越有利于自然对流。由于绝大部分传热过程为变温流动,因此即使在强制对流的情况下,也会产生附加的自然对流,故体积膨胀系数对强制对流也有一定的影响。

3. 流体的温度

流体温度对对流传热的影响表现在流体温度与壁面温度之差 Δt、流体物性随温度变化的程度,以及附加自然对流等方面的综合影响。因此在对流传热系数计算中,必须修正温度对物性的影响。此外,由于流体内部温度分布不均匀,必然导致密度的差异,从而产生附加的自然对流,这种影响又与热流方向及换热器内管子的排列情况等有关。

4. 流体的流动型态

由层流和湍流的传热机理可知,湍流时的对流传热系数远比层流时的大。

5. 引起流体流动的原因

自然对流和强制对流的流动原因不同,因而具有不同的流动和传热规律。

自然对流的流动原因是流体内部存在温度差,因而各部分的流体密度不同,引起流体质点的相对位移。强制对流的流动原因是外力的作用,如泵、搅拌器等迫使流体流动。通常,强制对流传热系数要比自然对流传热系数大几倍至几十倍。

6. 传热面的形状、位置和大小

固体传热壁面的形状(如管、板、环隙、翅片等)、传热壁面方位和布置(水平或垂直放置,管束的排列方式等)及流道尺寸(如管径、管长、板高和进口效应)等都直接影响对流传热系数。

二、对流传热过程的量纲分析

量纲分析方法是根据对问题的分析,找出影响对流传热的众多因素,然后通过量纲分析,组合成若干量纲为 1 的数群(准数),继而通过实验确定这些量纲为 1 数群间的关系,建立不同情况下计算对流传热系数的量纲为 1 的数群关联式。针对影响对流传热过程的变量较多的情况,本节采用白金汉 π 定理来处理对流传热问题。

1. 流体无相变时的强制对流传热过程

首先,列出影响该过程的物理量。

根据理论分析及实验研究可知,影响对流传热系数 α 的因素有传热设备的特性尺寸 l、流体的密度 ρ、黏度 μ、比定压热容 c_p、导热系数 λ 及流速 u 等,它们可用一般函数关系式来表示,即

$$\alpha = f(l, \rho, \mu, c_p, \lambda, u) \tag{5-24}$$

上述变量虽然有 7 个,但这些物理量涉及的基本量纲却只有 4 个,即长度 L、质量 M、时间 T 和热力学温度 Θ,所有 7 个物理量的量纲均可由上述 4 个基本量纲导出。

其次,确定量纲为 1 数群的数目 N。

按白金汉 π 定理,量纲为 1 数群的数目 N 等于变量数 n 与基本量纲数 m 之差,则 $N = n - m = 7 - 4 = 3$。若用 π_1、π_2 和 π_3 表示这三个量纲为 1 的数群,则式(5-24)可表示为

$$\pi_1 = \phi(\pi_2, \pi_3) \tag{5-24a}$$

最后,按下述步骤确定量纲为 1 数群的形式。

(1) 列出全部物理量的量纲,如表 5-6 所示。

表 5-6 各物理量的量纲

物理量名称	对流传热系数	特性尺寸	密度	黏度	比定压热容	导热系数	流速
符号	α	l	ρ	μ	c_p	λ	u
量纲	$MT^{-3}\Theta^{-1}$	L	ML^{-3}	$ML^{-1}T^{-1}$	$L^2T^{-2}\Theta^{-1}$	$MLT^{-3}\Theta^{-1}$	LT^{-1}

(2) 选取与基本量纲数目相同的物理量(本例为 4 个)作为 N 个(本例为 3 个)量纲为 1 数群的核心物理量。选取核心物理量是白金汉 π 定理的关键,选取时应遵循下列原则:① 不能选取待求的物理量。本例中的核心物理量不能选取 α。② 不能同时选取量纲相同的物理量,如管径和管长都具有长度的量纲,不能同时将它们选为核心物理量,本例中没有这种情况。③ 选取的核心物理量中应包括该过程中所有的基本量纲,且选取的核心物理量本身又不能组成量纲为 1 数群。本例中若选取 l、ρ、μ 和 u 作为核心物理量则不恰当,因为它们的量纲中不包括基本量纲 Θ,且它们本身又能构成量纲为 1 数群 $\dfrac{lu\rho}{\mu}$(即雷诺数 Re)。依据上述原则,本例中选取 l、λ、μ 和 u 作为 3 个量纲为 1 数群的核心物理量。

　　(3) 将余下的物理量 α、ρ 和 c_p 分别与核心物理量组成量纲为 1 的数群,即

$$\pi_1 = l^a \lambda^b \mu^c u^d \alpha \tag{5-25}$$

$$\pi_2 = l^e \lambda^f \mu^g u^i \rho \tag{5-25a}$$

$$\pi_3 = l^j \lambda^k \mu^m u^n c_p \tag{5-25b}$$

　　将上述等式两端各物理量的量纲代入,合并相同的量纲,然后按等式两边量纲相等的原则,即可求得有关核心物理量的指数并最终得到相应的量纲为 1 数群的具体表达式,如对 π_1 而言,有

$$M^0 L^0 T^0 \Theta^0 = L^a \left(\frac{ML}{T^3\Theta}\right)^b \left(\frac{M}{LT}\right)^c \left(\frac{L}{T}\right)^d \left(\frac{M}{T^3\Theta}\right)$$

因上式中两边量纲相等,故可得下述关系:

　　　对质量 M　　　　　$b + c + 1 = 0$

　　　对长度 L　　　　　$a + b - c + d = 0$

　　　对时间 T　　　　　$-3b - c - d - 3 = 0$

　　　对温度 Θ　　　　　$-b - 1 = 0$

联立上述方程组,解得 $a = 1, b = -1, c = 0, d = 0$,将之代入式(5-25)得

$$\pi_1 = l\lambda^{-1}\alpha = \frac{\alpha l}{\lambda} = Nu$$

　　用同样的方法可得

$$\pi_2 = \frac{lu\rho}{\mu} = Re$$

$$\pi_3 = \frac{c_p \mu}{\lambda} = Pr$$

则式(5-24a)可表示为

$$Nu = \phi(Re, Pr) \tag{5-26}$$

式(5-26)即为流体无相变时强制对流传热的量纲为 1 数群关联式。

　　2. 自然对流传热过程

　　前已述及,自然对流是由于流体在加热过程中密度发生变化而产生的流体流动。引

起流动的是作用在单位体积流体上的浮力 $\Delta \rho g = \rho g \beta \Delta t$，其量纲为 $\mathrm{ML^{-2}T^{-2}}$。而影响对流传热系数的其他因素与强制对流是相同的，描述自然对流传热的一般函数关系式为

$$\alpha = f(l,\rho,\mu,c_p,\lambda,\rho g \beta \Delta t) \qquad (5-27)$$

式(5-27)中同样包括 7 个物理量，涉及 4 个基本量纲，故该式也可表示为如下形式的量纲为 1 数群关系，即

$$\pi_1 = \varphi(\pi_2,\pi_3) \qquad (5-27a)$$

依据与前述类似的方法可得

$$\pi_1 = \frac{\alpha l}{\lambda} = Nu$$

$$\pi_2 = \frac{c_p \mu}{\lambda} = Pr$$

$$\pi_3 = \frac{l^3 \rho^2 g \beta \Delta t}{\mu^2} = Gr$$

则自然对流传热时的量纲为 1 数群关联式为

$$Nu = \varphi(Pr,Gr) \qquad (5-28)$$

式(5-26)和式(5-28)中的各量纲为 1 数群的名称、符号和含义列于表 5-7。

表 5-7　量纲为 1 数群的名称、符号和含义

量纲为 1 数群的名称	符号	量纲为 1 数群的表达式	含义
努塞尔数 (Nusselt number)	Nu	$\dfrac{\alpha l}{\lambda}$	表示对流传热系数的量纲为 1 数群
雷诺数 (Reynolds number)	Re	$\dfrac{lu\rho}{\mu}$	表示惯性力与黏性力之比，是表征流动型态的量纲为 1 数群
普朗特数 (Prandtl number)	Pr	$\dfrac{c_p\mu}{\lambda}$	表示速度边界层和热边界层相对厚度的一个参数，反映与传热有关的流体物性
格拉晓夫数 (Grashof number)	Gr	$\dfrac{l^3\rho^2 g\beta\Delta t}{\mu^2}$	表示由温度差引起的浮力与黏性力之比

3. 使用由实验数据整理得到的关联式应注意的问题

式(5-26)和式(5-28)仅为 Nu 与 Re、Pr 或 Gr、Pr 的原则关联式，关联式的具体形式则需通过实验确定，在各种形式的关联式中以幂函数形式最为成功和常见，即

$$Nu = CRe^n Pr^m$$

这种关联式的最大优点在于它在双对数坐标图上是一条直线，由此直线的斜率和截距可以很方便地确定 C、n、m 三个参数。

在整理实验结果及使用关联式时必须注意以下问题：

（1）应用范围　关联式中 Re、Pr 等量纲为 1 数群的数值范围等；

（2）特性尺寸　Nu、Re 等量纲为 1 数群中的 l 应如何确定；

演示文稿

（3）定性温度　各量纲为 1 数群中的流体物性应按什么温度查取。

5.3.3　流体无相变时的对流传热系数

一、流体在管内作强制对流

1. 流体在光滑圆形直管内作强制湍流

（1）低黏度（黏度小于 2 倍的常温水的黏度）流体可应用迪特斯（Dittus）－贝尔特（Boelter）关联式，即

$$Nu = 0.023 Re^{0.8} Pr^n \qquad (5-29)$$

或

$$\alpha = 0.023 \frac{\lambda}{d_i} \left(\frac{d_i u \rho}{\mu} \right)^{0.8} \left(\frac{c_p \mu}{\lambda} \right)^n \qquad (5-29a)$$

式中的 n 值视热流方向而定，当流体被加热时，$n=0.4$；当流体被冷却时，$n=0.3$。

应用范围：$Re > 10^4$，$0.7 < Pr < 120$，$\dfrac{L}{d_i} > 60$（L 为管长）。若 $\dfrac{L}{d_i} \leqslant 60$，需考虑传热进口段对 α 的影响，此时可将由式（5-29a）求得的 α 值乘以 $\left[1 + \left(\dfrac{d_i}{L} \right)^{0.7} \right]$ 进行校正。

特性尺寸：管内径 d_i。

定性温度：流体进、出口温度的算术平均值。

（2）高黏度流体可应用西德尔（Sieder）－泰特（Tate）关联式，即

$$Nu = 0.027 Re^{0.8} Pr^{1/3} \varphi_\mu \qquad (5-30)$$

或

$$\alpha = 0.027 \frac{\lambda}{d_i} \left(\frac{d_i u \rho}{\mu} \right)^{0.8} \left(\frac{c_p \mu}{\lambda} \right)^{1/3} \left(\frac{\mu}{\mu_w} \right)^{0.14} \qquad (5-30a)$$

式中，$\varphi_\mu = \left(\dfrac{\mu}{\mu_w} \right)^{0.14}$，$\mu_w$ 为壁面温度下流体的黏度。

应用范围：$Re > 10^4$，$0.7 < Pr < 1700$，$\dfrac{L}{d_i} > 60$（L 为管长）。

特性尺寸：管内径 d_i。

定性温度：除 μ_w 取壁温外，其余均取流体进、出口温度的算术平均值。

应予说明，式（5-29）中取不同的 n 值及式（5-30）中引入 φ_μ 都是为了校正热流方向对 α 的影响。

液体被加热时，层流内层的温度比液体的平均温度高，由于液体的黏度随温度升高而下降，故层流内层中液体黏度降低，相应地，层流内层厚度减薄，α 增大；液体被冷却时，情况恰好相反。但由于 Pr 值是根据流体进、出口平均温度计算得到的，只要流体进、出口温度相同，则 Pr 值也相同。因此为了考虑热流方向对 α 的影响，便将 Pr 值的指数项取不同的数值。对于大多数液体，$Pr > 1$，则 $Pr^{0.4} > Pr^{0.3}$，故液体被加热时取 $n=0.4$，得到的 α 就大；液体被冷却时取 $n=0.3$，得到的 α 就小。

气体黏度随温度变化趋势恰好与液体相反，温度升高时，气体黏度增大。因此，当气

体被加热时,层流内层中气体的温度升高,黏度增大,致使层流内层厚度增大,α 减小;气体被冷却时,情况相反。但因大多数气体的 $Pr < 1$,则 $Pr^{0.4} < Pr^{0.3}$,所以气体被加热时,n 仍取 0.4;而气体被冷却时,n 仍取 0.3。

对式(5-30)中的校正项 φ_μ,可以作完全类似的分析,但一般而言,由于壁温是未知的,计算时往往要用试差法,很不方便。为此 φ_μ 可取近似值:液体被加热时,取 $\varphi_\mu \approx 1.05$,液体被冷却时,取 $\varphi_\mu \approx 0.95$;对气体,则不论加热或冷却,均取 $\varphi_\mu \approx 1.0$。

◆ **例5-5** 常压空气在内径为 20 mm 的管内由 20 ℃加热到 100 ℃,空气的平均流速为 30 m/s,试求空气对管壁的对流传热系数。

解:定性温度 $= [(100+20)/2]\ ℃ = 60\ ℃$

由附录五查得 60 ℃时空气的物性为 $\rho = 1.06\ \text{kg/m}^3,\lambda = 0.02896\ \text{W/(m·℃)}$,$\mu = 2.01 \times 10^{-5}\ \text{Pa·s},Pr = 0.696$。则

$$Re = \frac{d_i u_b \rho}{\mu} = \frac{0.02 \times 30 \times 1.06}{2.01 \times 10^{-5}} = 31642\ (\text{湍流})$$

Re 值和 Pr 值均在式(5-29a)的应用范围内,但由于管长 L 未知,故无法查核 $\dfrac{L}{d_i}$,在此情况下,采用式(5-29a)计算的 α 是近似值。

气体被加热,取 $n = 0.4$,于是得

$$\alpha = 0.023 \frac{\lambda}{d_i} Re^{0.8} Pr^{0.4} = \left(0.023 \times \frac{0.02896}{0.02} \times 31642^{0.8} \times 0.696^{0.4} \right)\ \text{W/(m}^2\text{·℃)}$$

$$= 114.7\ \text{W/(m}^2\text{·℃)}$$

2. 流体在光滑圆形直管内作强制层流

流体在管内作强制层流时,一般流速较低,故应考虑自然对流的影响,此时由于在热流方向上同时存在自然对流和强制对流而使问题变得复杂化。也正因如此,强制层流时的对流传热系数关联式的误差要比湍流时的大。

当管径较小时,流体与壁面间的温度差较小,流体的膨胀系数也较小,且流体的 μ/ρ 值较大时,可忽略自然对流对强制层流传热的影响,此时可应用西德尔-泰特关联式,即

$$Nu = 1.86 \left(Re \cdot Pr \cdot \frac{d_i}{L} \right)^{1/3} \left(\frac{\mu}{\mu_w} \right)^{0.14} \tag{5-31}$$

或

$$\alpha = 1.86 \frac{\lambda}{d_i} \left(Re \cdot Pr \cdot \frac{d_i}{L} \right)^{1/3} \left(\frac{\mu}{\mu_w} \right)^{0.14} \tag{5-31a}$$

应用范围:$Re < 2300,0.7 < Pr < 6700,Re \cdot Pr \cdot d_i/L > 100$($L$ 为管长)。

特性尺寸:管内径 d_i。

定性温度:除 μ_w 取壁温外,其余均取流体进、出口温度的算术平均值。

必须指出,由于强制层流时对流传热系数很小,故在换热器设计中,除非必要,应尽量避免在强制层流条件下进行换热。

◆ **例 5-6**　列管式换热器的列管内径为 15 mm,长度为 2.0 m。管内有冷冻盐水 (25%CaCl$_2$ 水溶液)流过,其流速为 0.3 m/s,温度自 -5 ℃ 升至 15 ℃。假定管壁的平均温度为 20 ℃,试计算流体与管壁间的对流传热系数。

解:　定性温度 $=[(-5+15)/2]$ ℃ $=5$ ℃

查得 5 ℃ 时 25%CaCl$_2$ 水溶液的物性为 $\rho=1230$ kg/m^3, $c_p=2.85$ kJ/(kg·℃), $\lambda=0.57$ W/(m·℃), $\mu=4\times10^{-3}$ Pa·s。20 ℃ 时, $\mu_w=2.5\times10^{-3}$ Pa·s,则

$$Re=\frac{d_i u_b \rho}{\mu}=\frac{0.015\times0.3\times1230}{4\times10^{-3}}=1384<2300(层流)$$

而

$$Pr=\frac{c_p \mu}{\lambda}=\frac{2.85\times10^3\times4\times10^{-3}}{0.57}=20\in(0.7,6700)$$

$$Re\cdot Pr\cdot\frac{d_i}{L}=1384\times20\times\frac{0.015}{2}=207.6>100$$

在本题条件下,管径较小,管壁和流体间的温度差也较小,黏度较大,因此自然对流的影响可以忽略,故 α 可用式(5-31a)计算,即

$$\alpha=1.86\frac{\lambda}{d_i}\left(Re\cdot Pr\cdot\frac{d_i}{L}\right)^{1/3}\left(\frac{\mu}{\mu_w}\right)^{0.14}$$

$$=\left[1.86\times\frac{0.57}{0.015}\times207.6^{1/3}\times\left(\frac{4\times10^{-3}}{2.5\times10^{-3}}\right)^{0.14}\right]\text{W/(m}^2\cdot\text{℃)}$$

$$=447.0\ \text{W/(m}^2\cdot\text{℃)}$$

3. 流体在光滑圆形直管内呈过渡流

当 $Re=2300\sim10000$ 时,对流传热系数可先用湍流时的公式计算,然后把算得的结果乘以校正系数 ϕ,即得到过渡流下的对流传热系数。

$$\phi=1-6\times10^5 Re^{-1.8} \tag{5-32}$$

4. 流体在弯管内作强制对流

流体在弯管内流动时,由于受离心力的作用,增大了流体的湍动程度,使对流传热系数较直管内的大,此时可用下式计算对流传热系数,即

$$\alpha'=\alpha\left(1+1.77\frac{d_i}{R}\right) \tag{5-33}$$

式中　　α'、α——分别为弯管和直管中的对流传热系数,W/(m^2·℃);

　　　　d_i——管内径,m;

　　　　R——管子的弯曲半径,m。

5. 流体在非圆形管内作强制对流

流体在非圆形管内作强制对流时,原则上,只要将管内径改为当量直径 d_e,则仍可采用上述各关联式。但有些资料中规定某些关联式采用传热当量直径。例如,在套管式换热器环形截面内传热当量直径的定义为

$$d'_e = \frac{4 \times \frac{\pi}{4}(d_1^2 - d_2^2)}{\pi d_2} = \frac{d_1^2 - d_2^2}{d_2}.$$

式中　　d_1、d_2——分别为套管式换热器的外管内径和内管外径,m。

传热计算中,究竟采用哪种当量直径,应由具体的关联式决定。

◆ **例 5-7**　套管式换热器外管内径 60 mm,内管规格 ϕ38 mm×4.0 mm,用水将 2500 kg/h 的某液体有机化合物从 80 ℃ 冷却至 40 ℃,水走管内,液体有机化合物走环隙, 二者逆流流动。操作温度下,液体有机化合物密度为 860 kg/m³,黏度为 1.7×10^{-3} Pa·s, 比定压热容为 1700 J/(kg·℃),导热系数为 0.15 W/(m·℃),热损失忽略不计。试 求液体有机化合物对内管外壁的对流传热系数。

解: 套管环隙当量直径 $d_e = d_1 - d_2 = (0.060 - 0.038)$ m $= 0.022$ m

套管环隙流速 $u_b = \dfrac{w_s/\rho}{\pi(d_1^2 - d_2^2)/4} = \left[\dfrac{2500/(3600 \times 860)}{0.785 \times (0.060^2 - 0.038^2)}\right]$ m/s $= 0.477$ m/s

$$Re = \frac{d_e u_b \rho}{\mu} = \frac{0.022 \times 0.477 \times 860}{1.7 \times 10^{-3}} = 5309$$

$$Pr = \frac{c_p \mu}{\lambda} = \frac{1700 \times 1.7 \times 10^{-3}}{0.15} = 19.3$$

液体有机化合物被冷却,取 $n = 0.3$,根据流体在光滑圆形直管中对流传热的计算 方法,$Re = 2300 \sim 10000$ 时,按过渡流公式计算:

$$\alpha = 0.023 \frac{\lambda}{d_e} Re^{0.8} Pr^{0.3} = \left(0.023 \times \frac{0.15}{0.022} \times 5309^{0.8} \times 19.3^{0.3}\right) \text{ W/(m}^2 \cdot \text{℃)}$$

$$= 364 \text{ W/(m}^2 \cdot \text{℃)}$$

$$\phi = 1 - 6 \times 10^5 Re^{-1.8} = 1 - 6 \times 10^5 \times 5309^{-1.8} = 0.882$$

故得液体有机化合物侧对流传热系数为

$$\alpha' = \phi\alpha = (0.882 \times 364) \text{ W/(m}^2 \cdot \text{℃)} = 321 \text{ W/(m}^2 \cdot \text{℃)}$$

二、流体在换热器的管间作强制对流

当流体横向流过管束时,由于管与管之间的影响,传热情况比较复杂。管束的几何 条件,如管径、管间距、排数及排列方式等均影响对流传热系数。管子的排列方式主要分 为正方形和正三角形的直列和错列。流体在直列和错列管束外流过时,有不同的平均对 流传热系数关联式。

当流体在换热器的管间流动时,对于常用的列管式换热器,由于壳体是圆筒,管束中各列 的管子数目并不相同,而且大都装有折流挡板,使得流体的流向和流速不断地变化,因而在 $Re > 100$ 时即可达到湍流。此时对流传热系数的计算,要视具体结构选用相应的计算公式。

列管式换热器折流挡板的形式较多,如图 5-10 所示,其中以圆缺形(弓形)挡板最为 常见。

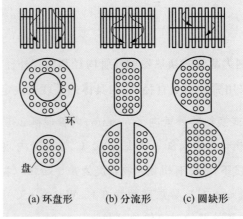

图 5-10　列管式换热器折流挡板

当换热器内装有圆缺形挡板(缺口面积约为 25% 的壳体内截面积)时,壳方流体的对流传热系数可用凯恩(Kern)法求算,即

$$Nu = 0.36\, Re^{0.55} Pr^{1/3} \varphi_\mu \tag{5-34}$$

或

$$\alpha = 0.36\, \frac{\lambda}{d'_e} \left(\frac{d'_e u\rho}{\mu}\right)^{0.55} \left(\frac{c_p \mu}{\lambda}\right)^{1/3} \left(\frac{\mu}{\mu_w}\right)^{0.14} \tag{5-34a}$$

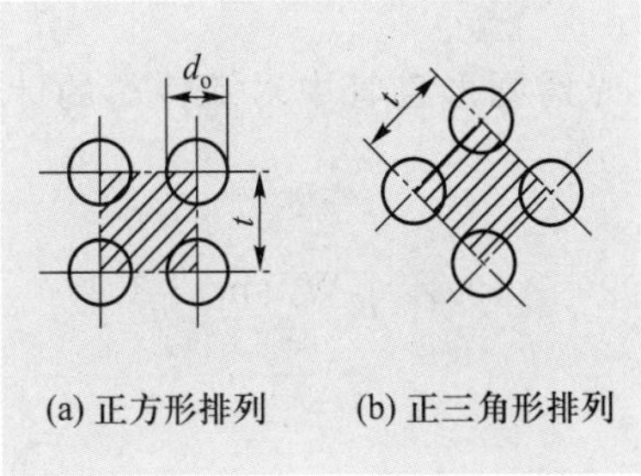

应用范围:$Re = 2\times10^3 \sim 1\times10^6$。

特性尺寸:传热当量直径 d'_e。

定性温度:除 μ_w 取壁温外,其余均取流体进、出口温度的算术平均值。

传热当量直径 d'_e 可根据图 5-11 所示的管子排列情况分别用不同的公式进行计算。

图 5-11　管子的排列情况

若管子为正方形排列,则

$$d'_e = \frac{4\left(t^2 - \dfrac{\pi}{4}\, d_o^2\right)}{\pi d_o} \tag{5-35}$$

若管子为正三角形排列,则

$$d'_e = \frac{4\left(\dfrac{\sqrt{3}}{2} t^2 - \dfrac{\pi}{4}\, d_o^2\right)}{\pi d_o} \tag{5-36}$$

式中　　t——相邻两管的中心距,m;

　　　　d_o——管外径,m。

式(5-34a)中的流速 u 可根据流体流过管间最大截面积 A 计算,即

$$A = zD\left(1 - \frac{d_o}{t}\right) \tag{5-37}$$

式中　　z——两挡板间的距离,m;

　　　　D——换热器的外壳内径,m。

式(5-34)中的 φ_μ 的取值与式(5-30)相同,即液体被加热时,取 $\varphi_\mu \approx 1.05$,液体被冷却时,取 $\varphi_\mu \approx 0.95$;对气体,则不论加热或冷却,均取 $\varphi_\mu \approx 1.0$。这些假设值与实际情况相当接近,一般可不再校核。

此外,若换热器的管间无挡板,则管外流体将沿管束平行流动,此时可采用管内强制对流的公式计算,但需将式中的管内径改为管间的当量直径。

三、自然对流

实验表明,自然对流时的传热系数仅与反映流体自然对流状况的 Gr 及 Pr 有关,其量纲为1数群的关联式为

$$Nu = c(Gr \cdot Pr)^n \tag{5-38}$$

大空间中的自然对流,如管道或传热设备表面与周围大气之间的对流传热就属于这种情况,通过实验测得的 c 值和 n 值列于表 5-8 中。

表 5-8　式(5-38)中的 c 值和 n 值

加热表面形状	特征尺寸	$(Gr \cdot Pr)$ 范围	c	n
水平圆管	外径 d_o	$10^4 \sim 10^9$	0.53	1/4
		$10^9 \sim 10^{12}$	0.13	1/3
垂直管或板	高度 L	$10^4 \sim 10^9$	0.59	1/4
		$10^9 \sim 10^{12}$	0.10	1/3

式(5-38)中的定性温度取壁面温度和流体平均温度的算术平均值。

◆ **例 5-8**　直径为 0.3 m 的水平圆管,表面温度维持 30 ℃。水平圆管置于室内,环境空气温度为 -10 ℃,试计算每米管长的自然对流热损失。

解: 定性温度 $t_f = (t_w + t_\infty)/2 = \{[30 + (-10)]/2\}$ ℃ $= 10$ ℃

由附录五查得 10 ℃ 时空气的物性为 $\rho = 1.247$ kg/m^3,$\lambda = 0.02512$ W/(m·℃),$\mu = 1.77 \times 10^{-5}$ Pa·s,$Pr = 0.705$。

$$\beta = 1/T_f = [1/(10 + 273)] \text{ K}^{-1} = 3.534 \times 10^{-3} \text{ K}^{-1}$$

则

$$Gr \cdot Pr = \frac{g\beta(t_w - t_\infty)d^3\rho^2}{\mu^2} Pr$$

$$= \frac{9.81 \times 3.534 \times 10^{-3} \times [30 - (-10)] \times 0.3^3 \times 1.247^2}{(1.77 \times 10^{-5})^2} \times 0.705 = 1.31 \times 10^8$$

查表 5-8 得 $c = 0.53$,$n = 1/4$,于是

$$Nu = 0.53(Gr \cdot Pr)^{1/4} = 0.53 \times (1.31 \times 10^8)^{1/4} = 56.70$$

$$\alpha = Nu \frac{\lambda}{d_o} = \left(56.70 \times \frac{0.02512}{0.3}\right) \text{ W/m}^2 \cdot \text{℃} = 4.748 \text{ W/(m}^2 \cdot \text{℃)}$$

每米管长的自然对流热损失为

$$\frac{Q}{L} = \alpha\pi d(t_w - t_\infty) = \{4.748 \times \pi \times 0.3 \times [30 - (-10)]\} \text{ W/m} = 179.0 \text{ W/m}$$

演示文稿

5.3.4　流体有相变时的对流传热系数

流体有相变的对流传热问题以蒸气冷凝传热和液体沸腾传热最为常见。由于在气、液相界面处，流体产生剧烈的扰动，故流体有相变时的两相对流传热系数比没有相变时的单相对流传热系数要高得多，进而获得更高的传热速率，故在工程中常被采用。

一、蒸气冷凝传热

1. 蒸气冷凝方式

当蒸气处于比其饱和温度低的环境中时，将发生冷凝现象。蒸气冷凝主要有膜状冷凝和滴状（或珠状）冷凝两种方式（如图 5-12 所示）：若凝液润湿表面，则会形成一层平滑的液膜，此种冷凝称为膜状冷凝；若凝液不润湿表面，则会在表面上杂乱无章地形成小液珠并沿壁面落下，此种冷凝称为滴状冷凝。

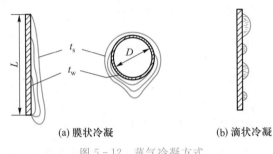

(a) 膜状冷凝　　　　　　　　　　(b) 滴状冷凝

图 5-12　蒸气冷凝方式

在膜状冷凝过程中，固体壁面被液膜所覆盖，此时蒸气的冷凝只能在液膜的表面进行，即蒸气冷凝放出的潜热必须通过液膜后才能传给冷壁面。由于蒸气冷凝时有相的变化，一般热阻很小，因此这层冷凝液膜往往成为膜状冷凝的主要热阻。冷凝液膜在重力作用下沿壁面向下流动时，其厚度不断增加，故壁面越长或水平放置的管径越大，则整个壁面的平均对流传热系数也就越小。

在滴状冷凝过程中，壁面的大部分面积直接暴露在蒸气中，在这些部位没有液膜阻碍着热流，故滴状冷凝的传热系数可比膜状冷凝高十倍左右。

尽管如此，要保持滴状冷凝却是非常困难的，这是因为即使开始阶段为滴状冷凝，但经过一段时间后，大部分都会变为膜状冷凝，故进行冷凝计算时，通常将冷凝方式视为膜状冷凝。

2. 膜状冷凝时的对流传热系数

（1）垂直管（板）外层流膜状冷凝时的对流传热系数　垂直管（板）外膜状冷凝时对流传热系数关系式的推导可采用努塞尔（Nusselt）首先提出的方法进行。在公式推导中作了以下假设：① 冷凝液膜呈层流流动，传热方式为通过液膜的热传导，蒸气温度和壁面温度保持不变，冷凝液膜内的温度分布为一直线；② 蒸气静止不动，对液膜无摩擦阻力；③ 蒸气冷凝成液体时所释放的热量仅为冷凝潜热；④ 冷凝液的物性可按平均液膜温度取值，且为常数。

图 5-13 表示冷凝液膜沿垂直壁面向下作层流流动的情况。在冷凝液膜内取一微元,其在 x、y、z 轴方向上的长度分别为 $\mathrm{d}x$、$\delta_x - y$ 和 l,根据假定,在稳态情况下,微元所受的重力和阻力达到平衡,即

$$\mathrm{d}x(\delta_x - y)l\rho g = \mu\,\mathrm{d}x\,l\,\frac{\mathrm{d}u_x}{\mathrm{d}y}$$

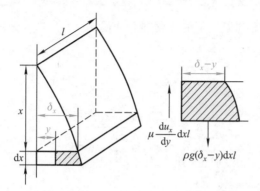

图 5-13　冷凝液膜沿垂直壁面向下作层流流动

或

$$\mathrm{d}u_x = \frac{\rho g}{\mu}(\delta_x - y)\,\mathrm{d}y$$

积分得

$$u_x = \frac{\rho g}{\mu}\left(\delta_x y - \frac{1}{2}y^2\right) + c$$

式中 u_x 为距壁面 y、距顶端 x 处向下流动的液体速度。由于壁面处液体速度等于零,即在 $y=0$ 处,$u_x=0$,故常数项 $c=0$。于是

$$u_x = \frac{\rho g}{\mu}\left(\delta_x y - \frac{1}{2}y^2\right)$$

在任一 x 位置处,通过垂直于纸面(z 方向)单位宽度向下流动的冷凝液质量流量 w_x 为

$$w_x = \int_0^{\delta_x} \rho u_x(1)\,\mathrm{d}y$$

将 u_x 的表达式代入上式并积分,得

$$w_x = \int_0^{\delta_x} \rho\,\frac{\rho g}{\mu}\,\delta_x^2\left[\left(\frac{y}{\delta_x}\right) - \frac{1}{2}\left(\frac{y}{\delta_x}\right)^2\right]\mathrm{d}y = \frac{\rho^2 g \delta_x^3}{3\mu}$$

假设由于蒸气在垂直壁面上冷凝的结果,从距顶端 x 到 $x+\mathrm{d}x$ 处,液膜厚度由 δ_x 增至 $\delta_x + \mathrm{d}\delta_x$,则冷凝液质量流量的增量 $\mathrm{d}w_x$ 为

$$\mathrm{d}w_x = \frac{\mathrm{d}}{\mathrm{d}x}\left(\frac{\rho^2 g \delta_x^3}{3\mu}\right)\mathrm{d}x = \frac{\rho^2 g}{\mu}\,\delta_x^2\,\mathrm{d}\delta_x$$

通过上述距离及单位宽度壁面的传热速率为

$$\mathrm{d}Q_x = \lambda\,\mathrm{d}x\,(1)\frac{\partial t}{\partial y}\Big|_{y=0}$$

或

$$\mathrm{d}Q_x = \lambda\,\mathrm{d}x\,\frac{t_s - t_w}{\delta_x}$$

稳态传热时，蒸气冷凝放出的热量必等于壁面处的传热速率，即

$$\lambda\,\mathrm{d}x\,\frac{t_s - t_w}{\delta_x} = \frac{\rho^2 g}{\mu}\,\delta_x^2\,\mathrm{d}\delta_x\,r$$

式中　　r——蒸气在饱和温度下的汽化热，$\mathrm{J/kg}$。

对该式积分，得

$$\int_0^{\delta_x} \delta_x^3\,\mathrm{d}\delta_x = \frac{\lambda\mu}{\rho^2 gr}(t_s - t_w)\int_0^x \mathrm{d}x$$

$$\delta_x = \left[\frac{4\mu\lambda x(t_s - t_w)}{\rho^2 gr}\right]^{1/4}$$

上式表明液膜厚度 δ_x 随 $x^{1/4}$ 成正比地增加。

根据对流传热系数的定义可得

$$\mathrm{d}Q_x = \alpha_x\,\mathrm{d}x\,(1)(t_s - t_w) = \lambda\,\mathrm{d}x\,(1)\frac{\partial t}{\partial y}\Big|_{y=0} = \lambda\,\mathrm{d}x\,\frac{t_s - t_w}{\delta_x}$$

即

$$\alpha_x = \frac{\lambda}{\delta_x}$$

将 δ_x 的表达式代入上式，得

$$\alpha_x = \left[\frac{r\rho^2 g\lambda^3}{4\mu x(t_s - t_w)}\right]^{1/4}$$

沿整个垂直壁面的平均冷凝对流传热系数为

$$\alpha = \frac{1}{L}\int_0^L \alpha_x\,\mathrm{d}x = 0.943\left[\frac{r\rho^2 g\lambda^3}{\mu L(t_s - t_w)}\right]^{1/4} = 0.943\left(\frac{r\rho^2 g\lambda^3}{\mu L\Delta t}\right)^{1/4} \tag{5-39}$$

式中　　L——特性尺寸，取垂直管或板的高度，m；

　　　　λ——冷凝液的导热系数，$\mathrm{W/(m \cdot ℃)}$；

　　　　ρ——冷凝液的密度，$\mathrm{kg/m^3}$；

　　　　μ——冷凝液的黏度，$\mathrm{Pa \cdot s}$；

　　　　Δt——蒸气的饱和温度 t_s 与壁面温度 t_w 之差，$℃$。

定性温度除蒸气冷凝潜热取饱和温度 t_s 外，其余均取液膜平均温度 $t_m = (t_s + t_w)/2$。

实际上，在 Re 低至 30 或 40 时，液膜即出现了波动，而使实际的对流传热系数值较理论计算值为高，由于此种现象非常普遍，麦克亚当斯（Mc Adams）建议在工程设计时，应将计算结果提高 20%，即

$$\alpha = 1.13\left[\frac{r\rho^2 g\lambda^3}{\mu L(t_s - t_w)}\right]^{1/4} \tag{5-40}$$

（2）垂直管（板）外湍流膜状冷凝时的对流传热系数　　式（5-40）适用于膜内液体为

层流,温度分布为直线的垂直平板或垂直管内、外冷凝时对流传热系数的计算。从层流到湍流的临界 Re 值一般可取为 1800,Re_f 的计算式为

$$Re_f = \frac{d_e u_b \rho}{\mu} \tag{5-41}$$

式中 d_e——当量直径,m;

u_b——凝液的平均流速,m/s。

若以 A 表示凝液的流通面积,P 表示润湿周边长度,w_m 表示凝液的质量流量,则有

$$Re_f = \frac{4 \dfrac{A}{P} \cdot \dfrac{w_m}{\rho A} \cdot \rho}{\mu} = \frac{4 w_m}{P \mu} \tag{5-42}$$

令 Γ 表示单位长度润湿周边上的凝液质量流量,即

$$\Gamma = \frac{w_m}{P} \tag{5-43}$$

则

$$Re_f = \frac{4\Gamma}{\mu} \tag{5-44}$$

当液膜呈现湍流流动时可应用柯克柏瑞德(Kirkbride)的经验公式计算,即

$$\alpha = 0.0076 \lambda \left(\frac{\rho^2 g}{\mu^2} \right)^{1/3} Re_f^{0.4} \tag{5-45}$$

式中的定性温度仍取液膜的平均温度。

(3)水平管外膜状冷凝时的对流传热系数 对于蒸气在单根水平管外的层流膜状冷凝,努塞尔曾经获得下述关联式,即

$$\alpha = 0.725 \left[\frac{r \rho^2 g \lambda^3}{\mu d_o (t_s - t_w)} \right]^{1/4} \tag{5-46}$$

式中,定性尺寸为管外径 d_o。

由式(5-40)和式(5-46)可以看出,在其他条件相同时,同一圆管水平与垂直放置时,其层流膜状冷凝时的对流传热系数之比为

$$\frac{\alpha_{水平}}{\alpha_{垂直}} = 0.64 \left(\frac{L}{d_o} \right)^{1/4}$$

对于 $L = 1.5$ m,$d_o = 19$ mm 的圆管,水平放置时其层流膜状冷凝的对流传热系数约为垂直放置时的 2 倍。正因如此,工业上的冷凝器总是尽可能地水平放置。

若水平管束在垂直列上的管数为 n,则冷凝传热系数仍可按式(5-46)计算,但式中的 d_o 需以 $n d_o$ 代替,即

$$\alpha = 0.725 \left[\frac{r \rho^2 g \lambda^3}{\mu n d_o (t_s - t_w)} \right]^{1/4} \tag{5-46a}$$

式(5-46a)表明各排管的平均对流传热系数较单管为小,这是因为冷凝液从上排管落到下排管上,使冷凝液膜逐渐加厚,故管的排数越多,平均对流传热系数越小。

在管壳式冷凝器中,若管束由互相平行的 z 列管子所组成,一般各列管子在垂直方

向上的排数不相等,设分别为 $n_1, n_2, \cdots, n_z$,则平均的管排数可按下式计算,即

$$n_m = \left(\frac{n_1 + n_2 + \cdots + n_z}{n_1^{0.75} + n_2^{0.75} + \cdots + n_z^{0.75}} \right)^4 \tag{5-47}$$

应予指出,若蒸气中含有空气或其他不凝性气体,则壁面可能为气体(导热系数很小)层所遮盖而增加一层附加热阻,使对流传热系数急剧下降。故在冷凝器的设计和操作中,必须考虑及时排除不凝气。

◆ **例 5-9** 常压甲醇蒸气在一卧式冷凝器中于饱和温度下全部冷凝成液体。冷凝器从上到下平均有 6 排 $\phi 19 \text{ mm} \times 2.0 \text{ mm}$ 的钢管,管内通冷却水,甲醇蒸气在管外冷凝。蒸气饱和温度为 65 ℃,汽化热为 1120 kJ/kg,管壁的平均温度为 45 ℃。试求 (1)第一排水平管上的蒸气冷凝传热系数;(2) 水平管束的平均对流传热系数。

解: 定性温度 $= (t_s + t_w)/2 = [(65+45)/2]$ ℃ $= 55$ ℃

在此温度下液体甲醇的物性为 $\rho = 760 \text{ kg/m}^3$,$\mu = 0.376 \times 10^{-3}$ Pa·s,$\lambda = 0.2 \text{ W/(m·℃)}$。

甲醇饱和蒸气的密度为

$$\rho_v = \frac{pM}{RT} = \left[\frac{101.3 \times 32}{8.314 \times (273+65)} \right] \text{kg/m}^3 = 1.15 \text{ kg/m}^3$$

(1) 第一排水平管的蒸气冷凝传热系数

由式(5-46)可知,

$$\alpha_m = 0.725 \left[\frac{r\rho^2 g\lambda^3}{\mu d_o (t_s - t_w)} \right]^{1/4}$$

$$= \left\{ 0.725 \times \left[\frac{1120 \times 10^3 \times 760^2 \times 9.81 \times 0.2^3}{0.376 \times 10^{-3} \times 0.019 \times (65-45)} \right]^{1/4} \right\} \text{W/(m}^2 \cdot \text{℃)}$$

$$= 3148 \text{ W/(m}^2 \cdot \text{℃)}$$

(2) 水平管束的平均对流传热系数

$n = 6$,其他条件不变,则

$$\alpha_m = \left[3148 \times \left(\frac{1}{6} \right)^{1/4} \right] \text{W/(m}^2 \cdot \text{℃)} = 2011 \text{ W/(m}^2 \cdot \text{℃)}$$

二、液体沸腾传热

所谓液体沸腾是指在液体的对流传热过程中,伴有由液相变为气相的过程,即在液相与加热壁面交界处产生气泡或气膜的过程。

工业上的液体沸腾主要有两种:其一是将加热表面浸入液体的自由表面之下,液体在壁面受热沸腾,此时,液体的运动仅缘于自然对流和气泡的扰动,称为池内沸腾或池式沸腾;其二是液体在管内流动过程中于管内壁发生的沸腾,称为强制对流沸腾或流动沸腾,亦称为管内沸腾,此时液体的流速对传热速率有强烈的影响,而且在加热表面上产生的气泡不能自由上升并被迫与液体一起流动,从而出现复杂的气、液两相流动状态,其传

热机理要较池内沸腾复杂得多。

无论是池内沸腾,还是强制对流沸腾又均可分为过冷沸腾和饱和沸腾。若液体温度低于其饱和温度,而加热壁面的温度又高于其饱和温度,则尽管在加热壁面上也会产生气泡,但产生的气泡或者在尚未离开壁面时,或者在脱离壁面后又于液体中迅速冷凝,此种沸腾称为过冷沸腾;反之,若沸腾时液体温度维持其饱和温度,则此类沸腾称为饱和沸腾或整体沸腾。

本节主要讨论池内饱和沸腾,至于强制对流沸腾,请参阅有关专著。

1. 液体沸腾曲线

池内沸腾时,热通量的大小取决于加热壁面温度与液体饱和温度之差 $\Delta t = t_w - t_s$,图 5-14 示出了常压下水在池内沸腾时的热通量 $Q/S(q)$、对流传热系数 α 与 Δt 之间的关系曲线。

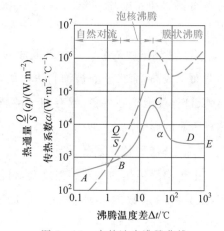

图 5-14　水的池内沸腾曲线

AB 段为自然对流区。此时加热壁面的温度与周围液体的温度差较小($\leqslant 5$ ℃),加热壁面上的液体轻微过热,使液体内产生自然对流,但没有气泡从液体中逸出液面,而仅在液体表面发生汽化蒸发,故 Q/S 和 α 均较低。

BC 段为泡核沸腾或泡状沸腾区。随着 Δt 的逐渐升高($\Delta t = 5 \sim 25$ ℃),气泡在加热壁面的某些区域生成,其生成频率随 Δt 上升而增加,且不断离开壁面上升至液体表面而逸出,致使液体受到剧烈的扰动,因此 Q/S 和 α 均急剧增大。

CD 段为过渡区。随着 Δt 的进一步升高($\Delta t > 25$ ℃),气泡产生的速度进一步加快,而使部分加热面被气膜覆盖,气膜的附加热阻使 Q/S 和 α 均急剧减小,但此时仍有部分加热面维持泡核沸腾状态,故此区域称为不稳定膜状沸腾或部分泡核沸腾。

DE 段为膜状沸腾区。当达到 *D* 点时,在加热面上形成的气泡连成一片,加热面全部被气膜所覆盖,并开始形成稳定的气膜。此后,随 Δt 的进一步增加,α 基本不变,但由于辐射传热的影响,Q/S 又上升。

习惯上也将 *CDE* 段总称为膜状沸腾区,由泡核沸腾向不稳定膜状沸腾过渡的转折点 *C* 称为临界点。临界点处的温度差、沸腾传热系数和热通量分别称为临界温度差 Δt_c、临界沸腾传热系数 α_c 和临界热通量 $(Q/S)_c$,由于泡核沸腾时可获得较高的对流传热系数和热通量,故工程上总是设法控制在泡核沸腾区操作。应予指出,对于由恒热通量电源供热的沸腾装置,必须严格控制热通量在临界热通量以下,达到或超过临界热通量,将使加热面温度急剧升高,有时甚至将设备烧毁,因此确定不同液体在临界点处的参数值具有实际意义。

其他液体的沸腾曲线与水类似,但临界点的数值不同。

2. 液体沸腾传热的影响因素

（1）液体性质的影响　通常，凡是有利于气泡生成和脱离的因素均有助于强化沸腾传热。一般而言，α 随 λ、ρ 的增加而加大，而随 μ 和 σ 的增加而减小。

（2）温度差 Δt 的影响　温度差 Δt 是控制沸腾传热过程的重要参数。一定条件下，多种液体进行泡核沸腾传热时的对流传热系数与 Δt 的关系可用下式表达，即

$$\alpha = k(\Delta t)^n$$

式中，k 和 n 的值随液体种类和沸腾条件而异，由实验数据关联得到。

（3）操作压力的影响　提高沸腾操作的压力相当于提高液体的饱和温度，使液体的表面张力和黏度均下降，有利于气泡的生成和脱离，故在相同的 Δt 下，Q/S 和 α 都更高。

（4）加热壁面的影响　加热壁面的材质和粗糙度对沸腾传热有重要影响。清洁的加热壁面 α 较高，而当壁面被油脂沾污后，因油脂的热传导性能较差，会使 α 急剧下降；壁面越粗糙，气泡核心越多，越有利于沸腾传热。此外，加热壁面的布置情况，也对沸腾传热有明显的影响。

3. 液体沸腾传热系数的计算

由于沸腾传热的机理相当复杂，目前还没有适当的分析解可以描述整个沸腾传热过程，故其传热系数的计算仍主要借助于经验公式，以下是工业计算中常用的罗森奥（Rohsenow）公式，即

$$\frac{c_L}{r}\frac{\Delta t}{Pr^n} = C_{sf}\left[\frac{Q/S}{\mu_L r}\sqrt{\frac{\sigma}{g(\rho_L - \rho_v)}}\right]^{1/3} \tag{5-48}$$

式中　　Q——沸腾传热速率，W；

$\quad\quad S$——沸腾传热面积，m^2；

$\quad\quad c_L$——饱和液体的比定压热容，J/(kg·℃)；

$\quad\quad \Delta t$——壁面温度与液体饱和温度之差，℃；

$\quad\quad r$——汽化热，J/kg；

$\quad\quad Pr$——饱和液体的普朗特数；

$\quad\quad \mu_L$——饱和液体的黏度，Pa·s；

$\quad\quad \sigma$——气-液界面的表面张力，N/m；

$\quad\quad g$——重力加速度，9.81 m/s^2；

ρ_L、ρ_v——饱和液体、饱和蒸气的密度，kg/m^3；

$\quad\quad n$——常数，对于水，$n=1.0$，对于其他液体，$n=1.7$；

$\quad\quad C_{sf}$——由实验数据确定的组合常数，其值可由表5-9查取。

表 5 – 9　不同液体 – 加热壁面的组合常数 C_{sf}

液体 – 加热壁面	C_{sf}	液体 – 加热壁面	C_{sf}
水 – 铜	0.013	水 – 研磨和抛光的不锈钢	0.0080
水 – 黄铜	0.006	水 – 化学处理的不锈钢	0.0133
水 – 金刚砂抛光的铜	0.0128	水 – 机械磨制的不锈钢	0.0132
$35\%K_2CO_3$ – 铜	0.0054	苯 – 铬	0.010
$50\%K_2CO_3$ – 铜	0.0030	正戊烷 – 铬	0.015
异丙醇 – 铜	0.00225	乙醇 – 铬	0.027
正丁醇 – 铜	0.00305	水 – 镍	0.006
四氯化碳 – 铜	0.013	水 – 铂	0.013

由式(5 – 48)求得 Q/S 后,即可由式(5 – 8)求得 α。

◆ **例 5 – 10**　101.3 kPa 下的水在机械磨制的不锈钢表面上饱和沸腾,不锈钢表面维持 114 ℃,试求对流传热系数 α。已知操作温度下气 – 液界面的表面张力 $\sigma = 0.06$ N/m。

解:液体的过热度(在加热壁面上)为 $\Delta t = (114 - 100)℃ = 14 ℃$,由图 5 – 14 可知,沸腾在泡核沸腾区。

对于水 – 机械磨制的不锈钢表面,由表 5 – 9 查得 $C_{sf} = 0.0132$,由附录查得 101.3 kPa 下饱和水及水蒸气的有关物性为 $c_L = 4.22$ kJ/(kg·℃), $\rho_L = 958.4$ kg/m³, $r = 2258.4$ kJ/kg, $\rho_v = 0.588$ kg/m³, $Pr = 1.76$, $\mu_L = 28.38 \times 10^{-5}$ Pa·s, $n = 1.0$。

将以上数值代入式(5 – 48),得

$$\frac{4.22 \times 10^3 \times 14}{2258.4 \times 10^3 \times 1.76}$$

$$= 0.0132 \times \left[\frac{Q/S}{28.38 \times 10^{-5} \times 2258.4 \times 10^3} \times \sqrt{\frac{0.06}{9.81 \times (958.4 - 0.588)}} \right]^{1/3}$$

解之得　　　　　　　　$Q/S = 3.621 \times 10^5$ W/m²

$$\alpha = \frac{Q/S}{\Delta t} = \left(\frac{3.621 \times 10^5}{14} \right) \text{W/(m}^2 \cdot ℃) = 2.586 \times 10^4 \text{ W/(m}^2 \cdot ℃)$$

应予指出,除上述关联式外,尚有许多求算 α 的关联式,可通过查阅传热手册或专著得到,但选用时一定要注意公式的应用条件和适用范围,否则计算结果的误差可能很大。

5.4　辐射传热

演示文稿

物体由热引起的电磁波辐射,即为热辐射。热辐射和光辐射的本质完全相同,所不同的仅仅是波长的范围。理论上热辐射的电磁波波长的范围从零到 ∞,但是具有实际意义的波长范围为 $0.4 \sim 20$ μm,这包括波长范围为 $0.4 \sim 0.8$ μm 的可见光线和波长范围为 $0.8 \sim 20$ μm 的红外光线,二者统称为热射线,其中后者对热辐射起决定作用,而前者只有在很高的温度下作用才明显。波长在 $0.001 \sim 1$ m 的电磁波又称微波。值得指出的是,太阳辐射的主要能量集中在 $0.2\sim2~\mu m$ 的波长范围内。

各种波长的电磁波在生产、科研和日常生活中有着广泛的应用。例如,微波可以穿过塑料、玻璃及陶瓷制品,但是却会被像水那样具有极性分子的物体吸收,在物体内部产生内热源,从而使物体比较均匀地被加热。各类食品中的主要成分是水,因而微波加热是一种比较理想的加热手段。微波炉就是利用这一原理来加热物体的。波长大于 1 m 的电磁波则广泛应用于无线电技术中。

热射线和可见光线一样,都服从反射和折射定律,在均匀介质中作直线传播,在真空和大多数气体中可以完全透过,但不能透过工业上常见的大多数固体或液体。

5.4.1　辐射传热的基本概念和定律

当热辐射的能量投射到物体表面上时,和可见光一样,也发生吸收、反射和透过现象。如图 5-15 所示,假设投射在某一物体上的总辐射能量为 Q,其中一部分能量 Q_A 被吸收,一部分能量 Q_R 被反射,另一部分能量 Q_D 透过物体。根据能量守恒定律,可得

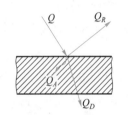

图 5-15　物体对热辐射能的吸收、反射和透过

$$Q_A+Q_R+Q_D=Q \tag{5-49}$$

即

$$\frac{Q_A}{Q}+\frac{Q_R}{Q}+\frac{Q_D}{Q}=1 \tag{5-49a}$$

其中,各能量分数 $\dfrac{Q_A}{Q}$、$\dfrac{Q_R}{Q}$ 和 $\dfrac{Q_D}{Q}$ 分别称为物体的吸收率、反射率和透过率,记为 A、R 和 D,三者均量纲为 1。于是有

$$A+R+D=1 \tag{5-49b}$$

物体的吸收率 A、反射率 R 和透过率 D 的大小取决于两方面的因素:物体本身的情况和投入物体的辐射特性。所谓物体本身的情况,系指物质的种类、表面温度和表面状况。投入物体的辐射特性系指辐射线的波长等。

一、黑体、镜体、透热体和灰体

由于自然界不同物体的吸收率 A、反射率 R 和透过率 D 因具体条件不同而千差万别,给热辐射的研究带来很大困难。为了方便起见,可从理想物体入手进行研究。

能全部吸收辐射能的物体,即 $A=1$ 的物体,称为黑体或绝对黑体。能全部反射辐射能的物体,即 $R=1$ 的物体,称为镜体或绝对白体。能透过全部辐射能的物体,即 $D=1$ 的物体,称为透热体,一般单原子气体和对称的双原子气体(如 He、O_2、N_2 和 H_2 等)均可视为透热体。黑体和镜体都是理想物体,实际上并不存在。但是某些物体,如无光泽的黑漆表面,其吸收率约为 0.97,接近于黑体;磨光的金属表面的反射率约为 0.97,接近于镜体。引入黑体等的概念,只是作为实际物体的比较标准,以简化辐射传热的计算。

辐射线进入固体或液体后,在一个极短的距离内辐射能就被吸收完了。对于金属固

体,这一距离只有 $1~\mu m$ 的数量级;对于大多数非导电材料,这一距离也小于 $1~mm$。实际工程材料的厚度一般都大于这个数值,所以,可以认为,固体和液体不允许热辐射穿透,是不透热体,即 $D=0$,故 $A+R=1$。气体则不同,气体对辐射线几乎没有反射能力,可以认为其反射率 $R=0$,故 $A+D=1$。

在热辐射分析中,把吸收率与波长无关的物体称为灰体,或者说能够以相等的吸收率吸收所有波长辐射能的物体,称为灰体。灰体也是理想物体,但是大多数工业上常见的固体材料在研究的波长范围内均可视为灰体。灰体具有如下特点:它的吸收率 A 与辐射线的波长无关;它是不透热体,$A+R=1$。需要提及的是,当研究物体表面对太阳能的吸收时,一般不能把物体作为灰体。因为太阳能辐射中,可见光占了近一半,而大多数物体对可见光波的吸收表现出强烈的选择性。

二、物体的辐射能力 E

物体在一定温度下,单位表面积、单位时间内所发射的全部波长的辐射能,称为该物体在该温度下的辐射能力,以 E 表示,单位为 W/m^2。辐射能力表征物体发射辐射能的本领。在相同条件下,物体发射特定波长的能力,称为单色辐射能力,用 E_λ 表示。其定义为辐射能力随波长的变化率,即

$$E_\lambda = \frac{dE}{d\lambda} \tag{5-50}$$

式中　　λ——波长,m 或 μm;

　　　　E_λ——单色辐射能力,W/m^3。

若用下标 b 表示黑体,用 E_b 和 $E_{b\lambda}$ 表示黑体辐射能力和单色辐射能力,则

$$E_b = \int_0^\infty E_{b\lambda}\,d\lambda \tag{5-51}$$

三、普朗克定律、斯特藩-玻尔兹曼定律及基尔霍夫定律

1. 普朗克(Planck)定律

普朗克定律揭示了黑体的单色辐射能力 $E_{b\lambda}$ 随波长变化的规律,其表达式为

$$E_{b\lambda} = \frac{C_1 \lambda^{-5}}{e^{C_2/\lambda T} - 1} \tag{5-52}$$

式中　　λ——波长,m;

　　　　T——黑体的热力学温度,K;

　　　　e——自然对数的底数;

　　C_1、C_2——常数,其值分别为 3.743×10^{-16} $W \cdot m^2$ 和 1.4387×10^{-2} $m \cdot K$。

图 5-16 为由式(5-52)得到的黑体的单色辐射能力 $E_{b\lambda}$ 随波长 λ 的变化曲线。

由图 5-16 可见,每一温度均有一条能量分布曲线,在给定的温度下,黑体辐射各种波长的能量是不同的。当温度不太高时,辐射能主要集中在波长为 $0.8 \sim 10~\mu m$ 的范围内。

2. 斯特藩(Stefan)-玻尔兹曼(Boltzmann)定律

斯特藩-玻尔兹曼定律揭示了黑体的辐射能力与其表面热力学温度的四次方成正

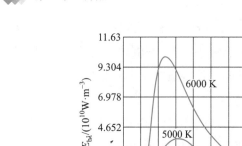
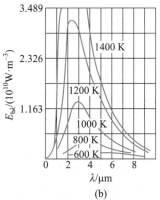

图 5-16 黑体的单色辐射能力 $E_{b\lambda}$ 随波长 λ 的变化曲线

比这一定量关系,俗称四次方定律,将式(5-52)代入式(5-51)并积分,即得式(5-9):

$$E_b = \sigma_0 T^4 \tag{5-9}$$

或

$$E_b = \sigma_0 T^4 = C_0 \left(\frac{T}{100}\right)^4 \tag{5-53}$$

式中　　σ_0——斯特藩-玻尔兹曼常数或黑体的辐射常数,5.669×10^{-8} W/(m$^2 \cdot$ K^4);

　　　　C_0——黑体的辐射系数,5.669 W/(m$^2 \cdot$ K^4)。

3. 基尔霍夫(Kirchhoff)定律

基尔霍夫定律提示了物体的辐射能力 E 与吸收率 A 之间的关系。

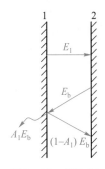

图 5-17　黑体与
灰体间的辐射传热

如图 5-17 所示,设有两块相距很近的平行平板,一块板上的辐射能可以全部投射到另一块板上。若板 1 为实际物体(灰体),其辐射能力、吸收率和表面温度分别为 E_1、A_1 和 T_1;板 2 为黑体,其辐射能力、吸收率和表面温度分别为 $E_2(=E_b)$、$A_2(=1)$ 和 T_2,设 $T_1 > T_2$,两板中间介质为透热体,系统与外界绝热。由于板 2 为黑体,板 1 发射出的 E_1 能被板 2 全部吸收,由板 2 发射的 $E_2(=E_b)$ 被板 1 吸收了 $A_1 E_b$,余下的 $(1-A_1)E_b$ 被反射至板 2,并被全部吸收,故对板 1 来说,辐射传热的结果为

$$Q/S = E_1 - A_1 E_b$$

式中　　Q/S——两板间辐射传热的热通量,W/m^2。

当两板达到热平衡,即 $T_1 = T_2$ 时,$Q/S = 0$,故

$$E_1 = A_1 E_b$$

或

$$E_1/A_1 = E_b$$

因板 1 可以用任何板来代替,故上式可写为

$$E_1/A_1 = E_2/A_2 = \cdots = E/A = E_b = f(T) \tag{5-54}$$

上式称为基尔霍夫定律,它表明任何物体(灰体)的辐射能力与吸收率的比值恒等于同温度下黑体的辐射能力,即仅和物体的热力学温度有关。

将式(5-53)代入式(5-54),得

$$E = AC_0 \left(\frac{T}{100}\right)^4 = C\left(\frac{T}{100}\right)^4 \tag{5-55}$$

式中　　$C = AC_0$——灰体的辐射系数。

对于实际物体,因 $A < 1$,故 $C < C_0$。由此可见,在任何温度下,黑体的辐射能力最大,对于其他物体而言,物体的吸收率越大,其辐射能力也越大。

灰体的辐射能力与同温度下黑体的辐射能力之比,定义为灰体的黑度,亦称为灰体的发射率,用 ε 表示,即

$$\varepsilon = \frac{E}{E_b} \tag{5-56}$$

比较式(5-54)和式(5-56)可知,$A = \varepsilon$,即在同一温度下,灰体的吸收率和黑度在数值上相等,于是

$$E = \varepsilon C_0 \left(\frac{T}{100}\right)^4 = C\left(\frac{T}{100}\right)^4 \tag{5-57}$$

显然,只要知道灰体的黑度 ε,便可由式(5-57)求得该灰体的辐射能力。

黑度 ε 和物体的性质、温度及表面情况(如表面粗糙度及氧化程度)有关,一般由实验测定,常用工业材料的黑度列于表5-10中。

表5-10　常用工业材料的黑度

材料	温度/℃	黑度 ε
红砖	20	0.93
耐火砖	—	0.8~0.9
钢板(氧化的)	200~600	0.8
钢板(磨光的)	940~1100	0.55~0.61
铝(氧化的)	200~600	0.11~0.19
铝(磨光的)	225~575	0.039~0.057
铜(氧化的)	200~600	0.57~0.87
铜(磨光的)	—	0.03
铸铁(氧化的)	200~600	0.64~0.78
铸铁(磨光的)	330~910	0.6~0.7

5.4.2　两固体间的辐射传热

化学工业中经常遇到两固体间的辐射传热,而这些固体,在热辐射中大都可视为灰体。在两灰体间的辐射传热中,相互进行着辐射能的多次被吸收和多次被反射的过程,因而较黑体与灰体间的辐射传热过程要复杂得多。在计算灰体间的辐射传热时,必须考虑它们的吸收率和反射率,形状和大小,以及相互间的位置和距离等因素的影响。

两灰体间辐射传热的结果,是高温物体向低温物体传递了能量。现以两个面积很大且相互平行的灰体平板为例,推导灰体间辐射传热的计算式。

如图 5-18 所示,相互平行的两灰体平板 1 和 2,彼此之间相当接近,故从每一板发出的辐射能可以认为全部投射在另一板上,两板的温度、辐射能力、吸收率和黑度分别为 T_1、E_1、A_1、ε_1($A_1=\varepsilon_1$)和 T_2、E_2、A_2、ε_2($A_2=\varepsilon_2$),且 $T_1>T_2$。

图 5-18　两平行灰体平板间的辐射传热

假设从板 1 发射出辐射能 E_1,被板 2 吸收了 A_2E_1,其余部分 R_2E_1 或 $(1-A_2)E_1$ 被反射到板 1,这部分辐射能 R_2E_1 又被板 1 吸收和反射……如此无穷往复进行,直至 E_1 被完全吸收为止。从板 2 发射出的辐射能 E_2,也经历反复吸收和反射的过程,如图 5-18(a)和(b)所示。由于辐射能以光速传播,因此上述反复进行的反射和吸收过程均是在瞬间完成的。

两平板间单位时间、单位面积上净的辐射传热量即为两板间辐射的总能量之差,即

$$(Q/S)_{1-2}=E_1A_2(1+R_1R_2+R_1^2R_2^2+\cdots)-E_2A_1(1+R_1R_2+R_1^2R_2^2+\cdots)$$

式中　　$(Q/S)_{1-2}$——由板 1 向板 2 传递的净的辐射传热通量,W/m^2。

上式中的 $(1+R_1R_2+R_1^2R_2^2+\cdots)$ 为无穷级数,等于 $1/(1-R_1R_2)$,故

$$(Q/S)_{1-2}=\frac{E_1}{1-R_1R_2}A_2-\frac{E_2}{1-R_1R_2}A_1=\frac{1}{1-R_1R_2}(E_1A_2-E_2A_1)$$

将 $E_i=\varepsilon_iC_0\left(\dfrac{T_i}{100}\right)^4$,$A_i=\varepsilon_i$,$R_i=1-A_i=1-\varepsilon_i$($i=1,2$)代入,并整理得

$$(Q/S)_{1-2}=\frac{C_0}{1/\varepsilon_1+1/\varepsilon_2-1}\left[\left(\frac{T_1}{100}\right)^4-\left(\frac{T_2}{100}\right)^4\right]$$

或　　　　　　　　$$(Q/S)_{1-2}=C_{1-2}\left[\left(\frac{T_1}{100}\right)^4-\left(\frac{T_2}{100}\right)^4\right]$$

式中　　C_{1-2}——总辐射系数。

即　　　　　　　$$C_{1-2}=\frac{C_0}{1/\varepsilon_1+1/\varepsilon_2-1}=\frac{1}{1/C_1+1/C_2-1/C_0}$$

若两平板的面积均为 S 时,则辐射传热速率为

$$Q_{1-2}=(Q/S)_{1-2}S=C_{1-2}S\left[\left(\frac{T_1}{100}\right)^4-\left(\frac{T_2}{100}\right)^4\right] \tag{5-58}$$

上式表明,两灰体间的辐射传热速率正比于二者的热力学温度四次方之差。显然,此结果与另外两种传热方式——热传导和对流传热完全不同。

当两板面的大小与其距离相比不够大时,一个表面所发出的辐射能,可能有一部分不能到达另一板面,为此,引入几何因数(角系数)以校正上述影响。于是式(5-58)可以写成更普遍的形式,即

$$Q_{1-2}=C_{1-2}\varphi S\left[\left(\frac{T_1}{100}\right)^4-\left(\frac{T_2}{100}\right)^4\right] \tag{5-58a}$$

式中　　Q_{1-2}——两灰体间净的辐射传热速率，W；

　　　　C_{1-2}——总辐射系数，其计算式见表 5-11；

　　　　S——辐射面积，m^2；

　　　　T_1、T_2——高温和低温表面的热力学温度，K；

　　　　ε_1、ε_2——两表面材料的黑度；

　　　　φ——几何因数（角系数）。

角系数 φ 表示从一个物体表面所发出的能量为另一物体表面所截获的分数。它的数值既与两物体的几何排列有关，又与式（5-58）中的 S 是用板 1 的面积 S_1，还是用板 2 的面积 S_2 作为辐射面积有关，因此，在计算中，几何因数 φ 必须和选定的辐射面积 S 相对应。φ 值已利用模型通过实验方法测出，可查阅有关的手册，几种简单情况下的 φ 值见表 5-11。

表 5-11　φ 值与 C_{1-2} 的计算式

序号	辐射情况	S	φ	C_{1-2}
1	极大的两平行面	S_1 或 S_2	1	$\dfrac{C_0}{1/\varepsilon_1+1/\varepsilon_2-1}$
2	很大的物体 2 包住物体 1	S_1	1	$\varepsilon_1 C_0$
3	物体 2 恰好包住物体 1，$S_2\approx S_1$	S_1	1	$\dfrac{C_0}{1/\varepsilon_1+1/\varepsilon_2-1}$
4	介于 2、3 两种情况之间	S_1	1	$\dfrac{C_0}{1/\varepsilon_1+(1/\varepsilon_2-1)S_1/S_2}$

◆ 例 5-11　车间内有一高和宽各为 4 m 的炉门（黑度 $\varepsilon_1=0.70$），其表面温度为 600 ℃，室内温度为 27 ℃。试求（1）由炉门热辐射而引起的散热速率；（2）若在炉门前 30 mm 处放置一块尺寸和炉门相同而黑度为 0.11 的铝板作为热屏，则散热速率可降低多少？

解：（1）放置铝板前由炉门热辐射而引起的散热速率　由于炉门被车间四壁所包围，则 $\varphi=1$；又 $S_2\gg S_1$，故 $C_{1-2}=\varepsilon_1 C_0$，于是

$$S=S_1=(4\times 4)\ m^2=16\ m^2$$

$$C_{1-2}=\varepsilon_1 C_0=(0.70\times 5.67)\ W/(m^2\cdot K^4)=3.969\ W/(m^2\cdot K^4)$$

$$Q_{1-2}=C_{1-2}\varphi S\left[\left(\frac{T_1}{100}\right)^4-\left(\frac{T_2}{100}\right)^4\right]$$

$$=\left\{3.969\times 1\times 16\times\left[\left(\frac{600+273}{100}\right)^4-\left(\frac{27+273}{100}\right)^4\right]\right\}\ W$$

$$=3.64\times 10^5\ W$$

（2）放置铝板后由炉门热辐射而引起的散热速率　以下标 1、2 和 3 分别表示炉门、房间和铝板。假定铝板的温度为 T_3，则当传热达稳态时，炉门对铝板的辐射传热速率必等于铝板对房间的辐射传热速率，此即由炉门辐射而引起的散热速率。

炉门对铝板的辐射传热速率为

$$Q_{1-3} = C_{1-3} \varphi_{1-3} S_1 \left[\left(\frac{T_1}{100} \right)^4 - \left(\frac{T_3}{100} \right)^4 \right]$$

因 $S_1 = S_3$，且两者相距很小，故可认为是两个极大平行平面间的相互辐射，故 $\varphi_{1-3} = 1$。

$$C_{1-3} = \frac{C_0}{1/\varepsilon_1 + 1/\varepsilon_2 - 1} = \left(\frac{5.67}{1/0.7 + 1/0.11 - 1} \right) \text{W/(m}^2 \cdot \text{K}^4) = 0.596 \text{ W/(m}^2 \cdot \text{K}^4)$$

故
$$Q_{1-3} = 0.596 \times 1 \times 16 \times \left[\left(\frac{600 + 273}{100} \right)^4 - \left(\frac{T_3}{100} \right)^4 \right] \tag{a}$$

铝板对房间的辐射传热速率为

$$Q_{3-2} = C_{3-2} \varphi_{3-2} S_3 \left[\left(\frac{T_3}{100} \right)^4 - \left(\frac{T_2}{100} \right)^4 \right]$$

$$S_3 = (4 \times 4) \text{ m}^2 = 16 \text{ m}^2$$

$$C_{3-2} = C_0 \varepsilon_3 = (5.67 \times 0.11) \text{ W/(m}^2 \cdot \text{K}^4) = 0.624 \text{ W/(m}^2 \cdot \text{K}^4)$$

$$\varphi_{3-2} = 1$$

则
$$Q_{3-2} = 0.624 \times 1 \times 16 \times \left[\left(\frac{T_3}{100} \right)^4 - \left(\frac{27 + 273}{100} \right)^4 \right] \tag{b}$$

$$Q_{1-3} = Q_{3-2}$$

解得
$$T_3 = 733 \text{ K}$$

将 T_3 代入式(b)，得

$$Q_{3-2} = 0.624 \times 1 \times 16 \times \left[\left(\frac{733}{100} \right)^4 - \left(\frac{27 + 273}{100} \right)^4 \right] \text{W} = 2.80 \times 10^4 \text{ W}$$

放置铝板后由炉门热辐射引起的散传速率减少的百分数为

$$\frac{Q_{1-2} - Q_{3-2}}{Q_{1-2}} \times 100\% = \frac{3.64 \times 10^5 - 2.80 \times 10^4}{3.64 \times 10^5} \times 100\% = 92.3\%$$

5.4.3 对流和辐射联合传热

在化工生产中，许多设备的外壁温度常高于环境温度，此时热量将以对流传热和辐射传热两种方式自壁面向环境传递而引起热损失。为减少热损失，许多温度较高或较低的设备，如换热器、塔器、反应器及蒸气管道等都必须进行保温。

设备的热损失可根据对流传热速率方程和辐射传热速率方程来计算。

由对流传热而引起的散热速率为

$$Q_c = \alpha_c S_w (t_w - t_b) \tag{5-59}$$

由辐射传热而引起的散热速率为

$$Q_R = C_{1-2} S_w \left[\left(\frac{T_w}{100} \right)^4 - \left(\frac{T_b}{100} \right)^4 \right] \tag{5-60}$$

为方便计算，将式(5-60)写成式(5-59)的形式，即

$$Q_R = \alpha_R S_w (t_w - t_b) \qquad (5-61)$$

式中　　α_c——对流传热系数，$W/(m^2 \cdot ℃)$；

α_R——辐射传热系数，$\alpha_R = \dfrac{C_{1-2}\left[\left(\dfrac{T_w}{100}\right)^4 - \left(\dfrac{T_b}{100}\right)^4\right]}{t_w - t_b}$，$W/(m^2 \cdot ℃)$；

S_w——壁外表面积，m^2；

t_w（或 T_w）——壁面温度，℃ 或 K；

t_b（或 T_b）——环境温度，℃ 或 K。

总的散热速率为

$$Q = Q_c + Q_R = (\alpha_c + \alpha_R) S_w (t_w - t_b) \qquad (5-62)$$

或

$$Q = \alpha_T S_w (t_w - t_b) \qquad (5-62a)$$

式中　　$\alpha_T = \alpha_c + \alpha_R$——对流－辐射联合传热系数，$W/(m^2 \cdot ℃)$。

对于有保温层的设备，其外壁与周围环境的对流－辐射联合传热系数 α_T 可用如下公式估算。

（1）空气自然对流（$t_w < 150$ ℃）：

平壁保温层　　　　　$\alpha_T = 9.8 + 0.07(t_w - t_b)$ $\qquad (5-63)$

管或圆筒壁保温层　　$\alpha_T = 9.4 + 0.052(t_w - t_b)$ $\qquad (5-64)$

（2）空气沿粗糙壁面强制对流：

空气流速　　　　　　$u < 5$ m/s：$\alpha_T = 6.2 + 4.2u$ $\qquad (5-65)$

空气流速　　　　　　$u > 5$ m/s：$\alpha_T = 7.8u^{0.78}$ $\qquad (5-66)$

◆ 例 5-12　在 ϕ219 mm×8 mm 的蒸汽管道外包扎一层厚为 75 mm、导热系数为 0.1 $W/(m \cdot ℃)$ 的保温材料，管内饱和蒸气温度为 160 ℃，周围环境温度为 20 ℃，试估算管道外表面的温度及单位长度管道的热损失。假设管内冷凝传热和管壁热传导热阻均可忽略。

解：由式（5-64）可知管道保温层外对流－辐射联合传热系数为

$$\alpha_T = 9.4 + 0.052(t_w - t_b) = 9.4 + 0.052(t_w - 20)$$

单位管长热损失为

$$\begin{aligned}
Q/L &= \alpha_T \pi d_o (t_w - t_b) \\
&= [9.4 + 0.052(t_w - 20)] \times \pi \times (0.219 + 0.075 \times 2)(t_w - 20) \\
&= 0.06025(t_w - 20)^2 + 10.89(t_w - 20)
\end{aligned}$$

由于管内冷凝传热和管壁热传导热阻均可忽略，故

$$Q/L = \frac{2\pi\lambda(t_s - t_w)}{\ln\dfrac{d_o}{d}} = \frac{2\pi \times 0.1 \times (160 - t_w)}{\ln\dfrac{0.219 + 0.075 \times 2}{0.219}} = 1.2037(160 - t_w)$$

即

$$0.06025(t_w - 20)^2 + 10.89(t_w - 20) = 1.2037(160 - t_w)$$

解之得 $t_w = 33.1\ ℃$

则 $Q/L = [1.2037 \times (160 - 33.1)]\ \text{W/m} = 152.7\ \text{W/m}$

演示文稿

5.5　换热器的传热计算

换热器的传热计算通常包括两类：其一是根据生产工艺提出的条件，确定换热器的传热面积，称为设计型计算；其二是对已知换热面积的换热器，核算其在某工作条件下能否胜任新的换热任务，通常是核算传热量、流体的流量或温度，称为校核型计算。但是，无论哪种类型的计算，都是以热平衡方程和总传热速率方程为基础的。

5.5.1　热平衡方程

对间壁式换热器作能量衡算，因系统中无外功加入，且一般位能和动能项均可忽略，故实质上为焓衡算。

假设换热器绝热良好，热损失可以忽略不计，则在单位时间内换热器中热流体放出的热量必等于冷流体吸收的热量。

对于微元换热面积 dS，其热量衡算式为

$$dQ = -w_h dI_h = w_c dI_c \tag{5-67}$$

式中　　　w——流体的质量流量，kg/s；

　　　　　I——流体的焓，J/kg。

下标 c 表示冷流体，下标 h 表示热流体。

对于整个换热器，其热量衡算式为

$$Q_T = w_h(I_{h1} - I_{h2}) = w_c(I_{c2} - I_{c1}) \tag{5-68}$$

式中　　　Q_T——换热器的热负荷，J/s 或 W。

下标 1 和 2 分别表示换热器的进口和出口。

若换热器中两流体均无相变，且流体的比定压热容不随温度变化或可取流体平均温度下的值，则式(5-67)、式(5-68)可分别表示为

$$dQ = -w_h c_{p,h} dT = w_c c_{p,c} dt \tag{5-69}$$

$$Q_T = w_h c_{p,h}(T_1 - T_2) = w_c c_{p,c}(t_2 - t_1) \tag{5-69a}$$

式中　　　c_p——流体的比定压热容，J/(kg·℃)；

　　　　　t、T——分别为冷流体和热流体的温度，℃。

若换热器中流体有相变，如饱和蒸气冷凝时，则式(5-68)可表示为

$$Q_T = w_h r = w_c c_{p,c}(t_2 - t_1) \tag{5-70}$$

式中　　　w_h——饱和蒸气的冷凝速率，kg/s；

　　　　　r——饱和蒸气的汽化热，J/kg。

式(5-70)的适用条件是冷凝液在饱和温度下离开换热器,若冷凝液的温度低于饱和温度,则

$$Q_{\mathrm{T}} = w_{\mathrm{h}}[r + c_{p,\mathrm{h}}(T_{\mathrm{s}} - T_2)] = w_{\mathrm{c}}c_{p,\mathrm{c}}(t_2 - t_1) \tag{5-71}$$

式中　　$c_{p,\mathrm{c}}$——冷凝液的比定压热容,J/(kg·℃);

　　　　T_{s}——冷凝液的饱和温度,℃。

5.5.2　总传热速率微分方程和总传热系数

原则上,根据热传导速率方程和对流传热速率方程可进行换热器的传热计算。但是,采用上述方程计算冷、热流体间的传热速率时,必须知道壁温,通常已知的是冷、热流体的温度,而壁温往往是未知的。为便于计算,应设法避开壁温而直接建立以冷、热流体间的温度差为推动力的传热速率方程,即总传热速率方程。

一、总传热速率微分方程

如前所述,冷、热流体通过间壁换热的传热机理为"对流传热—热传导—对流传热"的串联过程,该串联过程的局部温度边界层及温度分布如图5-19所示。

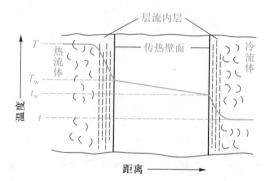

图5-19　间壁换热的局部温度边界层及温度分布

对于稳态传热过程,各串联环节的传热速率必然相等,即

$$\mathrm{d}Q = \alpha_{\mathrm{i}}(T - T_{\mathrm{w}})\mathrm{d}S_{\mathrm{i}} = \frac{\lambda}{b}(T_{\mathrm{w}} - t_{\mathrm{w}})\mathrm{d}S_{\mathrm{m}} = \alpha_{\mathrm{o}}(t_{\mathrm{w}} - t)\mathrm{d}S_{\mathrm{o}} \tag{5-72}$$

或

$$\mathrm{d}Q = \frac{T - T_{\mathrm{w}}}{\dfrac{1}{\alpha_{\mathrm{i}}\mathrm{d}S_{\mathrm{i}}}} = \frac{T_{\mathrm{w}} - t_{\mathrm{w}}}{\dfrac{b}{\lambda\mathrm{d}S_{\mathrm{m}}}} = \frac{t_{\mathrm{w}} - t}{\dfrac{1}{\alpha_{\mathrm{o}}\mathrm{d}S_{\mathrm{o}}}} \tag{5-72a}$$

式中　　α_{i}、α_{o}——分别为间壁内、外侧流体的对流传热系数,W/(m²·℃);

　　　　T_{w}——与热流体接触一侧的壁面温度,℃;

　　　　t_{w}——与冷流体接触一侧的壁面温度,℃;

　　　　λ——间壁的导热系数,W/(m·℃);

　　　　b——间壁的厚度,m;

S_{i}、S_{o}、S_{m}——分别为管内表面积、外表面积和平均表面积,m²。

根据串联热阻叠加原理,可得

$$dQ = \frac{(T-T_w)+(T_w-t_w)+(t_w-t)}{\dfrac{1}{\alpha_i dS_i}+\dfrac{b}{\lambda dS_m}+\dfrac{1}{\alpha_o dS_o}} = \frac{T-t}{\dfrac{1}{\alpha_i dS_i}+\dfrac{b}{\lambda dS_m}+\dfrac{1}{\alpha_o dS_o}}$$

上式两边均除以 dS_o，可得

$$\frac{dQ}{dS_o} = \frac{T-t}{\dfrac{d_o}{\alpha_i d_i}+\dfrac{bd_o}{\lambda d_m}+\dfrac{1}{\alpha_o}} \tag{5-73}$$

令

$$K_o = \frac{1}{\dfrac{d_o}{\alpha_i d_i}+\dfrac{bd_o}{\lambda d_m}+\dfrac{1}{\alpha_o}} \tag{5-74}$$

则

$$dQ = K_o(T-t)dS_o \tag{5-75}$$

同理，令

$$K_i = \frac{1}{\dfrac{1}{\alpha_i}+\dfrac{bd_i}{\lambda d_m}+\dfrac{d_i}{\alpha_o d_o}} \tag{5-76}$$

$$K_m = \frac{1}{\dfrac{d_m}{\alpha_i d_i}+\dfrac{b}{\lambda}+\dfrac{d_m}{\alpha_o d_o}} \tag{5-76a}$$

则

$$dQ = K_i(T-t)dS_i \tag{5-77}$$

$$dQ = K_m(T-t)dS_m \tag{5-78}$$

式中　　K_i、K_o、K_m——分别为基于管内表面积、外表面积、平均表面积的局部总传热系数，$W/(m^2 \cdot ℃)$；

　　　　T、t——分别为换热器任一截面上热流体、冷流体的平均温度，$℃$。

流体的平均温度是指将流动横截面上的流体绝热混合后测定的温度。在以后的传热计算中，除非另有说明，否则流体的温度一般都是指平均温度。

式(5-75)、式(5-77)、式(5-78)称为总传热速率微分方程，又称传热基本方程，它们是换热器传热计算的基本关系式。

应予指出，当冷、热流体通过管壳式换热器进行传热时，沿传热方向传热面积是变化的，此时总传热系数必须和所选择的传热面积相对应，比较式(5-75)、式(5-77)、式(5-78)，显然有

$$\frac{K_o}{K_i} = \frac{dS_i}{dS_o} = \frac{d_i}{d_o} \tag{5-79}$$

$$\frac{K_o}{K_m} = \frac{dS_m}{dS_o} = \frac{d_m}{d_o} \tag{5-79a}$$

式中　　d_i、d_o、d_m——分别为管内径、外径、平均直径，m。

由式(5-75)、式(5-77)、式(5-78)可知，在传热计算中，选择何种面积作为计算基准，结果完全相同。但工程上大多以外表面积为基准，故后面讨论中，除非特别说明，K

都是基于外表面积的总传热系数。

二、总传热系数

总传热系数 K 表示单位传热面积,冷、热流体单位传热温度差下的传热速率,它反映了传热过程的强度。K 是评价换热器性能的一个重要参数,也是对换热器进行传热计算的依据。K 的数值取决于流体的物性、传热过程的操作条件及换热器的类型等,可通过计算、实验测定或查阅相关手册得到。

1. 总传热系数的计算

(1) 总传热系数的计算 换热器在实际操作中,传热表面上常有污垢积存,对传热产生附加热阻,该热阻称为污垢热阻。影响污垢热阻的因素很多,如物料的性质、传热壁面的材质、操作条件、设备结构、清洗周期等。由于污垢层的厚度及其导热系数难以准确估计,因此通常选用一些经验值,某些常见流体的污垢热阻的经验值列于附录十三中。

设管壁内、外侧表面上的污垢热阻分别为 R_{si} 及 R_{so},根据串联热阻叠加原理,间壁两侧流体间传热总热阻可表示为两侧流体的对流传热热阻、污垢热阻及管壁导热热阻之和,由此即可求出总传热系数,即

$$\frac{1}{K} = \frac{d_o}{\alpha_i d_i} + R_{si}\frac{d_o}{d_i} + \frac{b d_o}{\lambda d_m} + R_{so} + \frac{1}{\alpha_o} \tag{5-80}$$

(2) 提高总传热系数途径的分析 若传热面为平壁或薄管壁,d_i、d_o、d_m 相等或近似相等,则式(5-80)可简化为

$$\frac{1}{K} = \frac{1}{\alpha_i} + R_{si} + \frac{b}{\lambda} + R_{so} + \frac{1}{\alpha_o} \tag{5-81}$$

当管壁热阻和污垢热阻均可忽略时,上式可简化为

$$\frac{1}{K} = \frac{1}{\alpha_i} + \frac{1}{\alpha_o}$$

若 $\alpha_i \gg \alpha_o$,则 $1/K \approx 1/\alpha_o$,称为管壁外侧对流传热控制,此时欲提高 K 值,关键在于提高管壁外侧的对流传热系数;若 $\alpha_o \gg \alpha_i$,则 $1/K \approx 1/\alpha_i$,称为管壁内侧对流传热控制,此时欲提高 K 值,关键在于提高管壁内侧的对流传热系数。由此可见,K 值总是接近且永远小于 α_i、α_o 中的小者。若 $\alpha_o = \alpha_i$,则称为管壁内、外侧对流传热控制,此时必须同时提高两侧的对流传热系数,才能提高 K 值。同样,若管壁两侧对流传热系数很大,即两侧的对流传热热阻很小,而污垢热阻很大,则称为污垢热阻控制,此时欲提高 K 值,必须设法减慢污垢的形成速率或及时清除污垢。

2. 总传热系数的测定

对于已有的换热器,可以先测定有关数据,如设备的尺寸、流体的流量和温度等,然后由传热基本方程式计算 K 值。显然,这样得到的总传热系数 K 值最为可靠,但是其使用范围受到限制,仅当用于与所测情况相一致的场合(包括设备类型、尺寸、物料性质、流动状况等)时才准确。但若使用情况与测定情况相近,所测 K 值仍有一定的参考价值。

实测 K 值的意义,不仅可以为换热器的设计提供依据,而且可以分析了解所用换热

器的性能,寻求提高设备传热能力的途径。

3. 总传热系数的推荐值

在实际设计计算中,总传热系数通常采用推荐值。这些推荐值是从实践中积累或通过实验测定获得的。总传热系数的推荐值可从有关手册中查得,附录十九中列出了管壳式换热器总传热系数 K 的推荐值,可供设计时参考。

在选用总传热系数 K 的推荐值时,应注意以下几点:

① 设计中管程和壳程的流体应与所选的管程和壳程的流体相一致。

② 设计中流体的性质(黏度等)和状态(流速等)应与所选的流体性质和状态相一致。

③ 设计中换热器的类型应与所选的换热器的类型相一致。

④ 总传热系数 K 的推荐值一般范围很大,设计时可根据实际情况选取中间的某一数值。若需降低设备费(减小传热面积)可选取较大的 K 值;若需降低操作费(增大传热面积)可选取较小的 K 值。

◆ **例5-13**　在某管壳式换热器中用冷水冷却油。换热管为 $\phi25 \text{ mm} \times 2.5 \text{ mm}$ 的钢管,水在管内流动,管内水侧对流传热系数为 $3000 \text{ W}/(\text{m}^2 \cdot \text{℃})$;油在管外流动,管外油侧对流传热系数为 $300 \text{ W}/(\text{m}^2 \cdot \text{℃})$。换热器使用一段时间后,管壁两侧均有污垢形成,水侧污垢热阻为 $0.00025 \text{ m}^2 \cdot \text{℃}/\text{W}$,油侧污垢热阻为 $0.000172 \text{ m}^2 \cdot \text{℃}/\text{W}$,管壁导热系数为 $45 \text{ W}/(\text{m} \cdot \text{℃})$。试求(1) 基于管外表面积的总传热系数;(2)产生污垢后,热阻增加的百分数。

解: (1) 由式(5-80)有

$$K = \cfrac{1}{\dfrac{d_o}{\alpha_i d_i} + R_{si}\dfrac{d_o}{d_i} + \dfrac{b d_o}{\lambda d_m} + R_{so} + \dfrac{1}{\alpha_o}}$$

$$= \left(\cfrac{1}{\dfrac{0.025}{3000 \times 0.02} + 0.00025 \times \dfrac{0.025}{0.02} + \dfrac{0.0025 \times 0.025}{45 \times 0.0225} + 0.000172 + \dfrac{1}{300}} \right) \text{ W}/(\text{m}^2 \cdot \text{℃})$$

$$= 232.8 \text{ W}/(\text{m}^2 \cdot \text{℃})$$

(2) 产生污垢后,热阻增加的百分数为

$$\cfrac{0.00025 \times \dfrac{0.025}{0.02} + 0.000172}{\dfrac{1}{232.8} - \left(0.00025 \times \dfrac{0.025}{0.02} + 0.000172 \right)} \times 100\% = 12.7\%$$

◆ **例5-14**　某空气冷却器,空气在管外横向流过,热水在管内流过,管外侧的对流传热系数为 $100 \text{ W}/(\text{m}^2 \cdot \text{℃})$,管内侧的对流传热系数为 $4000 \text{ W}/(\text{m}^2 \cdot \text{℃})$。冷却管为 $\phi25 \text{ mm} \times 2.5 \text{ mm}$ 的钢管,其导热系数为 $45 \text{ W}/(\text{m} \cdot \text{℃})$,设管内、外侧污垢热阻均可忽略。试求(1) 总传热系数;(2) 若将管外对流传热系数 α_o 提高一倍,其他条件

不变,总传热系数增加的百分数;(3) 若将管内对流传热系数 α_i 提高一倍,其他条件不变,总传热系数增加的百分数。

解:(1) 由式(5-74)有

$$K = \frac{1}{\dfrac{d_o}{\alpha_i d_i} + \dfrac{b d_o}{\lambda d_m} + \dfrac{1}{\alpha_o}} = \left[\frac{1}{\dfrac{0.025}{4000 \times 0.02} + \dfrac{0.0025 \times 0.025}{45 \times 0.0225} + \dfrac{1}{100}} \right] W/(m^2 \cdot ℃)$$

$$= 96.4 \ W/(m^2 \cdot ℃)$$

(2) α_o 提高一倍,总传热系数为

$$K = \left[\frac{1}{\dfrac{0.025}{4000 \times 0.02} + \dfrac{0.0025 \times 0.025}{45 \times 0.0225} + \dfrac{1}{2 \times 100}} \right] W/(m^2 \cdot ℃) = 186.1 \ W/(m^2 \cdot ℃)$$

总传热系数增加的百分数为 $\dfrac{186.1 - 96.4}{96.4} \times 100\% = 93.0\%$

(3) α_i 提高一倍,总传热系数为

$$K = \left[\frac{1}{\dfrac{0.025}{2 \times 4000 \times 0.02} + \dfrac{0.0025 \times 0.025}{45 \times 0.0225} + \dfrac{1}{100}} \right] W/(m^2 \cdot ℃) = 97.9 \ W/(m^2 \cdot ℃)$$

总传热系数增加的百分数为 $\dfrac{97.9 - 96.4}{96.4} \times 100\% = 1.6\%$

通过计算可以看出,空气侧的热阻远大于水侧的热阻,故该换热过程为空气侧热阻控制,此时将空气侧对流传热系数提高一倍,总传热系数显著提高,而提高水侧对流传热系数,总传热系数变化不大。

5.5.3 传热计算方法

换热器的传热计算方法通常有平均温度差法和传热单元数法两种。

演示文稿

一、平均温度差法

总传热速率微分方程式(5-75)是换热器传热计算的基本关系式。式中,换热器给定截面上冷、热流体的温度差 $\Delta t = T - t$ 是传热过程的推动力。若冷、热流体的温度随换热器截面的位置变化而改变,则传热过程的推动力也将改变,因此,将式(5-75)用于整个换热器时,必须对方程式(5-75)沿位置进行积分。若以 Δt_m 表示传热过程冷、热流体的平均温度差,则可以证明式(5-75)的积分结果可表示为

$$Q_T = K S \Delta t_m \tag{5-82}$$

式(5-82)为总传热速率方程的积分形式,用该式进行传热计算时需先计算出 Δt_m,故此计算方法称为平均温度差法。

推导平均温度差的表达式时,对传热过程作以下简化假定:① 传热为稳态操作过程;② 两流体的比定压热容均为常量;③ 总传热系数 K 为常量;④ 忽略热损失。

就换热器中冷、热流体温度变化情况而言,有恒温传热和变温传热两种,现分别予以讨论。

1. 恒温传热时的平均温度差

换热器中,间壁两侧的流体均存在相变时,两流体温度可以分别保持不变,这种传热称为恒温传热。例如,蒸发器中饱和蒸气和沸腾液体间的传热就是恒温传热。此时,冷、热流体的温度均不随位置变化,两者间温度差处处相等,即 $\Delta t = T - t$,显然流体的流动方向对 Δt 也无影响。因此,恒温传热时的平均温度差 $\Delta t_m = \Delta t$,故有

$$Q_T = KS\Delta t \tag{5-83}$$

2. 变温传热时的平均温度差

换热器中,间壁两侧流体温度随位置发生变化的传热称为变温传热。变温传热时,若两流体的相互流向不同,则对温度差的影响也不相同,故应分别予以讨论。

(1)逆流和并流时的平均温度差 如图 5-20 所示,在换热器中,两流体若以相反的方向流动,称为逆流;若以相同的方向流动,称为并流。下面以逆流为例,推导计算平均温度差的通式。

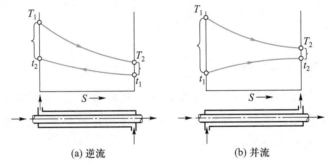

(a)逆流   (b)并流

图 5-20 变温传热时的温度差变化

由式(5-69)并结合简化假定条件①和②,可得

$$\frac{\mathrm{d}T}{\mathrm{d}Q} = -\frac{1}{w_h c_{p,h}} = 常数$$

$$\frac{\mathrm{d}t}{\mathrm{d}Q} = \frac{1}{w_c c_{p,c}} = 常数$$

因此,$T\text{-}Q$ 及 $t\text{-}Q$ 都呈直线关系,可分别表示为

$$T = mQ + k$$

$$t = m'Q + k'$$

上两式相减,可得

$$T - t = \Delta t = (m - m')Q + (k - k')$$

由上式可知,Δt 与 Q 也呈直线关系。将上述诸直线定性地绘于图 5-21 中,可以看出,$\Delta t\text{-}Q$ 直线的斜率为

图 5-21 逆流时平均温度差的推导

$$\frac{\mathrm{d}(\Delta t)}{\mathrm{d}Q} = \frac{\Delta t_2 - \Delta t_1}{Q_\mathrm{T}}$$

代入式(5-75)得

$$\frac{\mathrm{d}(\Delta t)}{K \Delta t \mathrm{d}S} = \frac{\Delta t_2 - \Delta t_1}{Q_\mathrm{T}}$$

式中　　Q_T——换热器的热负荷；

Δt_1、Δt_2——分别为换热器两端冷、热流体的温度差。

根据简化假定条件③，积分上式得

$$\frac{1}{K} \int_{\Delta t_1}^{\Delta t_2} \frac{\mathrm{d}(\Delta t)}{\Delta t} = \frac{\Delta t_2 - \Delta t_1}{Q_\mathrm{T}} \int_0^S \mathrm{d}S$$

即

$$\frac{1}{K} \ln \frac{\Delta t_2}{\Delta t_1} = \frac{\Delta t_2 - \Delta t_1}{Q_\mathrm{T}} S$$

或

$$Q_\mathrm{T} = KS \frac{\Delta t_2 - \Delta t_1}{\ln \dfrac{\Delta t_2}{\Delta t_1}} = KS \Delta t_\mathrm{m} \tag{5-84}$$

式(5-84)是适用于整个换热器的总传热速率方程式，由该式可知换热器的平均温度差等于换热器两端冷、热流体的温度差的对数平均值，称为对数平均温度差，即

$$\Delta t_\mathrm{m} = \frac{\Delta t_2 - \Delta t_1}{\ln \dfrac{\Delta t_2}{\Delta t_1}} \tag{5-85}$$

在工程计算中，当 $\Delta t_2 / \Delta t_1 \leqslant 2$ 时，可用算术平均温度差$[\Delta t_\mathrm{m} = (\Delta t_1 + \Delta t_2)/2]$代替对数平均温度差，其误差不超过 4%。

同理，若换热器中两流体作并流流动，也可导出与式(5-85)完全相同的结果。因此，式(5-85)是计算逆流和并流时平均温度差 Δt_m 的通式。在应用式(5-85)时，为简便计算，通常将换热器两端冷、热流体温度差的大者写成 Δt_2，小者写成 Δt_1。

◆ 例5-15　在一套管式换热器中，用冷却水将热流体由 90 ℃冷却至 65 ℃，冷却水进口温度为 30 ℃，出口温度为 50 ℃，试分别计算两流体作逆流和并流流动时的平均温度差。

解：逆流时热流体温度　　　　$T/℃$　　　$90 \rightarrow 65$

冷流体温度　　　　　　$t/℃$　　　$50 \leftarrow 30$

$\Delta t/℃$　　40　　35

所以

$$\Delta t_\mathrm{m} = \frac{\Delta t_2 - \Delta t_1}{\ln \dfrac{\Delta t_2}{\Delta t_1}} = \left(\frac{40 - 35}{\ln \dfrac{40}{35}} \right) ℃ = 37.4 \ ℃$$

并流时热流体温度　　　　$T/℃$　　　$90 \rightarrow 65$

冷流体温度　　　　　　$t/℃$　　　$30 \rightarrow 50$

$\Delta t/℃$　　60　　15

所以
$$\Delta t_{m} = \left(\frac{60-15}{\ln \dfrac{60}{15}} \right) \ ℃ = 32.5 \ ℃$$

比较可知,在冷、热流体的初、终温度相同的条件下,逆流的平均温度差较并流的大。这意味着在换热器的传热量 Q_T 及总传热系数 K 相同的条件下,采用逆流操作,若传热介质流量一定,则可以减小传热面积,节省设备费;若传热面积一定,则可减少传热介质的流量,降低操作费,因而工业上多采用逆流操作。但是在某些生产工艺要求下,若对流体的温度有所限制,如冷流体被加热时不得超过某一温度,或热流体被冷却时不得低于某一温度,则宜采用并流操作。

(2) 错流和折流时的平均温度差　如前所述,若管程流体一次通过管程,称为单管程。当换热器传热面积较大,所需管子数目较多时,为提高管程流体的流速,强化传热,管壳式换热器的管程常采用多程,即将换热管平均分为若干组,使流体在管内依次往返多次,程数等于其在管内往返的次数加1。管程数 N_p 可为 2、4、6、8,通常以 2、4 最为常见。

同理,若壳程流体一次通过壳程,称为单壳程。为改善壳程换热,一方面可采用折流挡板实现强化传热;另一方面也可采用壳程多程。与管程多程不同,壳程多程是指壳程流体所流经的壳体(换热器)的个数。例如,二壳程、4 管程表示壳程流体流经两个壳体而管程流体在管内往返 3 次。此时换热器中两流体并非作简单的逆流或并流,而是作比较

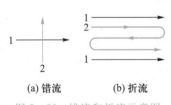

(a) 错流   (b) 折流

图 5-22　错流和折流示意图

复杂的多程流动或互相垂直的交叉流动,如图 5-22 所示。在图 5-22(a)中,两流体的流向互相垂直,称为错流;在图 5-22(b)中,一流体沿一个方向流动,而另一流体反复折流,称为简单折流。若两流体均作折流,或既有折流又有错流,则称为复杂折流或混合流。

两流体呈错流和折流流动时,平均温度差 Δt_m 的计算较为复杂。为便于计算,通常将解析结果以算图的形式表达出来,然后通过算图进行计算,该方法称为安德伍德(Underwood)和鲍曼(Bowman)算图法。其基本思想是先按逆流计算对数平均温度差,然后再乘以考虑流动方向的校正因子,即

$$\Delta t_m = \phi_{\Delta t} \Delta t'_m \tag{5-86}$$

式中　　$\Delta t'_m$——按逆流计算的对数平均温度差,℃;

$\phi_{\Delta t}$——温度差校正系数,量纲为1。

具体步骤如下:

① 根据冷、热流体的进、出口温度,算出逆流条件下的对数平均温度差 $\Delta t'_m$;

② 按下式计算因数 R 和 P,即

$$R = \frac{T_1 - T_2}{t_2 - t_1} = \frac{热流体的温降}{冷流体的温升}$$

$$P = \frac{t_2 - t_1}{T_1 - t_1} = \frac{\text{冷流体的温升}}{\text{两流体的最初温度差}}$$

③ 根据 R 和 P 的值,从算图中查出温度差校正系数 $\phi_{\Delta t}$;

④ 将逆流条件下的对数平均温度差乘以温度差校正系数 $\phi_{\Delta t}$,即得所求的 Δt_{m}。

图 5-23 所示为对数平均温度差校正系数算图,其中图 5-23(a)、(b)、(c)、(d)分别适用于单壳程、二壳程、三壳程及四壳程,每个单壳程内的管程可以是 2、4、6 或 8,图 5-23(e)适用于错流。对于其他复杂流动的 $\phi_{\Delta t}$,可从有关传热的手册或书籍中查取。

由图 5-23 可知,$\phi_{\Delta t}$ 值恒小于 1,这是由于各种复杂流动中同时存在逆流和并流,因此它们的 Δt_{m} 比逆流时为小。通常在换热器的设计中规定,$\phi_{\Delta t}$ 值不应小于 0.8,否则 Δt_{m} 值太小,经济上不合理。若低于此值,则应考虑增加壳方程数,将多台换热器串联使用,使传热过程接近于逆流。

◆ 例 5-16 在一单壳程、双管程的管壳式换热器中,用水冷却热油。冷水在管程流动,进口温度为 15 ℃。出口温度为 40 ℃;热油在壳程流动,进口温度为 110 ℃,出口温度为 50 ℃。热油的流量为 1.0 kg/s,平均比定压热容为 1.92 kJ/(kg·℃)。若总传热系数为 400 W/(m²·℃),试求换热器的传热面积。设换热器的热损失可忽略。

练习文稿

练习文稿

解:换热器的传热量为

$$Q_{\mathrm{T}} = w_{\mathrm{h}} c_{p,\mathrm{h}} (T_1 - T_2) = [1.0 \times 1.92 \times 10^3 \times (110-50)] \text{ W} = 1.15 \times 10^5 \text{ W}$$

$$\Delta t'_{\mathrm{m}} = \frac{\Delta t_2 - \Delta t_1}{\ln \dfrac{\Delta t_2}{\Delta t_1}} = \left[\frac{(110-40)-(50-15)}{\ln \dfrac{110-40}{50-15}} \right] ℃ = 50.5 ℃$$

$$R = \frac{T_1 - T_2}{t_2 - t_1} = \frac{110-50}{40-15} = 2.4 \qquad P = \frac{t_2 - t_1}{T_1 - t_1} = \frac{40-15}{110-15} = 0.263$$

由图 5-23(a)中得 $\phi_{\Delta t} = 0.9$,所以

$$\Delta t_{\mathrm{m}} = \phi_{\Delta t} \Delta t'_{\mathrm{m}} = (0.9 \times 50.5) ℃ = 45.4 ℃$$

$$S = \frac{Q_{\mathrm{T}}}{K \Delta t_{\mathrm{m}}} = \left(\frac{1.15 \times 10^5}{400 \times 45.4} \right) \text{m}^2 = 6.3 \text{ m}^2$$

二、传热单元数法

换热器传热计算的基本依据是热平衡方程式(5-69a)和总传热速率方程式(5-84),即

$$Q_{\mathrm{T}} = w_{\mathrm{c}} c_{p,\mathrm{c}} (t_2 - t_1) = w_{\mathrm{h}} c_{p,\mathrm{h}} (T_1 - T_2)$$

$$Q_{\mathrm{T}} = KS \Delta t_{\mathrm{m}}$$

从以上方程中约去 Q_{T} 可以得到两个相互独立的方程,例如:

$$w_{\mathrm{h}} c_{p,\mathrm{h}} (T_1 - T_2) = w_{\mathrm{c}} c_{p,\mathrm{c}} (t_2 - t_1)$$

$$w_{\mathrm{h}} c_{p,\mathrm{h}} (T_1 - T_2) = KS \Delta t_{\mathrm{m}}$$

上述两个方程中共有 8 个变量——K、S、$w_{\mathrm{c}} c_{p,\mathrm{c}}$、$w_{\mathrm{h}} c_{p,\mathrm{h}}$、$T_1$、$T_2$、$t_1$、$t_2$,因而原则上只要给定其中的 6 个变量即可进行计算。

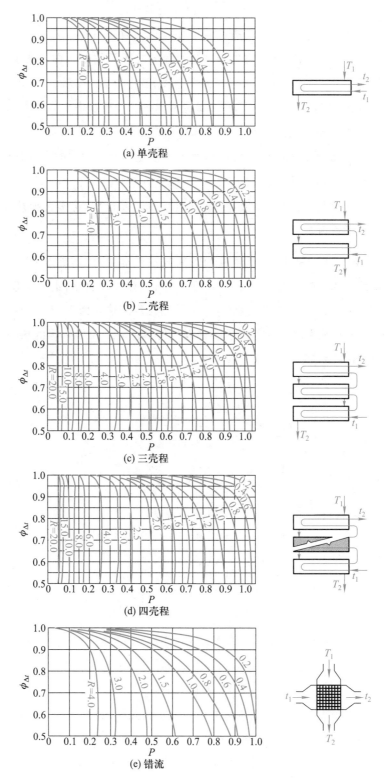

图 5-23　对数平均温度差校正系数算图

校核型计算通常是对一定尺寸和结构的换热器,给定 S、$w_c c_{p,c}$、$w_h c_{p,h}$、T_1、t_1,要求确定流体的出口温度 T_2、t_2。一般 K 可通过计算得到,故原则上出口温度完全可以通过直接求解上述两个方程来确定,但因出口温度出现在 Δt_m 中,上述方程实为一超越方程,求解时必须反复试算,甚为烦琐。若采用传热单元数(NTU)法[或称传热效率－传热单元数(ε － NTU)法]则较为简便。

　　1. 传热效率 ε

　　换热器的传热效率 ε 定义为

$$\varepsilon = \frac{\text{实际的传热量 } Q_T}{\text{最大可能的传热量 } Q_{max}}$$

　　当换热器的热损失可以忽略,实际传热量等于冷流体吸收的热量或热流体放出的热量。若两流体均无相变,则

$$Q_T = w_c c_{p,c}(t_2 - t_1) = w_h c_{p,h}(T_1 - T_2)$$

　　最大可能的传热量为流体在换热器中可能发生的最大温度差变化时的传热量。不论在哪种型式的换热器中,理论上,热流体能被冷却到的最低温度为冷流体的进口温度 t_1,而冷流体则至多能被加热到热流体的进口温度 T_1,因而冷、热流体的进口温度之差 $(T_1 - t_1)$ 便是换热器中可能达到的最大温度差。由热量衡算知,若忽略热损失时,热流体放出的热量等于冷流体吸收的热量,所以两流体中 wc_p 值较小的流体将具有较大的温度变化。因此,最大可能传热量可用下式表示,即

$$Q_{max} = (wc_p)_{min}(T_1 - t_1) \tag{5-87}$$

式中,wc_p 称为流体的热容量流率,下标 min 表示两流体中热容量流率较小者,并称其为最小值流体。

　　若热流体为最小值流体,则传热效率为

$$\varepsilon = \frac{w_h c_{p,h}(T_1 - T_2)}{w_h c_{p,h}(T_1 - t_1)} = \frac{T_1 - T_2}{T_1 - t_1} \tag{5-88}$$

　　若冷流体为最小值流体,则传热效率为

$$\varepsilon = \frac{w_c c_{p,c}(t_2 - t_1)}{w_c c_{p,c}(T_1 - t_1)} = \frac{t_2 - t_1}{T_1 - t_1} \tag{5-88a}$$

　　应予指出,换热器的传热效率只是说明流体可用能量被利用的程度和作为传热计算的一种手段,并不说明某一换热器在经济上的优劣。

　　若已知传热效率,则可确定换热器的传热量和冷、热流体的出口温度,即

$$Q_T = \varepsilon Q_{max} = \varepsilon(wc_p)_{min}(T_1 - t_1) \tag{5-89}$$

$$t_2 = t_1 + \varepsilon(T_1 - t_1) \tag{5-89a}$$

$$T_2 = T_1 - \varepsilon(T_1 - t_1) \tag{5-89b}$$

　　2. 传热单元数 NTU

　　由换热器热平衡方程及总传热速率微分方程得

$$dQ = -w_h c_{p,h} dT = w_c c_{p,c} dt = K(T - t)dS$$

对于冷流体,上式可改写为

$$\frac{\mathrm{d}t}{T-t}=\frac{K\mathrm{d}S}{w_\mathrm{c}c_{p,\mathrm{c}}}$$

积分上式得基于冷流体的传热单元数,用$(NTU)_\mathrm{c}$表示,即

$$(NTU)_\mathrm{c}=\int_{t_1}^{t_2}\frac{\mathrm{d}t}{T-t}=\int_0^S\frac{K\mathrm{d}S}{w_\mathrm{c}c_{p,\mathrm{c}}}=\frac{KS}{w_\mathrm{c}c_{p,\mathrm{c}}}$$

对于热流体,同样可写出

$$(NTU)_\mathrm{h}=\int_{T_2}^{T_1}\frac{\mathrm{d}T}{T-t}=\frac{K\mathrm{d}S}{w_\mathrm{h}c_{p,\mathrm{h}}}$$

传热单元数是温度的量纲为 1 的函数,它反映传热推动力和传热所要求的温度变化,亦表示换热面积的大小。传热推动力越大,所要求的温度变化越小,则所需要的传热单元数越少,完成指定换热任务所需的传热面积越小。

3. 传热效率与传热单元数的关系

现以单程并流换热器为例作推导。假定冷流体为最小值流体,令

$$C_{\min}=w_\mathrm{c}c_{p,\mathrm{c}}$$

$$C_{\max}=w_\mathrm{h}c_{p,\mathrm{h}}$$

$$C_\mathrm{R}=\frac{C_{\min}}{C_{\max}}$$

式中　　C_R——热容量流率比。

由总传热速率方程式(5-84)得

$$Q_\mathrm{T}=KS\Delta t_\mathrm{m}$$

并流时对数平均温度差为

$$\Delta t_\mathrm{m}=\frac{(T_1-t_1)-(T_2-t_2)}{\ln\dfrac{T_1-t_1}{T_2-t_2}} \tag{1}$$

将式(1)代入总传热速率方程并整理得

$$\frac{T_2-t_2}{T_1-t_1}=\exp\left[-KS\left(\frac{T_1-T_2}{Q_\mathrm{T}}+\frac{t_2-t_1}{Q_\mathrm{T}}\right)\right] \tag{2}$$

由热平衡方程式(5-69a)

$$Q_\mathrm{T}=w_\mathrm{c}c_{p,\mathrm{c}}(t_2-t_1)=w_\mathrm{h}c_{p,\mathrm{h}}(T_1-T_2)$$

得

$$T_2=T_1-\frac{w_\mathrm{c}c_{p,\mathrm{c}}}{w_\mathrm{h}c_{p,\mathrm{h}}}(t_2-t_1)=T_1-C_\mathrm{R}(t_2-t_1)$$

以上两式一并代入式(2),经整理得

$$\varepsilon=\frac{1-\exp[-(NTU)_{\min}(1+C_\mathrm{R})]}{1+C_\mathrm{R}} \tag{5-90}$$

式中

$$(NTU)_{\min}=\frac{KS}{C_{\min}}=\frac{KS}{w_\mathrm{c}c_{p,\mathrm{c}}}$$

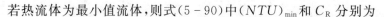

若热流体为最小值流体,则式(5-90)中$(NTU)_{min}$和C_R分别为

$$(NTU)_{min}=\frac{KS}{C_{min}}=\frac{KS}{w_h c_{p,h}}$$

$$C_R=\frac{C_{min}}{C_{max}}=\frac{w_h c_{p,h}}{w_c c_{p,c}}$$

同理,对于单程逆流换热器,可推导出传热效率与传热单元数的关系为

$$\varepsilon=\frac{1-\exp[-(NTU)_{min}(1-C_R)]}{1-C_R\exp[-(NTU)_{min}(1-C_R)]} \tag{5-91}$$

当两流体中任一流体发生相变时,$(wc_p)_{max}$趋于无穷大,式(5-90)和式(5-91)均可简化为

$$\varepsilon=1-\exp[-(NTU)_{min}] \tag{5-92}$$

当两流体的热容量流率相等,$C_R=1$,式(5-90)和式(5-91)可分别简化为

$$\varepsilon=\frac{1-\exp[-2(NTU)]}{2} \tag{5-93}$$

$$\varepsilon=\frac{NTU}{1+NTU} \tag{5-94}$$

对于其他比较复杂的流动型式,也可推导出ε与NTU和C_R之间的函数关系式。为便于计算,常将这些函数关系式绘成算图,以供查用,具体形式可查阅有关的文献。

4. 传热单元数法

采用$\varepsilon-NTU$法进行换热器校核计算的具体步骤如下:

① 根据换热器的结构型式及操作条件,计算(或选取)总传热系数K;

② 计算$w_h c_{p,h}$及$w_c c_{p,c}$,确定$(wc_p)_{max}$及$(wc_p)_{min}$;

③ 计算$NTU=\dfrac{KS}{(wc_p)_{min}}$及$C_R=\dfrac{(wc_p)_{min}}{(wc_p)_{max}}$;

④ 根据换热器中流体流动的型式,由NTU和C_R求得相应的ε;

⑤ 根据冷、热流体进口温度及ε,可求出传热量Q_T及冷、热流体的出口温度。

应予指出,一般在设计换热器时宜采用平均温度差法,在校核换热器时宜采用$\varepsilon-NTU$法。

◆ 例5-17 在一传热面积为12.5 m² 的逆流换热器中,用冷水冷却热油。已知冷水的流量为2400 kg/h,进口温度为30 ℃;热油的流量为8600 kg/h,进口温度为120 ℃。水和热油的平均比定压热容分别为4.18 kJ/(kg·℃)及1.9 kJ/(kg·℃)。试计算水的出口温度及传热量。设总传热系数为320 W/(m²·℃),热损失忽略不计。

解:本题采用$\varepsilon-NTU$法计算。

$$w_h c_{p,h}=\left(\frac{8600}{3600}\times1.9\times10^3\right) \text{ W/℃}=4539 \text{ W/℃}$$

$$w_c c_{p,c}=\left(\frac{2400}{3600}\times4.18\times10^3\right) \text{ W/℃}=2787 \text{ W/℃}$$

比较得,冷水为最小值流体。

$$C_R = \frac{C_{\min}}{C_{\max}} = \frac{2787}{4539} = 0.614$$

$$NTU = \frac{KS}{C_{\min}} = \frac{320 \times 12.5}{2787} = 1.44$$

代入式(5-91),即

$$\varepsilon = \frac{1 - \exp[-(NTU)_{\min}(1 - C_R)]}{1 - C_R \exp[-(NTU)_{\min}(1 - C_R)]}$$

得

$$\varepsilon = 0.66$$

由

$$\varepsilon = \frac{t_2 - t_1}{T_1 - t_1} = 0.66$$

得

$$t_2 = [0.66 \times (120 - 30) + 30]\ ℃ = 89.4\ ℃$$

换热器的传热速率为

$$Q_T = \varepsilon C_{\min}(T_1 - t_1) = [0.66 \times 2787 \times (120 - 30)]\ W = 1.66 \times 10^5\ W$$

案例解析

案例解析

◆ **例 5-18** 在一逆流操作的单壳程、单管程的管壳式换热器中,冷、热流体进行热交换。已知两流体的进、出口温度分别为 $T_1 = 200\ ℃$、$T_2 = 93\ ℃$,$t_1 = 35\ ℃$、$t_2 = 85\ ℃$。当冷流体流量减少一半,热流体的流量及冷、热流体的进口温度不变时,试求两流体的出口温度和传热量减少的百分数。假设流体的物性及总传热系数不变,换热器热损失可忽略。

解: 本题采用 ε-NTU 法计算。

由 $w_c c_{p,c}(t_2 - t_1) = w_h c_{p,h}(T_1 - T_2)$

因为

$$t_2 - t_1 = (85 - 35)\ ℃ = 50\ ℃$$

$$T_1 - T_2 = (200 - 93)\ ℃ = 107\ ℃$$

所以 $w_c c_{p,c} > w_h c_{p,h}$,故热流体为最小值流体。

原操作条件下,

$$\varepsilon = \frac{T_1 - T_2}{T_1 - t_1} = \frac{107}{165} = 0.65$$

$$C_R = \frac{w_h c_{p,h}}{w_c c_{p,c}} = \frac{t_2 - t_1}{T_1 - T_2} = \frac{50}{107} = 0.47$$

代入式(5-91),即

$$\varepsilon = \frac{1 - \exp[-(NTU)_{\min}(1 - C_R)]}{1 - C_R \exp[-(NTU)_{\min}(1 - C_R)]}$$

得

$$NTU = 1.29$$

由

$$NTU = \frac{KS}{(w c_p)_{\min}}$$

得

$$KS = (NTU)(w c_p)_{\min} = 1.29 w_h c_{p,h}$$

设新操作条件下热流体仍为最小值流体,在新操作条件下,

$$C_R' = \frac{w_h c_{p,h}}{\frac{1}{2} w_c c_{p,c}} = 2 \times 0.47 = 0.94$$

$$(NTU)' = (NTU) = 1.29$$

代入式(5-91),得

$$\varepsilon' = 0.57$$

$$\varepsilon' = \frac{T_1 - T_2'}{T_1 - t_1}$$

所以

$$T_2' = T_1 - \varepsilon'(T_1 - t_1) = [200 - 0.57 \times (200 - 35)] \text{ ℃} = 106 \text{ ℃}$$

由

$$C_R' = \frac{t_2' - t_1}{T_1 - T_2'} = 0.94$$

得

$$t_2' = 0.94(T_1 - T_2') + t_1 = [0.94 \times (200 - 106) + 35] \text{ ℃} = 123.4 \text{ ℃}$$

因为

$$t_2' - t_1 = (123.4 - 35) \text{ ℃} = 88.4 \text{ ℃}$$

$$T_1 - T_2' = (200 - 106) \text{ ℃} = 94 \text{ ℃}$$

所以

$$w_c' c_{p,c} > w_h c_{p,h}$$

故假设新操作条件下热流体为最小值流体正确。

原操作条件下的传热量

$$Q_T = w_c c_{p,c}(t_2 - t_1)$$

新操作条件下的传热量

$$Q_T' = w_c' c_{p,c}(t_2' - t_1)$$

故传热量减少的百分数为

$$\frac{Q_T - Q_T'}{Q_T} \times 100\% = \frac{w_c c_{p,c}(t_2 - t_1) - w_c' c_{p,c}(t_2' - t_1)}{w_c c_{p,c}(t_2 - t_1)} \times 100\%$$

$$= \frac{(t_2 - t_1) - \frac{1}{2}(t_2' - t_1)}{t_2 - t_1} \times 100\%$$

$$= \frac{50 - \frac{1}{2} \times 88.4}{50} \times 100\% = 11.6\%$$

5.6 换 热 器

换热器作为过程工业的单元设备,广泛地应用于石油、化工、动力、轻工、机械、冶金、制药等领域中。据统计,在现代石油化工企业中,换热器投资约占装置建设总投资的30%～40%。由此可见,换热器对整个企业的建设投资及经济效益有着重要的影响。由于换热器的设计和计算是一个复杂的系统工程,这里仅介绍基本内容和原理,更详细的要求内容请参考热交换设计的专著和最新版换热器相关国家标准和部颁标准。

演示文稿

课程思政

5.6.1　间壁式换热器的结构型式

一、管式换热器的结构型式

管式换热器通过管子壁面进行传热,工业应用最为广泛。按传热管的结构型式可分为管壳式换热器、蛇管式换热器、套管式换热器、翅片管式换热器等几种。

1. 管壳式换热器

管壳式换热器又称列管式换热器,是一种通用的标准换热设备。它因结构简单、坚固耐用、造价低廉、用材广泛、清洗方便、适应性强等优点而在换热设备中占据主导地位,在工业中的用量约占换热器总量的90%。管壳式换热器根据结构特点分为以下几种。

（1）固定管板式换热器　固定管板式换热器的结构如图5-24所示。它由壳体、管束、封头、管板、折流挡板、接管等部件组成。两块管板分别焊于壳体的两端,管束两端固定在管板上。整个换热器分为两部分:换热管内的通道及与其两端相贯通处称为管程;换热管外的通道及与其相贯通处称为壳程。冷、热流体分别在管程和壳程中连续流动,流经管程的流体称为管(管程)流体,流经壳程的流体称为壳(壳程)流体。

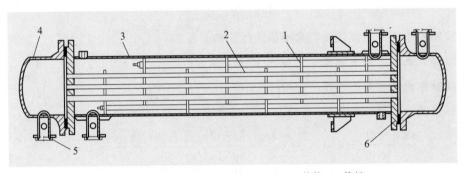

1—折流挡板;2—管束;3—壳体;4—封头;5—接管;6—管板

图5-24　固定管板式换热器

若管程流体一次通过管程,称为单管程。当换热器传热面积较大,所需管子数目较多时,为提高管程流体的流速,常将换热管平均分为若干组,使流体在管内依次往返多次,则称为多管程。管程数可为2、4、6、8等。管程数太大,虽提高了管程流体的流速,从而增大了管内对流传热系数,但同时会导致流动阻力增大。因此,管程数不宜过多,通常以2、4管程最为常见。

若壳程流体一次通过壳程,称为单壳程。为提高壳程流体的流速,也可在与管束轴线平行方向放置纵向隔板使壳程分为多程。壳程数即为壳程流体在壳程内沿壳体轴向往、返的次数。分程可使壳程流体流速增大,流程增长,扰动加剧,有助于强化传热。

图5-24就是单管程单壳程管壳式换热器,简称单程管壳式换热器。

固定管板式换热器的优点是结构简单、紧凑。在相同的壳体直径内,排管数最多,旁路最少;每根换热管都可以进行更换,且管内清洗方便。固定管板式换热器的缺点是壳程不能进行机械清洗;当换热管与壳体的温度差较大(大于 50 ℃)时产生温度差应力,需在壳体上设置膨胀节,因而壳程压力受膨胀节强度的限制不能太高。固定管板式换热器适用于壳方流体清洁且不易结垢,两流体温度差不大或温度差较大但壳程压力不高的场合。

(2)浮头式换热器 浮头式换热器的结构如图 5-25 所示。其特点是两端管板之一不与壳体固定连接,可在壳体内沿轴向自由伸缩,该端称为浮头。浮头式换热器的优点是换热管与壳体不会产生温度差应力;管束可从壳体内抽出,便于清洗。缺点是结构较复杂,用材量大,造价高;浮头盖与浮动管板之间若密封不严,易发生内漏,造成两种介质的混合。浮头式换热器适用于壳体和管束壁温度差较大或壳程介质易结垢的场合。

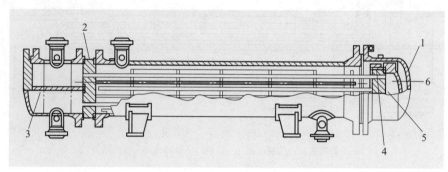

1—壳盖;2—固定管板;3—隔板;4—浮头钩圈法兰;5—浮动管板;6—浮头盖

图 5-25 浮头式换热器

(3)U 形管式换热器 U 形管式换热器的结构如图 5-26 所示。其特点是只有一个管板,换热管为 U 形,管子两端固定在同一管板上。管束可以自由伸缩,当壳体与换热管有温度差时,不会产生温度差应力。U 形管式换热器的优点是结构简单,密封面少,运行可靠,造价低;管束可以抽出,管间清洗方便。其缺点是管内清洗比较困难。U 形管式换热器适用于管、壳壁温度差较大或壳程介质易结垢,而管程介质清洁不易结垢,以及高温、高压、腐蚀性强的场合。

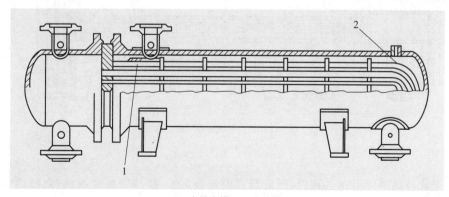

1—内导流管;2—U 形管

图 5-26 U 形管式换热器

(4)填料函式换热器 填料函式换热器的结构如图 5-27 所示。其结构特点是管板只有一端与壳体固定连接,另一端采用填料函密封。管束可以自由伸缩,不会产生由壳壁与管壁温度差而引起的温度差应力。填料函式换热器的优点是结构较浮头式换热器简单,制造方便,耗材少,造价低;管束可从壳体内抽出,管内、管间均能进行清洗,维修方便。其缺点是填料函耐压不高,一般低于 4.0 MPa;壳程介质可能通过填料函外漏,对易燃、易爆、有毒和贵重的介质不适用。填料函式换热器适用于管、壳壁温度差较大,或介质易结垢,需经常清理且压力不高的场合。

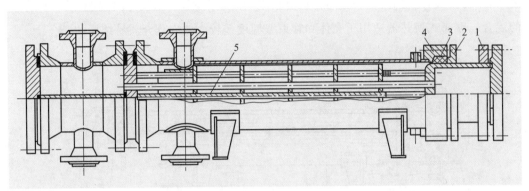

1—活动管板;2—填料压盖;3—填料;4—填料函;5—纵向隔板

图 5 - 27　填料函式换热器

(5) 釜式重沸器　釜式重沸器的结构如图 5 - 28 所示。其结构特点是在壳体上部设置适当的蒸发空间,同时兼有蒸气室的作用。管束可以为固定管板式、浮头式或 U 形管式。釜式重沸器清洗维修方便,可处理不清洁、易结垢的介质,并能承受高温、高压。它适用于液气式换热,可作为最简结构的废热锅炉。

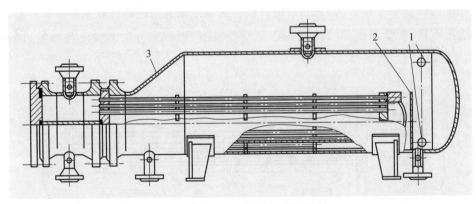

1—液面计接口;2—堰板;3—偏心锥壳

图 5 - 28　釜式重沸器

管壳式换热器除上述五种外,还有双管板式换热器、拉撑管板式换热器、挠性管板式换热器和缠绕管换热器等其他类型。

2. 蛇管式换热器

蛇管式换热器是管式换热器中结构最简单、操作最方便的一种换热设备。按照换热方式的不同,通常将蛇管式换热器分为沉浸式和喷淋式两类。

(1) 沉浸式蛇管式换热器 此种换热器多以金属管弯绕而成,制成适应容器的形状,沉浸在容器内的液体中。两种流体分别在管内、管外进行换热。几种常见的蛇管形状如图5-29所示。

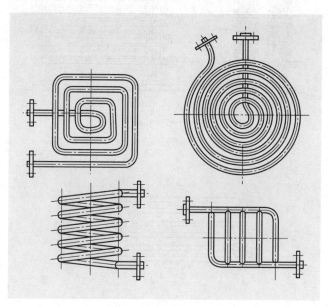

图5-29 蛇管的形状

沉浸式蛇管式换热器的优点是结构简单、价格低廉、便于防腐蚀、能承受高压。缺点是由于容器的体积较蛇管的体积大得多,管外流体的对流传热系数较小,故常需加搅拌装置,以提高其传热效率。

(2) 喷淋式蛇管式换热器 此种换热器多用于冷却管内的热流体。固定在支架上的蛇管排列在同一垂直面上,热流体自下部的管进入,由上部的管流出。冷却水由管上方的喷淋装置均匀地喷洒在上层蛇管上,并沿着管外表面淋漓而下,降至下层蛇管表面,最后收集在排管的底盘中。该装置通常放在室外空气流通处,冷却水在空气中汽化时,可带走部分热量,以提高冷却效果。喷淋式蛇管式换热器如图5-30所示。

与沉浸式蛇管式换热器相比,喷淋式蛇管式换热器具有检修清理方便,传热效果好等优点。其缺点是体积庞大,占地面积大;冷却水用量较大,喷淋不易均匀。

蛇管式换热器因其结构简单、操作方便,常被用于合成氨等化工生产中,也常用在制冷装置和小型制冷机组中。

3. 套管式换热器

套管式换热器是由两种不同直径的直管套在一起组成同心套管,内管用U形肘管顺次连接,外管与外管互相连接而成的,其构造如图5-31所示。每一段套管称为一程,程数可根据传热面积要求而增减。换热时一种流体走内管,另一种流体走环隙,内管的壁面为传热面。

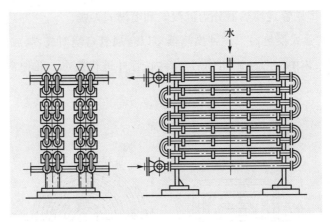

图 5-30　喷淋式蛇管式换热器

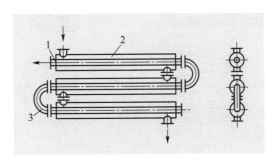

1—内管;2—外管;3—肘管

图 5-31　套管式换热器

套管式换热器的优点是结构简单,能耐高压,传热面积可根据需要增减;适当地选择管的内、外径,可使流体的流速增大;两种流体呈逆流流动,有利于传热。其缺点是单位传热面积的金属耗量大;管子接头多,检修清洗不方便。此类换热器适用于高温、高压及小流量流体间的换热。

4. 翅片管式换热器

翅片管式换热器又称管翅式换热器,如图 5-32 所示。其结构特点是在换热器管的外表面或内表面装有许多翅片,常用的翅片有纵向和横向两类,图 5-33 所示是工业上广泛应用的几种翅片型式。

化工生产中常遇到气体的加热和冷却问题。因气体的对流传热系数很小,故气体侧

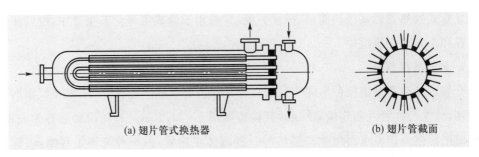

(a) 翅片管式换热器　　　　　　　　(b) 翅片管截面

图 5-32　翅片管式换热器

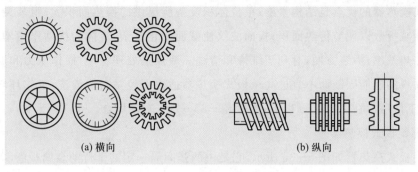

图 5-33　工业上广泛应用的几种翅片型式

热阻成为传热控制因素。此时要强化传热,就必须增加气体侧的对流传热面积。在换热管的气体侧设置翅片,这样既增大了气体侧的传热面积,又增强了气体的湍动程度,减少了气体侧的热阻,从而使气体侧传热系数提高。当然,加装翅片会使设备费提高,但一般当两种流体的对流传热系数之比超过 3∶1 时,采用翅片管式换热器在经济上是合理的。翅片管式换热器作为空气冷却器,在工业上应用很广。用空冷代替水冷,不仅可在缺水地区使用,在水源充足的地方,也取得了较大的经济效益。

二、板式换热器的结构型式

板式换热器通过板面进行传热,按传热板的结构可分为平板式换热器、螺旋板式换热器、热板式换热器、板壳式换热器等几种类型。

1. 平板式换热器

平板式换热器简称板式换热器,其结构如图 5-34 所示。它由一组长方形的薄金属板平行排列,夹紧组装于支架上而成。两相邻板片的边缘衬有垫片,压紧后板间形成密封的流体通道,且可用垫片的厚度调节通道的大小。每块板的四个角上,各开一个圆孔,其中有两个圆孔和板面上的流道相通,另两个圆孔则不相通。它们的位置在相邻板上是错开的,以分别形成两流体的通道。冷、热流体交替地在板片两侧流动,通过金属板片进行换热。

板片是板式换热器的核心部件。为使流体均匀流过板面,增加传热面积,并促使流体的湍动,常将板面冲压成凹凸的波纹状。波纹形状有几十种,常用的波纹形状有水平波纹、人字形波纹和圆弧形波纹等,如图 5-35 所示。

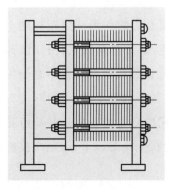

图 5-34　板式换热器

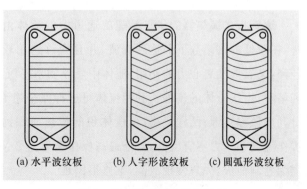

(a) 水平波纹板　　(b) 人字形波纹板　　(c) 圆弧形波纹板

图 5-35　板式换热器的板片

板式换热器的优点是结构紧凑,单位体积设备所提供的换热面积大;组装灵活,可根据需要增减板数以调节传热面积;板面波纹使截面变化复杂,流体的扰动作用增强,具有较高的传热效率;拆装方便,有利于维修和清洗。缺点是处理量小,操作压力和温度受密封垫片材料的性能限制而不宜过高。板式换热器适用于经常需要清洗,工作环境要求十分紧凑,工作压力在 2.5 MPa 以下,温度在 -35~200 ℃的场合。

2. 螺旋板式换热器

螺旋板式换热器如图 5-36 所示,它是由两张间隔一定的平行薄金属板卷制而成的。两张薄金属板形成两个同心的螺旋形通道,两板之间焊有定距柱以维持通道间距,在螺旋板两侧焊有盖板。冷、热流体分别流经两条通道,通过薄金属板进行换热。常用的螺旋板式换热器,根据流动方式的不同,分为Ⅰ型、Ⅱ型、Ⅲ型、G 型四种。

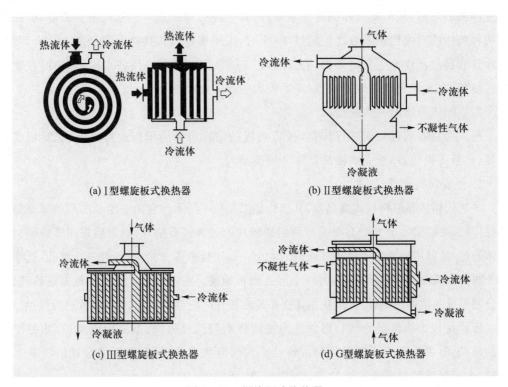

图 5-36　螺旋板式换热器

螺旋板式换热器的优点是螺旋通道中的流体由于惯性离心力的作用和定距柱的干扰,在较低的雷诺数下即达到湍流,并且允许选用较高的流速,故传热系数大;由于流速较高,又有惯性离心力的作用,流体中悬浮物不易沉积下来,故螺旋板式换热器不易结垢和堵塞;由于流体的流程长和两流体可进行完全逆流,故可在较小的温度差下操作,能充分利用低温热源;结构紧凑,单位体积的传热面积约为管壳式换热器的 3 倍。其缺点是操作温度和压力不宜太高,目前最高操作压力为 2 MPa,温度在 400 ℃以下;因整个换热器为卷制而成,一旦发现泄漏,维修很困难。

3. 热板式换热器

热板式换热器是一种高效板面式换热器,其传热基本单元为热板。热板结构如图 5-37 所示。其成型方法是按等阻力流动原理,将双层或多层金属平板点焊或滚焊成各种图形,并将边缘焊接密封组成一体。平板之间在高压下充气形成空间,实现最佳流动状态的流道结构。各层金属板的厚度可以相同,亦可以不同,板数可以为双层或多层,这样就构成了多种热板传热表面结构,如不等厚双层热板、等厚双层热板、三层不等厚热板、四层等厚热板等,如图 5-37 所示,设计时,可根据需要选取。

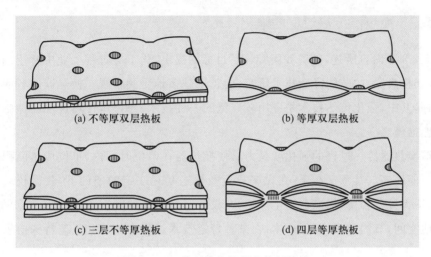

图 5-37 热板式换热器的热板结构

热板式换热器具有最佳的流动状态,阻力小,传热效率高;根据工程需要可制造成各种形状,亦可根据介质的性能选用不同的板材。热板式换热器可用于加热、保温、干燥、冷凝等多种过程,具有广阔的应用前景。

此外,还有板壳式换热器等新型高效节能换热器,可参考相关专著。

三、特殊型式换热器

特殊型式换热器是指根据工艺特殊要求而设计的,具有特殊结构的换热器。如回旋式换热器、热管换热器、同流式换热器等。以新型高效的热管换热器为例,它由壳体、热管和隔板组成。热管作为主要的传热元件,是一种具有高热传导性能的传热装置,其结构如图 5-38 所示。它是一种真空容器,其基本组成部件为壳体、吸液芯和工作液。将壳体抽真空后充入适量的工作液,密闭壳体便构成一只热管。当热源对其一端供热时,工

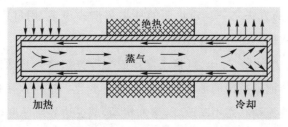

图 5-38 热管结构示意图

作液自热源吸收热量而蒸发汽化,携带潜热的蒸气在压力差作用下,高速传输至壳体的另一端,向冷源放出潜热而凝结,冷凝液回至热端,再次沸腾汽化。如此反复循环,热量即不断从热端传至冷端。

课程思政

热管的传热特点是热管中的热量传递通过沸腾汽化、蒸气流动和蒸气冷凝三步进行,由于沸腾和冷凝的对流传热强度都很大,而蒸气流动的阻力损失又较小,因此热管两端温度差可以很小,即能传递很大的热流量。因此,它特别适用于低温度差传热及某些等温性要求较高的场合。

5.6.2   换热器传热过程的强化

如 5.2.3 节内容所述,随着我国"双碳"目标的提出,化工等过程工业中常用的能量利用设备(如换热器)的节能降碳技术研究,会越来越多地受到重视。换热器的节能技术措施有多种,其中,强化传热技术是应用较广泛的一种技术。另外,传热过程的抑制也是重要的节能措施之一。

所谓换热器传热过程的强化就是力求使换热器在单位时间内、单位传热面积传递的热量尽可能增多。其意义在于:在设备投资及输送功耗一定的条件下,获得较大的传热量,从而增大设备容量,提高劳动生产率;在设备容量不变的情况下,使其结构更加紧凑,减少占地空间,节约材料,降低成本;在某种特定技术过程中使某些工艺特殊要求得以实施等。

一、传热过程强化的途径

换热器传热计算的基本关系式(5-82)揭示了换热器中传热速率 Q_T 与传热系数 K、平均温度差 Δt_m 及传热面积 S 之间的关系。据此可知,要使 Q_T 增大,无论是增加 K、Δt_m,还是增大 S 都能收到一定的效果,工艺设计和生产实践中大多是从这些方面进行传热过程的强化。

1. 增大传热面积 S

增大传热面积,是指从设备的结构入手,通过改进传热面的结构来提高单位体积的传热面积,而非靠增大换热器的尺寸。目前已研制出并成功使用了多种高效传热面,它不仅使传热面得到充分的扩展,而且还使流体的流动和换热器的性能得到相应的改善。现介绍几种主要型式。

(1)翅化面(肋化面)   用翅(肋)片来扩大传热面面积和促进流体的湍动从而提高传热效率,是最早提出的方法之一。翅化面的种类和型式很多,用材广泛,制造工艺多样,前面讨论的翅片管式换热器等就属此类。

(2)异形表面   用轧制、冲压、打扁或爆炸成型等方法将传热面制造成各种凹凸形、波纹形、扁平状等,使流道截面的形状和大小均发生变化。这不仅使传热表面有所增加,还使流体在流道中的流动状态不断改变,增加扰动,减少边界层厚度,从而强化传热。

(3)多孔物质结构   将细小的金属颗粒烧结或涂敷于传热表面或填充于传热表面

间,以实现扩大传热面积的目的。其结构如图 5-39 所示。表面烧结法制成的多孔层厚度一般为 0.25~1 mm,空隙率为 50%~65%,孔径为 1~150 μm。这种多孔表面,不仅增大了传热面积,而且还改善了换热状况,对于沸腾传热过程的强化特别有效。

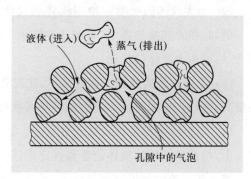

图 5-39 多孔表面

(4) 采用小直径管 在管壳式换热器设计中,减小管子直径,可增加单位体积的传热面积。据测算,在壳径为 1000 mm 以下的管壳式换热器中,把换热管直径由 φ25 mm 改为 φ19 mm,传热面积可增加 35% 以上。另一方面,减小管径后,使管内湍流换热的层流内层减薄,有利于传热的强化。

应予指出,上述方法可提高单位体积的传热面积,使传热过程得到强化,但同时由于流道的变化,往往会使流动阻力有所增加,故设计时应综合比较,全面考虑。

2. 增大平均温度差 Δt_{m}

增大平均温度差,可以提高换热器的传热效率。平均温度差的大小主要取决于两流体的温度条件和两流体在换热器中的流动型式。一般来说,物料的温度由生产工艺来决定,不能随意变动,而加热介质或冷却介质的温度由于所选介质不同,可以有很大的差异,例如,在化工中常用的加热介质是饱和水蒸气,若提高蒸汽的压力就可以提高蒸汽的温度,从而提高平均温度差。但需指出的是,提高介质的温度必须考虑到技术上的可行性和经济上的合理性。另外,采用逆流操作或增加管壳式换热器的壳程数使 $\varphi_{\Delta t}$ 增大,均可得到较大的平均温度差。

3. 增大总传热系数 K

增大总传热系数,可以提高换热器的传热效率。总传热系数的计算公式为

$$K = \frac{1}{\dfrac{d_{\mathrm{o}}}{\alpha_{\mathrm{i}} d_{\mathrm{i}}} + R_{\mathrm{si}} \dfrac{d_{\mathrm{o}}}{d_{\mathrm{i}}} + \dfrac{b d_{\mathrm{o}}}{\lambda d_{\mathrm{m}}} + R_{\mathrm{so}} + \dfrac{1}{\alpha_{\mathrm{o}}}}$$

由此可见,要提高 K 值,就必须减少各项热阻。但因各项热阻所占比例不同,故应设法减少对 K 值影响较大的热阻。一般来说,在金属材料换热器中,金属材料壁面较薄且导热系数高,不会成为主要热阻;污垢热阻是一个可变因素,在换热器刚投入使用时,污垢热阻很小,不会成为主要矛盾,但随着使用时间的增长,污垢逐渐增加,便可成为阻碍传热的主要因素;对流传热热阻经常是传热过程的主要矛盾,也应是着重研究的内容。

减少热阻的主要方法有:

(1) 提高流体的流速 加大流速,使流体的湍动程度加剧,可减少热边界层中层流内层的厚度,提高对流传热系数,也即减少了对流传热的热阻。例如,在管壳式换热器中增

加管程数和壳程的挡板数,可分别提高管程和壳程的流速。

（2）加大流体的扰动　增强流体的扰动,可使层流内层减薄,从而减少对流传热热阻。例如,在管式换热器中,采用各种异形管或在管内加麻花铁、螺旋圈或金属卷片等添加物,均可加大流体的扰动。

（3）采用短管换热器　如前所述,在流动入口段内,由于层流内层较薄,对流传热系数较高。据报道,短管换热器的总传热系数可较普通管壳式换热器高5～6倍。

（4）防止结垢和及时除垢　为防止结垢,可增加流体的速度,加大流体的扰动;为便于除垢,可使易结垢的流体走管程并定期进行除垢和检修。

强化传热技术还可以分为两类:被动式和主动式。需要消耗外部能量的强化传热方式称为主动式传热,包括外加磁场、电场、搅拌、光照射、喷射等;不需要消耗外部能量的强化传热方式称为被动式传热,包括表面处理、改变形状、插入插件、改变支撑物等。其中,被动式强化传热技术应用较为广泛。限于篇幅,不再赘述。

二、传热过程强化效果的评价

如前所述,增加 K、Δt_{m} 或 S 都能使传热过程得以强化,但这样做的同时往往使流动阻力增大,其他方面的消耗或要求增高,故应综合考虑,采取经济而合理的强化方法。

评价传热强化效果的方法,通常是在输送功率相等的前提下,比较总传热系数的变化,即

$$\left(\frac{K}{K_0}\right)_{\mathrm{p}} = f(Re, Pr, 强化方法)$$

式中,K_0、K 分别为强化前、后的总传热系数,下标 p 表示在输送功耗相等的条件下进行比较。

当 $\left(\dfrac{K}{K_0}\right)_{\mathrm{p}} > 1$,说明传热强化取得了积极的效果。

应予指出,$\left(\dfrac{K}{K_0}\right)_{\mathrm{p}}$ 是一个重要的评价指标,但不是唯一的标准。由于在换热器的应用中往往有不同的要求,因此传热强化不能单独追求高的传热强度,而应根据实际情况综合考虑。

5.6.3　管壳式换热器的设计和选型

演示文稿

管壳式换热器是一种传统的标准换热设备,在许多工业部门中大量使用,尤其是在石油、化工、热能、动力等工业部门所使用的换热器中,管壳式换热器居主导地位。为此,本节将对管壳式换热器的设计和选型予以讨论。

一、管壳式换热器设计时应考虑的问题

1. 流体流径的选择

流体流径的选择是指在管程和壳程各走哪一种流体,此问题受多方面因素的制约,下面以固定管板式换热器为例,介绍一些选择的原则。

① 不洁净和易结垢的流体宜走管程,因为管程清洗比较方便。

② 腐蚀性强的流体宜走管程,以免管子和壳体同时被腐蚀,且管程便于检修与更换。

③ 压力高的流体宜走管程,以免壳体受压,可节省壳体金属消耗量。

④ 被冷却的流体宜走壳程,可利用壳体对外的散热作用,增强冷却效果。

⑤ 饱和蒸汽宜走壳程,以便于及时排除冷凝液,且蒸汽较洁净,一般不需清洗。

⑥ 有毒或易污染的流体宜走管程,以减少泄漏。

⑦ 流量小或黏度大的流体宜走壳程,因流体在有折流挡板的壳程中流动,由于流速和流向的不断改变,在低 $Re(Re>100)$ 下即可达到湍流,以提高对流传热系数。

⑧ 若两流体温度差较大,宜使对流传热系数大的流体走壳程,因壁面温度与 α 大的流体接近,以减小管壁与壳壁的温度差,减小温度差应力。

以上讨论的原则并不是绝对的,对具体的流体来说,上述原则可能是相互矛盾的。因此,在选择流体的流径时,必须根据具体的情况,抓住主要矛盾进行确定。

2. 流体流速的选择

流体流速的选择涉及对流传热系数、流动阻力及换热器结构等方面。增大流速,可加大对流传热系数,减少污垢的形成,使总传热系数增大;但同时使流动阻力加大,动力消耗增多。选择高流速,使管子的数目减小,对一定换热面积,不得不采用较长的管子或增加程数,管子太长不利于清洗,单程变为多程使平均传热温度差下降。因此,一般需通过多方面权衡选择适宜的流体流速。表 5-12 至表 5-14 列出了常用的流速范围,可供设计时参考。选择流速时,应尽可能避免在层流下流动。

表 5-12   管壳式换热器中常用的流速范围

流体的种类		一般液体	易结垢液体	气体
流速 m/s	管程	0.5~3.0	>1.0	5.0~30.0
	壳程	0.2~1.5	>0.5	3.0~15.0

表 5-13   管壳式换热器中不同黏度液体的最大流速

液体黏度 mPa·s	>1500	1500~500	500~100	100~35	35~1	<1
最大流速 m/s	0.6	0.75	1.1	1.5	1.8	2.4

表 5-14   管壳式换热器中易燃、易爆液体的安全允许流速

液体名称	乙醚、二硫化碳、苯	甲醇、乙醇、汽油	丙酮
安全允许流速 m/s	<1	<2~3	<10

3. 冷却介质(或加热介质)终温的选择

在换热器的设计中,物料进、出换热器的温度一般是由工艺确定的,而冷却介质(或

加热介质)的进口温度一般为已知,出口温度则由设计者确定。如用冷却水冷却某种热流体,水的进口温度可根据当地气候条件作出估计,而出口温度需经过经济权衡确定。为了节约用水,可使水的出口温度高些,但所需传热面积加大;反之,为减小传热面积,则可增加水量,降低出口温度。一般来说,设计时冷却水的进、出口温度差可取 5～10 ℃。缺水地区可选用较大的温度差,水源丰富地区可选用较小的温度差。若用加热介质加热冷流体,可按同样的原则选择加热介质的出口温度。

应予指出,如果冷却介质是工业用水,出口温度 t_2 不宜过高,这是因为工业用水中所含的许多盐类(如 $CaCO_3$、$MgCO_3$、$CaSO_4$、$MgSO_4$ 等)的溶解度随温度升高而减小,如出口温度过高,盐类析出,形成导热性能很差的垢层,会使传热过程迅速恶化。为防止垢层的形成,可在冷却水中添加各种阻垢剂和水质稳定剂。即便如此,工业冷却水的出口温度一般也不宜高于 45 ℃。否则,必须对冷却水进行适当的预处理,以除去水中所含的盐类,这显然是一种技术性限制。

4. 管子的规格和排列方法

管子的规格包括管径和管长。目前我国使用的管壳式换热器系列标准中多采用 $\phi 25\ mm \times 2.5\ mm$ 及 $\phi 19\ mm \times 2\ mm$ 等管径规格的换热管。对于洁净的流体,可选用小管径,对于易结垢或不洁净的流体,可选择大管径。管长的选择以清洗方便和合理使用管材为原则。长管不便于清洗,且易弯曲。一般出厂的标准钢管长度为 6 m,故系列标准中管长推荐采用 1.0 m、1.5 m、2.0 m、2.5 m、3.0 m、4.5 m、6.0 m、7.5 m、9.0 m、12.0 m 十种。此外管长 L 和壳径 D 的比例应适当,一般取 L/D 为 4～6(直径小的换热器可取大些)。

如前所述,管子在管板上的排列方法有正三角形、正方形直列和正方形错列。正三角形排列,流体短路机会少,扰动程度较大,传热系数较高,排列管子多,管板强度高;正方形直列排列便于清洗管子外壁,但其传热系数较正三角形排列时低;正方形错列排列介于二者之间。相邻两根管子的中心距 t 称为管间距。管间距小,有利于提高传热系数,且设备紧凑。但由于制造上的限制,一般 $t = (1.25 \sim 1.5)d_o$,d_o 为管的外径。常用的 d_o 与 t 的关系见表 5-15。

表 5-15　管壳式换热器 d_o 与 t 的关系

换热管外径 d_o /mm	10	14	19	25	32	38	45	57
换热管中心距 t /mm	13～14	19	25	32	40	48	57	72

5. 管程数和壳程数的确定

(1) 管程数的确定　如前所述,当换热器的换热面积较大而管子又不能很长时,就得排列较多的管子,为了提高流体在管内的流速,需将管束分程。但是管程数过多,导致管程流动阻力加大,动力能耗增大,此外多管程会使平均温度差下降,故设计时应权衡考虑。管壳式换热器系列标准中管程数有 1、2、4、6、8、10、12 七种。采用多管程时，通常应使每程的管子数相等。

管程数 N_p 可按下式计算，即

$$N_p = \frac{u}{u'} \tag{5-95}$$

式中 u、u'——分别为管程流体的适宜流速和单管程时的流速，m/s。

（2）壳程数的确定   如前所述，当温度差校正系数 $\phi_{\Delta t} < 0.8$ 时，可以采用壳方多程，例如，在壳体内安装与管束平行的隔板。

6. 折流挡板的选用

如前所述，安装折流挡板的目的是改变流径和加大壳程流体的流速，使湍动程度加剧，提高壳程流体的对流传热系数。折流挡板有弓形、圆盘形等，其中以弓形挡板应用最多。挡板的形状和间距对壳程流体的流动和传热有重要的影响。通常切去的弓形高度为外壳内径的 $10\% \sim 45\%$，常用的为 20% 和 25% 两种，过高或过低都不利于传热。挡板应按等间距布置，两相邻挡板的距离（板间距）为外壳内径的 $0.2 \sim 1.0$ 倍。常用的板间距为：固定管板式的有 150 mm、300 mm 和 600 mm 三种；浮头式的有 150 mm、200 mm、300 mm、480 mm 和 600 mm 五种。板间距过小，不便于制造和检修，阻力也较大；板间距过大，流体难以垂直流过管束，使对流传热系数下降。

挡板弓形缺口高度及板间距对流体流动的影响如图 5-40 所示。为了使所有的折流挡板能固定在一定的位置上，通常采用拉杆和定距管结构。

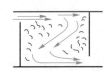 

(a) 缺口高度过小，板间距过大   (b) 正常   (c) 缺口高度过大，板间距过小

图 5-40   挡板弓形缺口高度及板间距对流体流动的影响

换热器的折流构件除通用的折流挡板外，还有其他一些型式，详细介绍见有关专著。

7. 外壳直径的确定

换热器壳体的内径应等于或稍大于管板的直径。根据计算出的实际管数、管长、管中心距及管子的排列方式等，可用作图法确定管板直径，进而确定壳体的内径。但当管数较多又需要反复计算时，用作图法太过麻烦。一般在初步设计中，可先分别选定两流体的流速，然后计算所需的管程和壳程的流通截面积，参考壳体系列标准，查出外壳的直径。待全部设计完成后，再用作图法画出管子的排列图。为使管子排列均匀，防止流体走"短路"，可以适当地增加一些管子或安排一些拉杆。

初步设计可用下式估算外壳直径，即

$$D = t(n_c - 1) + 2b' \tag{5-96}$$

式中 D——外壳直径，m；

t——管中心距，m；

n_c——位于管束中心线上的管数；

b'——管束中心线上最外层管的中心至壳体内壁的距离，一般取 $b'=(1\sim1.5)d_o$，m。

n_c 值可由下面公式估算，即

管子按正三角形排列 $\qquad\qquad n_c=1.1\sqrt{n}$ $\qquad\qquad\qquad$ (5-97)

管子按正方形排列 $\qquad\qquad n_c=1.19\sqrt{n}$ $\qquad\qquad\qquad$ (5-98)

式中　　n——换热器的总管数。

应予指出，按上述方法计算出外壳直径后应圆整，常用的壳体直径有 159 mm、273 mm、400 mm、500 mm、600 mm、800 mm、1000 mm、1100 mm、1200 mm 等。

8. 流体通过换热器的流动阻力（压降）

计算流体流经管壳式换热器的阻力，应按管程和壳程分别计算。

（1）管程流动阻力计算　对于多管程换热器，其总阻力 $\sum\Delta p_i$ 为各程直管阻力、回弯阻力及进、出口阻力之和。通常进、出口阻力较小，一般可忽略不计。因此，管程总阻力的计算公式为

$$\sum\Delta p_i=(\Delta p_1+\Delta p_2)F_tN_sN_p \qquad\qquad (5-99)$$

式中　　Δp_1——由直管摩擦阻力引起的压降，Pa；

Δp_2——由回弯阻力引起的压降，Pa；

F_t——管程结垢校正系数，量纲为 1，对 $\phi25$ mm$\times2.5$ mm 的管子 $F_t=1.4$，对 $\phi19$ mm$\times2$ mm 的管子 $F_t=1.5$；

N_s——串联的壳程数；

N_p——管程数。

式（5-99）中的直管阻力可按一般摩擦阻力公式计算；回弯阻力则由下面经验公式估算，即

$$\Delta p_2=3\left(\frac{\rho u_i^2}{2}\right) \qquad\qquad (5-100)$$

（2）壳程流动阻力的计算　用于计算壳程流动阻力的方法主要有：以 Donohue 法 [埃索(Esso)法与此类似] 和 Kern 法为代表的整体法、以 Bell 法为代表的半分析法、以美国传热研究公司（HTRI）及天津大学黄鸿鼎等基于 Tinker 的流路概念建立的流路分析法，以及基于计算流体动力学（CFD）的数值模拟法等。由于壳程流体的流动状况较为复杂，用不同的方法计算结果差别很大。下面介绍比较简单的埃索法计算公式。

$$\sum\Delta p_o=(\Delta p_1'+\Delta p_2')F_sN_s \qquad\qquad (5-101)$$

其中 $\qquad\qquad\qquad \Delta p_1'=Ff_on_c(N_B+1)\frac{\rho u_o^2}{2} \qquad\qquad (5-101a)$

$$\Delta p_2'=N_B\left(3.5-\frac{2z}{D}\right)\frac{\rho u_o^2}{2} \qquad\qquad (5-101b)$$

式中　　　$\Delta p_1'$——流体横过管束的压降，Pa；

　　　　　$\Delta p_2'$——流体通过折流挡板缺口的压降，Pa；

　　　　　F_s——壳程结垢校正系数，量纲为1，对于液体 $F_s=1.15$，对气体或蒸汽 $F_s=1.0$；

　　　　　F——管子排列方式对压降的校正系数，对正三角形排列 $F=0.5$，对正方形错列排列 $F=0.4$，对正方形直列排列 $F=0.3$；

　　　　　f_o——壳程流体的摩擦系数，当 $Re_o>500$ 时，$f_o=5.0Re_o^{-0.228}$，其中，$Re_o=d_o u_o \rho/\mu$；

　　　　　N_B——折流挡板数；

　　　　　z——折流挡板间距，m；

　　　　　u_o——按壳程流通截面积 $A_o=z(D-n_c d_o)$ 计算的流速，m/s。

此外，设计时还要考虑换热器的主要附件（封头、缓冲挡板、导流筒、放气孔、排液孔、接管、定距管等）及材料选用等，请参考相关专著。

二、管壳式换热器的设计和选型的具体步骤

1. 估算传热面积，初选设备规格

（1）根据换热任务，计算热负荷。

（2）确定流体在换热器中的流动途径。

（3）确定流体在换热器两端的温度，计算定性温度，确定在定性温度下的流体物性。

（4）计算平均温度差，并根据温度差校正系数不应小于 0.8 的原则，确定壳程数或调整加热介质温度或冷却介质的终温。

（5）根据两流体的温度差和设计要求，确定换热器的型式。

（6）依据换热流体的性质及设计经验，选取总传热系数值 $K_{选}$。

（7）依据总传热速率方程，初步计算出传热面积 S，并确定换热器的基本尺寸或按系列标准选择设备规格。

2. 计算管程、壳程压降

根据初选的设备规格，计算管程、壳程的流速和压降、检查计算结果是否合理或满足工艺要求。若压降不符合要求，需调整流速，再确定管程和折流挡板间距，或选择另一规格的换热器，重新计算压降直至满足要求为止。

3. 核算总传热系数

计算管程、壳程对流传热系数，确定污垢热阻 R_{si} 和 R_{so}，再计算总传热系数 $K_{计}$，然后与 $K_{选}$ 值比较，若 $K_{计}/K_{选}=1.15\sim1.25$，则初选的换热器合适，否则需另选 $K_{选}$ 值，重复上述计算步骤。

应予指出，上述计算步骤为一般原则，设计时需视具体情况而定。

◆ 例 5-19　某化工厂在生产过程中，需将纯苯液体从 80 ℃冷却到 55 ℃，其流量为 20000 kg/h。冷却介质采用 35 ℃的循环水。要求换热器的管程和壳程压降不大于 10 kPa，试选用合适型号的换热器。

解:1.估算传热面积,初选换热器型号

(1) 基本物性数据的查取 苯的定性温度 $=\left(\dfrac{80+55}{2}\right)$ ℃ $=67.5$ ℃

查得苯在定性温度下的物性数据:$\rho_h=828.6$ kg/m^3,$c_{p,h}=1.841$ kJ/(kg·℃),$\lambda_h=0.129$ W/(m·℃),$\mu_h=0.352\times10^{-3}$ Pa·s。

根据设计经验,选择冷却水的温升为 8 ℃,则水的出口温度为 $t_2=(35+8)$ ℃$=43$ ℃

水的定性温度 $=\left(\dfrac{35+43}{2}\right)$ ℃ $=39$ ℃

查得水在定性温度下的物性数据:$\rho_c=992.3$ kg/m^3,$c_{p,c}=4.174$ kJ/(kg·℃),$\lambda_c=0.633$ W/(m·℃),$\mu_c=0.67\times10^{-3}$ Pa·s。

(2) 热负荷计算

$$Q_T=w_h c_{p,h}(T_1-T_2)=\left[\dfrac{20000}{3600}\times1.841\times10^3\times(80-55)\right]\text{W}=2.56\times10^5\text{ W}$$

忽略热损失,冷却水耗量

$$w_c=\dfrac{Q_T}{c_{p,c}(t_2-t_1)}=\left[\dfrac{2.56\times10^5}{4.174\times10^3\times(43-35)}\right]\text{kg/s}=7.67\text{ kg/s}$$

(3) 确定流体的流径 该设计任务的热流体为苯,冷流体为水,为使苯通过壳壁面向空气中散热,提高冷却效果,令苯走壳程,水走管程。

(4) 计算平均温度差 暂按单壳程、双管程考虑。先求逆流时平均温度差。

苯	80 ℃→55 ℃	
冷却水	43 ℃←35 ℃	
Δt	37 ℃	20 ℃

$$\Delta t'_m=\dfrac{\Delta t_2-\Delta t_1}{\ln\dfrac{\Delta t_2}{\Delta t_1}}=\left(\dfrac{37-20}{\ln\dfrac{37}{20}}\right)\text{℃}=27.6\text{ ℃}$$

计算 R 和 P

$$R=\dfrac{T_1-T_2}{t_2-t_1}=\dfrac{80-55}{43-35}=3.125$$

$$P=\dfrac{t_2-t_1}{T_1-t_1}=\dfrac{43-35}{80-35}=0.178$$

由 R、P 值,查图 5-23(a)得 $\phi_{\Delta t}=0.94$,因 $\phi_{\Delta t}>0.8$,选用单壳程可行。

$$\Delta t_m=\phi_{\Delta t}\Delta t'_m=(0.94\times27.6)\text{℃}=25.9\text{ ℃}$$

(5) 选 K 值,估算传热面积 参照附录十九,取 $K=450$ W/(m^2·℃),则

$$S=\dfrac{Q_T}{K\Delta t_m}=\left(\dfrac{2.56\times10^5}{450\times25.9}\right)\text{m}^2=22\text{ m}^2$$

(6) 初选换热器型号　由于两流体温度差<50 ℃,可选用固定管板式换热器。由固定管板式换热器的系列标准,初选换热器型号为:$\text{BEM400} - 1.60 - 22 - \dfrac{3}{25} - 2\ \text{I}$。主要参数如下:

外壳直径　400 mm　　　　公称压力　1.6 MPa　　　　公称面积　22 m^2

管子尺寸　$\phi25$ mm×2.5 mm　　管子数　94　　　　管长　3000 mm

管中心距　32 mm　　　　管程数　2

管子排列方式　正三角形　　管程流通面积　0.0148 m^2

实际换热面积　$S_\text{o} = n\pi d_\text{o}(L - 0.1 - 0.006)$

$$= [94 \times \pi \times 0.025(3 - 0.1 - 0.006)]\ \text{m}^2 = 21.4\ \text{m}^2$$

采用此换热面积的换热器,则要求过程的总传热系数为

$$K_\text{o} = \frac{Q_\text{T}}{S_\text{o}\Delta t_\text{m}} = \left(\frac{2.56 \times 10^5}{21.4 \times 25.9}\right)\ \text{W/(m}^2 \cdot \text{℃}) = 461.9\ \text{W/(m}^2 \cdot \text{℃})$$

2. 核算压降

(1) 管程压降

$$\sum \Delta p_\text{i} = (\Delta p_1 + \Delta p_2)F_\text{t}N_\text{s}N_\text{p}$$

$$F_\text{t} = 1.4 \quad N_\text{s} = 1 \quad N_\text{p} = 2$$

管程流速　　　$u_\text{i} = \dfrac{w_\text{c}}{\rho_\text{c}A_\text{i}} = \left(\dfrac{7.67}{992.3 \times 0.0148}\right)\ \text{m/s} = 0.5223\ \text{m/s}$

$$Re_\text{i} = \frac{d_\text{i}u_\text{i}\rho_\text{c}}{\mu_\text{c}} = \frac{0.02 \times 0.5223 \times 992.3}{0.67 \times 10^{-3}} = 1.547 \times 10^4 (湍流)$$

对于碳钢管,取管壁粗糙度 $\varepsilon = 0.1$ mm,则

$$\frac{\varepsilon}{d_\text{i}} = \frac{0.1}{20} = 0.005$$

由 λ - Re 关系图查得 $\lambda = 0.037$,则

$$\Delta p_1 = \lambda \frac{L}{d_\text{i}} \frac{\rho_\text{c}u_\text{i}^2}{2} = \left(0.037 \times \frac{3}{0.02} \times \frac{992.3 \times 0.5223^2}{2}\right)\ \text{Pa} = 751.2\ \text{Pa}$$

$$\Delta p_2 = 3 \times \frac{\rho_\text{c}u_\text{i}^2}{2} = \left[3 \times \left(\frac{992.3 \times 0.5223^2}{2}\right)\right]\ \text{Pa} = 406.0\ \text{Pa}$$

$$\sum \Delta p_\text{i} = [(751.2 + 406.0) \times 1.4 \times 2]\ \text{Pa} = 3240\ \text{Pa} < 10\ \text{kPa}$$

(2) 壳程压降

$$\sum \Delta p_\text{o} = (\Delta p_1' + \Delta p_2')F_\text{s}N_\text{s}$$

$$F_\text{s} = 1.15 \quad N_\text{s} = 1$$

$$\Delta p_1' = Ff_\text{o}n_\text{c}(N_\text{B} + 1)\frac{\rho_\text{h}u_\text{o}^2}{2}$$

管子为正三角形排列　　　　　　$F = 0.5$

$$n_c = 1.1\sqrt{n} = 1.1\sqrt{94} = 10.66$$

取 $n_c = 11$。

取折流挡板间距 $\qquad z = 0.15 \text{ m}$

$$\frac{1}{5}D < z < D$$

$$N_B = \frac{L}{z} - 1 = \frac{3}{0.15} - 1 = 19$$

壳程流通面积 $\quad A_o = z(D - n_c d_o) = [0.15 \times (0.4 - 11 \times 0.025)] \text{ m}^2 = 0.0188 \text{ m}^2$

壳程流速 $u_o = \dfrac{w_h}{\rho_h A_o} = \left(\dfrac{20000}{3600 \times 828.6 \times 0.0188} \right) \text{ m/s} = 0.3566 \text{ m/s}$

$$Re_o = \frac{d_o u_o \rho_h}{\mu_h} = \frac{0.025 \times 0.3566 \times 828.6}{0.352 \times 10^{-3}} = 2.099 \times 10^4 > 500$$

$$f_o = 5.0 Re_o^{-0.228} = 5.0 \times (2.099 \times 10^4)^{-0.228} = 0.5171$$

所以 $\quad \Delta p_1' = \left[0.5 \times 0.5171 \times 11 \times (19+1) \times \dfrac{828.6 \times 0.3566^2}{2} \right] \text{Pa} = 2997 \text{ Pa}$

$$\Delta p_2' = N_B \left(3.5 - \frac{2z}{D} \right) \frac{\rho_h u_o^2}{2} = \left[19 \times \left(3.5 - \frac{2 \times 0.15}{0.4} \right) \times \frac{828.6 \times 0.3566^2}{2} \right] \text{Pa} = 2753 \text{ Pa}$$

$$\sum \Delta p_o = [(2997 + 2753) \times 1.15 \times 1] \text{ Pa} = 6612 \text{ Pa} < 10 \text{ kPa}$$

计算结果表明,管程和壳程的压降均能满足设计条件。

3. 核算总传热系数

(1) 管程对流传热系数 α_i

$$Re_i = 1.547 \times 10^4 > 1 \times 10^4$$

$$Pr_i = \frac{c_{p,c} \mu_c}{\lambda_c} = \frac{4.174 \times 10^3 \times 0.67 \times 10^{-3}}{0.633} = 4.42$$

$$\alpha_i = 0.023 \frac{\lambda_c}{d_i} Re_i^{0.8} Pr_i^{0.4}$$

$$= \left[0.023 \times \frac{0.633}{0.02} \times (1.547 \times 10^4)^{0.8} \times 4.42^{0.4} \right] \text{ W/(m}^2 \cdot ℃)$$

$$= 2964 \text{ W/(m}^2 \cdot ℃)$$

(2) 壳程对流传热系数 α_o(Kern 法)

$$\alpha_o = 0.36 \left(\frac{\lambda_h}{d_e'} \right) \left(\frac{d_e' u_o \rho_h}{\mu_h} \right)^{0.55} \left(\frac{c_{p,h} \mu_h}{\lambda_h} \right)^{1/3} \left(\frac{\mu_h}{\mu_w} \right)^{0.14}$$

管子为正三角形排列,则

$$d_e' = \frac{4 \left(\frac{\sqrt{3}}{2} t^2 - \frac{\pi}{4} d_o^2 \right)}{\pi d_o} = \left[\frac{4 \times \left(\frac{\sqrt{3}}{2} \times 0.032^2 - \frac{\pi}{4} \times 0.025^2 \right)}{\pi \times 0.025} \right] \text{m} = 0.02 \text{ m}$$

$$A_o = zD\left(1 - \frac{d_o}{t}\right) = \left[0.15 \times 0.4 \times \left(1 - \frac{0.025}{0.032}\right)\right]\text{m}^2 = 0.0131\ \text{m}^2$$

$$u_o = \frac{w_h}{\rho_h A_o} = \left(\frac{20000}{3600 \times 828.6 \times 0.0131}\right)\text{m/s} = 0.512\ \text{m/s}$$

壳程中苯被冷却，取 $\left(\dfrac{\mu_h}{\mu_w}\right)^{0.14} = 0.95$，则

$$\alpha_o = \left[0.36 \times \left(\frac{0.129}{0.02}\right)\left(\frac{0.02 \times 0.512 \times 828.6}{0.352 \times 10^{-3}}\right)^{0.55}\right.$$

$$\left.\left(\frac{1.841 \times 10^3 \times 0.352 \times 10^{-3}}{0.129}\right)^{1/3} \times 0.95\right]\text{W/(m}^2 \cdot \text{℃)}$$

$$= 971.4\ \text{W/(m}^2 \cdot \text{℃)}$$

（3）污垢热阻　参考附录十三，管内、外侧污垢热阻分别取为

$$R_{si} = 2.00 \times 10^{-4}\,(\text{m}^2 \cdot \text{℃})/\text{W} \qquad R_{so} = 1.72 \times 10^{-4}\,(\text{m}^2 \cdot \text{℃})/\text{W}$$

（4）总传热系数 K　管壁热阻可忽略时，总传热系数 K 为

$$K = \frac{1}{\dfrac{1}{\alpha_o} + R_{so} + R_{si}\dfrac{d_o}{d_i} + \dfrac{d_o}{\alpha_i d_i}}$$

$$K = \left(\frac{1}{\dfrac{1}{971.4} + 0.000172 + 0.0002 \times \dfrac{0.025}{0.02} + \dfrac{0.025}{2964 \times 0.02}}\right)\text{W/(m}^2 \cdot \text{℃)}$$

$$= 533.9\ \text{W/(m}^2 \cdot \text{℃)}$$

$$K/K_o = 533.9/461.9 = 1.156$$

故所选择的换热器是合适的，安全系数为

$$\frac{K - K_o}{K_o} = \frac{533.9 - 461.9}{461.9} \times 100\% = 15.6\%$$

设计结果为：选用固定管板式换热器，型号 BEM400 $-1.60-22-\dfrac{3}{25}-2\,\text{I}$。

　　该例仅说明换热器工艺设计的一般原则。实际设计时，需要设计者在首先考虑满足传热要求的前提下，考虑压降及成本等其他各因素。这些因素之间往往相互矛盾，要进行反复计算，并对各次结果进行综合分析比较后，确定适宜的设计方案。

 习题

基础习题

　　1. 用平板法测定固体的导热系数，在平板一侧用电热器加热，另一侧用冷却器冷却，同时在板两侧用热电偶测量其表面温度，若所测固体的表面积为 0.02 m²，厚度为 0.02 m，实验测得电流表读数

为 0.5 A,伏特表读数为 100 V,两侧表面温度分别为 200 ℃和 50 ℃,试求该材料的导热系数。

2. 某平壁燃烧炉由一层 400 mm 厚的耐火砖和一层 200 mm 厚的绝缘砖砌成,操作稳定后,测得炉的内表面温度为 1500 ℃,外表面温度为 100 ℃,试求导热的热通量及两砖间的界面温度。设两砖接触良好,已知耐火砖的导热系数为 $\lambda_1 = 0.8 + 0.0006t$,绝缘砖的导热系数为 $\lambda_2 = 0.3 + 0.0003t$,单位为 W/(m·℃)。两式中的 t 可分别取为各层材料的平均温度。

3. 外径为 159 mm 的钢管,其外依次包扎 A、B 两层保温材料,A 层保温材料的厚度为 50 mm,导热系数为 0.1 W/(m·℃),B 层保温材料的厚度为 100 mm,导热系数为 1.0 W/(m·℃),设 A 的内层温度和 B 的外层温度分别为 170 ℃和 40 ℃,试求每米管长的热损失;若将两层材料互换并假设温度不变,每米管长的热损失又为多少?

4. 直径为 $\phi57$ mm×3.5 mm 的钢管用 40 mm 厚的软木包扎,其外又包扎 100 mm 厚的保温灰作为绝热层。现测得钢管外壁面温度为 −120 ℃,绝热层外表面温度为 10 ℃。软木和保温灰的导热系数分别为 0.043 W/(m·℃)和 0.07 W/(m·℃),试求每米管长的冷损失。

5. 水以 1.5 m/s 的流速在长为 3 m,直径为 $\phi25$ mm×2.5 mm 的管内由 20 ℃加热至 40 ℃,试求水与管壁之间的对流传热系数。

6. 温度为 90 ℃的甲苯以 1500 kg/h 的流量流过直径为 $\phi57$ mm×3.5 mm,弯曲半径为 0.6 m 的蛇管式换热器而被冷却至 30 ℃,试求甲苯对蛇管的对流传热系数。

7. 压力为 101.3 kPa,温度为 20 ℃的空气以 60 m³/h 的流量流过直径为 $\phi57$ mm×3.5 mm,长度为 3 m 的套管式换热器管内而被加热至 80 ℃,试求管壁对空气的对流传热系数。

8. 常压空气在壳程装有圆缺形挡板的管壳式换热器壳程流过。已知管子尺寸为 $\phi38$ mm×3 mm,正方形排列,管中心距为 51 mm,挡板距离为 1.45 m,换热器外壳内径为 2.8 m,空气流量为 4×10^4 m³/h,其平均温度为 140 ℃,试求空气的对流传热系数。

9. 将长和宽均为 0.4 m 的垂直平板置于常压的饱和水蒸气中,板面温度为 98 ℃,试计算平板与蒸汽之间的传热速率及蒸汽冷凝速率。

10. 常压水蒸气在一 $\phi25$ mm×2.5 mm,长为 3 m,水平放置的钢管外冷凝。钢管外壁的温度为 96 ℃,试计算水蒸气冷凝时的对流传热系数。若此钢管改为垂直放置,其对流传热系数又为多少? 请由此说明工业上的冷凝器应如何放置。

11. 两平行的大平板,在空气中相距 10 mm,一平板的黑度为 0.1,温度为 400 K;另一平板的黑度为 0.05,温度为 300 K。若将第一板加涂层,使其黑度为 0.025,试计算由此引起的传热通量改变的百分数。假设两板间对流传热可以忽略。

12. 在某管壳式换热器中用冷水冷却热空气。换热管为 $\phi25$ mm×2.5 mm 的钢管,其导热系数为 45 W/(m·℃)。冷却水在管程流动,其对流传热系数为 2600 W/(m²·℃),热空气在壳程流动,其对流传热系数为 52 W/(m²·℃)。试求基于管外表面积的总传热系数 K_o 以及各分热阻占总热阻的百分数。设污垢热阻可忽略。

13. 在一传热面积为 40 m² 的平板式换热器中,用水冷却某种溶液,两流体呈逆流流动。冷却水的流量为 30000 kg/h,其温度由 22 ℃升高到 36 ℃。溶液温度由 115 ℃降至 55 ℃。若换热器清洗后,在冷、热流体流量和进口温度不变的情况下,冷却水的出口温度升至 40 ℃,试估算换热器在清洗前,壁面两侧的总污垢热阻。假设:(1) 两种情况下,冷、热流体的物性可视为不变,水的平均比定压热容为 4.174 kJ/(kg·℃);(2) 两种情况下,α_i、α_o 分别相同;(3) 忽略壁面热阻和热损失。

14. 在一传热面积为 25 m^2 的单程管壳式换热器中,用水冷却某种有机溶液。冷却水的流量为 28000 kg/h,其温度由 25 ℃升至 38 ℃,平均比定压热容为 4.17 kJ/(kg·℃)。有机溶液的温度由 110 ℃降至 65 ℃,平均比定压热容为 1.72 kJ/(kg·℃)。两流体在换热器中呈逆流流动。设换热器的热损失可忽略,试核算该换热器的总传热系数 K,并计算该有机溶液的处理量。

15. 在一单程管壳式换热器中,用水冷却某种有机溶剂。冷却水的流量为 10000 kg/h,其初始温度为 30 ℃,平均比定压热容为 4.17 kJ/(kg·℃)。有机溶剂的流量为 14000 kg/h,温度由 180 ℃降至 120 ℃,平均比定压热容为 1.72 kJ/(kg·℃)。设换热器的总传热系数为 500 W/(m^2·℃),试分别计算逆流和并流时换热器所需的传热面积。设换热器的热损失可忽略。

16. 在一单程管壳式换热器中,用冷水将常压下的纯苯蒸气冷凝成饱和液体。已知苯蒸气的流量为 1600 m^3/h,常压下苯的沸点为 80.1 ℃,汽化热为 394 kJ/kg。冷却水的入口温度为 20 ℃,流量为 35000 kg/h,水的平均比定压热容为 4.17 kJ/(kg·℃)。总传热系数为 450 W/(m^2·℃)。设换热器的热损失可忽略,试计算所需的传热面积。

17. 在一单壳程、双管程的管壳式换热器中,水在壳程内流动,进口温度为 30 ℃,出口温度为 65 ℃;油在管程流动,进口温度为 120 ℃,出口温度为 75 ℃。试计算其传热平均温度差。

18. 某生产过程中需用冷却水将油从 105 ℃冷却至 70 ℃。已知油的流量为 6000 kg/h,水的初温为 22 ℃,流量为 2000 kg/h。现有一传热面积为 10 m^2 的套管式换热器,问在下列两种流动方向下,换热器能否满足要求:(1) 两流体呈逆流流动;(2) 两流体呈并流流动。

设换热器的总传热系数在两种情况下相同,为 300 W/(m^2·℃);油的平均比定压热容为 1.9 kJ/(kg·℃),水的平均比定压热容为 4.17 kJ/(kg·℃)。热损失可忽略。

综合习题

19. 在一单程管壳式换热器中,管外热水被管内冷水所冷却。已知换热器的传热面积为 5 m^2,总传热系数为 1400 W/(m^2·℃);热水的初温为 100 ℃,流量为 5000 kg/h;冷水的初温为 20 ℃,流量为 10000 kg/h。试计算热水和冷水的出口温度及传热量。设水的平均比定压热容为 4.18 kJ/(kg·℃),热损失可忽略不计。

20. 用压力为 300 kPa(绝压)的饱和水蒸气将 20 ℃的水预热至 80 ℃,水在 ϕ25 mm×2.5 mm 水平放置的钢管内以 0.6 m/s 的流速流过。设水蒸气冷凝的对流传热系数为 5000 W/(m^2·℃),水侧的污垢热阻为 $6×10^{-4}$(m^2·℃)/W,蒸汽侧污垢热阻和管壁热阻可忽略不计,试求(1) 此换热器的总传热系数;(2) 设操作半年后,由于水垢积累,换热能力下降,出口水温只能升至 70 ℃,试求此时的总传热系数及水侧的污垢热阻。

21. 在一套管换热器中,用冷却水将 4500 kg/h 的苯由 80 ℃冷却至 35 ℃,冷却水在 ϕ25 mm×2.5 mm 的内管中流动,其进、出口温度分别为 17 ℃和 47 ℃。已知水和苯的对流传热系数分别为 850 W/(m^2·℃)和 1700 W/(m^2·℃),试求所需的管长和冷却水的消耗量。

22. 某有机化工厂拟采用管壳式换热器将二甲苯从 156 ℃冷却至 50 ℃。二甲苯的流量为 10000 kg/h,冷却介质采用 35 ℃的循环水,要求换热器的管程和壳程压降不大于 30 kPa,试选择适宜型号的管壳式换热器。

思考题

1. 在热传导问题中,术语"一维"是什么意思? 何谓稳态热传导?

2. 什么叫热阻? 试说明在多层平壁和多层圆筒壁热传导中应用热阻的优点及在传热分析中的作用。

3. 对流传热系数的定义是什么? 说明对流传热的机理及求算对流传热系数的途径。

4. 试说明流体有相变时的对流传热系数大于无相变时的对流传热系数的理由。

5. 为什么滴状冷凝的对流传热系数要比膜状冷凝的对流传热系数高?

6. 对于膜状冷凝,雷诺数是怎样定义的?

7. 如何理解辐射传热中黑体和灰体的概念?

8. 蒸汽管道外包扎有两层导热系数不同而厚度相同的绝热层,设外层的平均直径为内层的两倍,其导热系数也为内层的两倍。若将两层材料位置互换,而假定其他条件不变,试问每米管长的热损失将改变多少? 说明在本题情况下,哪一种材料包扎在内层较为合适。

9. 在管壳式换热器中,热应力是如何产生的,热应力有何影响,为克服热应力的影响应采取何种措施?

10. 管壳式换热器为何常采用多管程,分程的作用是什么?

11. 换热器传热计算有哪两种方法,它们之间的区别是什么?

12. 如何强化换热器中的传热过程,如何评价传热过程强化的效果?

13. 流速的选择在换热器设计中有何重要意义,在选择流速时应考虑哪些因素?

14. 在管壳式换热器设计中,为什么要限制温度差校正系数大于 0.8?

 ## 本章主要符号说明

英文字母

A ——冷凝液的流通面积,m^2;

　　——换热器管间最大截面积,m^2;

　　——吸收率;

b ——平壁厚度,m;

C ——灰体的辐射系数,$W/(m^2 \cdot K^4)$;

C_0 ——黑体的辐射系数,$W/(m^2 \cdot K^4)$;

C_{1-2} ——总辐射系数,$W/(m^2 \cdot K^4)$;

c_L ——饱和液体的比定压热容,$J/(kg \cdot ℃)$;

c_p ——比定压热容,$J/(kg \cdot ℃)$;

C_R ——热容量流率比;

C_{sf} ——由实验数据确定的组合常数;

d'_e ——传热当量直径,m;

d ——管径,m;

D ——换热器外壳内径,m;

　　——透过率;

E ——辐射能力,W/m^2;

E_b ——黑体的辐射能力,W/m^2;

$E_{b\lambda}$ ——黑体的单色辐射能力,W/m^3;

E_λ ——单色辐射能力,W/m^3;

g ——重力加速度,m/s^2;

K ——总传热系数，W/(m² · ℃)；

L ——管长，m；

——洛伦兹数；

l ——特性尺寸，m；

M_i ——气体混合物中 i 组分的摩尔质量，g/mol；

N ——程数；

n ——管数，指数；

NTU ——传热单元数；

P ——因数；

p ——压力，Pa；

Q ——传热速率，W；

Q_T ——换热器热负荷，W；

q ——热通量，W/m²；

$R = \dfrac{b}{\lambda S}$ ——导热热阻，℃/W；

$R' = \dfrac{b}{\lambda}$ ——导热热阻，导热的面积热阻，m² · ℃/W；

R ——反射率；

——因数；

r ——半径，m；

——汽化热，J/kg；

S ——传热面积，m²；

T ——热力学温度，K；

——热流体温度，℃；

T_s ——冷凝液的饱和温度，℃；

t ——温度，℃；

——管中心距，m；

u ——流速，m/s；

w ——质量流量，kg/s；

w_c ——冷流体的质量流量，kg/h 或 kg/s；

w_h ——热流体的质量流量，kg/h 或 kg/s；

w_i ——组分 i 的质量分数；

y_i ——气体混合物中 i 组分的摩尔分数；

z ——挡板间距，m

希腊字母

α ——对流传热系数，或称膜系数，W/(m² · ℃)；

β ——温度系数，1/℃ 或 1/K；

——体积膨胀系数，1/℃ 或 1/K；

δ_t ——热边界层厚度，m；

δ_x ——冷凝液膜厚度，m；

ε ——传热效率；

——黑度；

$\phi_{\Delta t}$ ——温度差校正系数，量纲为 1；

Γ ——单位长度润湿周边的冷凝液质量流量，kg/(m · s)；

λ ——导热系数，W/(m · ℃)；

——波长，μm；

μ ——黏度，Pa · s；

ρ ——密度，kg/m³；

σ ——表面张力，N/m；

σ_0 ——黑体的辐射常数，W/(m² · K⁴)；

——斯特藩－玻尔兹曼常数

下标

A ——吸收；

b ——黑体的；

——主体的；

c ——对流的；

——中心的；

——冷流体的；

——临界的；

e ——当量的；

f ——按膜温度估算；

h ——热流体的；

i ——管内的；

i ——组分的；

max——最大的；

m——平均的；

min——最小的；

o——管外的；

R——辐射；

s——饱和的；

——污垢；

w——壁面

第六章 蒸 发

学习指导

一、学习目的

通过本章学习,掌握蒸发操作的特点、蒸发器的类型、蒸发过程的计算,能够根据生产工艺要求和物料特性,合理选择蒸发器类型并确定适宜的操作流程和条件。

二、学习要点

从分析蒸发操作的特点入手,重点掌握单效蒸发的计算(包括溶液沸点升高、物料衡算、热量衡算、传热面积计算等),提高加热蒸汽经济性和蒸发器生产强度的途径。

掌握蒸发器的基本结构、操作特性和适用场合。

一般了解多效蒸发的流程、效数的限制,生物溶液增浓的方法。

蒸发是传热原理的应用,要注意蒸发与传热的内在联系及其本身的特殊性。

6.1 蒸发过程概述

演示文稿

将含有不挥发溶质的溶液加热至沸腾,使部分挥发性溶剂汽化并移除,从而获得浓缩溶液或回收溶剂的操作称为蒸发。完成蒸发的主体设备是蒸发器。显然,蒸发操作的基本要点是向蒸发器连续提供足够的热量并及时移除汽化的溶剂。

工业上被蒸发的溶液以水溶液居多,故本章的讨论以水溶液为重点。水溶液蒸发的基本原理和设备同样适用于其他溶液。

一、蒸发操作的目的

蒸发操作广泛应用于化工、轻工、制药、生物、食品等许多工业中。工业蒸发操作的目的是:

(1)制取增浓的液体产品　如电解烧碱液的浓缩,牛乳制奶粉生产中牛乳的浓缩,蔗糖水溶液及各种果汁的浓缩等。

(2)纯净溶剂的制取　如海水淡化等。

（3）同时制备浓缩溶液和回收溶剂　如中药生产中酒精浸出液的蒸发。

将蒸发、结晶联合操作，便可获得固体产品。中药提取液经过蒸发操作浓缩成过饱和溶液，再适当降温便有结晶析出。

二、蒸发的概念

图6-1为典型的蒸发装置示意图。原料液加到蒸发器的加热室（为垂直排列的加热管束），在管外用加热介质（通常为饱和水蒸气）加热管内的溶液使之沸腾汽化。浓缩的溶液称为完成液，由蒸发器底部排出。溶液汽化产生的蒸汽经分离室与夹带的液体分离后引到冷凝器。为减少气体夹带的液体量，在分离室还安装适当型式的除沫器。为便于区别，将加热蒸汽称为生蒸汽或新鲜蒸汽，而将汽化的溶剂称为二次蒸汽。

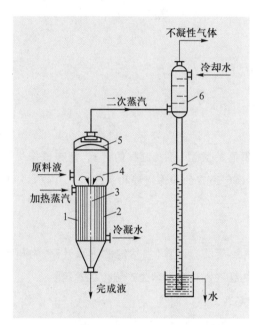

1—加热室；2—加热管；3—中央循环管；
4—分离室；5—除沫器；6—冷凝器

图6-1　典型的蒸发装置示意图

动画
液体蒸发

三、蒸发过程分类

蒸发过程有多种分类方法。

1. 加压蒸发、常压蒸发和减压蒸发

按蒸发操作的压力可将蒸发过程分为加压蒸发、常压蒸发和减压（真空）蒸发。对于热敏性原料液，如抗生素溶液、果汁、中药浸出液等，常利用减压蒸发操作，以降低溶液沸点。减压操作的优点是：

（1）防止热敏性物料变性或分解，保证产品质量；

（2）在加热蒸汽温度一定的条件下，蒸发器传热的平均推动力增大，可减小传热面积；

（3）可利用低压蒸汽作为加热介质；

（4）由于温度低，系统的热损失减少。

但另一方面，减压蒸发也带来一些不利因素，如由于溶液沸点降低，黏度变大，使蒸发的传热系数减小；为造成真空需增加设备和动力。

2. 单效蒸发与多效蒸发

根据二次蒸汽是否用作另一蒸发器的加热介质，蒸发过程有单效蒸发与多效蒸发之分。蒸发器的二次蒸汽直接冷凝而不再利用者，即为单效蒸发。前一效的二次蒸汽用作下一效蒸发器的加热介质，构成多个蒸发器串联者，即为多效蒸发。显然，多效蒸发更为节能降耗。

根据加料方式的不同，多效蒸发又有并流、逆流、平流三种基本流程。

3. 间歇蒸发和连续蒸发

根据蒸发器进、出料是否连续，蒸发过程可分为连续蒸发与间歇蒸发。若蒸发器连续进料和出料，则为连续蒸发，否则为间歇蒸发。连续蒸发适合于大规模的生产过程；间歇蒸发适合于小规模多品种的生产过程。

四、蒸发操作的特点

蒸发操作是一侧为蒸汽冷凝而另一侧为溶液沸腾的恒定温差的间壁传热过程。蒸发过程的速率完全取决于传热速率。蒸发过程的主体设备是换热器。但是，与一般的传热过程相比，蒸发过程又有自身的一些特点，从而构成了本章的讨论重点。

1. 溶液的沸点升高

被蒸发的物料是含有不挥发溶质的溶液。在相同压力下，溶液的沸点高于纯溶剂的沸点。若加热蒸汽温度一定，蒸发溶液时的传热温度差小于蒸发纯溶剂时的传热温度差。从传热角度来看，传热推动力降低了。因而沸点的相对升高，又称温度差损失。对于电解质溶液，溶质的含量越大，这种效应就越显著。

对于垂直管式蒸发器，管内液柱的静压力及蒸汽在管道内的流动阻力也会引起溶液的沸点升高。

2. 热能的综合利用

蒸发时需要消耗大量加热蒸汽，而溶剂汽化又产生相应量的二次蒸汽，因而对强化与改善蒸发器的传热效果和充分利用二次蒸汽的潜热，应给予足够的重视。

3. 溶液的工艺特性

蒸发过程中溶液的某些性质随着溶液的组成而改变，有些物料在浓缩过程中可能析出结晶、发泡、严重结垢、变性分解、黏度增高、腐蚀性增大等。在选择蒸发工艺和设备时需要认真考虑，尤其应注意蒸发器的防垢除垢，它是一个世界性的热门研究课题。

蒸发研究的重点是提高蒸发速率、节能降耗和防止含生物活性物质蒸发产品的失活。

6.2 蒸 发 设 备

演示文稿

常用蒸发器主要由加热室与分离室两部分构成。蒸发器的多种结构型式即在于加热室与分离室结构的多样性及其组合方式的变化。按照溶液在蒸发器中的流动情况，可将蒸发器分为循环型及单程型两大类。

下面介绍常用蒸发器的基本结构特点与适用场合。

6.2.1 循环型蒸发器

顾名思义，循环型蒸发器的特点是溶液在蒸发器中作循环流动。根据引起溶液循环原因的不同，又可将蒸发器分为自然循环式和强制循环式两种类别。显然，强制循环式

动画
中央循环
管式蒸发
器

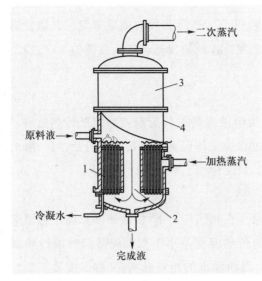

1—加热室;2—中央循环管;3—分离室;4—外壳

图 6-2　中央循环管式蒸发器

蒸发器是依靠外加动力造成溶液在蒸发器中的循环流动,而自然循环式是依靠溶液在蒸发器中不同部位的密度差引起的自然循环流动。

一、垂直短管型蒸发器

1. 中央循环管式蒸发器(自然循环式和搅拌式蒸发器)

中央循环管式蒸发器又称标准式蒸发器。它是工业生产中使用广泛且历史悠久的垂直短管型自然循环蒸发器的一种,其基本结构如图 6-2 所示。它的加热室是由直径为 $25\sim75$ mm,长度为 $1\sim2$ m 的直立管束组成。在管束中间有一根直径较大的中央循环管,其截面积为加热管束总截面积的 $40\%\sim100\%$。加热室上部为分离室,附有气液分离器(除沫器)。当加热蒸汽通入加热室管外(壳方)加热时,液体在管内受热沸腾并产生气泡。因粗、细管内液体受热程度不同而产生密度差,再加上加热管内蒸汽上升的抽吸作用,从而造成液体在细管内上升和在中央循环管内下降的连续循环流动。液体在粗、细管内密度差越大、管子越长,循环速度就越大。由于蒸发器结构的限制,这类蒸发器内液体的循环速度不大于 0.5 m/s,其总传热系数为 $580\sim2900$ W/(m²·℃)。

在中央循环管式蒸发器的循环管内安装一螺旋桨式搅拌器,可使液体的循环速度提高 $2\sim3$ 倍以上,总传热系数可达 $1200\sim6000$ W/(m²·℃)。这种中央循环管强制循环蒸发器多用于果汁蒸发及在制盐工业中用作蒸发结晶器。

中央循环管式蒸发器制造方便、结构紧凑、操作可靠,故在工业中应用广泛。但其清洗和维修都比较麻烦。

2. 悬筐式蒸发器

悬筐式蒸发器是中央循环管式的改进型,它的基本结构如图 6-3 所示。其加热室外沿与蒸发器壳体之间提供液体的循环通道。通常循环截面积为加热管总截面积的 $100\%\sim150\%$,故液体的循环速度有所提高,可达 $1\sim1.5$ m/s,其总传热系数为 $580\sim3500$ W/(m²·℃)。

悬筐式蒸发器的清洗与悬筐的更换比较方便,适用于蒸发易结垢或有结晶析出的溶液。其缺点是结构较复杂,单位传热面积的设备材料用量较大。

二、垂直长管型蒸发器

1. 外加热式蒸发器

外加热式蒸发器由列管式加热器、分离室及循环管三个主要部件组成,属自然循环式蒸发器,其结构如图 6-4 所示。这种蒸发器的结构特点是加热室与分离室分开,这样既便于清洗与更换,而且降低了蒸发器的总高度。由于循环管内液体不被加热,且循环管较长(长径比为 50~100),因而溶液的循环速度较大,可达 1.5 m/s,总传热系数为1400~3500 W/(m²·℃)。

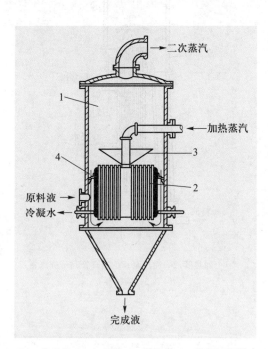

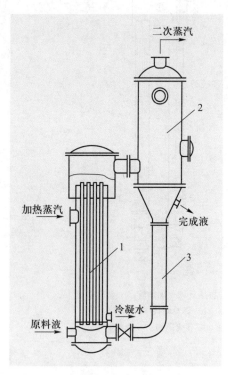

动画
外加热式
蒸发器

1—分离室;2—加热室;3—除沫器;4—液沫回流管

图 6-3　悬筐式蒸发器

1—加热室;2—分离室;3—循环管

图 6-4　外加热式蒸发器

2. 列文式蒸发器

列文式蒸发器也是垂直长管自然循环式蒸发器,其基本结构如图 6-5 所示。这类蒸发器的特点是在加热室上部增设一段直管作为沸腾室。由于直管内液柱的静压力抑制了液体在加热管内沸腾,从而减少了加热管结垢的可能性。在沸腾室上部设有立式隔板,以破坏大的气泡,与液体形成均匀混合物上升。同时,由于循环管不被加热,加大了液体的密度差和循环的推动力,使循环速度可高达 2~3 m/s,总传热系数为 1280~2350 W/(m²·℃)。

列文式蒸发器适用于处理易结垢或有结晶析出的溶液。其缺点是设备庞大,要求厂房高。同时,液柱静压力的存在,要求加热蒸汽的压力较大。

3. 强制循环式蒸发器

上面介绍的四类蒸发器均为自然循环式蒸发器,液体的循环速度不可能太大,不宜用于处理黏度大、易结垢和有结晶析出的溶液。对于这类溶液的蒸发,可采用图 6-6 所示的强制循环式蒸发器,依靠循环泵使液体沿一定方向作高速循环流动,一般循环速度可达 2~5 m/s,其总传热系数可达 1000~6000 W/(m²·℃)。

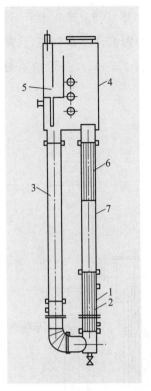

1—加热室；2—加热管；3—循环管；
4—蒸发室；5—除沫器；
6—立式隔板；7—沸腾室

图 6-5　列文式蒸发器

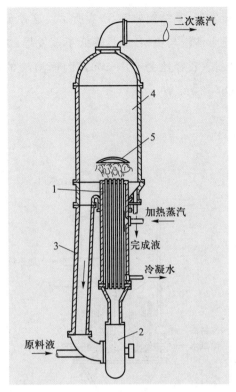

1—加热管；2—循环泵；3—循环管；4—分离室；
5—除沫器

图 6-6　强制循环式蒸发器

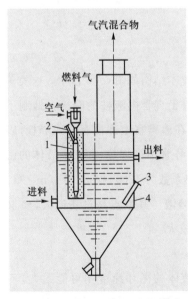

1—燃烧室；2—点火管；3—测温管；
4—外壳

图 6-7　浸没燃烧式蒸发器

三、直接接触传热蒸发器

直接接触传热蒸发器的典型代表是浸没燃烧式蒸发器，其基本结构如图 6-7 所示。它是将燃料(煤气或重油)与空气混合燃烧产生的高温烟道气直接通入待蒸发的溶液中，使溶剂沸腾汽化，从而得到增浓的溶液，蒸出的溶剂与烟道气一起从蒸发器顶部排出。习惯上，把浸没燃烧式蒸发器列为循环型蒸发器。

浸没燃烧式蒸发器的优点是结构简单、传热速率快、传热效率高，适用于易结垢、易结晶或有腐蚀性的溶液(如硫酸、铵盐溶液的蒸发)，但不适用于热敏性或不能被烟道气污染的物料，且二次蒸汽难以再利用。

四、循环型蒸发器的主要类型及其性能比较

常用循环型蒸发器的结构特点及主要性能汇

总于表 6 - 1。

表 6 - 1 常用循环型蒸发器的结构特点及主要性能

型式	结构特点	优点	缺点
中央循环管式（自然循环式及搅拌循环式）	加热时中央循环管和加热管内溶液受热程度不同，同时因加热管内蒸汽上升的抽吸作用使溶液产生由加热管上升、中央循环管下降的不断循环流动，从而提高了传热系数，强化了蒸发过程。在中央循环管内安装一旋桨式搅拌器，即构成强制循环式蒸发器	1. 构造简单，操作可靠 2. 传热效果较好 3. 投资费用较少	1. 清洗和检修较麻烦 2. 溶液循环速度较低（搅拌式可提高循环速度 $2\sim3$ 倍） 3. 因溶液的循环使蒸发器中溶液的组成总是接近于完成液组成，溶液沸点升高明显，传热温度差减小，黏度也较大，影响传热效果
悬筐式	加热室像个筐悬挂在蒸发器壳体内的下部，溶液沿加热室与壳体形成的环隙下降，沿加热管上升，不断循环流动	1. 循环速度较中央循环管式大 2. 蒸发器外壳接触的是温度较低的沸腾溶液，热损失少 3. 加热室可从蒸发器顶部取出，便于检修和更换 4. 适用于蒸发易结垢或有结晶析出的液体	1. 结构较复杂 2. 单位传热面积金属材料用量较多
外加热式	原料液在加热管中沸腾形成汽液两相流，与管中未沸腾的原料液间产生密度差，从而产生溶液的循环。由于循环管在加热室外部，使溶液循环具有较大的推动力	1. 便于清洗和更换，同时降低了蒸发器总高度 2. 循环速度大，加热面积不受限制，可达数百甚至上千平方米，并可设置多个加热器	加热管较长，有效温度差要求较大，限制了多效使用
列文式	在加热管上部附加一段直管，由于其静压抑制了加热管中溶液的沸腾，减少了结垢的可能性。在直管上部装有立式隔板，使沸腾产生的气泡受到限制，与液体形成均匀混合物上升。这样，循环管中的溶液与加热管中的汽液混合物之间产生较大的密度差和较大的推动力，故循环速度增大	1. 可避免在加热管中析出晶体，减轻加热管表面上污垢的形成 2. 传热效果较好 3. 适用于处理有结晶析出的溶液	1. 设备高大，消耗金属材料多，需高大厂房 2. 液柱静压引起的温度损失较大，要求加热蒸汽压力较高，以保持一定的传热温度差 3. 必须保持在较大温度差下操作，如温度差减小，循环速度显著减小，传热效率也相应减小
强制循环式	溶液的循环借助外力作用，如用泵迫使溶液沿一定方向循环流动	1. 传热系数较自然循环式蒸发器为大 2. 适用于高黏度、易结垢、易结晶的溶液 3. 加热蒸汽与溶液之间的温度差较小时（$3\sim5$ ℃），仍可进行操作	动力消耗大，单位传热面积耗费功率达 $0.4\sim0.8$ kW/m²

续表

型式	结构特点	优点	缺点
浸没燃烧式	高温烟道气直接通入待蒸发溶液中,使溶液沸腾汽化	1. 结构简单 2. 传热速率快,效率高,适用于易结垢、易结晶或有腐蚀性的溶液	1. 二次蒸汽难以再利用 2. 不适用于热敏性或不能被烟道气污染的物料

6.2.2　单程型蒸发器

单程型蒸发器的特点是溶液沿加热管壁呈膜状流动并进行传热和蒸发,一次通过加热室即可达到所要求的组成。其突出优点是传热效率高,蒸发速率快,溶液在蒸发器内停留时间短,特别适用于热敏性物料的蒸发,因而在食品、生物制品、制药等工业部门得到广泛应用。

根据物料在蒸发器内的流动方向及成膜原因的不同,单程型蒸发器有升膜式、降膜式、升-降膜式、刮板薄膜等多种类型。

一、升膜式蒸发器

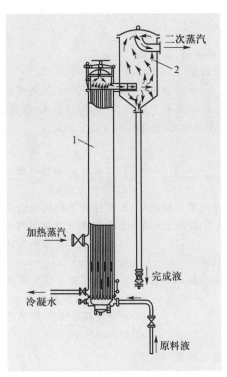

1—蒸发器;2—分离室

图 6-8　升膜式蒸发器

升膜式蒸发器又称立式长管单程蒸发器,其结构如图 6-8 所示,这种蒸发器的加热室由一根或数根立式长管组成。加热管的直径为 25~50 mm,管长与管径之比为 100~300。原料液预热后由底部进入蒸发器,加热蒸汽在管外冷凝。溶液受热后迅速汽化,所生成的二次蒸汽在管内高速上升,将原料液贴着管内壁拉曳成薄膜状并使之继续蒸发,汽液在顶部分离器分离。常压下,二次蒸汽在蒸发器出口处的速度不小于 10 m/s,一般为 20~30 m/s,减压下可达 80~200 m/s,其总传热系数为 580~5800 W/(m²·℃)。

升膜式蒸发器适用于蒸发量大、热敏性及起泡沫的溶液,不适用于黏度大、易结垢或有结晶析出的溶液。

二、降膜式蒸发器

降膜式蒸发器的结构如图 6-9 所示,它与升膜式蒸发器的结构基本相同,其区别在于原料液预热后由蒸发器的顶部经液体分布装置均匀进入管内,在重力作用下呈膜状沿管内壁向下流动,并被蒸发浓缩。汽液混合物并流而下,由加热管底部进入分离室。

为了使溶液在壁上均匀布膜,在每根加热管的顶部均安装液体布膜器。常用的布膜器型式如图 6-10 所示。图 6-10(a)用一个带有螺旋形沟槽的圆柱体作导流管,使液体沿沟槽旋转流下,分布于整个管内壁上;图 6-10(b)的导流管下部为圆锥体,其底面内凹,以避免沿锥体斜面流下的液体再向中央聚集;图 6-10(c)中,液体是通过齿缝沿加热管内壁成膜下降。

动画
降膜式
蒸发器

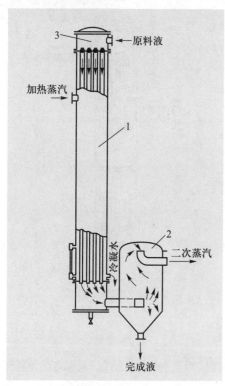

1—蒸发器;2—分离室;3—布膜器

图 6-9　降膜式蒸发器

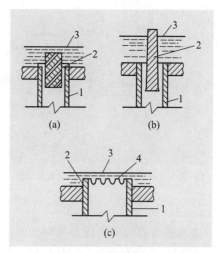

1—加热管;2—导流管;3—液面;4—齿缝

图 6-10　降膜式蒸发器布膜器的型式

降膜式蒸发器既可单程操作,也可借助泵将浓缩液从分离器抽出打入蒸发器顶部再循环,成为强制循环式蒸发器。

降膜式蒸发器适用于组成较高、黏度较大,以及有晶体析出(如制盐、液碱浓缩等)溶液的蒸发等场合,但其液体的均匀布膜比较困难,总传热系数较小。

三、升-降膜式蒸发器

升-降膜式蒸发器是升膜式和降膜式二者的结合体,其结构如图 6-11 所示。预热后的原料液先在升膜加热管内上升,再沿降膜加热管下降,汽液混合物在分离室中分离。

这种蒸发器适用于在浓缩过程中黏度变化比较大的溶液或厂房高度有一定限制的场合。

四、刮板薄膜蒸发器

刮板薄膜蒸发器的结构如图 6-12 所示。它的壳体外部装有加热蒸汽夹套,其内部装有可旋转的刮板,刮板由圆筒中心的旋转轴带动。原料液由蒸发器上部沿切向加入后,在重力和旋转刮板的带动下,沿壳体的内壁面形成下旋的薄膜,完成液由底部排出器外,二次蒸汽则经除沫器后由上部排出。

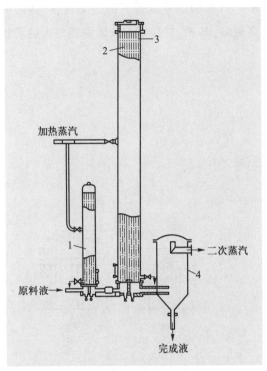

1—预热器;2—升膜加热室;3—降膜加热室;4—分离室

图 6 - 11　升 - 降膜式蒸发器

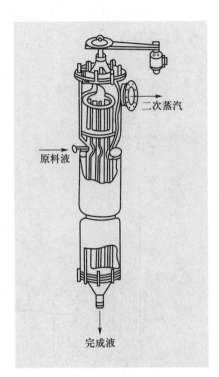

图 6 - 12　刮板薄膜蒸发器

　　这种蒸发器的突出优点是对物料的适应性很强,对高黏度、易结晶、易结垢、含悬浮物或兼有热敏性原料液的蒸发均适用;它既可以单独用来浓缩原料液,也可以和其他蒸发装置联合操作,作为最终浓缩装置。某些情况下,可将溶液蒸干而由底部直接获得固体产品。其缺点是结构复杂,动力消耗大,传热面积有限(一般不超过 $20\ m^2$),原料液处理量较小。

　　刮板薄膜蒸发器还可将原料液自器底加入,在刮板的旋转作用下,使其甩向器身内侧,边蒸发边向上旋行,完成液在器底收集。也有将刮板薄膜蒸发器设计成卧式的。

　　五、单程型蒸发器的主要类型及其性能比较

　　上面讨论的几种单程型蒸发器的结构特点及主要性能汇总于表 6 - 2。

表 6 - 2　单程型蒸发器的结构特点及主要性能

	型式	结构特点	优点	缺点
列管式	升膜式	加热室由多根垂直长管组成,原料液经预热由底部进入,受热沸腾后迅速汽化在管内高速上升,带动液体沿管内壁膜状上升并不断蒸发	适用于蒸发量较大、热敏性及易产生泡沫的溶液蒸发	不适用于黏度较大、易结晶或易结垢的溶液

续表

	型式	结构特点	优点	缺点
列管式	降膜式	原料液由加热室顶部加入,在重力作用下沿管内壁膜状下降,在下降过程中被蒸发增浓	可蒸发组成较高、黏度较大的溶液	不适用于易结晶或易结垢的溶液
	升-降膜式	原料液经预热后进入蒸发器底部,先由升膜式加热室上升,再由降膜式加热室下降	适用于蒸发过程中溶液组成变化较大或厂房高度有一定限制的场合	1. 对进料负荷波动相当敏感,设计不当时不易成膜 2. 不适用于易结晶或易结垢溶液
旋转式	刮板薄膜	原料液由蒸发器上部沿切线方向进入,被旋转叶片带动,在内壁上形成旋转下降的液膜,并不断蒸发浓缩	适用于处理易结垢、易结晶或热敏性溶液	结构复杂,动力消耗较大

6.2.3 蒸发设备和蒸发技术的进展

随着医药、生物、食品等工业的飞速发展,蒸发设备及蒸发技术不断改进和创新。其发展趋势大致有如下几个方面。

一、开发新型、高效蒸发器

新型、高效蒸发器的研究开发有如下途径:

(1)研制设备更加紧凑,液体速度提高,液膜湍动加剧,原料液在设备中停留时间短的高效、节能型蒸发器。如最近发展起来的板式蒸发器及由英国 APV 公司开发研制的改进型板式蒸发器;主要用于乳品、果汁浓缩的膨胀流动型蒸发器;锥形旋转加热面的离心式蒸发器(主要用于食品、蛋白质及维生素的浓缩)、旋液式蒸发器、卧式喷膜蒸发器等。

(2)通过改进加热表面形状来提高加热效果。如在石油化工、天然气液化中使用的多孔表面加热管,可使沸腾传热系数提高 $10\sim20$ 倍;海水淡化中使用的双面纵槽加热管,显著增强了传热效果。

(3)在蒸发器中插入不同型式的湍流元件,可使沸腾液体侧的对流传热系数大幅度提高。例如,在自然循环式蒸发器内加入铜制填料,可造成液体的湍动,使沸腾传热系数提高 50% 以上。

(4)不同结构蒸发器的组合,如长管降膜-短管自然循环组合式蒸发器,不但提高了传热速率,而且减缓了结垢速率。

二、蒸发与其他单元操作相结合

将蒸发与其他化工单元操作耦合,形成集成式的工艺流程,如蒸发干燥、蒸发分馏、蒸发结晶等。其中最具代表性的是强制循环蒸发结晶器及奥斯陆(Oslo)型蒸发结晶器,可在一个系统同时完成加热、蒸发及结晶等过程。

三、蒸发器传热的强化及防除垢技术

蒸发器传热的强化及防除垢技术是国内外企业界和学术界广泛关注的热门课题之一,并开发研究了一系列措施。

(1) 在蒸发器内插入多种型式的湍流元件,通过改变加热表面形状或其他增加液膜湍动的措施来强化传热,并减缓结垢。

(2) 通过改变原料液性质来提高传热效果,如加入适当的表面活性剂可使总传热系数成倍提高;加入适当阻垢剂,则可抑制结垢。

(3) 气、液、固三相流化床蒸发器在蒸发中的防除垢及强化传热效果十分显著,具有高效、多功能、易操作等一系列优点。例如,在传统卤水蒸发操作中,蒸发器每运行 8 h 左右就需停车清垢,而三相流化床蒸发装置运行 2000 h 以上也无须停车清垢,沸腾传热系数比原来提高 55% 以上。

四、设计最佳化

设计最佳化的途径有效数、温度差、浓度比、总传热面积和年经营费用等参数的优化,余热的有效利用,全面降低能耗等。

6.2.4 蒸发器的选型

蒸发器的结构型式很多,在选择蒸发器时一般应考虑如下原则:① 对物料的工艺特性(如热敏性、腐蚀性、结晶、结垢、黏度、发泡性等)有良好的适应性,其中对黏度在蒸发过程中的增加程度及结垢情况应给予特别注意;② 满足生产工艺对完成液质和量的要求;③ 结构简单,操作可靠,造价和操作费用低廉,经济合理,维修方便。

常用蒸发器的主要性能及适用场合列于表 6-3 中,供选型时参考。

表 6-3 常用蒸发器的主要性能及适用场合

蒸发器型式	造价	总传热系数		溶液在管内流速 m/s	停留时间	完成液组成能否恒定	浓缩比	处理量	对溶液性质的适应性					
		稀溶液	高黏度						稀溶液	高黏度	易生泡沫	易结垢	热敏性	有结晶析出
水平管型	最廉	良好	低	—	长	能	良好	一般	适	适	适	不适	不适	不适
标准型	最廉	良好	低	0.1～1.5	长	能	良好	一般	适	适	适	尚适	尚适	稍适
外热型(自然循环式)	廉	高	良好	0.4～1.5	较长	能	良好	较大	适	尚适	较好	尚适	尚适	稍适
列文式	高	高	良好	1.5～2.5	较长	能	良好	较大	适	尚适	较好	尚适	尚适	稍适
强制循环式	高	高	高	2.0～3.5	—	能	较高	大	适	好	好	适	尚适	适
升膜式	廉	高	良好	0.4～1.0	短	较难	高	大	适	尚适	好	尚适	良好	不适
降膜式	廉	良好	高	0.4～1.0	短	尚能	高	大	较适	好	适	不适	良好	不适
刮板式	最高	高	良好	—	短	尚能	高	较小	较适	好	较好	不适	良好	不适

续表

蒸发器型式	造价	总传热系数		溶液在管内流速 / m/s	停留时间	完成液组成能否恒定	浓缩比	处理量	对溶液性质的适应性					
		稀溶液	高黏度						稀溶液	高黏度	易生泡沫	易结垢	热敏性	有结晶析出
甩盘式	较高	高	低	—	较短	尚能	较高	较小	适	尚适	适	不适	较好	不适
旋风式	最廉	高	良好	1.5～2.0	短	较难	较高	较小	适	适	适	尚适	尚适	适
板式	高	高	良好	—	较短	尚能	良好	较小	适	尚适	适	不适	尚适	不适
浸没燃烧式	廉	高	高	—	短	较能	良好	较大	适	适	适	适	不适	适

6.2.5　蒸发器的辅助设备

蒸发器的辅助设备主要包括冷凝器、除沫器及疏水器等。

一、冷凝器

蒸发中产生的二次蒸汽若不再利用,则需将其冷凝。若二次蒸汽为水蒸气,可采用图 6-1 中所示的逆流高位直接混合式冷凝器。当二次蒸汽为有价值的产品需回收或会严重污染冷却水时,则应采用间壁式冷凝器。

二、除沫器

为了进一步捕集二次蒸汽中所夹带的雾沫或液滴,以减少有用产品的损失或对冷凝液的污染,常在蒸发器分离室顶部蒸汽出口处设置各种型式的除沫器。工业中常见的除沫器的主要型式如图 6-13 所示。其中,(a)～(d)直接安装在蒸发器的顶部,而(e)～(g)则安装在蒸发器的外部。

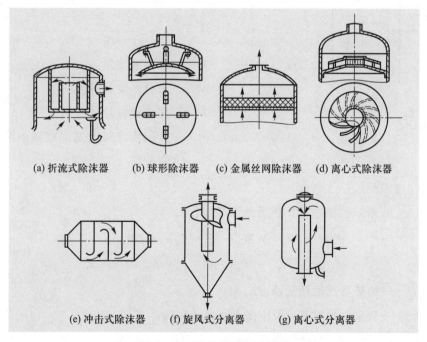

(a) 折流式除沫器　(b) 球形除沫器　(c) 金属丝网除沫器　(d) 离心式除沫器

(e) 冲击式除沫器　(f) 旋风式分离器　(g) 离心式分离器

图 6-13　除沫器的主要型式

三、疏水器

疏水器的作用是及时排出加热室的冷凝水，且能阻止加热蒸汽由排出管逸出，同时又能排出加热系统的不凝性气体。

工业中常用的疏水器大致有机械式、热膨胀式和热动力式等类型。其中热动力式疏水器的体积小、造价低，应用较为广泛。

除上述附属设备以外，当蒸发器在真空下操作时，均需在冷凝器后面安装真空系统，抽出冷凝器中的不凝性气体，以维持蒸发操作所要求的真空度。工业中应用最多的真空装置有喷射式、往复式及水环式真空泵。

6.3　单　效　蒸　发

演示文稿

蒸发器蒸出的二次蒸汽不再用作另一蒸发器加热介质的蒸发过程称为单效蒸发。

描述单效蒸发过程的基本方程是物料衡算、热量衡算及传热速率方程。

6.3.1　物料衡算与热量衡算

一、物料衡算

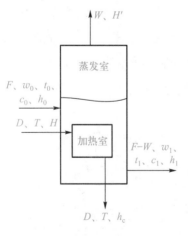

图 6-14　单效蒸发的物料
衡算与热量衡算

单效蒸发过程如图 6-14 所示。由于在蒸发过程中溶质不挥发，作溶质的衡算，得

$$Fw_0 = (F-W)w_1 = Lw_1$$

则

$$W = F\left(1 - \frac{w_0}{w_1}\right) \tag{6-1}$$

$$w_1 = \frac{Fw_0}{F-W} = \frac{Fw_0}{L} \tag{6-2}$$

式中　F——原料液流量，kg/h；

　　　　W——水分蒸发量，kg/h；

　　　　L——完成液流量，kg/h；

w_0、w_1——分别为原料液及完成液中溶质的质量分数。

二、热量衡算

对图 6-14 所示的蒸发器作热量衡算，得

$$DH + Fh_0 = WH' + (F-W)h_1 + Dh_c + Q_L \tag{6-3}$$

或

$$Q = D(H - h_c) = WH' + (F-W)h_1 - Fh_0 + Q_L \tag{6-3a}$$

式中　　D——加热蒸汽消耗量，kg/h；

　H、h_c——分别为加热蒸汽及冷凝水的焓，kJ/kg；

　h_0、h_1——分别为原料液及完成液的焓，kJ/kg；

H'——二次蒸汽的焓,kJ/kg;

Q——蒸发器的热负荷,kJ/h;

Q_L——蒸发器的热损失,kJ/h。

用式(6-3)及式(6-3a)求加热蒸汽消耗量 D 及蒸发器的热负荷 Q 时,按溶液稀释热较大和稀释热可忽略两种情况分别讨论。

1. 溶液稀释热较大的情况

某些盐、碱的水溶液,在稀释时其放热效应非常显著。蒸发是稀释的逆过程,随着溶液组成的提高,要吸收相应的浓缩热。这类溶液的焓值是其组成和温度的函数,不同种类的溶液,这种函数关系有很大差异。对这类物料,需通过实验测定其函数关系。图 6-15 是以 0 ℃ 为基准温度的 NaOH 水溶液的焓浓图。由图可见,溶液的焓和组成的关系是高度非线性的。

如果各物料流股的焓值已知,热损失给定,且冷凝水在饱和温度下排出,$(H-h_c)$ 即为加热蒸汽的冷凝潜热 r。则

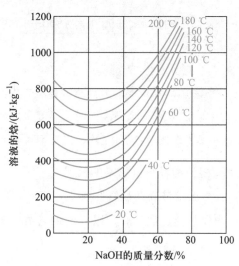

图 6-15 以 0 ℃ 为基准温度的
NaOH 水溶液的焓浓图

$$D = \frac{WH' + (F-W)h_1 - Fh_0 + Q_L}{r} \tag{6-4}$$

及

$$Q = Dr = WH' + (F-W)h_1 - Fh_0 + Q_L \tag{6-4a}$$

式中　　r——加热蒸汽的汽化热,kJ/kg。

◆ 例 6-1　在一连续操作的单效蒸发器中将 NaOH 水溶液从 0.10 浓缩至 0.40 (NaOH 的质量分数),原料液的处理量为 1800 kg/h,预热至 80 ℃ 加入蒸发器。加热蒸汽的压力为 0.4 MPa,分离室内的操作压力为 50 kPa,此压力下完成液的沸点为 110 ℃。蒸发器的热损失为 8 kW。试求(1) 水分蒸发量;(2) 加热蒸汽消耗量。

解: 对 NaOH 水溶液需借助焓浓图进行计算。

(1) 水分蒸发量　由式(6-1)得

$$W = F\left(1 - \frac{w_0}{w_1}\right) = \left[1800 \times \left(1 - \frac{0.10}{0.40}\right)\right] \text{kg/h}$$

$$= 1350 \text{ kg/h}$$

(2) 加热蒸汽消耗量　加热蒸汽消耗量由式(6-4)计算。式中各物理量的数值为

0.4 MPa 压力下(143.4 ℃)水蒸气的汽化热 $r = 2138.5$ kJ/kg

110 ℃ 下二次蒸汽的焓 $H' = 2693.4$ kJ/kg

110 ℃下完成液的焓 $h_1 = 490$ kJ/kg

80 ℃下原料液的焓 $h_0 = 300$ kJ/kg

蒸发器的热损失 $Q_L = (3600 \times 8)$ kJ/h $= 28800$ kJ/h

则

$$D = \frac{WH' + (F-W)h_1 - Fh_0 + Q_L}{r}$$

$$= \left[\frac{1350 \times 2693.4 + (1800-1350) \times 490 - 1800 \times 300 + 28800}{2138.5} \right] \text{kg/h}$$

$$= 1564 \text{ kg/h}$$

需要指出,蒸发器的分离室操作压力为 50 kPa 时,对应的温度为 81.2 ℃,而溶液的沸点为 110 ℃,二次蒸汽离开液面时的温度也应为 110 ℃,相对于操作压力来说是过热蒸汽。但是由于蒸发器的热损失,二次蒸汽会很快变为操作压力下的饱和蒸汽,温度降为 81.2 ℃。

2. 溶液稀释热可忽略的情况

大多数溶液在溶质含量不太高时,其稀释热不显著,常可忽略。对于这类溶液,其焓值可由比热容近似计算。以 0 ℃的溶液为基准,则

$$h_0 = c_0 t_0 \tag{6-5}$$

$$h_1 = c_1 t_1 \tag{6-5a}$$

式中 t_0、t_1——分别为原料液、完成液的温度,℃;

c_0、c_1——分别为原料液、完成液的比热容,kJ/(kg·℃)。

对于水溶液,c_0 与 c_1 又可由水的比热容和溶质的比热容近似按线性加和原则计算,即

$$c_0 = c_W(1-w_0) + c_B w_0 \tag{6-6}$$

$$c_1 = c_W(1-w_1) + c_B w_1 \tag{6-6a}$$

式中 c_W、c_B——分别为水及溶质的比热容,kJ/(kg·℃)。

联立式(6-6)与式(6-6a)消去 c_B 并代入式(6-1)中,可得

$$(F-W)c_1 = Fc_0 - Wc_W$$

将上式与式(6-3)、式(6-3a)及式(6-4a)联立并整理,得

$$Dr = W(H' - c_W t_1) + Fc_0(t_1 - t_0) + Q_L \tag{6-7}$$

作为近似,取 $(H' - c_W t_1)$ 为水在沸点 t_1 的汽化热 r',则

$$D = \frac{Wr' + Fc_0(t_1 - t_0) + Q_L}{r} \tag{6-7a}$$

式中 r'——二次蒸汽的汽化热,kJ/kg。

式(6-7)表明,加热蒸汽放出的热量用于三个方面,即① 将原料液由 t_0 升温至沸点 t_1;② 使水在 t_1 下汽化成二次蒸汽;③ 热损失。

若原料液在沸点下加入蒸发器并忽略热损失,则由式(6-7a)可得单位蒸汽消耗量为

$$e = \frac{D}{W} = \frac{r'}{r} \tag{6-8}$$

若再忽略水的汽化热随压力的变化,即取 $r=r'$,则对于单效蒸发,理论上每蒸发 1 kg 水至少要消耗 1 kg 的水蒸气。实际上由于热损失和浓缩的热效应等,$e \geqslant 1.1$。

◆ **例 6-2** 某盐厂在常压操作的单效蒸发器中将 NaCl 的水溶液从 0.10 浓缩至 0.29(NaCl 的质量分数),原料液处理量为 2500 kg/h。加热蒸汽压力为 400 kPa。操作条件下,NaCl 的比热容为 0.95 kJ/(kg·℃),溶液沸点为 110 ℃,水的平均比热容为 4.20 kJ/(kg·℃),蒸发器的热损失为其总传热量的 15%,忽略浓缩热效应。试求(1) 水分蒸发量;(2) 加料温度分别为 25 ℃、110 ℃ 和 120 ℃ 时的加热蒸汽消耗量和单位蒸汽消耗量。

解:(1) 水分蒸发量 水分蒸发量由式(6-1)计算,即

$$W = F\left(1 - \frac{w_0}{w_1}\right) = \left[2500 \times \left(1 - \frac{0.1}{0.29}\right)\right] \text{kg/h} = 1638 \text{ kg/h}$$

(2) 加热蒸汽消耗量和单位蒸汽消耗量 D 和 e 分别用式(6-7a)和式(6-8)计算。

400 kPa 和 110 ℃ 的饱和水蒸气的汽化热分别为 2138.5 kJ/kg 和 2232 kJ/kg。

原料液的比热容 c_0 由式(6-6)计算,即

$$c_0 = c_W(1-w_0) + c_B w_0 = [4.20 \times (1-0.1) + 0.95 \times 0.1] \text{ kJ/(kg·℃)}$$
$$= 3.875 \text{ kJ/(kg·℃)}$$

① 25 ℃ 加料

$$D = \frac{Wr' + Fc_0(t_1 - t_0) + Q_L}{r}$$
$$= \frac{1638 \times 2232 + 2500 \times 3.875 \times (110-25) + 0.15 \, D \times 2138.5}{2138.5}$$

解得
$$D = 2464 \text{ kg/h}$$

$$e = \frac{D}{W} = \frac{2464}{1638} = 1.504$$

② 110 ℃ 沸点加料

$$D = \frac{1638 \times 2232 + 0.15 \times 2138.5 \, D}{2138.5}$$

解得
$$D = 2011 \text{ kg/h}$$

$$e = \frac{2011}{1638} = 1.228$$

③ 120 ℃ 加料

$$D = \frac{1638 \times 2232 + 2500 \times 3.875(110-120) + 0.15 \times 2138.5 \, D}{2138.5}$$

解得
$$D = 1958 \text{ kg/h}$$

$$e = \frac{1958}{1638} = 1.195$$

由上面计算数据看出,随着加料温度升高,加热蒸汽消耗量减少,单位蒸汽消耗量下降。但由于汽化热随压力的变化及蒸发器的热损失,在本例条件下 e 值均大于 1.1。

6.3.2　温度差损失及传热平均温度差

前已述及,蒸发操作是一侧为蒸汽冷凝而另一侧为溶液沸腾的间壁传热过程,蒸发的速率取决于传热速率,即

$$Q = K_0 S_0 \Delta t_m \qquad (6-9)$$

式中,Q 是蒸发器的传热速率,由蒸发器的热量衡算求得;总传热系数 K_0 大多取经验数值,而传热平均温度差 Δt_m 的确定需要考虑溶液沸点升高等因素的影响;S_0 为蒸发器的传热面积,将在后面讨论。

一、溶液的温度差损失

当加热蒸汽(生蒸汽)的压力(或温度)一定时,单效蒸发传热的有效温度差便取决于溶液的沸点 t_1,即

$$\Delta t_m = T - t_1 \qquad (6-10)$$

式中　　Δt_m——单效蒸发传热的有效温度差,℃;

　　　　T——加热蒸汽的温度,℃;

　　　　t_1——溶液的平均沸点,℃。

式中的 t_1 又取决于冷凝器的操作压力及各种因素引起的溶液沸点升高。

若溶液不存在沸点升高,又忽略二次蒸汽在管道内的流动阻力,则蒸发器的总温度差为

$$\Delta t_T = T - t_c \qquad (6-11)$$

式中　　t_c——与冷凝器内操作压力对应的二次蒸汽温度,℃。

此总温度差称为理论总温度差。在蒸发操作中,通常溶液沸点 t_1 高于冷凝器中二次蒸汽的温度 t_c,即 $\Delta t_m < \Delta t_T$。理论总温度差与有效温度差的差值称为总温度差损失,即

$$\Delta = \Delta t_T - \Delta t_m \qquad (6-12)$$

式中　　Δ——总温度差损失,亦称溶液的沸点升高,℃。

引起蒸发中温度差损失(沸点升高)的因素包括如下三个方面,即:① 溶液中不挥发溶质引起的饱和蒸气压下降;② 垂直传热管中液柱静压头(膜式蒸发器除外)使液面下的静压头高于液面上分离空间的静压头;③ 二次蒸汽在管道内的流动阻力。

综合如上因素,蒸发器内溶液的沸点升高为

$$\Delta = \Delta' + \Delta'' + \Delta''' \qquad (6-13)$$

式中　　Δ'——溶质存在引起的沸点升高,℃;

　　　　Δ''——液柱静压头引起的沸点升高,℃;

　　　　Δ'''——管道流动阻力引起的沸点升高,℃。

二、溶液沸点升高的计算

1. 溶质存在引起的沸点升高 Δ'

不同性质的溶液在不同组成范围内,沸点升高的数值有很大差别。稀溶液和有机胶

体溶液沸点升高往往可忽略,但无机盐溶液中溶质含量较高时,沸点升高非常显著。常压下 60%NaOH 水溶液的沸点升高约为 60 ℃。与纯溶剂相比,在相同压力下,溶质存在引起的沸点升高可表达为

$$\Delta' = t_B - T' \tag{6-14}$$

式中　　t_B——溶液的沸点,℃;

　　　　T'——与溶液压力相等时水的沸点,℃。

溶液的沸点 t_B 与操作压力、溶液种类及其组成有关。常压下某些常见溶液的沸点列于附录中。为估算不同压力下溶液的沸点以计算沸点升高,提出了一些经验法则。其中杜林规则(Duhring's rule)应用起来比较方便。

杜林规则指出:一定组成的某种溶液的沸点与相同压力下标准液体(一般以水为标准液体)的沸点呈线性关系。图 6-16 为不同组成的 NaOH 水溶液的杜林线图,即不同组成的 NaOH 水溶液的沸点与对应压力下纯水沸点的关系线图。由图看出,NaOH 的质量分数为零时(即纯水)的沸点线为一条 45°线,在组成不高(如小于 40%)的条件下,溶液的沸点线大致为与 45°线平行的一簇线群。也就是说,溶液的沸点升高与操作压力关系不大,不同压力下的沸点升高值可取常压下的沸点升高数值,不会带来明显误差。

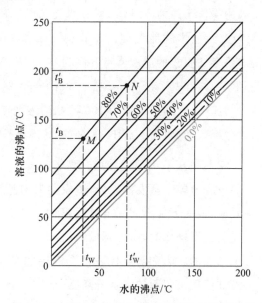

图 6-16　不同组成的 NaOH 水溶液的杜林线图

在高组成的范围内,只要知道两个不同溶液的沸点,则可求出杜林线的斜率,进而可求出任何压力下溶液的沸点,即

$$\frac{t'_B - t_B}{t'_w - t_w} = k \tag{6-15}$$

则

$$t_B = k t_w + y \tag{6-16}$$

式中　　t'_B、t_B——分别为压力 p' 与 p 下溶液的沸点,℃;

　　　　t'_w、t_w——分别为压力 p' 与 p 下水的沸点,℃;

　　　　k——杜林线的斜率;

　　　　y——杜林线的截距,℃。

其他压力下溶液的沸点升高,在缺乏实验数据时可用下面经验公式近似估算,即

$$\Delta' = f \Delta'_a \tag{6-17}$$

式中　　Δ'_a——常压下(101.3 kPa)溶质存在引起的沸点升高,℃;

　　　　Δ'——操作压力下溶质存在引起的沸点升高,℃;

f——校正系数,其值由下式计算,即

$$f=0.0162\frac{(T'+273)^2}{r'_w}\qquad(6-18)$$

式中　　T'——操作压力下水的沸点,℃;

　　　　r'_w——操作压力下水的汽化热,kJ/kg。

◆ 例6-3　在单效蒸发器中,将 NaOH 水溶液从 10%浓缩至 40%(NaOH 的质量分数),分离室的操作压力为 50 kPa(对应的二次蒸汽温度为 81.2 ℃)。试求由溶质存在引起的沸点升高 Δ'。

解:对于循环型蒸发器,应以完成液组成计算其沸点升高。由题给条件知,分离室内的操作压力为 50 kPa,对应水的沸点(即饱和蒸汽温度)为 81.2 ℃。在图 6-16 杜林线图上,由水的沸点 81.2 ℃查得 40%NaOH 水溶液对应的沸点为 110 ℃,于是可求得溶质存在引起的溶液沸点升高为

$$\Delta'=(110-81.2)\ ℃=28.8\ ℃$$

常压下(水的沸点取为 100 ℃),溶液的沸点升高为 28.8 ℃。

数据表明,对于 NaOH 水溶液,其沸点升高基本上与操作压力无关。

2. 液柱静压头引起的沸点升高 Δ''

除单程薄膜型蒸发器以外,蒸发器内的沸腾液总会有一定的液层高度。由于液柱静压头效应,液面下部不同深度处溶液的沸点各不相同,液面处沸点低,液面越深,沸点越高。在负压下操作时,压力越低,液柱静压头引起的沸点升高越显著。作为近似估算,以液层中部点的压力和沸点代表整个液层的平均压力和沸点。该沸点与液面处沸点之差即为液柱静压头引起的沸点升高 Δ''。

液层的平均压力为

$$p_m=p'+\frac{\rho_m gL}{2}\qquad(6-19)$$

式中　　p_m、p'——分别为液层平均压力及液面处压力,Pa;

　　　　ρ_m——溶液的平均密度,kg/m³;

　　　　L——液层深度,m;

　　　　g——重力加速度,m/s²。

设与压力 p' 和 p_m 对应的溶液沸点分别为 t_B 和 t_m,则

$$\Delta''=t_m-t_B\qquad(6-20)$$

通常,t_B 与 t_m 可直接查取 p' 和 p_m 压力下水的沸点来代替。

◆ 例6-4　用连续真空蒸发器将固体含量 10%的桃浆浓缩至 40%(质量分数)。加热管内液层深度为 2 m,完成液的平均密度为 1180 kg/m³。加热蒸汽的温度为 100 ℃,分离室内的真空度为 91 kPa。常压下溶质存在引起的沸点升高 $\Delta'_a=1$ ℃。试求传热的有效温度差。

解：在 91 kPa 真空度（即绝对压力 10.3 kPa）下水的沸点为 46.5 ℃，则传热的理论总温度差为

$$\Delta t_T = (100 - 46.5)\text{℃} = 53.5\text{ ℃}$$

传热的有效温度差为

$$\Delta t_m = \Delta t_T - \Delta' - \Delta''$$

(1) 溶质存在引起的温度差损失 Δ'

$$\Delta' = f\Delta'_a$$

46.5 ℃下水的汽化热 $r'_w = 2386$ kJ/kg

则

$$\Delta' = 0.0162\frac{(T'+273)^2}{r'_w}\Delta'_a = \left[0.0162 \times \frac{(46.5+273)^2}{2386} \times 1\right]\text{℃} = 0.69\text{ ℃}$$

(2) 液柱静压头引起的温度差损失 Δ''

$$p_m = p' + \frac{\rho_m g L}{2} = \left[10.3 + \frac{1180 \times 9.81 \times 2}{2 \times 1000}\right]\text{kPa} = 21.9\text{ kPa}$$

21.9 kPa 压力下水的沸点为 62.1 ℃，则

$$\Delta'' = (62.1 - 46.5)\text{℃} = 15.6\text{ ℃}$$

于是

$$\Delta t_m = (53.5 - 0.69 - 15.6)\text{℃} = 37.21\text{ ℃}$$

由本例看出，操作压力较低时，液柱静压头所引起的温度差损失占很大比例。

3. 流动阻力引起的沸点升高 Δ'''

由于管路中流动阻力，使蒸发器内二次蒸汽的温度高于冷凝器内的二次蒸汽的冷凝温度，其差值用 Δ''' 表示，称为流动阻力引起的沸点升高。其数值难以准确计算，一般取经验值。从蒸发器至冷凝器的 Δ''' 取 1～1.5 ℃，各效之间的 Δ''' 取 1 ℃。

需要强调指出，溶液沸点升高的计算应以完成液组成为基准。

6.3.3 蒸发器的传热面积

在蒸发器的传热速率 Q、传热的平均温度差 Δt_m 及总传热系数 K_0 已被确定的前提下，则可由传热速率方程式(6-9)计算蒸发器的传热面积，即

$$S_0 = \frac{Q}{K_0 \Delta t_m} \tag{6-9a}$$

6.3.4 蒸发器的生产强度

加热蒸汽的经济性和蒸发器的生产强度（简称蒸发强度）是评价蒸发装置性能的两个重要技术经济指标，前者在一定程度上表示了蒸发操作的能耗（即操作费），后者则表示对于一定的蒸发任务设备投资的多少。溶液的温度差损失明显地影响上述两个指标。

一、蒸发器的生产能力

生产能力通常指单位时间内蒸发的水分量，其单位为 kg/h。蒸发器的生产能力由其

传热速率来决定。若忽略蒸发器的热损失，原料液于沸点下加入蒸发器，不考虑浓缩热，则其生产能力为

$$W = \frac{Q}{r'} = \frac{K_0 S_0 \Delta t_m}{r'} \tag{6-21}$$

式中　　W——单位时间内蒸发的水分量，即生产能力，kg/h；

　　　　Q——蒸发器的传热速率，kJ/h；

　　　　K_0——蒸发器的总传热系数，W/(m²·℃)；

　　　　S_0——蒸发器的传热面积，m²；

　　　　Δt_m——传热平均温度差，℃；

　　　　r'——二次蒸汽的汽化热，kJ/kg。

蒸发器的生产能力只能说明其生产量的大小，并未完全反映其性能的优劣。蒸发器的生产强度则可定量回答这个问题。

二、蒸发器的生产强度（蒸发强度）

蒸发器的生产强度是指单位时间内单位传热面积上蒸发的水分量，用 U 表示，其单位为 kg/(m²·h)。在上述简化条件下，则有

$$U = \frac{W}{S_0} = \frac{K_0 \Delta t_m}{r'} \tag{6-22}$$

对于给定的水分蒸发量而言，蒸发强度越大，所需的传热面积就越小，蒸发设备的投资费用就越低。由式(6-22)可以看出，提高蒸发强度的基本途径是提高总传热系数 K_0 和传热平均温度差 Δt_m。

1. 提高蒸发器的总传热系数

蒸发器的总传热系数的表达式原则上可写为

$$K_0 = \frac{1}{\dfrac{1}{\alpha_o} + R_{so} + \dfrac{bd_o}{\lambda d_m} + R_{si}\dfrac{d_o}{d_i} + \dfrac{d_o}{\alpha_i d_i}} \tag{6-23}$$

或写成阻力表达式为

$$\frac{1}{K_0} = \frac{1}{\alpha_o} + R_{so} + \frac{bd_o}{\lambda d_m} + R_{si}\frac{d_o}{d_i} + \frac{d_o}{\alpha_i d_i} \tag{6-23a}$$

式中　　α_i、α_o——分别为加热管内、外流体的对流传热系数，W/(m²·℃)；

　　　　d_i、d_o——分别为加热管的内、外直径，m；

　　　　R_{si}、R_{so}——分别为加热管内、外壁面上的污垢热阻，W/(m²·℃)；

　　　　b——管壁厚度，m；

　　　　λ——管材的导热系数，W/(m²·℃)。

对于蒸发操作，一般管壁热阻及蒸汽冷凝侧热阻所占比例不大，可忽略不计。提高总传热系数的途径主要是提高沸腾传热系数及减少污垢热阻。在本章 6.2.3 所介绍的防除垢技术及强化沸腾传热的措施都是有效的。

由于管内沸腾传热影响因素的复杂性,现有的计算关系式的准确性都不能令人满意。目前蒸发器的设计计算中,总传热系数 K_0 值大多数是根据实测值或经验值选定的。几种常用蒸发器 K_0 值的范围列于表 6－4。

表 6－4　几种常用蒸发器 K_0 值的范围

蒸发器类型	总传热系数 K_0 $W/(m^2 \cdot ℃)$	蒸发器类型	总传热系数 K_0 $W/(m^2 \cdot ℃)$
夹套式	350～2500	外加热式(自然循环)	1400～3000
盘管式	600～3000	外加热式(强制循环)	1200～6000
标准式(自然循环)	580～2900	升膜式	580～5800
标准式(强制循环)	1200～6000	降膜式	1200～3500
悬筐式	600～3000	刮板薄膜($\mu < 0.1$ Pa·s)	1700～7000
		刮板薄膜($\mu > 1$ Pa·s)	700～1200

2. 提高传热温度差

传热温度差 Δt_m 的大小取决于加热蒸汽的温度(或压力)、冷凝器的操作温度(压力)及溶液的沸点升高。提高加热蒸汽压力常常受工厂供汽条件的限制,一般在 0.3～0.8 MPa。降低冷凝器的操作压力,溶液的沸点降低,黏度增大,使总传热系数 K_0 值下降,同时还要考虑造成真空的动力消耗。一般冷凝器的操作绝对压力不宜低于 10～20 kPa。因此,提高传热温度差是有限的。

6.3.5　加热蒸汽的经济性和蒸发过程的节能措施

蒸发装置的操作费主要是汽化溶剂(水)所消耗的能量,通常以加热蒸汽的经济性来表示。加热蒸汽的经济性是指 1kg 加热蒸汽所能蒸发的水分量,即

$$E = \frac{W}{D} = \frac{1}{e} \tag{6-24}$$

式中　　E——加热蒸汽的经济性,kg 水/kg 蒸汽;

　　　　e——单位蒸汽的消耗量,kg 蒸汽/kg 水。

对于图 6－1 所示的单效蒸发装置,若原料液预热至沸点加入蒸发器,忽略蒸发器的热损失、加热蒸汽与二次蒸汽的汽化热的差异,并且不考虑溶液的浓缩热,则加热蒸汽的经济性 $E=1$。实际蒸发装置中,由于热损失、浓缩热的存在,其经济性必然小于 1。为了提高加热蒸汽的经济性,降低蒸发过程的能耗,可采用多种措施。

一、多效蒸发

前已述及,将前效的二次蒸汽作为下一效加热蒸汽的串联蒸发装置称为多效蒸发。在多效蒸发中,各效的操作压力、相应的加热蒸汽温度与溶液沸点依次降低。因此,只有当生蒸汽的压力较高或末效采用真空的前提下,才能实现多效蒸发。多效蒸发中,只有第一效用生蒸汽加热,其余各效均利用二次蒸汽加热,故加热蒸汽的经济性

大为提高。

二、额外蒸汽的采出

所谓额外蒸汽的采出是指将蒸发装置的二次蒸汽用作其他加热设备的热源。由于将饱和水蒸气用作加热介质时,主要是利用蒸汽的相变潜热,对蒸发来说,只是将加热蒸汽转变为品位较低的二次蒸汽。在多效蒸发中,将二次蒸汽引出作为他用,品位较低的二次蒸汽的潜热可完全利用,这样就可大大降低整个工厂的能耗。

三、热泵蒸发

热泵蒸发是将二次蒸汽再压缩的操作过程,如图 6-17 所示。它是将二次蒸汽用压缩机压缩,提高其压力(即提高其温度),并再送回原来的蒸发器中作为加热蒸汽。这样,除了开工时外,不必再有外界供给加热蒸汽,即可连续进行蒸发。热泵蒸发中,不仅二次蒸汽的潜热得以完全利用,而且不消耗冷却水,压缩二次蒸汽所需的压缩功相对是比较低的。从总体来说,能耗大大降低。

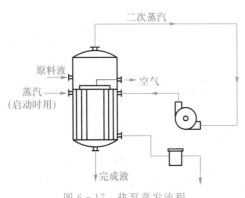

图 6-17　热泵蒸发流程

热泵蒸发不适合于沸点升高较大溶液的蒸发,而且压缩机的投资和维护费用较高,在一定程度上限制了其应用。

四、冷凝水热量的利用

蒸发操作中,加热蒸汽冷凝后必产生相应数量的冷凝水。这些温度较高的冷凝水可用来预热原料液或可采用减压闪蒸的方法,将产生的部分蒸汽与二次蒸汽一起作为下一效的加热蒸汽,也可将冷凝水用于其他生产工艺中。

另外,真空蒸发、完成液显热的有效利用,均可起到一定的节能效果。

◆ 例 6-5　某厂欲将含无机盐的水溶液由 10%(质量分数,下同)浓缩至 25%。现有一台传热外表面积为 50 m^2 的中央循环管式蒸发器可供使用,该蒸发器基于传热外表面积的总传热系数为 1300 W/(m^2 · ℃)。已知原料液温度为 50 ℃,比热容为 3.768 kJ/(kg · ℃)。常压下 25% 的溶液由蒸气压下降引起的沸点升高为 3.2 ℃,由液体静压头引起的沸点升高为 4.1 ℃。加热蒸汽的压力为 120 kPa(绝压),冷凝器的温度为 59 ℃。设溶液的浓缩热效应及蒸发器的热损失均可忽略。试求(1) 原料液的处理量(kg/h);(2) 加热蒸汽消耗量(kg/h)。

解:(1) 原料液的处理量　首先由题给条件求蒸发器的传热速率 $Q = K_0 S_0 (T - t_1)$,其中 t_1 为操作压力下的沸点,即

$$t_1 = t_C + \Delta' + \Delta'' + \Delta'''$$

① 取流动阻力引起的温度差损失 $\Delta'''=1\ ℃$,则二次蒸汽温度为 60 ℃。由附录八查得 120 kPa 下加热蒸汽温度为 104.5 ℃,汽化热为 2246.8 kJ/kg;60 ℃下的二次蒸汽的汽化热为 2355.1 kJ/kg。

② 将题给的 Δ'_a 值校正到操作压力下:

$$f=\frac{0.0162(T'+273)^2}{r'_s}=\frac{0.0162\times(60+273)^2}{2355.1}=0.763$$

$$\Delta'=f\Delta'_a=(0.763\times3.2)\ ℃=2.44\ ℃$$

$$t_1=t_c+\Delta'+\Delta''+\Delta'''=(59+2.44+4.1+1)\ ℃=66.54\ ℃$$

故蒸发器的传热速率为

$$Q=K_0S_0(T-t_1)=\left[\frac{1300\times3600}{1000}\times50\times(104.5-66.54)\right]kJ/h$$

$$=8.883\times10^6\ kJ/h$$

当忽略蒸发器热损失时,将热量衡算方程及物料衡算方程联立:

$$Q=Wr'_s+Fc_0(t_1-t_0) \tag{1}$$

$$W=F\left(1-\frac{x_0}{x_1}\right) \tag{2}$$

可得

$$F=\frac{Q}{\left(1-\dfrac{x_0}{x_1}\right)r'_s+c_0(t_1-t_0)}$$

$$=\left[\frac{8.883\times10^6}{\left(1-\dfrac{0.1}{0.25}\right)\times2355.1+3.768\times(66.54-50)}\right]kg/h$$

$$=6.021\times10^3\ kg/h$$

(2) 加热蒸汽消耗量

$$D=\frac{Q}{r}=\left(\frac{8.883\times10^6}{2246.8}\right)kg/h=3.954\times10^3\ kg/h$$

本题为单效蒸发的操作型计算,关键在于确定温度差损失及传热速率。

◆ 例 6-6 在一连续操作的单效标准式蒸发器中,将 10%(质量分数,下同)的 $CaCl_2$ 水溶液浓缩至 40.8%,进料量为 2000 kg/h,沸点进料。蒸发器中液面高度为 2 m,完成液的平均密度为 1260 kg/m³。加热蒸汽的压力为 0.4 MPa,冷凝器的操作真空度为 56.3 kPa(当地大气压力为 101.3 kPa)。操作条件下,蒸发器的总传热系数 $K_0=1200\ W/(m^2\cdot℃)$,热损失为 10 kW。试求(1) 水分蒸发量;(2) 加热蒸汽的用量;(3) 蒸发器的传热面积;(4) 核算蒸发强度及加热蒸汽的经济性。

案例解析

解:该题为单效蒸发器的设计型计算,各项计算如下。

（1）水分蒸发量

$$W = F\left(1 - \frac{w_0}{w_1}\right) = \left[2000 \times \left(1 - \frac{10}{40.8}\right)\right] \text{kg/h} = 1510 \text{ kg/h}$$

（2）加热蒸汽的用量　因为沸点进料，故式(6-7a)简化为

$$D = \frac{Wr' + Q_L}{r} \tag{1}$$

由饱和水蒸气表查得，在 0.4 MPa 压力下，$T = 143.4$ ℃，$r = 2138.5$ kJ/kg。

式(1)中的 r' 为在溶液沸点下二次蒸汽的汽化热，故需先计算溶液的沸点 t_1。

冷凝器的操作压力为

$$p' = (101.3 - 56.3) \text{ kPa} = 45 \text{ kPa}$$

由饱和水蒸气表查得，在 45 kPa 压力下水蒸气的冷凝温度 $t_c = 78.1$ ℃。

取 $\Delta''' = 1.5$ ℃，则分离室内二次蒸汽的温度 $T' = (78.1 + 1.5)$ ℃ = 79.6 ℃。相应的操作压力为 46.7 kPa，$r'_w = 2309$ kJ/kg。

由无机盐水溶液的沸点表查得：40.8% $CaCl_2$ 水溶液在常压下沸点为 120 ℃，故

$$\Delta'_a = (120 - 100) \text{ ℃} = 20 \text{ ℃}$$

在 46.7 kPa 压力下溶液的沸点升高由式(6-17)估算，即

$$\Delta' = 0.0162 \frac{(T' + 273)^2}{r'_w} \Delta'_a = \left[0.0162 \times \frac{(79.6 + 273)^2}{2309} \times 20\right] \text{℃} = 17.45 \text{ ℃}$$

液面上溶液的沸点为

$$t_B = (79.6 + 17.45) \text{ ℃} = 97.05 \text{ ℃}$$

液层的平均压力由式(6-19)计算，即

$$p_m = p' + \frac{\rho_m g L}{2} = \left(46.7 + \frac{1 \times 1260 \times 9.81 \times 2}{2 \times 1000}\right) \text{ kPa} = 59.1 \text{ kPa}$$

在 59.1 kPa 压力下，水的沸点为 85.2 ℃，则

$$\Delta'' = (85.2 - 79.6) \text{ ℃} = 5.6 \text{ ℃}$$

溶液的平均沸点为

$$t_1 = (78.1 + 1.5 + 17.45 + 5.6) \text{ ℃} = 102.6 \text{ ℃}$$

在 t_1 沸点下，水的汽化热 $r' = 2251$ kJ/kg。将有关数据代入式(1)，便可求得 D，即

$$D = \left(\frac{1510 \times 2251 + 10 \times 3600}{2138.5}\right) \text{ kg/h} = 1606 \text{ kg/h}$$

（3）蒸发器的传热面积　蒸发器的传热面积由式(6-9a)计算，即

$$S_0 = \frac{Q}{K_0 \Delta t_m} = \frac{Wr'}{K_0 \Delta t_m} = \left[\frac{1510 \times 2251 \times 10^3}{3600 \times 1200 \times (143.4 - 102.7)}\right] \text{m}^2 = 19.33 \text{ m}^2$$

（4）蒸发强度及加热蒸汽的经济性　蒸发强度由式(6-22)计算，即

$$U = \frac{W}{S_0} = \left(\frac{1510}{19.33}\right) \text{ kg}/(\text{m}^2 \cdot \text{h}) = 78.12 \text{ kg}/(\text{m}^2 \cdot \text{h})$$

加热蒸汽的经济性用式(6-24)计算,即

$$E = \frac{W}{D} = \left(\frac{1510}{1606}\right) \text{kg 水/kg 蒸汽} = 0.94 \text{ kg 水/kg 蒸汽}$$

通过本例应掌握单效蒸发器设计型计算的基本方法和步骤,并且重点掌握溶液沸点升高的计算。计算蒸发器的传热面积时,传热速率应以溶液接收的有效热量为依据,在本例条件下为 Wr'。

6.4 多效蒸发

演示文稿

课程思政

6.4.1 多效蒸发的流程

按照溶液与加热蒸汽相对流向的不同,多效蒸发有四种流程。各种流程的特点与适用场合如表6-5所示(以三效为例)。

表 6-5　多效蒸发各种流程的特点与适用场合

加料方式	并流法	逆流法
流程示意		
原料液与蒸汽的流向	并流,原料液和蒸汽的流向均为由第一效顺流至末效,完成液由末效底部排出	逆流,原料液由末效进入,用泵依次送至前效,完成液由第一效底部排出
优点	1. 利用各效间压力差自动进料,可省去输液泵 2. 前效温度高于后效,进料呈过热状态,产生自蒸发,各效间可不设预热器 3. 辅助设备少,装置紧凑,温度差损失少 4. 操作简便,工艺稳定	1. 随着原料液组成提高,温度相应提高,黏度变化小,各效传热系数相差不大,可充分发挥设备潜力 2. 完成液排出温度较高,可利用显热在减压下闪蒸增浓,提高完成液组成
缺点	后效温度低,组成高,原料液黏度增大,降低了传热系数	1. 辅助设备多,动力消耗大 2. 不适于处理热敏性物料 3. 操作复杂,工艺不易稳定
适用场合	黏度不大或随组成增高黏度变化不大的原料液	黏度大的原料液,不适宜于热敏性物料

续表

加料方式	错流法	平流法
流程示意	 	
原料液与蒸汽的流向	并、逆流结合	各效都加料和排出完成液,蒸汽流向由第一效至末效
优点	1. 兼有并、逆流优点 2. 供料方式可调整	控制方便
缺点	操作复杂,需有完善的自动仪表控制系统来保证实现稳定操作	
适用场合	操作复杂,较少采用,造纸工业碱回收系统及制铝行业有应用	有结晶析出的原料液,如烧碱溶液的蒸发

6.4.2　多效蒸发的计算

多效蒸发是一个多级串联过程。对于其中的每一效来说,其计算方法和单效并无本质区别。但由于各效之间互相联系,操作参数互相制约,且自动调节,使得多效蒸发计算更为复杂。

多效蒸发的计算亦可分为设计型计算和操作型计算。设计型计算是指给定原料液流量、组成和温度,完成液的组成、生蒸汽的压力及冷凝器的操作压力,要求计算生蒸汽用量、各效溶剂蒸发量和各效传热面积。操作型计算通常是指各效蒸发器的类型及其传热面积已给定,要求核算蒸发系统的处理能力、加热蒸汽的用量及其他操作参数。

多效蒸发计算的基本依据仍然是物料衡算、热量衡算及传热速率方程。目前已提出多种计算方法,并开发相应的计算软件。计算过程常采用试差法。

下面以多效蒸发的设计型计算为例,介绍试差法求解的一般步骤:

1. 计算水分的总蒸发量

2. 设定各效蒸发量 W_i 的初值

3. 规定各效传热面积相等

设定了各效蒸发量的初值后,便可求得各效完成液的组成。

4. 设定各效操作压力的初值

在给定加热蒸汽压力 p_1 及冷凝器压力 p_c 的条件下,其他各效压力可按等压降来设定,即相邻两效间的压力差为

$$\Delta p = \frac{p_1 - p_c}{n} \qquad (6-25)$$

式中,n 为效数。

任一效 i 的压力为

$$p_i = p_1 - i\Delta p \qquad (6-26)$$

5. 确定各效溶液的沸点和有效温度差

由各效压力、组成的初值,确定各效的温度差损失 Δ_i 和溶液的沸点 t_i,进而求出总有效温度差 $\sum\limits_{i=1}^{n} \Delta t_i$。

6. 求各效传热量及蒸发量

考虑到溶液的稀释热和蒸发装置的热损失。在蒸发量计算时常引入热利用系数 η_i。η_i 值根据经验选取,一般为 $0.96 \sim 0.98$。

7. 求各效的传热面积

8. 校核第 1 次计算结果

若求得的各效传热面积相等或差别不大,则计算结束。若各效传热面积不相等,则重新调整各效有效温度差,重复 4、5、6 步,直至求得的各效传热面积相等或近似为止。

多效蒸发的具体计算过程和方法见例 6-7。

◆ **例 6-7** 在双效并流标准型蒸发器中将番茄汁的固体质量分数从 4.26% 浓缩至 28%。原料液的处理量为 3000 kg/h,预热至允许的最高温度 64 ℃ 后加入蒸发器,其比热容为 4.0 kJ/(kg·℃)。加热蒸汽压力为 110 kPa(其温度为 102.0 ℃),冷凝器的操作压力为 8 kPa(对应的二次蒸汽温度为 41.3 ℃)。第一效蒸发器为自然循环式,其传热系数为 900 W/(m²·℃);第二效蒸发器为搅拌强制循环式,其传热系数为 1800 W/(m²·℃)。除流动阻力引起的温度差损失外,其他温度差损失忽略不计,各效的热利用系数均取 0.98。试求(1) 水分总蒸发量;(2) 加热蒸汽消耗量;(3) 蒸发器的传热面积。

解: 本例为热敏性生物物料的蒸发,原料液的允许最高温度限定为 64 ℃,也就是第一效中完成液的沸点应维持为 64 ℃。取二次蒸汽在效间及冷凝器之间的温度差损失分别为 1 ℃ 及 1.5 ℃,则各效的温度、压力操作参数如本例附表所示。

例 6-7 附表

	压力 kPa	温度 ℃	汽化热 kJ/kg	备注
第一效加热蒸汽	110	102	2253	$\Delta_1''' = 1$ ℃
第一效二次蒸汽	23.91	64	2345	
第二效加热蒸汽	22.86	63	2347	$\Delta_2''' = 1.5$ ℃
第二效二次蒸汽	8.6	42.8	2394	
冷凝器	8.0	41.3	2497	

(1) 水分总蒸发量

$$W=F\left(1-\frac{w_0}{w_2}\right)=\left[3000\times\left(1-\frac{0.0426}{0.28}\right)\right]\text{kg/h}=2544\ \text{kg/h}$$

(2) 加热蒸汽消耗量　确定各效的溶液沸点和有效温度差。由题给条件,第一效溶液的沸点即为允许的最高温度 64 ℃,二次蒸汽的压力为 23.91 kPa,其有效传热温度差为

$$\Delta t_1=(102-64)\ ℃=38\ ℃$$

第二效溶液的沸点为

$$t_2=t_c+\Delta_2'''=(41.3+1.5)\ ℃=42.8\ ℃$$

第二效有效传热温度差为

$$\Delta t_2=(63-42.8)\ ℃=20.2\ ℃$$

确定加热蒸汽消耗量及各效的蒸发量。

由于沸点进料,即 $t_0=t_1$,则第一效蒸发量的计算式可简化为

$$W_1=\eta_1 D_1\frac{r_1}{r_1'}=\left(0.98\times\frac{2253}{2345}\right)D_1=0.9416\ D_1 \tag{1}$$

同理,第二效的蒸发量为

$$W_2=\eta_2\left[W_1\frac{r_1}{r_2'}+(Fc_0-W_1 c_{\text{w}})\frac{t_1-t_2}{r_2'}\right]$$

$$=0.98\left[0.9416D_1\times\frac{2347}{2394}+(3000\times4.0-0.9416\times4.19\ D_1)\times\frac{64-42.8}{2394}\right]$$

$$=0.8704\ D_1+104.1 \tag{2}$$

又

$$W=W_1+W_2=2544\ \text{kg/h} \tag{3}$$

联立式(1)、式(2)及式(3),便可求得加热蒸汽消耗量和各效蒸发量,即

$$D_1=1346.5\ \text{kg/h}$$

$$W_1=1268\ \text{kg/h}$$

$$W_2=1276\ \text{kg/h}$$

(3) 蒸发器的传热面积　各效的传热量分别为

$$Q_1=D_1 r_1=(1346.5\times2253)\ \text{kJ/h}=3.034\times10^6\ \text{kJ/h}=842.8\ \text{kW}$$

$$Q_2=W_1 r_1'=(1268\times2394)\ \text{kJ/h}=3.036\times10^6\ \text{kJ/h}=843.3\ \text{kW}$$

各效传热面积由传热速率方程式计算,即

$$S_1=\frac{Q_1}{K_1\Delta t_1}=\left(\frac{842.8\times10^3}{900\times38}\right)\ \text{m}^2=24.6\ \text{m}^2$$

$$S_2=\frac{Q_2}{K_2\Delta t_2}=\left(\frac{843.3\times10^3}{1800\times20.2}\right)\ \text{m}^2=23.2\ \text{m}^2$$

两效传热面积相差不大,均取 25 m²。

6.4.3　多效蒸发与单效蒸发的比较

一、加热蒸汽的经济性

多效蒸发通过二次蒸汽的再利用而提高加热蒸汽的经济性。设单效蒸发与 n 效蒸发所蒸发的水分量相同,则在理想情况下,单效蒸发的单位蒸汽消耗量 $e_1 = \dfrac{D}{W} \approx 1$,而 n 效蒸发的单位蒸汽消耗量 $e_n = \dfrac{e_1}{n}$。在实际蒸发操作中,由于热损失的存在,各种温度差损失、浓缩热及不同压力下汽化热的差别等因素,使 $e_n > \dfrac{e_1}{n}$。表 6-6 中列出多效蒸发时不同效数蒸发的单位蒸汽消耗量和经济性。表中 e_T 表示理论值,e_P 表示实际值。

表 6-6　不同效数蒸发的单位蒸汽消耗量和经济性

效数	1	2	3	4	5
e_T	1	0.5	0.33	0.25	0.20
e_P	1.1	0.57	0.40	0.30	0.27
E	0.91	1.75	2.5	3.33	3.70

加热蒸汽的经济性 $E = 1/e$。显然,效数增多,E 值提高,相应的操作费用降低。

二、蒸发强度

同样,设单效蒸发与多效蒸发的生产任务和操作条件(包括加热蒸汽压力、冷凝器的操作压力)均相同,且假设各效蒸发器的传热面积及传热系数也与单效蒸发器的相等,则多效蒸发的总传热速率为

$$Q = Q_1 + Q_2 + \cdots + Q_n = K_0 S_0 \left[\Delta t_T - \sum_{i=1}^{n} (\Delta_i' + \Delta_i'' + \Delta_i''') \right] \qquad (6-27)$$

在上述假设条件下,多效蒸发器的生产强度为

$$U = \frac{Q}{r'nS_0} = \frac{K_0}{r'n} \left[\Delta t_T - \sum_{i=1}^{n} (\Delta_i' + \Delta_i'' + \Delta_i''') \right] \qquad (6-28)$$

多效蒸发的温度差损失大于单效蒸发,故随着效数的增加,蒸发强度明显下降,设备的投资费用则成倍增长。

多效蒸发加热蒸汽经济性的提高是以降低蒸发强度为代价换取的。

三、溶液的温度差损失

图 6-18 所示为单效、双效和三效蒸发装置中溶液温度差损失示意图。其中,图形总高度代表总的理论温度差

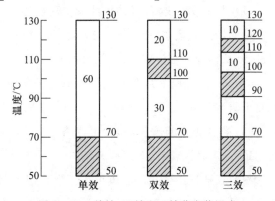

图 6-18　单效、双效和三效蒸发装置中
溶液温度差损失

Δt_{T},阴影部分代表各种因素造成的温度差损失,空白部分代表有效温度差。由图看出,多效蒸发较单效蒸发的温度差损失大。效数越多,温度差损失越大,有效传热推动力越小。

6.4.4 多效蒸发的适宜效数

多效蒸发受如下因素制约,使其效数受到一定限制:

(1)随着效数增加,温度差损失加大。有些溶液的蒸发,若设计效数过多,还可能出现总温度差损失等于甚至大于总理论温度差的极端情况。

(2)随着效数增加,加热蒸汽的经济性提高的幅度降低,在逆流加料蒸发中,动力消耗却加大。

(3)随着效数增加,蒸发强度下降,设备投资费用增加。

(4)为了使蒸发操作有效进行,各效蒸发器中有效温度差不得小于5～7 ℃。

工业生产中,多效蒸发操作的效数主要取决于被蒸发溶液的性质、温度差损失的大小等有关因素。适宜的效数应根据设备费和操作费之和为最小的原则而选定。溶液的沸点升高大,采用的效数就不能太多,如 NaOH 水溶液的蒸发以 2～3 效为宜;溶液的沸点升高小,采用的效数可增多,如糖的水溶液蒸发可采用 4～6 效,而海水淡化则可采用 20 效以上的蒸发装置。

6.5 生物溶液的增浓

演示文稿

6.5.1 生物溶液的蒸发

一、生物溶液的工艺特性

生物溶液的工艺特性明显影响着蒸发操作条件和设备的选择。

生物溶液具有如下工艺特性:

(1)大多数生物溶液(如果汁及中药浸出液)为热敏性物料,且其黏度随着溶液中溶质含量的增加而显著(或急剧)加大,溶液中的溶质有粘连到传热壁面上的趋向,造成局部过热,从而导致溶液中有效成分的破坏甚至焦化。

(2)在蒸发过程中,有些物料中细菌增长很快,而且附着在设备壁面上,因此,要求设备便于清洗。

(3)溶液的沸点升高小,常可忽略。

二、蒸发设备和操作条件的选择

物料在蒸发中受损的程度取决于操作温度和受热时间的长短。为了降低操作温度,宜采用真空蒸发;为了缩短受热时间,设备必须提供很高的传热速率。例如,果汁的蒸发大都选用单程型(如降膜式、搅拌薄膜型等)、强制循环式(如垂直长管强制循环、搅拌强制循环)及热泵循环蒸发器,以实现传热表面上物料的高速循环。

6.5.2　冷冻浓缩

冷冻浓缩实质是通过降温使稀溶液中的溶剂(通常为水)以晶体析出,从而提高溶质浓度的操作过程。冷冻浓缩特别适用于溶质为热敏性物质(如食品、生物制品),溶剂为水的物系的增浓。

一、冷冻浓缩的原理和工业方法

1. 冷冻浓缩的原理

冷冻浓缩是利用水与溶液之间的固液相平衡原理使溶质增浓的一种方法。

以某种食品水溶液的温度-组成相图(如图6-19所示)为例来讨论冷冻浓缩的基本原理。在图中,DE 线称为冰点曲线,它表示溶液的冰点和组成的关系,该曲线下方为冰晶和溶液两相共存的区域。CE 线为溶解度曲线,它表明溶液的饱和浓度和温度的关系,该曲线下方为溶质和溶液两相的共存区域。图中的点 E 称为低共熔点。

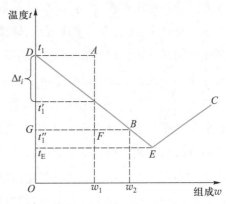

图6-19　冷冻浓缩原理图示

今将图中点 A 所示的溶液(其中溶质的质量分数为 w_1,温度为 t_1)进行冷却降温。当温度下降至 t_1' 时,恰为溶液的冰点,溶液中开始有冰晶出现。温度再继续下降至 t_1'',则原溶液将分成两部分,一部分是以点 G 所代表的冰晶,另一部分是以点 B 所代表的溶液,其中溶质的组成为 w_2,此时冰晶和溶液达到相平衡。若将溶液继续降温至 t_E 时,即达低共熔组成。设原料液总量为 F,冰晶量为 G,浓缩液量为 P,由溶质的物料衡算,得

$$Fw_1 = Pw_2 \tag{6-29}$$

或

$$(G+P)w_1 = Pw_2 \tag{6-29a}$$

G、P 的量也可由杠杆规则得到,即

$$\frac{G}{P} = \frac{w_2 - w_1}{w_1} = \frac{\overline{BF}}{\overline{FG}} \tag{6-30}$$

由图6-19看出,溶液的冰点低于纯水的冰点,此即溶液的冰点下降,以 Δt_i 表示。溶质含量越大,冰点下降越大。冰点下降现象的本质是溶液中水的化学势小于纯水的化学势。对于稀溶液,冰点下降可用经验公式估算。

需要强调指出,冷冻浓缩操作中,溶液的组成必须低于低共熔组成,产生的固相是冰晶而不是溶质固体。此时,溶液中溶质的含量增高。当溶液组成高于低共熔组成时,冷却结晶出来的产品是溶质固体,溶液中溶质的组成是降低而不是增浓,此过程即结晶操作。

利用冰点曲线，就可进行冷冻浓缩过程的物料衡算。例如，将 1000 kg 组成为 11% 的苹果汁冷却至 -7.5 ℃，由冰点曲线读得浓缩液的平衡组成为 40%，两相完全分离后，则冰晶的析出量为 725 kg，浓缩液的量为 275 kg。

2. 冷冻浓缩的工业方法

冷冻浓缩过程包括两个基本步骤，首先是部分水分从水溶液中结晶析出，然后将冰晶与浓缩液加以分离。结晶和分离操作可在同一设备或分别在不同设备中进行。

(1) 冷冻浓缩的结晶过程　冷冻浓缩中的溶剂结晶是利用冷却除去结晶热的方法实现的。工业上，冷冻浓缩过程的结晶有层状冻结和悬浮冻结两种形式。

① 层状冻结（又称规则冻结）　这种冻结是晶层依次沉积在先前由同一溶液所形成的晶层上，是一种单向的冻结。冰晶为针状或棒状，带有垂直于冷却面的不规则断面。这种冻结操作可在管式、板式、转鼓式及带式设备上进行。

水分冻结时，具有排斥溶质析出、保持冰晶纯净的现象，称为溶质脱除作用。这种溶质脱除作用只有在极稀溶液（如溶质的质量分数为 1%）和极缓慢的冻结条件下（如晶体成长速率小于或等于 1 cm/d）才明显发生。

② 悬浮冻结　这种冻结是在受搅拌的冰晶悬浮液中进行的。在悬浮冻结过程中，晶核的形成速率与溶质组成成正比，并与溶液主体过冷度的平方成正比。由于结晶热一般不可能及时均匀地从整个悬浮液中移除，所以总存在着局部点的过冷度大于溶液主体的过冷度。局部冷点处晶核形成速率比溶液主体快得多，而晶体成长则慢一些。提高搅拌速度，使温度均匀化，减少冷点的数目，对控制晶核形成过多是有利的。

在一定的溶液过冷度下，与溶液成平衡的晶体直径称为临界直径。与晶体成平衡的温度称为平衡温度。小晶体的平衡温度比大晶体低。如果将小晶体悬浮液与大晶体悬浮液混合在一起，则混合后溶液的主体温度将介于大、小晶体的平衡温度之间，于是发生小晶体溶解、大晶体长大的现象。这种消耗小晶体而使大晶体成长的作用常为工业所利用。

(2) 冰晶-浓缩液的分离　冰冻浓缩在工业上应用的成功与否，关键在于分离效果。分离的原理是悬浮液过滤分离。滤饼层为冰晶床（简称冰床），滤液即浓缩液。在分离操作中，冰晶夹带溶质引起的损失是不可避免的。冰晶夹带损失的溶质与原料液中原有的溶质之比称为溶质损失率，以符号 L_r 表示。通过对溶质作物料衡算可推得

$$L_r \approx \beta \left(\frac{w_P}{w_F} - 1 \right) \tag{6-31}$$

式中　　β——单位质量冰晶所夹带的浓缩液量；

w_P、w_F——分别为浓缩液及原料液中溶质的质量分数。

由上式可见，随着浓缩比的增加，分离的不完全性更为严重。

二、冷冻浓缩装置

1. 冷冻浓缩结晶装置

(1) 直接冷却式真空冻结器　这种装置已被广泛应用于海水的脱盐。在这种冻结器中,溶液在绝对压力 2.67×10^2 Pa 下沸腾,液温为 -3 ℃。欲获得 1000 kg 冰晶,必须蒸去 140 kg 水分。为减少能耗,大型真空冻结器可采用蒸汽喷射升压泵来压缩蒸汽,能耗可降低到移除 1000 kg 冰晶耗电约 8 kW·h。对于液体食品的加工,宜将这种冻结器与适当的吸收器组合起来,以减少有效成分的损失。

(2) 间接冷却式冻结器　间接冷却式冻结器是利用间壁将冷媒与被加工原料液隔开的方法。工业上所用的间接冷却式设备可分为内冷式和外冷式两种。

① 内冷式结晶器　内冷式结晶器可分为两种类型。

第一种是产生固化或近于固化悬浮液的结晶器,其原理为层状冻结。因为部分固化,它可使稀溶液浓缩至 40% 以上,而且具有洗涤简单方便的优点。

第二种是产生可泵送的悬浮液,采用结晶操作和分离操作同时进行的方法。它是将内冷却不锈钢转鼓在料槽中转动,固化晶层由刮刀除去。此法常用于橙汁的生产。

② 外冷式结晶器　外冷式结晶器根据操作特点又可分为三种类型。

第一种是原料液在外部冷却器作过冷处理(过冷度可达 6 ℃),然后此过冷而不含晶体的原料液在结晶器内放出"冷量"。从结晶器出来的物料用泵使之在换热器和结晶器之间循环。而泵的吸入管线上安装过滤机将晶体截留在结晶器内。

第二种是全部悬浮液在结晶器和换热器之间进行再循环。晶体在换热器内停留时间很短,主要在结晶器内成长。

第三种是原料液在外部换热器中生成亚临界晶体,部分不含晶体的原料液在结晶器与换热器之间进行循环。换热器型式为刮板式。在结晶器内物料停留时间为 0.5h 以上,小晶体溶解,大晶体成长。

2. 冷冻浓缩的分离装置

冷冻浓缩的分离装置主要有如下几种类型。

(1) 压榨机　通常采用的压榨机有水力活塞式和螺旋式。采用适当的高压(可达 10^7 Pa)和较长时间的压榨,冰饼吸附的液量可降至 0.05 kg/kg。压榨机只适用于浓缩比接近 1 的情况,而且不宜采用洗涤法净化冰饼。

(2) 过滤式离心机　采用过滤式离心机分离方法,可以用洗涤水或将冰融化后来洗涤冰饼,分离效果好于压榨法,但溶质损失率仍高达 10%,特别是挥发性芳香性化合物的损失不可避免。

(3) 洗涤塔　分离操作可在洗涤塔内进行。分离的基本原理是利用纯冰融化的水分来排代晶体间残留的溶液。这种分离方法比较完全,而且没有稀释现象。因为密闭操作,可完全避免芳香性化合物的损失。操作稳定时,分离塔的冰晶熔化液中溶质的组成可降至 10^{-5}。

根据晶体沿塔移动推动力的不同,洗涤塔分为浮床式(推动力为晶体与溶液密度差产生的浮力)、螺旋推进式和活塞推送式,并分别称为浮床洗涤塔、螺旋洗涤塔及活塞床洗涤塔。

（4）压榨机和洗涤塔的组合　将压榨机和洗涤塔组合起来作为冷冻浓缩装置的分离设备是一种最经济的方法。这种组合单元中的洗涤塔结构简单、投资小、生产能力大，对于晶体直径较小或黏度过高的晶体悬浮液也能达到完全的分离。

 习题

基础习题

1. 采用标准蒸发器将 10% 的 NaOH 水溶液浓缩至 25%（质量分数）。蒸发室的操作压力为 50 kPa，试求操作条件下溶液的沸点升高及沸点。

2. 用连续操作的真空蒸发器将固体质量分数为 4.0% 的番茄汁浓缩至 30%，加热管内液柱的深度为 2.0 m，冷凝器的操作压力为 8 kPa，溶液的平均密度为 1160 kg/m^3，常压下溶质存在引起的沸点升高 $\Delta'_a=1$ ℃，试求溶液的沸点 t_B。

3. 在一连续操作的单效蒸发器中将 NaOH 水溶液从 10% 浓缩至 45%（质量分数），原料液流量为 1000 kg/h。蒸发室的操作绝对压力为 50 kPa（对应饱和温度为 81.2 ℃），加热室中溶液的平均沸点为 115 ℃，加热蒸汽压力为 0.3 MPa（133.3 ℃），蒸发器的热损失为 12 kW。试求（1）水分蒸发量；（2）60 ℃和 115 ℃两个加料温度下加热蒸汽消耗量及单位蒸汽消耗量。

4. 在单效真空蒸发器中将牛奶从 15% 浓缩至 50%（质量分数），原料液流量为 $F=1500$ kg/h，其平均比热容 $c_0=3.90$ kJ/(kg·℃)，进料温度为 30 ℃。操作压力下，溶液的沸点为 65 ℃，加热蒸汽压力为 10^5 Pa（表压）。当地大气压力为 101.3 kPa。蒸发器的总传热系数 $K_0=1160$ W/(m^2·℃)，其热损失为 8 kW。试求（1）产品的流量；（2）加热蒸汽消耗量；（3）蒸发器的传热面积。

5. 在双效并流蒸发装置上浓缩盐的水溶液。已知条件为：第一效，浓缩液的组成为 $w_1=16\%$（质量分数，下同），流量为 $L_1=500$ kg/h，溶液沸点为 105 ℃（即二次蒸汽温度），该温度下水的汽化热 $r'_1=2245.4$ kJ/kg，物料平均比热容 $c_p=3.52$ kJ/(kg·℃)；第二效，完成液组成为 32%，溶液沸点为 90 ℃，该温度下水的汽化热 $r'_2=2283.1$ kJ/kg。忽略溶液的沸点升高、稀释热及蒸发装置的热损失。试计算原料液的处理量 F 及其组成 w_0。

综合习题

6. 在单效蒸发装置中，将 1/4 的二次蒸汽用来预热原料液。原料液的流量为 1000 kg/h，温度从 20 ℃升到 70 ℃，其比热容 $c_0=3.96$ kJ/(kg·℃)。完成液的组成为 0.28（质量分数，下同）。已知溶液的沸点为 98 ℃，蒸发室内二次蒸汽温度为 91 ℃，加热蒸汽温度为 125 ℃。忽略蒸发装置的热损失。试求（1）传热的有效温度差和温度差损失；（2）原料液的组成 w_0；（3）加热蒸汽消耗量和经济性。

7. 在三效并流蒸发装置上浓缩糖水溶液。沸点升高及蒸发器的热损失均可忽略不计。已知第一效的生蒸汽压力 $p_0=270.3$ kPa（对应饱和温度 130 ℃），第三效溶液的沸点 $t_3=55$ ℃（对应 $p_3=15.74$ kPa）。各效的总传热系数分别为：$K_{0,1}=2600$ W/(m^2·℃)，$K_{0,2}=2000$ W/(m^2·℃)，$K_{0,3}=$

1400 W/(m²·℃)。各效蒸发器传热面积相等。试按如下两种情况简化估算各效溶液沸点:(1)各效传热量相等;(2)各效等压降。

 思考题

1. 和一般的传热过程相比较,蒸发操作有何特点?

2. 并流加料的多效蒸发装置中,一般各效的总传热系数逐渐减小,但蒸发量却逐效增加,试分析原因。

3. 试比较循环型与单程型蒸发器的操作特点与适用场合。

4. 简述蒸发设备和蒸发技术的发展趋势。

5. 蒸发操作中,提高加热蒸汽的经济性的措施有哪些?

6. 欲将 10% 的 NaOH 水溶液浓缩至 60%(质量分数),进料温度为 30 ℃,应采用何种加料方式? 若可供使用的加热蒸汽压力为 400 kPa(绝对压力),末效蒸发器的操作压力为 22 kPa(绝对压力),采用五效蒸发是否适宜?

7. 提高蒸发器生产强度的途径是什么?

 本章主要符号说明

英文字母

c——比热容,kJ/(kg·℃);

d——管径,m;

D ——直径,m;

　　——加热蒸汽消耗量,kg/h;

e——单位蒸汽消耗量,kg 蒸汽/kg 水;

E——加热蒸汽的经济性,kg 水/kg 蒸汽;

f——校正系数;

F——原料液流量,kg/h;

g——重力加速度,m/s²;

h——液体的焓,kJ/kg;

H——蒸汽的焓,kJ/kg;

k——杜林线的斜率;

K——总传热系数,W/(m²·℃);

L ——液面高度,m;

　　——完成液流量,kg/h;

L_r——溶质损失率,量纲为 1;

n——效数;

p——压力,Pa;

Q——传热速率,W;

r——汽化热,kJ/kg;

R——热阻,m·℃/W;

S——传热面积,m²;

t ——温度,℃;

　　——溶液的沸点,℃;

T——蒸汽的温度,℃;

U——蒸发强度,kg/(m²·h);

w——质量分数;

W——蒸发量,kg/h;

y——杜林线的截距,℃

希腊字母

α——对流传热系数，$W/(m^2 \cdot ℃)$；

Δ——温度差损失，$℃$；

λ——导热系数，$W/(m \cdot ℃)$；

ρ——密度，kg/m^3；

β——单位质量冰晶所夹带的浓缩液量，kg/kg 冰晶；

η_i——热利用系数，量纲为 1

下标

1、2、3——效数序号；

0——原料液的；

a——常压的；

av——平均的；

B——溶质的；

c——冷凝的；

i——效数序号；

i——管内侧的；

L——损失的；

m——平均的；

W——水的；

w——壁面的；

s——污垢的

上标

$'$——二次蒸汽的；

——溶液饱和蒸气压下降引起的；

$''$——液柱静压头引起的；

$'''$——流动阻力引起的

一、中华人民共和国法定计量单位

1. 化工中常用的单位及其符号

	项目	单位符号	词头		项目	单位符号	词头
基本单位	长度	m	k,c,m,μ	导出单位	面积	m^2	k,d,c,m
					容积	m^3	d,c,m
	时间	s	k,m,μ			L 或 l	
		min			密度	kg/m^3	
		h			角速度	rad/s	
	质量	kg	m,μ		速度	m/s	
		t(吨)			加速度	m/s^2	
	温度	K			旋转速度	r/min	
		℃			力	N	k,m,μ
	物质的量	mol	k,m,μ		压强,压力,应力	Pa	k,m,μ
辅助单位	平面角	rad			黏度	Pa·s	m
		°(度)			功,能,热量	J	k,m
		′(分)			功率	W	k,m,μ
		″(秒)			热流量	W	k
					热导率(导热系数)	W/(m·K)或 W/(m·℃)	k

2. 化工中常用单位的词头

词头符号	词头名称	所表示的因数	词头符号	词头名称	所表示的因数
k	千	10^3	m	毫	10^{-3}
d	分	10^{-1}	μ	微	10^{-6}
c	厘	10^{-2}			

3. 应废除的常用计量单位

名称	单位符号	用法定计量单位表示的形式	名称	单位符号	用法定计量单位表示的形式
标准大气压	atm	Pa	达因	dyn	N
工程大气压	at	Pa	千克(力)	kgf	N
毫米水柱	mmH_2O	Pa	泊	P	Pa·s
毫米汞柱	mmHg	Pa			

二、常用单位的换算

1. 一些物理量在三种单位制中的单位和量纲

物理量名称	中文单位	国际单位制(SI)		厘米克秒制(CGS)		工程单位制	
		单位	量纲	单位	量纲	单位	量纲
长度	米	m	L	cm	L	m	L
时间	秒	s	T	s	T	s	T
质量	千克	kg	M	g	M	$kgf \cdot s^2 \cdot m^{-1}$	FT^2L^{-1}
重量(或力)	牛顿	N 或 $kg \cdot m \cdot s^{-2}$	MLT^{-2}	$g \cdot cm \cdot s^{-2}$ 或 dyn	MLT^{-2}	kgf	F
速度	米/秒	$m \cdot s^{-1}$	LT^{-1}	$cm \cdot s^{-1}$	LT^{-1}	$m \cdot s^{-1}$	LT^{-1}
加速度	米/秒²	$m \cdot s^{-2}$	LT^{-2}	$cm \cdot s^{-2}$	LT^{-2}	$m \cdot s^{-2}$	LT^{-2}
密度	千克/米³	$kg \cdot m^{-3}$	ML^{-3}	$g \cdot cm^{-3}$	ML^{-3}	$kgf \cdot s^2 \cdot m^{-4}$	FT^2L^{-4}
重度	千克/(米²·秒²)	$kg \cdot m^{-2} \cdot s^{-2}$	$ML^{-2}T^{-2}$	$g \cdot m^{-2} \cdot s^{-2}$	$ML^{-2}T^{-2}$	$kgf \cdot m^{-3}$	FL^{-3}
压力,压强	千克/(米·秒²)或牛顿/米²	Pa 或 $N \cdot m^{-2}$	$ML^{-1}T^{-2}$	$g \cdot cm^{-1} \cdot s^{-2}$ 或 $dyn \cdot cm^{-2}$	$ML^{-1}T^{-2}$	$kgf \cdot m^{-2}$	FL^{-2}
功或能	千克·米²/秒² 或焦耳	J 或 $N \cdot m$	ML^2T^{-2}	$g \cdot cm^2 \cdot s^{-2}$ 或 erg	ML^2T^{-2}	$kgf \cdot m$	FL
功率	瓦特	W 或 $J \cdot s^{-1}$	ML^2T^{-3}	$g \cdot cm^2 \cdot s^{-3}$ 或 $erg \cdot s^{-1}$	ML^2T^{-3}	$kgf \cdot m \cdot s^{-1}$	FLT^{-1}
黏度	帕斯卡·秒	Pa·s 或 $kg \cdot m^{-1} \cdot s^{-1}$	$ML^{-1}T^{-1}$	$g \cdot cm^{-1} \cdot s^{-1}$ 或 P	$ML^{-1}T^{-1}$	$kgf \cdot s \cdot m^{-2}$	FLT^{-2}
运动黏度	米²/秒	$m^2 \cdot s^{-1}$	L^2T^{-1}	$cm^2 \cdot s^{-1}$ 或 St	L^2T^{-1}	$m^2 \cdot s^{-1}$	L^2T^{-1}
表面张力	牛顿/米	$N \cdot m^{-1}$ 或 $kg \cdot s^{-2}$	MT^{-2}	$dyn \cdot cm^{-1}$	MT^{-2}	$kgf \cdot m^{-1}$	FL^{-1}
扩散系数	米²/秒	$m^2 \cdot s^{-1}$	L^2T^{-1}	$m^2 \cdot s^{-1}$	L^2T^{-1}	$m^2 \cdot s^{-1}$	L^2T^{-1}

2. 单位换算

(1) 质量

kg	t(吨)	lb(磅)
1	0.001	2.20462
1000	1	2204.62
0.4536	4.536×10^{-4}	1

(2) 长度

m	in(英寸)	ft(英尺)	yd(码)
1	39.3701	3.2808	1.09361
0.025400	1	0.073333	0.02778
0.30480	12	1	0.33333
0.9144	36	3	1

(3) 力

N	kgf	lbf	dyn
1	0.102	0.2248	1×10^5
9.80665	1	2.2046	9.80665×10^5
4.448	0.4536	1	4.448×10^5
1×10^{-5}	1.02×10^{-6}	2.248×10^{-6}	1

（4）流量

L/s	m³/s	gl(美)/min	ft³/s
1	0.001	15.850	0.03531
0.2778	2.778×10^{-4}	4.403	9.810×10^{-3}
1000	1	1.5850×10^{-4}	35.31
0.06309	6.309×10^{-5}	1	0.002228
7.866×10^{-3}	7.866×10^{-6}	0.12468	2.778×10^{-4}
28.32	0.02832	448.8	1

（5）压力

Pa	bar	kgf/cm²	atm	mmH₂O	mmHg	lb/in²
1	1×10^{-5}	1.02×10^{-5}	0.99×10^{-5}	0.102	0.0075	14.5×10^{-5}
1×10^{5}	1	1.02	0.9869	10197	750.1	14.5
98.07×10^{3}	0.9807	1	0.9678	1×10^{4}	735.56	14.2
1.01325×10^{5}	1.013	1.0332	1	1.0332×10^{4}	760	14.697
9.807	9.807×10^{-5}	0.0001	0.9678×10^{-4}	1	0.0736	1.423×10^{-3}
133.32	1.333×10^{-3}	0.136×10^{-2}	0.00132	13.6	1	0.01934
6894.8	0.06895	0.703	0.068	703	51.71	1

（6）功、能和热

J(或 N·m)	kgf·m	kW·h	英制马力·时	kcal	BTU	ft·lb
1	0.102	2.778×10^{-7}	3.725×10^{-7}	2.39×10^{-4}	9.485×10^{-4}	0.7377
9.8067	1	2.724×10^{-6}	3.653×10^{-6}	2.342×10^{-3}	9.296×10^{-3}	7.233
3.6×10^{6}	3.671×10^{5}	1	1.3410	860.0	3413	2655×10^{3}
2.685×10^{6}	273.8×10^{3}	0.7457	1	641.33	2544	1980×10^{3}
4.1868×10^{3}	426.9	1.1622×10^{-3}	1.5576×10^{-3}	1	3.963	3087
1.055×10^{3}	107.58	2.930×10^{-4}	3.926×10^{-4}	0.2520	1	778.1
1.3558	0.1383	0.3766×10^{-6}	0.5051×10^{-6}	3.239×10^{-4}	1.285×10^{-3}	1

（7）动力黏度（简称黏度）

Pa·s	P	cP	lb/(ft·s)	kgf·s/m²
1	10	1×10^{3}	0.672	0.102
1×10^{-1}	1	1×10^{2}	0.0672	0.0102
1×10^{-3}	0.01	1	6.720×10^{-4}	0.102×10^{-3}
1.4881	14.881	1488.1	1	0.1519
9.81	98.1	9810	6.59	1

（8）运动黏度

m^2/s	cm^2/s	ft^2/s
1	1×10^4	10.76
10^{-4}	1	1.076×10^{-3}
92.9×10^{-3}	929	1

（9）功率

W	kgf・m/s	ft・lb/s	英制马力	kcal/s	BTU/s
1	0.10197	0.7376	1.341×10^{-3}	0.2389×10^{-3}	0.9486×10^{-3}
9.8067	1	7.23314	0.01315	0.2342×10^{-2}	0.9293×10^{-2}
1.3558	0.13825	1	0.0018182	0.3238×10^{-3}	0.12851×10^{-2}
745.69	76.0375	550	1	0.17803	0.70675
4186.8	426.85	3087.44	5.6135	1	3.9683
1055	107.58	778.168	1.4148	0.251996	1

（10）比热容（热容）

kJ/(kg・K)	kcal/(kg・℃)	BTU/(lb・℉)
1	0.2389	0.2389
4.1868	1	1

（11）导热系数（热导率）

W/(m・℃)	J/(cm・s・℃)	cal/(cm・s・℃)	kcal/(m・h・℃)	BTU/(ft・h・℉)
1	1×10^{-3}	2.389×10^{-3}	0.8598	0.578
1×10^2	1	0.2389	86.0	57.79
418.6	4.186	1	360	241.9
1.163	0.0116	0.2778×10^{-2}	1	0.6720
1.73	0.01730	0.4134×10^{-2}	1.488	1

（12）传热系数

W/(m²・℃)	kcal/(m²・h・℃)	cal/(cm²・s・℃)	BTU/(ft²・h・℉)
1	0.86	2.389×10^{-5}	0.176
1.163	1	2.778×10^{-5}	0.2048
4.186×10^4	3.6×10^4	1	7374
5.678	4.882	1.356×10^{-4}	1

（13）表面张力

N/m	kgf/m	dyn/cm	lbf/ft
1	0.102	10^3	6.854×10^{-2}
9.81	1	9807	0.6720
10^{-3}	1.02×10^{-4}	1	6.854×10^{-5}
14.59	1.488	1.459×10^4	1

（14）扩散系数

m^2/s	cm^2/s	m^2/h	ft^2/h	in^2/s
1	10^4	3600	3.875×10^4	1550
10^{-4}	1	0.360	3.875	0.1550
2.778×10^{-4}	2.778	1	10.764	0.4306
0.2581×10^{-4}	0.2581	0.09290	1	0.040
6.452×10^{-4}	6.452	2.323	25.0	1

三、某些气体的重要物理性质

名称	分子式	密度 (0℃, 101.3 kPa) kg/m^3	比热容 kJ/(kg·℃)	黏度 μ 10^{-5} Pa·s	沸点 (101.3 kPa) ℃	汽化热 kJ/kg	临界点 温度 ℃	临界点 压力 kPa	导热系数 W/(m·℃)
空气	—	1.293	1.009	1.73	−195	197	−140.7	3768.4	0.0244
氧	O_2	1.429	0.653	2.03	−132.98	213	−118.82	5036.6	0.0240
氮	N_2	1.251	0.745	1.70	−195.78	199.2	−147.13	3392.5	0.0228
氢	H_2	0.0899	10.13	0.842	−252.75	454.2	−239.9	1296.6	0.163
氦	He	0.1785	3.18	1.88	−268.95	19.5	−267.96	228.94	0.144
氩	Ar	1.7820	0.322	2.09	−185.87	163	−122.44	4862.4	0.0173
氯	Cl_2	3.217	0.355	1.29(16℃)	−33.8	305	144.0	7708.9	0.0072
氨	NH_3	0.771	0.67	0.918	−33.4	1373	132.4	11295	0.0215
一氧化碳	CO	1.250	0.754	1.66	−191.48	211	−140.2	3497.9	0.0226
二氧化碳	CO_2	1.976	0.653	1.37	−78.2	574	31.1	7384.8	0.0137
硫化氢	H_2S	1.539	0.804	1.166	−60.2	548	100.4	19136	0.0131
甲烷	CH_4	0.717	1.70	1.03	−161.58	511	−82.15	4619.3	0.0300
乙烷	C_2H_6	1.357	1.44	0.850	−88.5	486	32.1	4948.5	0.0180
丙烷	C_3H_8	2.020	1.65	0.795(18℃)	−42.1	427	95.6	4355.9	0.0148
正丁烷	C_4H_{10}	2.673	1.73	0.810	−0.5	386	152	3798.8	0.0135
正戊烷	C_5H_{12}	—	1.57	0.874	−36.08	151	197.1	3342.9	0.0128
乙烯	C_2H_4	1.261	1.222	0.935	−103.7	481	9.7	5135.9	0.0164
丙烯	C_3H_6	1.914	2.436	0.835(20℃)	−47.7	440	91.4	4599.0	—
乙炔	C_2H_2	1.171	1.352	0.935	−83.66(升华)	829	35.7	6240.0	0.0184
氯甲烷	CH_3Cl	2.303	0.582	0.989	−24.1	406	148	6685.8	0.0085
苯	C_6H_6	—	1.139	0.72	80.2	394	288.5	4832.0	0.0088
二氧化硫	SO_2	2.927	0.502	1.17	−10.8	394	157.5	7879.1	0.0077
二氧化氮	NO_2	—	0.615	—	21.2	712	158.2	10130	0.0400

四、某些液体的重要物理性质

名称	分子式	密度 (20℃) kg/m³	沸点 (101.3 kPa) ℃	汽化热 kJ/kg	比热容 (20℃) kJ/(kg·℃)	黏度 (20℃) mPa·s	导热系数 (20℃) W/(m·℃)	体积膨胀系数 β (20℃) $10^{-4}℃^{-1}$	表面张力 σ (20℃) 10^{-3} N/m
水	H_2O	998	100	2258	4.183	1.005	0.599	1.82	72.8
氯化钠盐水(25%)	—	1186(25℃)	107	—	3.39	2.3	0.57(30℃)	(4.4)	—
氯化钙盐水(25%)	—	1228	107	—	2.89	2.5	0.57	(3.4)	—
硫酸	H_2SO_4	1831	340(分解)	—	1.47(98%)	—	0.38	5.7	—
硝酸	HNO_3	1513	86	481.1	—	1.17(10℃)	—	—	—
盐酸(30%)	HCl	1149	—	—	2.55	2(31.5%)	0.42	—	—
二硫化碳	CS_2	1262	46.3	352	1.005	0.38	0.16	12.1	32
戊烷	C_5H_{12}	626	36.07	357.4	2.24(15.6℃)	0.229	0.113	15.9	16.2
己烷	C_6H_{14}	659	68.74	335.1	2.31(15.6℃)	0.313	0.119	—	18.2
庚烷	C_7H_{16}	684	98.43	316.5	2.21(15.6℃)	0.411	0.123	—	20.1
辛烷	C_8H_{18}	763	125.67	306.4	2.19(15.6℃)	0.540	0.131	—	21.3
三氯甲烷	$CHCl_3$	1489	61.2	253.7	0.992	0.58	0.138(30℃)	12.6	28.5(10℃)
四氯化碳	CCl_4	1594	76.8	195	0.850	1.0	0.12	—	26.8
1,2-二氯乙烷	$C_2H_4Cl_2$	1253	83.6	324	1.260	0.83	0.14(60℃)	—	30.8
苯	C_6H_6	879	80.10	393.9	1.704	0.737	0.148	12.4	28.6
甲苯	C_7H_8	867	110.63	363	1.70	0.675	0.138	10.9	27.9
邻二甲苯	C_8H_{10}	880	144.42	347	1.74	0.811	0.142	—	30.2
间二甲苯	C_8H_{10}	864	139.10	343	1.70	0.611	0.167	10.1	29.0
对二甲苯	C_8H_{10}	861	138.35	340	1.704	0.643	0.129	—	28.0
苯乙烯	C_8H_9	911(15.6℃)	145.2	352	1.733	0.72	—	—	—

续表

名称	分子式	密度 (20℃)/kg/m³	沸点 (101.3 kPa)/℃	汽化热/kJ/kg	比热容 (20℃)/kJ/(kg·℃)	黏度 (20℃)/mPa·s	导热系数 (20℃)/W/(m·℃)	体积膨胀系数 β (20℃)/10⁻⁴℃⁻¹	表面张力 σ (20℃)/10⁻³ N/m
氯苯	C_6H_5Cl	1106	131.8	325	1.298	0.85	1.14(30℃)	—	32
硝基苯	$C_6H_5NO_2$	1203	210.9	396	1.47	2.1	0.15	—	41
苯胺	$C_6H_5NH_2$	1022	184.4	448	2.07	4.3	0.17	8.5	42.9
苯酚	C_6H_5OH	1050(50℃)	181.8(熔点) 40.9(℃)	511	—	3.4(50℃)	—	—	—
萘	$C_{16}H_8$	1145(固体)	217.9(熔点) 80.2(℃)	314	1.80(100℃)	0.59(100℃)	—	—	—
甲醇	CH_3OH	791	64.7	1101	2.48	0.6	0.212	12.2	22.6
乙醇	C_2H_5OH	789	78.3	846	2.39	1.15	0.172	11.6	22.8
乙醇(95%)	—	804	78.2	—	—	1.4	—	—	—
乙二醇	$C_2H_4(OH)_2$	1113	197.6	780	2.35	23	—	—	47.7
甘油	$C_3H_5(OH)_3$	1261	290(分解)	—	—	1499	0.59	53	63
乙醚	$(C_2H_5)_2O$	714	34.6	360	2.34	0.24	0.14	16.3	18
乙醛	CH_3CHO	783(18℃)	20.2	574	1.9	1.3(18℃)	—	—	21.2
糠醛	$C_5H_4O_2$	1168	161.7	452	1.6	1.15(50℃)	—	—	43.5
丙酮	CH_3COCH_3	792	56.2	523	2.35	0.32	0.17	—	23.7
甲酸	$HCOOH$	1220	100.7	494	2.17	1.9	0.26	—	27.8
醋酸	CH_3COOH	1049	118.1	406	1.99	1.3	0.17	10.7	23.9
醋酸乙酯	$CH_3COOC_2H_5$	901	77.1	368	1.92	0.48	0.14(10℃)	—	—
煤油	—	780~820	—	—	—	3	0.15	10.0	—
汽油	—	680~800	—	—	—	0.7~0.8	0.19(30℃)	12.5	—

五、干空气的物理性质（101.3 kPa）

温度 ℃	密度 kg/m³	比热容 kJ/(kg·℃)	导热系数 λ 10⁻² W/(m·℃)	黏度 μ 10⁻⁵ Pa·s	普朗特数 Pr
−50	1.584	1.013	2.035	1.46	0.728
−40	1.515	1.013	2.117	1.52	0.728
−30	1.453	1.013	2.198	1.57	0.723
−20	1.395	1.009	2.279	1.62	0.716
−10	1.342	1.009	2.360	1.67	0.712
0	1.293	1.005	2.442	1.72	0.707
10	1.247	1.005	2.512	1.77	0.705
20	1.205	1.005	2.593	1.81	0.703
30	1.165	1.005	2.675	1.86	0.701
40	1.128	1.005	2.756	1.91	0.699
50	1.093	1.005	2.826	1.96	0.698
60	1.060	1.005	2.896	2.01	0.696
70	1.029	1.009	2.966	2.06	0.694
80	1.000	1.009	3.047	2.11	0.692
90	0.972	1.009	3.128	2.15	0.690
100	0.946	1.009	3.210	2.19	0.688
120	0.898	1.009	3.338	2.29	0.686
140	0.854	1.013	3.489	2.37	0.684
160	0.815	1.017	3.640	2.45	0.682
180	0.779	1.022	3.780	2.53	0.681
200	0.746	1.026	3.931	2.60	0.680
250	0.674	1.038	4.288	2.74	0.677
300	0.615	1.048	4.605	2.97	0.674
350	0.566	1.059	4.908	3.14	0.676
400	0.524	1.068	5.210	3.31	0.678
500	0.456	1.093	5.745	3.62	0.687
600	0.404	1.114	6.222	3.91	0.699
700	0.362	1.135	6.711	4.18	0.706
800	0.329	1.156	7.176	4.43	0.713
900	0.301	1.172	7.630	4.67	0.717
1000	0.277	1.185	8.041	4.90	0.719
1100	0.257	1.197	8.502	5.12	0.722
1200	0.239	1.206	9.153	5.35	0.724

六、水的物理性质

温度 ℃	饱和蒸 气压 kPa	密度 kg/m³	焓 kJ/kg	比热容 kJ/(kg·℃)	导热系数 λ 10^{-2} W/(m·℃)	黏度 μ 10^{-5} Pa·s	体积膨胀 系数 β 10^{-4} ℃$^{-1}$	表面张力 σ 10^{-3} N/m	普朗 特数 Pr
0	0.6082	999.9	0	4.212	55.13	179.21	−0.63	75.6	13.66
10	1.2262	999.7	42.04	4.191	57.45	130.77	0.70	74.1	9.52
20	2.3346	998.2	83.90	4.183	59.89	100.50	1.82	72.6	7.01
30	4.2474	995.7	125.69	4.174	61.76	80.07	3.21	71.2	5.42
40	7.3766	992.2	167.51	4.174	63.38	65.60	3.87	69.6	4.32
50	12.34	988.1	209.30	4.174	64.78	54.94	4.49	67.7	3.54
60	19.923	983.2	251.12	4.178	65.94	46.88	5.11	66.2	2.98
70	31.164	977.8	292.99	4.187	66.76	40.61	5.70	64.3	2.54
80	47.379	971.8	334.94	4.195	67.45	35.65	6.32	62.6	2.22
90	70.136	965.3	376.98	4.208	68.04	31.65	6.95	60.7	1.96
100	101.33	958.4	419.10	4.220	68.27	28.38	7.52	58.8	1.76
110	143.31	951.0	461.34	4.238	68.50	25.89	8.08	56.9	1.61
120	198.64	943.1	503.67	4.260	68.62	23.73	8.64	54.8	1.47
130	270.25	934.8	546.38	4.266	68.62	21.77	9.17	52.8	1.36
140	361.47	926.1	589.08	4.287	68.50	20.10	9.72	50.7	1.26
150	476.24	917.0	632.20	4.312	68.38	18.63	10.3	48.6	1.18
160	618.28	907.4	675.33	4.346	68.27	17.36	10.7	46.6	1.11
170	792.59	897.3	719.29	4.379	67.92	16.28	11.3	45.3	1.05
180	1003.5	886.9	763.25	4.417	67.45	15.30	11.9	42.3	1.00
190	1255.6	876.0	807.63	4.460	66.99	14.42	12.6	40.0	0.96
200	1554.77	863.0	852.43	4.505	66.29	13.63	13.3	37.7	0.93
210	1917.72	852.8	897.65	4.555	65.48	13.04	14.1	35.4	0.91
220	2320.88	840.3	943.70	4.614	64.55	12.46	14.8	33.1	0.89
230	2798.59	827.3	990.18	4.681	63.73	11.97	15.9	31	0.88
240	3347.91	813.6	1037.49	4.756	62.80	11.47	16.8	28.5	0.87
250	3977.67	799.0	1085.64	4.844	61.76	10.98	18.1	26.2	0.86
260	4693.75	784.0	1135.04	4.949	60.48	10.59	19.7	23.8	0.87
270	5503.99	767.9	1185.28	5.070	59.96	10.20	21.6	21.5	0.88
280	6417.24	750.7	1236.28	5.229	57.45	9.81	23.7	19.1	0.89
290	7443.29	732.3	1289.95	5.485	55.82	9.42	26.2	16.9	0.93
300	8592.94	712.5	1344.80	5.736	53.96	9.12	29.2	14.4	0.97
310	9877.6	691.1	1402.16	6.071	52.34	8.83	32.9	12.1	1.02
320	11300.3	667.1	1462.03	6.573	50.59	8.3	38.2	9.81	1.11
330	12879.6	640.2	1526.19	7.243	48.73	8.14	43.3	7.67	1.22
340	14615.8	610.1	1594.75	8.164	45.71	7.75	53.4	5.67	1.38
350	16538.5	574.4	1671.37	9.504	43.03	7.26	66.8	3.81	1.60
360	18667.1	528.0	1761.39	13.984	39.54	6.67	109	2.02	2.36
370	21040.9	450.5	1892.43	40.319	33.73	5.69	264	0.471	6.80

七、水的饱和蒸气压（−20～100 ℃）

温度/℃	压力		温度/℃	压力	
	/mmHg	/Pa		/mmHg	/Pa
−20	0.772	102.93	21	18.65	2486.58
−19	0.850	113.33	22	19.83	2643.7
−18	0.935	124.66	23	21.07	2809.24
−17	1.027	136.93	24	22.38	2983.90
−16	1.128	150.40	25	23.76	3167.89
−15	1.238	165.06	26	25.21	3361.22
−14	1.357	180.93	27	26.74	3565.21
−13	1.486	198.13	28	28.35	3779.87
−12	1.627	216.93	29	30.04	4005.20
−11	1.780	237.33	30	31.82	4242.53
−10	1.946	259.46	31	33.70	4493.18
−9	2.125	283.32	32	35.66	4754.51
−8	2.321	309.46	33	37.73	5030.50
−7	2.532	337.59	34	39.90	5319.82
−6	2.761	368.12	35	42.18	5623.81
−5	3.008	401.05	36	44.56	5941.14
−4	3.276	436.79	37	47.07	6275.79
−3	3.566	475.45	38	49.65	6619.78
−2	3.876	516.78	39	52.44	6991.77
−1	4.216	562.11	40	55.32	7375.75
0	4.579	610.51	41	58.34	7778.41
1	4.93	657.31	42	61.50	8199.73
2	5.29	705.31	43	64.80	8639.71
3	5.69	758.64	44	68.26	9101.03
4	6.10	813.31	45	71.88	9583.68
5	6.54	871.97	46	75.65	10086.33
6	7.01	934.64	47	79.60	10612.98
7	7.51	1001.30	48	83.71	11160.96
8	8.05	1073.30	49	88.02	11735.61
9	8.61	1147.96	50	92.51	12333.43
10	9.21	1227.96	51	97.20	12959.57
11	9.84	1311.96	52	102.12	13612.88
12	10.52	1402.62	53	107.2	14292.86
13	11.23	1497.28	54	112.5	14999.50
14	11.99	1598.61	55	118.0	15732.81
15	12.79	1705.27	56	123.8	16505.12
16	13.63	1817.27	57	129.8	17306.09
17	14.53	1937.27	58	136.1	18146.06
18	15.48	2063.93	59	142.6	19012.70
19	16.48	2197.26	60	149.4	19919.34
20	17.54	2338.59	61	156.4	20852.64

温度/℃	压力		温度/℃	压力	
	/mmHg	/Pa		/mmHg	/Pa
62	163.8	21839.27	82	384.9	51318.29
63	171.4	22852.57	83	400.6	53411.56
64	179.3	23905.87	84	416.8	55571.49
65	187.5	24999.17	85	433.6	57811.41
66	196.1	264145.80	86	450.9	60118.00
67	205.0	27332.42	87	466.1	62140.45
68	214.2	28559.05	88	487.1	64944.50
69	223.7	29825.67	89	506.1	67477.76
70	233.7	31158.96	90	525.8	70104.33
71	243.9	32518.92	91	546.1	72810.91
72	254.6	33945.54	92	567.0	75597.49
73	265.7	35425.49	93	588.6	78477.39
74	277.2	36958.77	94	610.9	81450.63
75	289.1	38545.38	95	633.9	84517.89
76	301.4	40185.33	96	657.6	87677.08
77	314.1	41878.61	97	682.1	90943.64
78	327.3	43638.55	98	707.3	94303.53
79	341.0	45465.15	99	733.2	97756.75
80	355.1	47345.09	100	760.0	101330.0
81	369.3	49235.08			

八、饱和水蒸气表（以压力为准，单位 kPa）

绝对压力 kPa	温度 ℃	蒸汽的密度 kg/m³	焓 kJ/kg		汽化热 kJ/kg
			液体	蒸汽	
1.0	6.3	0.00773	26.48	2503.1	2476.8
1.5	12.5	0.01133	52.26	2515.3	2463.0
2.0	17.0	0.01486	71.21	2524.2	2452.9
2.5	20.9	0.01836	87.45	2531.8	2444.3
3.0	23.5	0.02179	98.38	2536.8	2438.4
3.5	26.1	0.02523	109.30	2541.8	2432.5
4.0	28.7	0.02867	120.23	2546.8	2426.6
4.5	30.8	0.03205	129.00	2550.9	2421.9
5.0	32.4	0.03537	135.69	2554.0	2418.3
6.0	35.6	0.04200	149.06	2560.1	2411.0
7.0	38.8	0.04864	162.44	2566.3	2403.8
8.0	41.3	0.05514	172.73	2571.0	2398.2
9.0	43.3	0.06156	181.16	2574.8	2393.6
10.0	45.3	0.06798	189.59	2578.5	2388.9

续表

绝对压力 kPa	温度 ℃	蒸汽的密度 kg/m³	焓 kJ/kg		汽化热 kJ/kg
			液体	蒸汽	
15.0	53.5	0.09956	224.03	2594.0	2370.0
20.0	60.1	0.13068	251.51	2606.4	2354.9
30.0	66.5	0.19093	288.77	2622.4	2333.7
40.0	75.0	0.24975	315.93	2634.1	2312.2
50.0	81.2	0.30799	339.80	2644.3	2304.5
60.0	85.6	0.36514	358.21	2652.1	2293.9
70.0	89.9	0.42229	376.61	2659.8	2283.2
80.0	93.2	0.47807	390.08	2665.3	2275.3
90.0	96.4	0.53384	403.49	2670.8	2267.4
100.0	99.6	0.58961	416.90	2676.3	2259.5
120.0	104.5	0.69868	437.51	2684.3	2246.8
140.0	109.2	0.80758	457.67	2692.1	2234.4
160.0	113.0	0.82981	473.88	2698.1	2224.2
180.0	116.6	1.0209	489.32	2703.7	2214.3
200.0	120.2	1.1273	493.71	2709.2	2204.6
250.0	127.2	1.3904	534.39	2719.7	2185.4
300.0	133.3	1.6501	560.38	2728.5	2168.1
350.0	138.8	1.9074	583.76	2736.1	2152.3
400.0	143.4	2.1618	603.61	2742.1	2138.5
450.0	147.7	2.4152	622.42	2747.8	2125.4
500.0	151.7	2.6673	639.59	2752.8	2113.2
600.0	158.7	3.1686	670.22	2761.4	2091.1
700.0	164.7	3.6657	696.27	2767.8	2071.5
800.0	170.4	4.1614	720.96	2773.7	2052.7
900.0	175.1	4.6525	741.82	2778.1	2036.2
1×10^3	179.9	5.1432	762.68	2782.5	2019.7
1.1×10^3	180.2	5.6339	780.34	2785.5	2005.1
1.2×10^3	187.8	6.1241	797.92	2788.5	1990.6
1.3×10^3	191.5	6.6141	814.25	2790.9	1976.7
1.4×10^3	194.8	7.1038	829.06	2792.4	1963.7
1.5×10^3	198.2	7.5935	843.86	2794.5	1950.7
1.6×10^3	201.3	8.0814	857.77	2796.0	1938.2
1.7×10^3	204.1	8.5674	870.58	2797.1	1926.5

续表

绝对压力 kPa	温度 ℃	蒸汽的密度 kg/m³	焓 kJ/kg		汽化热 kJ/kg
			液体	蒸汽	
1.8×10³	206.9	9.0533	883.39	2798.1	1914.8
1.9×10³	209.8	9.5392	896.21	2799.2	1903.0
2×10³	212.2	10.0338	907.32	2799.7	1892.4
3×10³	233.7	15.0075	1005.4	2798.9	1793.5
4×10³	250.3	20.0969	1082.9	2789.8	1706.8
5×10³	263.8	25.3663	1146.9	2776.2	1629.2
6×10³	275.4	30.8494	1203.2	2759.5	1556.3
7×10³	285.7	36.5744	1253.2	2740.8	1487.6
8×10³	294.8	42.5768	1299.2	2720.5	1403.7
9×10³	303.2	48.8945	1343.5	2699.1	1356.6
10×10³	310.9	55.5407	1384.0	2677.1	1293.1
12×10³	324.5	70.3075	1463.4	2631.2	1167.7
14×10³	336.5	87.3020	1567.9	2583.2	1043.4
16×10³	347.2	107.8010	1615.8	2531.1	915.4
18×10³	356.9	134.4813	1699.8	2466.0	766.1
20×10³	365.6	176.5961	1817.8	2364.2	544.9

九、某些液体的导热系数

液体		温度 ℃	导热系数 W/(m·℃)	液体	温度 ℃	导热系数 W/(m·℃)
醋酸	100%	20	0.171	苯胺	0~20	0.173
	50%	20	0.35	苯	30	0.159
丙酮		30	0.177		60	0.151
		75	0.161	正丁醇	30	0.168
丙烯醇		25~30	0.180		75	0.164
氨		25~30	0.50	异丁醇	10	0.157
氨水		20	0.45	氯化钙盐水 30%	32	0.55
		60	0.50	15%	30	0.59
正戊醇		30	0.163	二硫化碳	30	0.161
		100	0.154		75	0.152
异戊醇		30	0.152	四氯化碳	0	0.185
		75	0.151		68	0.163

续表

液体		温度 ℃	导热系数 W/(m·℃)	液体		温度 ℃	导热系数 W/(m·℃)
氯苯		10	0.144	甲醇	20%	20	0.492
三氯甲烷		30	0.138		100%	50	0.197
乙酸乙酯		20	0.175	氯甲烷		—15	0.192
乙醇	100%	20	0.182			30	0.154
	80%	20	0.237	硝基苯		30	0.164
	60%	20	0.305			100	0.152
	40%	20	0.388	硝基甲苯		30	0.216
	20%	20	0.486			60	0.208
	100%	50	0.151	正辛烷		60	0.14
乙苯		30	0.149			0	0.138~0.156
		60	0.142	石油		20	0.180
乙醚		30	0.133	蓖麻油		0	0.173
		75	0.135			20	0.168
汽油		30	0.135	橄榄油		100	0.164
三元醇	100%	20	0.284	正戊烷		30	0.135
	80%	20	0.327			75	0.128
	60%	20	0.381	氯化钾	15%	32	0.58
	40%	20	0.448		30%	32	0.56
	20%	20	0.481	氢氧化钾	21%	32	0.58
	100%	100	0.284		42%	32	0.55
正庚烷		30	0.140	硫酸钾	10%	32	0.60
		60	0.137	正丙醇		30	0.171
正己烷		30	0.138			75	0.164
		60	0.135	异丙醇		30	0.157
正庚醇		30	0.163			60	0.155
		75	0.157	氯化钠盐水	25%	30	0.57
正己醇		30	0.164		12.5%	30	0.59
		75	0.156	硫酸	90%	30	0.36
煤油		20	0.149		60%	30	0.43
		75	0.140		30%	30	0.52
盐酸	12.5%	32	0.52	二氯化硫		15	0.22
	25%	32	0.48			30	0.192
	38%	32	0.44	甲苯		30	0.149
水银		28	0.36			75	0.145
甲醇	100%	20	0.215	松节油		15	0.128
	80%	20	0.267	二甲苯	邻位	20	0.155
	60%	20	0.329		对位	20	0.155
	40%	20	0.405				

十、某些气体和蒸气的导热系数

下表中所列的极限温度数值是实验范围的数值。若外推到其他的温度时,建议将所列出的数据按 $\lg\lambda$ 对 $\lg T$ [λ——导热系数,W/(m·℃);T——温度,K]作图,或者假定 Pr 与温度(或压力,在适当范围内)无关。

物质	温度 ℃	导热系数 W/(m·℃)	物质	温度 ℃	导热系数 W/(m·℃)
丙酮	0	0.0098	三氯甲烷	0	0.0066
	46	0.0128		46	0.0080
	100	0.0171		100	0.0100
	184	0.0254		184	0.0133
空气	0	0.0242	硫化氢	0	0.0132
	100	0.0317	水银	200	0.0341
	200	0.0391	甲烷	−100	0.0173
	300	0.0459		−50	0.0251
氨	−60	0.0164		0	0.0302
	0	0.0222		50	0.0372
	50	0.0272	甲醇	0	0.0144
	100	0.0320		100	0.0222
苯	0	0.0090	氯甲烷	0	0.0067
	46	0.0126		46	0.0085
	100	0.0178		100	0.0109
	184	0.0263		212	0.0164
	212	0.0305	乙烷	−70	0.0114
正丁烷	0	0.0135		−34	0.0149
	100	0.0234		0	0.0183
异丁烷	0	0.0138		100	0.0303
	100	0.0241	乙醇	20	0.0154
二氧化碳	−50	0.0118		100	0.0215
	0	0.0147	乙醚	0	0.0133
	100	0.0230		46	0.0171
	200	0.0313		100	0.0227
	300	0.0396		184	0.0327
二硫化物	0	0.0069		212	0.0362
	−73	0.0073	乙烯	−71	0.0111
一氧化碳	−189	0.0071		0	0.0175
	−179	0.0080		50	0.0267
	−60	0.0234		100	0.0279
四氯化碳	46	0.0071	正庚烷	200	0.0194
	100	0.0090		100	0.0178
	184	0.01112	正己烷	0	0.0125
氯	0	0.0074		20	0.0138

续表

物质	温度 ℃	导热系数 W/(m·℃)	物质	温度 ℃	导热系数 W/(m·℃)
氢	−100	0.0113	氧	50	0.0284
	−50	0.0144		100	0.0321
	0	0.0173	丙烷	0	0.0151
	50	0.0199		100	0.0261
	100	0.0223	二氧化硫	0	0.0087
	300	0.0308		100	0.0119
氮	−100	0.0164	水蒸气	46	0.0208
	0	0.0242		100	0.0237
	50	0.0277		200	0.0324
	100	0.0312		300	0.0429
氧	−100	0.0164		400	0.0545
	−50	0.0206		500	0.0763
	0	0.0246			

十一、某些固体材料的导热系数

1. 常用金属的导热系数

导热系数 W/(m·℃)	温度/℃				
	0	100	200	300	400
铝	227.95	227.95	227.95	227.95	227.95
铜	383.79	379.14	372.16	367.51	362.86
铁	73.27	67.45	61.64	54.66	48.85
铅	35.12	33.38	31.40	29.77	—
镁	172.12	167.47	162.82	158.17	—
镍	93.04	82.57	73.27	63.97	59.31
银	414.03	409.38	373.32	361.69	359.37
锌	112.81	109.90	105.83	401.18	93.04
碳钢	52.34	48.85	44.19	41.87	34.89
不锈钢	16.28	17.45	17.45	18.49	—

2. 常用非金属材料的导热系数

材料	温度 ℃	导热系数 W/(m·℃)
软木	30	0.04303
玻璃棉	—	0.03489～0.06978
保温灰	—	0.06978
锯屑	20	0.04652～0.05815
棉花	100	0.06978
厚纸	20	0.1369～0.3489
玻璃	30	1.0932
	−20	0.7560
搪瓷	—	0.8723～1.163
云母	50	0.4303
泥土	20	0.6978～0.9304
冰	0	2.326

续表

材料	温度 ℃	导热系数 W/(m·℃)
软橡胶	—	0.1291～0.1593
硬橡胶	0	0.1500
聚四氟乙烯	—	0.2419
泡沫玻璃	—15	0.004885
	—80	0.003489
泡沫塑料	—	0.04652
木材（横向）	—	0.1396～0.1745
（纵向）	—	0.3838
耐火砖	230	0.8723
	1200	1.6398
混凝土	—	1.2793
绒毛毡	—	0.0465
85％氧化镁粉	0～100	0.06978
聚氯乙烯	—	0.1163～0.1745
酚醛加玻璃纤维	—	0.2593
酚醛加石棉纤维	—	0.2942
聚酯加玻璃纤维	—	0.2594
聚碳酸酯	—	0.1907
聚苯乙烯泡沫	25	0.04187
	—150	0.001745
聚乙烯	—	0.3291
石墨	—	139.56

十二、常用固体材料的密度和比热容

名称	密度 kg/m³	比热容 kJ/(kg·℃)
钢	7850	0.4605
不锈钢	7900	0.5024
铸铁	7220	0.5024
铜	8800	0.4062
青铜	8000	0.3810
黄铜	8600	0.3768
铝	2670	0.9211
镍	9000	0.4605
铅	11400	0.1298
酚醛	1250～1300	1.2560～1.6747
脲醛	1400～1500	1.2560～1.6747
聚氯乙烯	1380～1400	1.8422
聚苯乙烯	1050～1070	1.3398
低压聚乙烯	940	2.5539
高压聚乙烯	920	2.2190
干砂	1500～1700	0.7955
黏土	1600～1800	0.7536（—20～20 ℃）
黏土砖	1600～1900	0.9211
耐火砖	1840	0.8792～1.0048
混凝土	2000～2400	0.8374
松木	500～600	2.7214（0～100 ℃）

续表

名称	密度 $\overline{kg/m^3}$	比热容 $\overline{kJ/(kg \cdot ℃)}$
软木	100～300	0.9630
石棉板	770	0.8164
玻璃	2500	0.6699
耐酸砖和板	2100～2400	0.7536～0.7955
耐酸搪瓷	2300～2700	0.8374～1.2560
有机玻璃	1180～1190	—
多孔绝热砖	600～1400	—

十三、壁面污垢热阻（污垢系数）

1. 冷却水

加热液体温度 ℃	115 以下		115～205	
水的温度 ℃	25 以下		25 以上	
水的流速 m/s	1 以下	1 以上	1 以下	1 以上
	污垢热阻 $\overline{m^2 \cdot ℃/W}$			
海水	$0.8598×10^{-4}$	$0.8598×10^{-4}$	$1.7197×10^{-4}$	$1.7197×10^{-4}$
自来水、井水、潮水、软化锅炉水	$1.7197×10^{-4}$	$1.7197×10^{-4}$	$3.4394×10^{-4}$	$3.4394×10^{-4}$
蒸馏水	$0.8598×10^{-4}$	$0.8598×10^{-4}$	$0.8598×10^{-4}$	$0.8598×10^{-4}$
硬水	$5.1590×10^{-4}$	$5.1590×10^{-4}$	$8.5980×10^{-4}$	$8.5980×10^{-4}$
河水	$5.1590×10^{-4}$	$3.4394×10^{-4}$	$6.8788×10^{-4}$	$5.1590×10^{-4}$

2. 工业用气体

气体名称	污垢热阻 $\overline{m^2 \cdot ℃/W}$	气体名称	污垢热阻 $\overline{m^2 \cdot ℃/W}$
有机化合物	$0.8598×10^{-4}$	溶剂蒸气	$1.7197×10^{-4}$
水蒸气	$0.8598×10^{-4}$	天然气	$1.7197×10^{-4}$
空气	$3.4394×10^{-4}$	焦炉气	$1.7197×10^{-4}$

3. 工业用液体

液体名称	污垢热阻 $\overline{m^2 \cdot ℃/W}$	液体名称	污垢热阻 $\overline{m^2 \cdot ℃/W}$
有机化合物	$1.7197×10^{-4}$	熔盐	$0.8598×10^{-4}$
盐水	$1.7197×10^{-4}$	植物油	$5.1590×10^{-4}$

4. 石油分馏物

馏出物名称	污垢热阻 $\overline{m^2 \cdot ℃/W}$	馏出物名称	污垢热阻 $\overline{m^2 \cdot ℃/W}$
原油	$3.4394×10^{-4}$～$12.098×10^{-4}$	柴油	$3.4394×10^{-4}$～$5.1590×10^{-4}$
汽油	$1.7197×10^{-4}$	重油	$8.5980×10^{-4}$
石脑油	$1.7197×10^{-4}$	沥青	$17.197×10^{-4}$
煤油	$1.7197×10^{-4}$		

十四、无机盐水溶液的沸点（101.3 kPa）

温度/℃ 溶液的含量/%（质量分数）

水溶液	101	102	103	104	105	107	110	115	120	125	140	160	180	200	220	240	260	280	300	340
$CaCl_2$	5.66	10.31	14.16	17.36	20.00	24.24	29.33	35.68	40.83	45.80	57.89	68.94	75.86							
KOH	4.49	8.51	11.97	14.82	17.01	20.88	25.65	31.97	36.51	40.23	48.05	54.89	60.41	64.91	68.73	72.46	75.76	78.95	81.63	86.18
KCl	8.42	14.31	18.96	23.02	26.57	32.02			（近于108.5℃）											
K_2CO_3	10.31	18.37	24.24	28.57	32.24	37.69	43.97	50.86	56.04	60.40	66.94		（近于133.5℃）							
KNO_3	13.19	23.66	32.23	39.20	45.10	54.65	65.34	79.53												
$MgCl_2$	4.67	8.42	11.66	14.31	16.59	20.32	24.41	29.48	33.07	36.02	38.61									
$MgSO_4$	14.31	22.78	28.31	32.23	35.32	42.86		（近于108℃）												
$NaOH$	4.12	7.40	10.15	12.51	14.53	18.32	23.08	26.21	33.77	37.58	48.32	60.13	69.97	77.53	84.03	88.89	93.02	95.92	98.47	（近于314℃）
$NaCl$	6.19	11.03	14.67	17.69	20.32	25.09	28.92													
$NaNO_3$	8.26	15.61	21.87	27.53	32.43	40.47	49.87	60.94	68.94											
Na_2SO_4	15.26	24.81	30.73	31.83		（近于103.2℃）														
Na_2CO_3	9.42	17.22	23.72	29.18	33.86															
$CuSO_4$	26.95	39.98	40.83	44.47	45.12		（近于104.2℃）													
$ZnSO_4$	20.00	31.22	37.89	42.92	46.15															
NH_4NO_2	9.09	16.66	23.08	29.08	34.21	42.53	51.92	63.24	71.26	77.11	87.09	93.20	96.00	97.61	98.84	100				
NH_4Cl	6.10	11.35	15.96	19.80	22.89	28.37	35.98	46.95												
$(NH_4)_2SO_4$	13.34	23.14	30.65	36.71	41.79	49.73	49.77	53.55		（近于108.2℃）										

注：括号内的温度指饱和溶液的沸点。

十五、IS 型单级单吸离心泵性能表（摘录）

型号	转速 n r/min	流量		压头（扬程）H m	效率 η %	功率 kW		必需汽蚀余量 $(NPSH)_r$ m	质量（泵/底座）kg
		m³/h	L/s			轴功率	电动机功率		
IS50-32-125	2900	7.5	2.08	22	47	0.96		2.0	32/46
		12.5	3.47	20	60	1.13	2.2	2.0	
		15	4.17	18.5	60	1.26		2.5	
	1450	3.75	1.04	5.4	43	0.13		2.0	32/38
		6.3	1.74	5	54	0.16	0.55	2.0	
		7.5	2.08	4.6	55	0.17		2.5	
IS50-32-160	2900	7.5	2.08	34.3	44	1.59		2.0	50/46
		12.5	3.47	32	54	2.02	3	2.0	
		15	4.17	29.6	56	2.16		2.5	
	1450	3.75	1.04	13.1	35	0.25		2.0	50/38
		6.3	1.74	12.5	48	0.29	0.55	2.0	
		7.5	2.08	12	49	0.31		2.5	
IS50-32-200	2900	7.5	2.08	82	38	2.82		2.0	52/66
		12.5	3.47	80	48	3.54	5.5	2.0	
		15	4.17	78.5	51	3.95		2.5	
	1450	3.75	1.04	20.5	33	0.41		2.0	52/38
		6.3	1.74	20	42	0.51	0.75	2.0	
		7.5	2.08	19.5	44	0.56		2.5	
IS50-32-250	2900	7.5	2.08	21.8	23.5	5.87		2.0	88/110
		12.5	3.47	20	38	7.16	11	2.0	
		15	4.17	18.5	41	7.83		2.5	
	1450	3.75	1.04	5.35	23	0.91		2.0	88/64
		6.3	1.74	5	32	1.07	1.5	2.0	
		7.5	2.08	4.7	35	1.14		3.0	
IS65-50-125	2900	7.5	4.17	35	58	1.54		2.0	50/41
		12.5	6.94	32	69	1.97	3	2.0	
		15	8.33	30	68	2.22		3.0	
	1450	3.75	2.08	8.8	53	0.21		2.0	50/38
		6.3	3.47	8.0	64	0.27	0.55	2.0	
		7.5	4.17	7.2	65	0.30		2.5	
IS65-50-160	2900	15	4.17	53	54	2.65		2.0	51/66
		25	6.94	50	65	3.35	5.5	2.0	
		30	8.33	47	66	3.71		2.5	
	1450	7.5	2.08	13.2	50	0.36		2.0	51/38
		12.5	3.47	12.5	60	0.45	0.75	2.0	
		15	4.17	11.8	60	0.49		2.5	

续表

型号	转速 n r/min	流量		压头 (扬程) H m	效率 η %	功率 kW		必需汽 蚀余量 $(NPSH)_r$ m	质量 (泵/底座) kg
		m³/h	L/s			轴功率	电动机 功率		
IS65-40-200	2900	15	4.17	53	49	4.42	7.5	2.0	62/66
		25	6.94	50	60	5.67		2.0	
		30	8.33	47	61	6.29		2.5	
	1450	7.5	2.08	13.2	43	0.63	1.1	2.0	62/46
		12.5	3.47	12.5	55	0.77		2.0	
		15	4.17	11.8	57	0.85		2.5	
IS65-40-250	2900	15	4.17	82	37	9.05	15	2.0	82/110
		25	6.94	80	50	10.89		2.0	
		30	8.33	78	53	12.02		2.5	
	1450	7.5	2.08	21	35	1.23	2.2	2.0	82/67
		12.5	3.47	20	46	1.48		2.0	
		15	4.17	19.4	48	1.65		2.5	
IS65-40-315	2900	15	4.17	127	28	18.5	30	2.5	152/110
		25	6.94	125	40	21.3		2.5	
		30	8.33	123	44	22.8		3.0	
	1450	7.5	2.08	32.2	25	6.63	4	2.5	152/67
		12.5	3.47	32.0	37	2.94		2.5	
		15	4.17	31.7	41	3.16		3.0	
IS80-65-125	2900	30	8.33	22.5	64	2.87	5.5	3.0	44/46
		50	13.9	20	75	3.63		3.0	
		60	16.7	18	74	3.98		3.5	
	1450	15	4.17	5.6	55	0.42	0.75	2.5	44/38
		25	6.94	5	71	0.48		2.5	
		30	8.33	4.5	72	0.51		3.0	
IS80-65-160	2900	30	8.33	36	61	4.82	7.5	2.5	48/66
		50	13.9	32	73	5.97		2.5	
		60	16.7	29	72	6.59		3.0	
	1450	15	4.17	9	55	0.67	1.5	2.5	48/46
		25	6.94	8	69	0.79		2.5	
		30	8.33	7.2	68	0.86		3.0	
IS80-50-200	2900	30	8.33	53	55	7.87	15	2.5	64/124
		50	13.9	50	69	9.87		2.5	
		60	16.7	47	71	10.8		3.0	
	1450	15	4.17	13.2	51	1.06	2.2	2.5	64/46
		25	6.94	12.5	65	1.31		2.5	
		30	8.33	11.8	67	1.44		3.0	
IS80-50-250	2900	30	8.33	84	52	13.2	22	2.5	90/110
		50	13.9	80	63	17.3		2.5	
		60	16.7	75	64	19.2		3.0	
	1450	15	4.17	21	49	1.75	3	2.5	90/64
		25	6.94	20	60	2.22		2.5	
		30	8.33	18.8	61	2.52		3.0	

续表

型号	转速 n r/min	流量		压头（扬程） H m	效率 η %	功率 kW		必需汽蚀余量 $(NPSH)_r$ m	质量（泵/底座） kg
		m³/h	L/s			轴功率	电动机功率		
IS80-50-315	2900	30	8.33	128	41	25.5	37	2.5	125/160
		50	13.9	125	54	31.5		2.5	
		60	16.7	123	57	35.3		3.0	
	1450	15	4.17	32.5	39	3.4	5.5	2.5	125/66
		25	6.94	32	52	4.19		2.5	
		30	8.33	31.5	56	4.6		3.0	
IS100-80-125	2900	60	16.7	24	67	5.86	11	4.0	49/64
		100	27.8	20	78	7.00		4.5	
		120	33.3	16.5	74	7.28		5.0	
	1450	30	8.33	6	64	0.77	1	2.5	49/46
		50	13.9	5	75	0.91		2.5	
		60	16.7	4	71	0.92		3.0	
IS100-80-160	2900	60	16.7	36	70	8.42	15	3.5	69/110
		100	27.8	32	78	11.2		4.0	
		120	33.3	28	75	12.2		5.0	
	1450	30	8.33	9.2	67	1.12	2.2	2.0	69/64
		50	13.9	8.0	75	1.45		2.5	
		60	16.7	6.8	71	1.57		3.5	
IS100-65-200	2900	60	16.7	54	65	13.6	22	3.0	81/110
		100	27.8	50	76	17.9		3.6	
		120	33.3	47	77	19.9		4.8	
	1450	30	8.33	13.5	60	1.84	4	2.0	81/64
		50	13.9	12.5	73	2.33		2.0	
		60	16.7	11.8	74	2.61		2.5	
IS100-65-250	2900	60	16.7	87	61	23.4	37	3.5	90/160
		100	27.8	80	72	30.0		3.8	
		120	33.3	74.5	73	33.3		4.8	
	1450	30	8.33	21.3	55	3.16	5.5	2.0	90/66
		50	13.9	20	68	4.00		2.0	
		60	16.7	19	70	4.44		2.5	
IS100-65-315	2900	60	16.7	133	55	39.6	75	3.0	180/295
		100	27.8	125	66	51.6		3.6	
		120	33.3	118	67	57.5		4.2	
	1450	30	8.33	34	51	5.44	11	2.0	180/112
		50	13.9	32	63	6.92		2.0	
		60	16.7	30	64	7.67		2.5	

十六、4-72型离心通风机规格（摘录）

机号	转速 r/min	全压 Pa	风量 m³/h	功率 kW	电动机型号
2.8A	2900	606～994	1131～2356	1.5	Y90S-2
3.2A	2900	792～1300	1688～3517	2.2	Y90L-2
3.2A	1450	198～324	844～1758	1.1	Y90S-4
3.6A	2900	989～1758	2664～5268	3	Y100L-2
3.6A	1450	247～393	1332～2634	1.1	Y90S-4
4A	2900	1320～2014	4012～7419	5.5	Y132S1-2
4A	1450	329～501	2006～3709	1.1	Y90S-4
4.5A	2900	1673～2554	5730～10580	7.5	Y132S2-2
4.5A	1450	5712～10562	2856～5281	1.1	Y90S-4
5A	2900	2019～3187	7728～15455	15	Y160M2-2
5A	1450	502～790	3864～7728	2.2	Y100L1-4
6A	1450	724～1139	6677～13353	4	Y112M-4
6A	960	317～498	4420～8841	1.5	Y100L-6
6D	1450	724～1139	6677～13353	4	Y112M-4
6D	960	317～498	4420～8841	1.5	Y100L-6
8D	1450	1490～2032	15826～29344	18.5	Y180M-4
8D	960	651～887	10478～19428	5.5	Y132M2-6
8D	730	376～512	7968～14773	3	Y132M-8
10D	1450	2532～3202	40441～56605	55	Y250M-4
10D	960	1104～1395	26775～37476	18.5	Y200L1-6
10D	730	637～805	20360～28497	7.5	Y160L-8
12D	960	1593～2013	46267～64759	45	Y280S-6
12D	730	919～1160	35182～49244	18.5	Y225S-8

十七、管子规格

1. 钢管的公称口径与钢管的外径、壁厚对照表(摘自 GB/T 3091—2008)

公称口径/mm	外径/mm	壁厚/mm	
		普通钢管	加厚钢管
6	10.2	2.0	2.5
8	13.5	2.5	2.8
10	17.2	2.5	2.8
15	21.3	2.8	3.5
20	26.9	2.8	3.5
25	33.7	3.2	4.0
32	42.4	3.5	4.0
40	48.3	3.5	4.5
50	60.3	3.8	4.5
65	76.1	4.0	4.5
80	88.9	4.0	5.0
100	114.3	4.0	5.0
125	139.7	4.0	5.5
150	168.3	4.5	6.0

注:表中的公称口径系近似内径的名义尺寸,不表示外径减去两个壁厚所得的内径。

2. 水煤气输送钢管(摘自 GB/T 3091—2008)

公称直径 DN /mm(in)	外径 /mm	普通管壁厚 /mm	加厚管壁厚 /mm
$8\left(\dfrac{1}{4}\right)$	13.5	2.6	2.8
$10\left(\dfrac{3}{8}\right)$	17.2	2.6	2.8
$15\left(\dfrac{1}{2}\right)$	21.3	2.8	3.5
$20\left(\dfrac{3}{4}\right)$	26.9	2.8	3.5
$25(1)$	33.7	3.2	4.0
$32\left(1\dfrac{1}{4}\right)$	42.4	3.5	4.0
$40\left(1\dfrac{1}{2}\right)$	48.0	3.5	4.5
$50(2)$	60.3	3.8	4.5
$65\left(2\dfrac{1}{2}\right)$	76.1	4.0	4.5
$80(3)$	88.9	4.0	5.0
$100(4)$	114.3	4.0	5.0
$125(5)$	139.7	4.0	5.5
$150(6)$	165.3	4.5	6.0

3. 无缝钢管规格(摘自 GB/T 17395—2008)

附录拓展

外径/mm	壁厚/mm 从	壁厚/mm 到	外径/mm	壁厚/mm 从	壁厚/mm 到	外径/mm	壁厚/mm 从	壁厚/mm 到	外径/mm	壁厚/mm 从	壁厚/mm 到
6	0.25	2.0	51	1.0	12	152	3.0	40	450	9.0	100
7	0.25	2.5	54	1.0	14	159	3.5	45	457	9.0	100
8	0.25	2.5	57	1.0	14	168	3.5	45	473	9.0	100
9	0.25	2.8	60	1.0	16	180	3.5	50	480	9.0	100
10	0.25	3.5	63	1.0	16	194	3.5	50	500	9.0	110
11	0.25	3.5	65	1.0	16	203	3.5	55	508	9.0	110
12	0.25	4.0	68	1.0	16	219	6.0	55	530	9.0	120
14	0.25	4.0	70	1.0	17	232	6.0	65	560	9.0	120
16	0.25	5.0	73	1.0	19	245	6.0	65	610	9.0	120
18	0.25	5.0	76	1.0	20	267	6.0	65	630	9.0	120
19	0.25	6.0	77	1.4	20	273	6.5	85	660	9.0	120
20	0.25	6.0	80	1.4	20	299	7.5	100	699	12	120
22	0.40	6.0	83	1.4	22	302	7.5	100	711	12	120
25	0.40	7.0	85	1.4	22	318.5	7.5	100	720	12	120
27	0.40	7.0	89	1.4	24	325	7.5	100	762	20	120
28	0.40	7.0	95	1.4	24	340	8.0	100	788.5	20	120
30	0.40	8.0	102	1.4	28	351	8.0	100	813	20	120
32	0.40	8.0	108	1.4	30	356	9.0	100	864	20	120
34	0.40	8.0	114	1.5	30	368	9.0	100	914	25	120
35	0.40	9.0	121	1.5	32	377	9.0	100	965	25	120
38	0.40	10.0	127	1.8	32	402	9.0	100	1016	25	120
40	0.40	10.0	133	2.5	36	406	9.0	100			
45	1.0	12	140	3.0	36	419	9.0	100			
48	1.0	12	142	3.0	36	426	9.0	100			

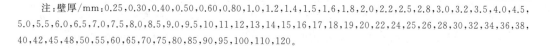

注:壁厚/mm:0.25,0.30,0.40,0.50,0.60,0.80,1.0,1.2,1.4,1.5,1.6,1.8,2.0,2.2,2.5,2.8,3.0,3.2,3.5,4.0,4.5, 5.0,5.5,6.0,6.5,7.0,7.5,8.0,8.5,9.0,9.5,10,11,12,13,14,15,16,17,18,19,20,22,24,25,26,28,30,32,34,36,38, 40,42,45,48,50,55,60,65,70,75,80,85,90,95,100,110,120。

十八、管壳式换热器系列标准（摘录）

1. 固定管板式换热器（摘自 GB/T 28712.2—2012）

（1）换热管 ϕ19 mm 的基本参数（摘录）

附录拓展

公称直径 DN /mm	公称压力 PN /MPa	管程数 N_p	管子根数 n	中心排管数	管程流通面积 /m²	计算换热面积 /m²						
						换热管长度 L/mm						
						1500	2000	3000	4500	6000	9000	12000
159	1.60 2.50	1	15	5	0.0027	1.3	1.7	2.6	—	—	—	—
219	4.00 6.40		33	7	0.0058	2.8	3.7	5.7	—	—	—	—
273	1.60	1	65	9	0.0115	5.4	7.4	11.3	17.1	22.9	—	—
		2	56	8	0.0049	4.7	6.4	9.7	14.7	19.7	—	—
325	2.50 4.00 6.40	1	99	11	0.0175	8.3	11.2	17.1	26.0	34.9	—	—
		2	88	10	0.0078	7.4	10.0	15.2	23.1	31.0	—	—
		4	68	11	0.0030	5.7	7.7	11.8	17.9	23.9	—	—
400		1	174	14	0.0307	14.5	19.7	30.1	45.7	61.3	—	—
		2	164	15	0.0145	13.7	18.6	28.4	43.1	57.8	—	—
		4	146	14	0.0065	12.2	16.6	25.3	38.3	51.4	—	—
450	0.60	1	237	17	0.0419	19.8	26.9	41.0	62.2	83.5	—	—
		2	220	16	0.0194	18.4	25.0	38.1	57.8	77.5	—	—
		4	200	16	0.0088	16.7	22.7	34.6	52.5	70.4	—	—
500	1.00	1	275	19	0.0486	—	31.2	47.6	72.2	96.8	—	—
		2	256	18	0.0226	—	29.0	44.3	67.2	90.2	—	—
	1.60	4	222	18	0.0098	—	25.2	38.4	58.3	78.2	—	—
600	2.50	1	430	22	0.0760	—	48.8	74.4	112.9	151.4	—	—
		2	416	23	0.0368	—	47.2	72.0	109.8	146.5	—	—
	4.00	4	370	22	0.0163	—	42.0	64.0	97.2	130.3	—	—
		6	360	20	0.0106	—	40.8	62.3	94.5	126.8	—	—
700		1	607	27	0.1073	—	—	105.1	159.4	213.8	—	—
		2	574	27	0.0507	—	—	99.4	150.8	202.1	—	—
		4	542	27	0.0239	—	—	93.8	142.3	190.9	—	—
		6	518	24	0.0153	—	—	89.7	136.0	182.4	—	—
800	0.60	1	797	31	0.1408	—	—	138.0	209.3	280.7	—	—
		2	776	31	0.0686	—	—	134.3	203.8	273.3	—	—
	1.00	4	722	31	0.0319	—	—	125.0	189.8	254.3	—	—
	1.60	6	710	30	0.0209	—	—	122.9	186.5	250.0	—	—
900	2.50 4.00	1	1009	35	0.1783	—	—	174.7	265.0	355.3	536.0	—
		2	988	35	0.0873	—	—	171.0	259.5	347.9	524.9	—
		4	938	35	0.0414	—	—	162.4	246.4	330.3	498.3	—

（2）换热管 $\phi25$ mm 的基本参数（摘录）

公称直径 DN mm	公称压力 PN MPa	管程数 N_p	管子根数 n	中心排管数	管程流通面积 m²	计算换热面积/m² 换热管长度 L/mm						
						1500	2000	3000	4500	6000	9000	12000
159		1	11	3	0.0035	1.2	1.6	2.5	—	—	—	—
219			25	5	0.0079	2.7	3.7	5.7	—	—	—	—
273	1.60 2.50 4.00 6.40	1	38	6	0.0119	4.2	5.7	8.7	13.1	17.6	—	—
		2	32	7	0.0050	3.5	4.8	7.3	11.1	14.8	—	—
325		1	57	9	0.0179	6.3	8.5	13.0	19.7	26.4	—	—
		2	56	9	0.0088	6.2	8.4	12.7	19.3	25.9	—	—
		4	40	9	0.0031	4.4	6.0	9.1	13.8	18.5	—	—
400		1	98	12	0.0308	10.8	14.6	22.3	33.8	45.4	—	—
		2	94	11	0.0148	10.3	14.0	21.4	32.5	43.5	—	—
		4	76	11	0.0060	8.4	11.3	17.3	26.3	35.2	—	—
450		1	135	13	0.0424	14.8	20.1	30.7	46.6	62.5	—	—
		2	126	12	0.0198	13.9	18.8	28.7	43.5	58.4	—	—
		4	106	13	0.0083	11.7	15.8	24.1	36.6	49.1	—	—
500	0.60 1.00 1.60 2.50 4.00	1	174	14	0.0546	—	26.0	39.6	60.1	80.6	—	—
		2	164	15	0.0257	—	24.5	37.3	56.6	76.0	—	—
		4	144	155	0.0113	—	21.4	32.8	49.7	66.7	—	—
600		1	245	17	0.0769	—	36.5	55.8	84.6	113.5	—	—
		2	232	16	0.0364	—	34.6	52.8	80.1	107.5	—	—
		4	222	17	0.0174	—	33.1	50.5	76.7	102.8	—	—
		6	216	16	0.0113	—	32.2	49.2	74.6	100.0	—	—
700		1	355	21	0.1115	—	—	80.0	122.6	164.4	—	—
		2	342	21	0.0537	—	—	77.9	118.1	158.4	—	—
		4	322	21	0.0253	—	—	73.3	111.2	149.1	—	—
		6	304	20	0.0159	—	—	69.2	105.0	140.8	—	—
800	0.60 1.00 1.60 2.50 4.00	1	467	23	0.1466	—	—	106.3	161.3	216.3	—	—
		2	450	23	0.0707	—	—	102.4	155.4	208.5	—	—
		4	442	23	0.0347	—	—	100.6	152.7	204.7	—	—
		6	430	24	0.0225	—	—	97.9	148.5	119.2	—	—
900		1	605	27	0.1900	—	—	137.8	209.0	280.2	422.7	—

2. 浮头式换热器（摘自 GB/T 28712.1—2012）

(1) 内导流浮头式换热器的基本参数（摘录）

DN/mm	N_P	n^a d/mm 19	n^a d/mm 25	中心排管数 19	中心排管数 25	管程流通面积/m² $(d/\text{mm})\times(\delta_t/\text{mm})$ 19×1.25	19×2	25×1.5	25×2	25×2.5	A_1^b/m² L=3000 mm 19	L=3000 mm 25	L=4500 mm 19	L=4500 mm 25	L=6000 mm 19	L=6000 mm 25	L=9000 mm 19	L=9000 mm 25
325	2	60	32	7	5	0.0064	0.0053	0.00602	0.0055	0.0050	10.5	7.4	15.8	11.1				
	4	52	28	6	4	0.00278	0.0023	0.00263	0.0024	0.0022	9.1	6.4	13.7	9.7				
(426)	2	120	74	8	7	0.01283	0.0106	0.0138	0.0126	0.0116	20.9	16.9	31.6	25.6	42.4	34.4		
400	4	108	68	9	6	0.00581	0.0048	0.00646	0.0059	0.0053	18.8	15.6	28.4	23.6	38.1	31.6		
500	2	206	124	11	8	0.0220	0.0182	0.00235	0.0215	0.0194	35.7	28.3	54.1	42.8	72.5	57.4		
	4	192	116	10	9	0.01029	0.0085	0.01095	0.0100	0.0091	33.2	26.4	50.4	40.1	67.6	53.7		
600	2	324	198	14	11	0.03461	0.0286	0.03756	0.0343	0.0311	55.8	44.9	84.8	68.2	113.9	91.5		
	4	308	188	14	10	0.01646	0.0136	0.01785	0.0163	0.0148	53.1	42.6	80.7	64.8	108.2	86.9		
	6	284	158	14	10	0.010043	0.0083	0.00996	0.0091	0.0083	48.9	35.8	74.4	54.4	99.8	73.1		
700	2	468	268	16	13	0.05119	0.0414	0.05081	0.0464	0.0421	80.4	60.6	122.2	92.1	164.1	123.7		
	4	448	256	17	12	0.02396	0.0198	0.02431	0.0222	0.0201	76.9	57.8	117.0	87.9	157.1	118.1		
	6	382	224	15	10	0.01355	0.0112	0.01413	0.0129	0.0116	65.6	50.6	99.8	76.9	133.9	103.4		
800	2	610	366	19	15	0.06522	0.0539	0.0694	0.0634	0.0575			158.9	125.4	213.5	168.5		
	4	588	352	18	14	0.03146	0.0260	0.0324	0.0305	0.0276			153.2	120.6	205.8	162.1		
	6	518	316	16	14	0.01839	0.0152	0.01993	0.0182	0.0165			134.9	108.3	181.3	145.5		
900	2	800	472	22	17	0.0855	0.0707	0.08946	0.0817	0.0741			207.6	161.2	279.2	216.8		
	4	776	456	21	16	0.0415	0.0343	0.04325	0.0395	0.0353			201.4	155.7	270.8	209.4		
	6	720	426	21	16	0.02565	0.0212	0.0269	0.0246	0.0223			186.9	145.5	251.3	195.6		
1000	2	1006	606	24	19	0.10769	0.0890	0.11498	0.105	0.0952			260.6	206.6	350.6	277.9		
	4	980	588	23	18	0.05239	0.0433	0.05572	0.0509	0.0462			253.9	200.4	341.6	269.7		

附录拓展

（2）外导流浮头式换热器的基本参数（摘录）

$\dfrac{DN}{mm}$	N_p	n^a		中心排管数		管程流通面积/m²					A_1^b/m^2	
		d/mm				$(d/mm)\times(\delta_t/mm)$					$L=6000$ mm	
		19	25	19	25	19×1.25	19×2	25×1.5	25×2	25×2.5	19	25
500	2	224	132	13	10	0.0239	0.0198	0.0247	0.0229	0.0207	78.8	61.2
	4	218	124	12	10	0.1113	0.0092	0.0117	0.0107	0.0161	73.2	57.4
600	2	338	206	16	12	0.0360	0.0298	0.0391	0.0357	0.0324	118.8	95.2
	4	320	196	15	12	0.0170	0.0141	0.0186	0.0170	0.0154	112.4	90.6
700	2	480	280	18	15	0.0514	0.0425	0.0531	0.0485	0.0440	168.3	129.2
	4	460	268	17	14	0.0246	0.0203	0.0254	0.0232	0.0210	161.3	123.6
800	2	636	378	21	16	0.0680	0.0562	0.0717	0.0655	0.0594	222.6	174.0
	4	612	364	20	16	0.0328	0.0271	0.0345	0.0315	0.0285	214.2	167.6
900	2	822	490	24	19	0.0877	0.0726	0.0929	0.0848	0.0769	286.9	225.1
	4	796	472	23	18	0.0432	0.0357	0.0448	0.0409	0.0365	277.8	216.7
	6	742	452	23	16	0.0263	0.0217	0.0286	0.0261	0.0237	259.0	207.5
1000	2	1050	628	26	21	0.1124	0.0929	0.1194	0.1090	0.0987	365.9	288.0
	4	1020	608	27	20	0.0546	0.0451	0.0576	0.0526	0.0478	355.5	278.9
	6	938	580	25	20	0.0334	0.0276	0.0367	0.0335	0.0301	327.0	266.0

注：a　排管数按转角正方形排列计算。

　　b　计算换热面积按光管及公称压力 2.5 MPa 管板厚度确定。

3. 立式热虹吸式重沸器（摘自 GB/T 28712.4—2012）

（1）换热管 $\phi 25$ mm 的基本参数

附录拓展

公称直径 $\dfrac{DN}{mm}$	公称压力 $\dfrac{PN}{MPa}$	管程数 N_p	管子根数 n	中心排管数	管程流通面积 m²	计算换热面积/m²				
						换热管长度 L/mm				
						1500	2000	2500	3000	4000
400	1.00		98	12	0.0308	10.7	14.6	18.4	—	—
500	1.60		174	14	0.0546	19.0	25.9	32.7	—	—
600	2.50		245	17	0.0769	26.8	36.4	46.1	—	—
700			355	21	0.1115	38.9	52.8	66.7	80.7	—
800			467	23	0.1466	51.1	69.5	87.8	106.1	—
900			605	27	0.1900	66.2	90.0	113.8	137.5	—
1000			749	30	0.2352	82.0	111.4	140.8	170.2	258.5
1100	0.25	1	931	33	0.2923	101.9	138.5	175.1	211.6	321.3
1200	0.60		1115	37	0.3501	122.1	165.9	209.6	253.4	384.8
1300	1.00 1.60		1301	39	0.4085	142.4	193.5	244.6	295.7	449.0
1400	2.50		1547	43	0.4858	—	230.1	290.8	351.6	533.9
1500			1753	45	0.5504	—	—	329.6	398.4	605.0
1600			2023	47	0.6352	—	—	380.4	459.8	698.1
1700			2245	51	0.7049	—	—	422.1	510.3	774.8
1800			2559	55	0.8035	—	—	481.1	581.6	883.1

（2）换热管 ϕ38 mm 的基本参数

公称直径 DN mm	公称压力 PN MPa	管程数 N_p	管子根数 n	中心排管数	管程流通面积 m²	计算换热面积/m² 换热管长度 L/mm				
						1500	2000	2500	3000	4500
400	1.00		51	7	0.0410	8.5	11.5	14.6	—	—
500	1.60		69	9	0.0555	11.5	15.6	19.7	—	—
600	2.50		115	11	0.0942	19.1	26.0	32.9	—	—
700			159	13	0.1280	26.6	36.0	45.5	54.9	—
800			205	15	0.1648	34.1	46.4	58.6	70.8	—
900			259	17	0.2083	43.1	58.6	74.0	89.5	—
1000			355	19	0.2855	59.1	80.3	101.5	122.6	186.2
1100	0.25		419	21	0.3370	69.7	94.7	119.7	144.8	219.8
1200	0.60		503	23	0.4045	83.7	113.7	143.8	173.8	263.9
1300	1.00 1.60	1	587	25	0.4721	97.7	132.7	167.8	202.8	307.9
1400	2.50		711	27	0.5718	—	160.8	203.2	245.6	373.0
1500			813	31	0.6539	—	—	232.4	280.9	426.5
1600			945	33	0.7600	—	—	270.1	326.5	495.7
1700			1059	35	0.8517	—	—	302.7	365.9	555.5
1800			1177	39	0.9466	—	—	336.4	406.6	617.4

十九、管壳式换热器总传热系数 K 的推荐值

1. 管壳式换热器用作冷却器时的 K 值范围

高温流体	低温流体	总传热系数范围 W/(m²·℃)	备注
水	水	1400~2840	污垢系数 0.52 m²·℃/kW
甲醇、氨	水	1400~2840	
有机化合物黏度 $0.5×10^{-3}$ Pa·s 以下[①]	水	430~850	
有机化合物黏度 $0.5×10^{-3}$ Pa·s 以下[①]	冷冻盐水	220~570	
有机化合物黏度（0.5~1）$×10^{-3}$ Pa·s[②]	水	280~710	
有机化合物黏度 $1×10^{-3}$ Pa·s 以上[③]	水	28~430	
气体	水	12~280	
水	冷冻盐水	570~1200	
水	冷冻盐水	230~580	传热面为塑料衬里
硫酸	水	870	传热面为不透性石墨，两侧对流传热系数均为 2440 W/(m²·℃)
四氯化碳	氯化钙溶液	76	管内流速 0.0052~0.011 m/s
氯化氢气（冷却除水）	盐水	35~175	传热面为不透性石墨

续表

高温流体	低温流体	总传热系数范围 W/(m² · ℃)	备注
氯气(冷却除水)	水	35～175	传热面为不透性石墨
焙烧 SO₂ 气体	水	230～465	传热面为不透性石墨
氮	水	66	计算值
水	水	410～1160	传热面为塑料衬里
20%～40%硫酸	水 t=60～30 ℃	465～1050	冷却洗涤用硫酸的冷却
20% 盐酸	水 t=110～25 ℃	580～1160	
有机溶剂	盐水	175～510	

注：① 为苯、甲苯、丙酮、乙醇、丁酮、汽油、轻煤油、石脑油等有机化合物；

② 为煤油、热柴油、热吸收油、原油馏分等有机化合物；

③ 为冷柴油、燃料油、原油、焦油、沥青等有机化合物。

2. 管壳式换热器用作冷凝器时的 K 值范围

高温流体	低温流体	总传热系数范围 W/(m² · ℃)	备注
有机质蒸气	水	230～930	传热面为塑料衬里
有机质蒸气	水	290～1160	传热面为不透性石墨
饱和有机质蒸气(大气压力下)	盐水	570～1140	
饱和有机质蒸气(减压下且含有少量不凝性气体)	盐水	280～570	
低沸点碳氢化合物(大气压力下)	水	450～1140	
高沸点碳氢化合物(减压下)	水	60～175	
21%盐酸蒸气	水	110～1750	传热面为不透性石墨
氨蒸气	水	870～2330	水流速 1～1.5 m/s
有机溶剂蒸气和水蒸气混合物	水	350～1160	传热面为塑料衬里
有机质蒸气(减压下且含有大量不凝性气体)	水	60～280	
有机质蒸气(大气压力下且含有大量不凝性气体)	盐水	115～450	
氟利昂液蒸气	水	870～990	水流速 1.2 m/s
汽油蒸气	水	520	水流速 1.5 m/s
汽油蒸气	原油	115～175	原油流速 0.6 m/s
煤油蒸气	水	290	水流速 1 m/s
水蒸气(加压下)	水	1990～4260	
水蒸气(减压下)	水	1700～3440	
氯乙醛(管外)	水	165	直立式,传热面为搪瓷玻璃
甲醇(管内)	水	640	直立式
四氯化碳(管内)	水	360	直立式
缩醛(管内)	水	460	直立式
糠醛 (管外)(有不凝性气体)	水	125～220	直立式
水蒸气(管外)	水	610	卧式

3. 管壳式换热器用作加热器时的 K 值范围

高温流体	低温流体	总传热系数范围 W/(m² · ℃)	备注
水蒸气	水	1150～4000	污垢系数 0.18 m² · ℃/kW
水蒸气	甲醇、氨	1150～4000	污垢系数 0.18 m² · ℃/kW
水蒸气	水溶液黏度 $2×10^{-3}$ Pa · s 以下	1150～4000	
水蒸气	水溶液黏度 $2×10^{-3}$ Pa · s 以上	570～2800	污垢系数 0.18 m² · ℃/kW
水蒸气	有机化合物黏度 $0.5×10^{-3}$ Pa · s 以下[①]	570～1150	
水蒸气	有机化合物黏度 $(0.5～1)×10^{-3}$ Pa · s[②]	280～570	
水蒸气	有机化合物黏度 $1×10^{-3}$ Pa · s 以上[③]	35～340	
水蒸气	气体	28～280	
水蒸气	水	2270～4500	水流速 1.2～1.5 m/s
水蒸气	盐酸或硫酸	350～580	传热面为塑料衬里
水蒸气	饱和盐水	700～1500	传热面为不透性石墨
水蒸气	硫酸铜溶液	930～1500	传热面为不透性石墨
水蒸气	空气	50	空气流速 3 m/s
水蒸气（或热水）	不凝性气体	23～29	传热面为不透性石墨,不凝性气体流速 4.5～7.5 m/s
水蒸气	不凝性气体	35～46	传热面材料同上,不凝性气体流速 9.0～12.0 m/s
水	水	400～1150	
热水	碳氢化合物	230～500	管外为水
温水	稀硫酸溶液	580～1150	传热面材料为石墨
熔融盐	油	290～450	
导热油蒸气	重油	45～350	
导热油蒸气	气体	23～230	

注:①②③见"管壳式换热器用作冷却器时的 K 值范围"。

参 考 书 目

[1] 贾绍义,柴诚敬.化工原理[M]. 2 版.北京:高等教育出版社,2013.

[2] 柴诚敬,张国亮.化工原理:上册——化工流体流动与传热[M]. 3 版.北京:化学工业出版社,2020.

[3] 夏清,贾绍义.化工原理:上册[M]. 2 版.天津:天津大学出版社,2012.

[4] 蒋维钧,戴猷元,顾惠君,等.化工原理:上册[M]. 3 版.北京:清华大学出版社,2010.

[5] 陈敏恒,丛德滋,方图南,等.化工原理:上册[M]. 5 版.北京:化学工业出版社,2020.

[6] 谭天恩,窦梅,等.化工原理:上册[M]. 4 版.北京:化学工业出版社,2013.

[7] 时钧,汪家鼎,余国琮,等.化学工程手册:上卷[M]. 2 版.北京:化学工业出版社,1996.

[8] 机械工程手册、电机工程手册编辑委员会.机械工程手册:第 12 卷(通用设备卷)[M]. 2 版.北京:机械工业出版社,1997.

[9] 柴诚敬,王军,陈常贵,等.化工原理复习指导[M].天津:天津大学出版社,2022.

[10] 兰州石油机械研究所.换热器[M]. 2 版.北京:中国石化出版社,2013.

[11] 陶文铨.传热学[M]. 5 版.北京:高等教育出版社,2019.

[12] McCabe W L,Smith J C.Unit Operations of Chemical Engineering[M].7th ed.New York:McGraw Hill Inc.,2008.

[13] Kundu P K.Fluid Mechanics[M].2nd ed.San Diego,Calif:Academic Press Inc,2002.

[14] Coulson J M,Richardson J F.Chemical Engineering Vol 1(Fluid Flow,Heat Transfer & Mass Transfer)[M].6th ed.Beijing:Beijing World Publishing Corporation,2000.

[15] Coulson J M,Richardson J F.Chemical Engineering Vol 2(Partical Technology & Separation Processes)[M].4th ed.Beijing:Beijing World Publishing Corporation,2000.

[16] Geankoplis C J.Transport Processes and Unit Operations[M].3rd ed.New York:Prentice Hall PTR,1993.

读者意见反馈

为收集对教材的意见建议，进一步完善教材编写并做好服务工作，读者可将对本教材的意见建议通过如下渠道反馈至我社。

咨询电话　400-810-0598

反馈邮箱　hepsci@pub.hep.cn

通信地址　北京市朝阳区惠新东街 4 号富盛大厦 1 座

　　　　　高等教育出版社理科事业部

邮政编码　100029